수학 좀 한다면

디딤돌 초등수학 기본 6-2

펴낸날 [개정판 1쇄] 2023년 11월 10일 [개정판 2쇄] 2024년 1월 29일 | **펴낸이** 이기열 | **펴낸곳** (주)디딤돌 교육 | **주소** (03972) 서울특별시 마포구 월드컵북로 122 청원선와이즈타워 | **대표전화** 02-3142-9000 | **구입문의** 02-322-8451 | **내용문의** 02-323-9166 | **팩시밀리** 02-338-3231 | **홈페이지** www.didimdol.co.kr | **등록번호** 제10-718호 | 구입한 후에는 철회되지 않으며 잘못 인쇄된 책은 바꾸어 드립니다.

내 실력에 딱!
최상위로 가는 '맞춤 학습 플랜'

STEP 1 On-line

나에게 맞는 공부법은?
맞춤 학습 가이드를 만나요.

교재 선택부터 공부법까지! 디딤돌에서 제공하는 시기별 맞춤 학습 가이드를 통해 아이에게 맞는 학습 계획을 세워 주세요.
(학습 가이드는 디딤돌 학부모카페 '맘이가'를 통해 상시 공지합니다.
cafe.naver.com/didimdolmom)

STEP 2 Book

맞춤 학습 스케줄표
계획에 따라 공부해요.

교재에 첨부된 '맞춤 학습 스케줄표'에 맞춰 공부 목표를 달성합니다.

STEP 3 On-line

이럴 땐 이렇게!
'맞춤 Q&A'로 해결해요.

궁금하거나 모르는 문제가 있다면,
'맘이가' 카페를 통해 질문을 남겨 주세요.
디딤돌 수학쌤 및 선배맘님들이 친절히 답변해 드립니다.

STEP 4 Book

다음에는 뭐 풀지?
다음 교재를 추천받아요.

학습 결과에 따라 후속 학습에 사용할 교재를 제시해 드립니다.
(교재 마지막 페이지 수록)

★ 디딤돌 플래너 만나러 가기

디딤돌 초등수학 기본 6-2

짧은 기간에 집중력 있게 한 학기 과정을 완성할 수 있도록 설계하였습니다.
방학 때 미리 공부하고 싶다면 주 5일 8주 완성 과정을 이용해요.

공부한 날짜를 쓰고 하루 분량 학습을 마친 후, 부모님께 확인 check ☑를 받으세요.

1 분수의 나눗셈						
1주					2주	
☐	☐	☐	☐	☐	☐	☐
월 일	월 일	월 일	월 일	월 일	월 일	월 일
8~11쪽	12~15쪽	16~19쪽	20~23쪽	24~27쪽	28~30쪽	31~33쪽

2 소수의 나눗셈				3 공간		
3주					4주	
☐	☐	☐	☐	☐	☐	☐
월 일	월 일	월 일	월 일	월 일	월 일	월 일
48~51쪽	52~53쪽	54~56쪽	57~59쪽	62~65쪽	66~69쪽	70~73쪽

3 공간과 입체	4 비례식과 비례배분					
5주					6주	
☐	☐	☐	☐	☐	☐	☐
월 일	월 일	월 일	월 일	월 일	월 일	월 일
85~87쪽	90~93쪽	94~97쪽	98~101쪽	102~104쪽	105~107쪽	108~110쪽

5 원의 넓이				6 원기둥		
7주					8주	
☐	☐	☐	☐	☐	☐	☐
월 일	월 일	월 일	월 일	월 일	월 일	월 일
124~127쪽	128~131쪽	132~134쪽	135~137쪽	140~143쪽	144~147쪽	148~151쪽

MEMO

월 일 28~29쪽	월 일 30~31쪽	월 일 32~33쪽

월 일 52~53쪽	월 일 54~55쪽	월 일 56~57쪽

월 일 76~77쪽	월 일 78~79쪽	월 일 80~81쪽

배분		
월 일 100~101쪽	월 일 102~103쪽	월 일 104~105쪽

의 넓이		
월 일 122~123쪽	월 일 124~127쪽	월 일 128~129쪽

구		
월 일 154~155쪽	월 일 156~157쪽	월 일 158~160쪽

효과적인 수학 공부 비법

X 시켜서 억지로 / O 내가 스스로

억지로 하는 일과 즐겁게 하는 일은 결과가 달라요.
목표를 가지고 스스로 즐기면 능률이 배가 돼요.

X 가끔 한꺼번에 / O 매일매일 꾸준히

급하게 쌓은 실력은 무너지기 쉬워요.
조금씩이라도 매일매일 단단하게 실력을 쌓아가요.

X 정답을 몰래 / O 개념을 꼼꼼히

정답 / 개념

모든 문제는 개념을 바탕으로 출제돼요.
쉽게 풀리지 않을 땐, 개념을 펼쳐 봐요.

X 채점하면 끝 / O 틀린 문제는 다시

왜 틀렸는지 알아야 다시 틀리지 않겠죠?
틀린 문제와 어림짐작으로 맞힌 문제는 꼭 다시 풀어 봐요.

디딤돌 초등수학 기본 6-2

여유를 가지고 깊이 있게 한 학기 과정을 완성할 수 있도록 설계하였습니다.
학기 중 교과서와 함께 공부하고 싶다면 주 5일 12주 완성 과정을 이용해요.

공부한 날짜를 쓰고 하루 분량 학습을 마친 후, 부모님께 확인 check ☑를 받으세요.

1 분수의 나눗셈						
1주					2주	
월 일	월 일	월 일	월 일	월 일	월 일	월 일
8~11쪽	12~13쪽	14~15쪽	16~19쪽	20~22쪽	23~25쪽	26~27쪽

2 소수의 나눗셈						
3주					4주	
월 일	월 일	월 일	월 일	월 일	월 일	월 일
36~39쪽	40~41쪽	42~43쪽	44~45쪽	46~47쪽	48~49쪽	50~51쪽

	3 공간과 입체					
5주					6주	
월 일	월 일	월 일	월 일	월 일	월 일	월 일
58~59쪽	62~65쪽	66~67쪽	68~69쪽	70~71쪽	72~73쪽	74~75쪽

3 공간과 입체			4 비례식과 비례			
7주					8주	
월 일	월 일	월 일	월 일	월 일	월 일	월 일
82~83쪽	84~85쪽	86~87쪽	90~93쪽	94~95쪽	96~97쪽	98~99쪽

4 비례식과 비례배분				5 원		
9주					10주	
월 일	월 일	월 일	월 일	월 일	월 일	월 일
106~107쪽	108~109쪽	110~111쪽	112~113쪽	116~117쪽	118~119쪽	120~121쪽

5 원의 넓이			6 원기둥, 원뿔,			
11주					12주	
월 일	월 일	월 일	월 일	월 일	월 일	월 일
130~131쪽	132~134쪽	135~137쪽	140~143쪽	144~147쪽	148~151쪽	152~153쪽

2 소수의 나눗셈		
월 일	월 일	월 일
36~39쪽	40~43쪽	44~47쪽

…과 입체		
월 일	월 일	월 일
74~77쪽	78~81쪽	82~84쪽

	5 원의 넓이	
월 일	월 일	월 일
111~113쪽	116~119쪽	120~123쪽

…, 원뿔, 구		
월 일	월 일	월 일
152~155쪽	156~157쪽	158~160쪽

효과적인 수학 공부 비법

억지로 하는 일과 즐겁게 하는 일은 결과가 달라요.
목표를 가지고 스스로 즐기면 능률이 배가 돼요.

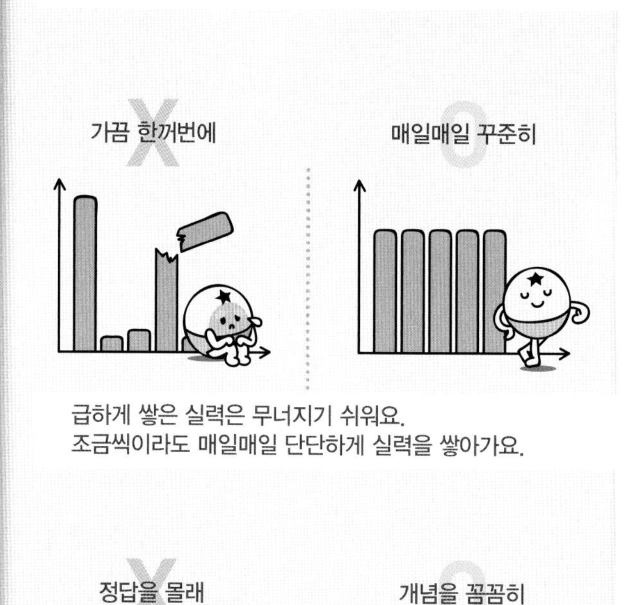

급하게 쌓은 실력은 무너지기 쉬워요.
조금씩이라도 매일매일 단단하게 실력을 쌓아가요.

모든 문제는 개념을 바탕으로 출제돼요.
쉽게 풀리지 않을 땐, 개념을 펼쳐 봐요.

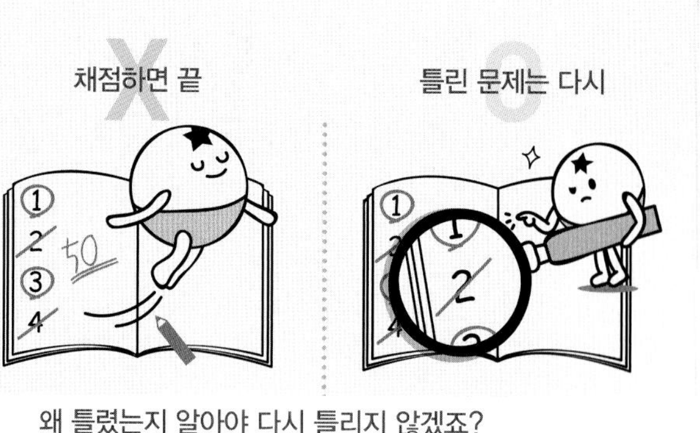

왜 틀렸는지 알아야 다시 틀리지 않겠죠?
틀린 문제와 어림짐작으로 맞힌 문제는 꼭 다시 풀어 봐요.

수학 좀 한다면

디딤돌

초등수학 기본

상위권으로 가는 기본기

6-2

개념 학습으로 잡는 **올바른 공부 습관!**

HELP!
공부했는데도
중요한 개념을 몰라요.

1 이 단원에서 꼭 알아야 할 핵심 개념!

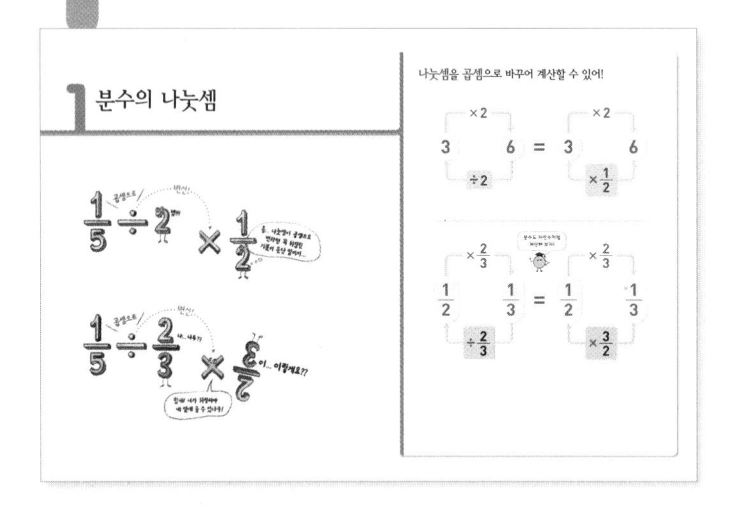

이 단원의 핵심 개념이 한 장의 사진처럼 뇌에 남습니다.

HELP!
개념을 생각하지 않고
외워서 풀어요.

2 한 눈에 보이는 개념 정리!

개념 강의로 어렵지 않게 혼자 공부할 수 있어요.

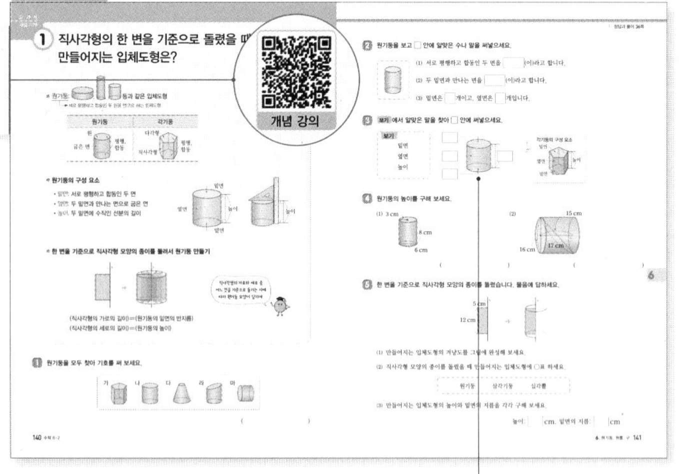

글만 줄줄 적혀 있는 개념은 이제 그만! 외우지 않아도 개념이 한눈에 이해됩니다.

3 보기 에서 알맞은 말을 찾아 □ 안에 써넣으세요.

보기
밑면
옆면
높이

각기둥의 구성 요소
밑면
옆면
높이
밑면

문제를 외우지 않아도 배운 개념들이 떠올라요.

HELP!
같은 개념인데 학년이 바뀌면 어려워 해요.

3 개념으로 문제 해결!

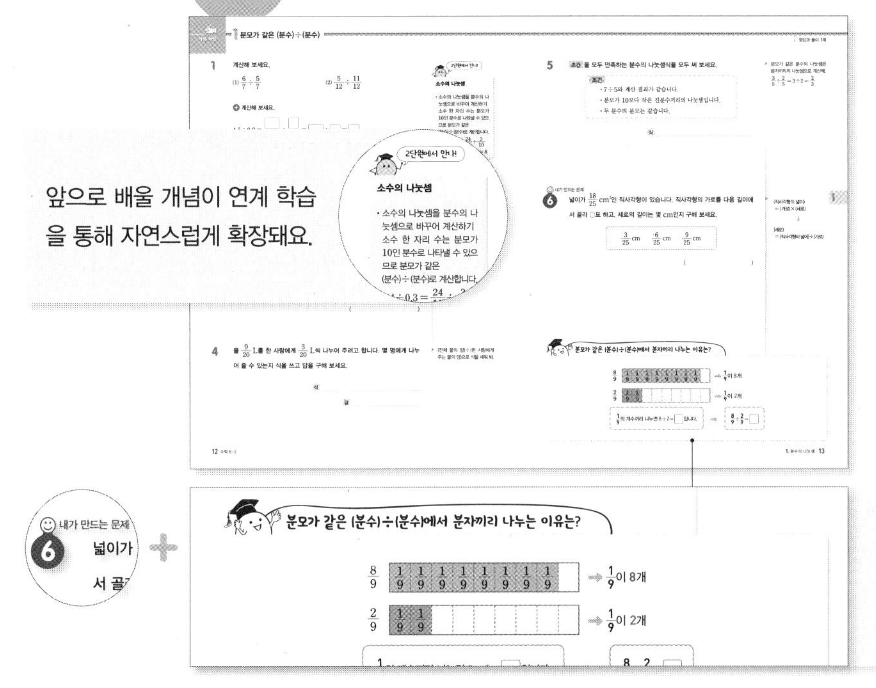

치밀하게 짜인 연계학습 문제들을 풀다보면 이미 배운 내용과 앞으로 배울 내용이 쉽게 이해돼요.

개념 이해가 완벽한지 확인하는 방법! 문제로 확인해 보기!

HELP!
어려운 문제는 풀기 싫어해요.

4 발전 문제로 개념 완성!

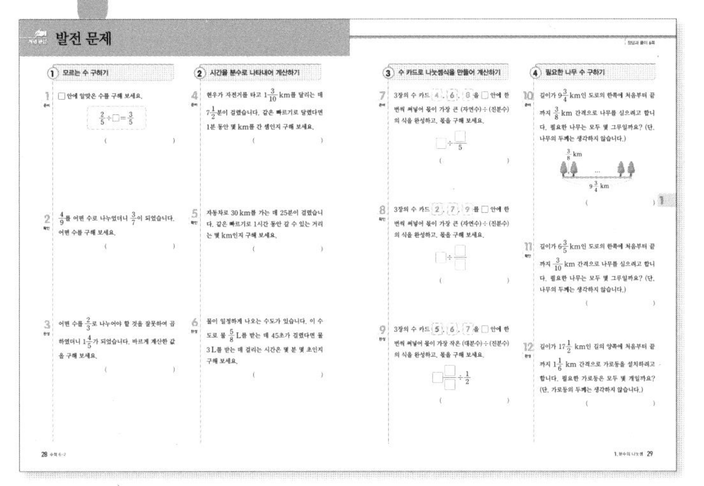

핵심 개념을 알면 어려운 문제는 없습니다!

1 분수의 나눗셈

곱셈으로
변신!
넵!!!
흠... 나눗셈이 곱셈으로 변하면 꼭 뒤집힌 기분이 든단 말이지...

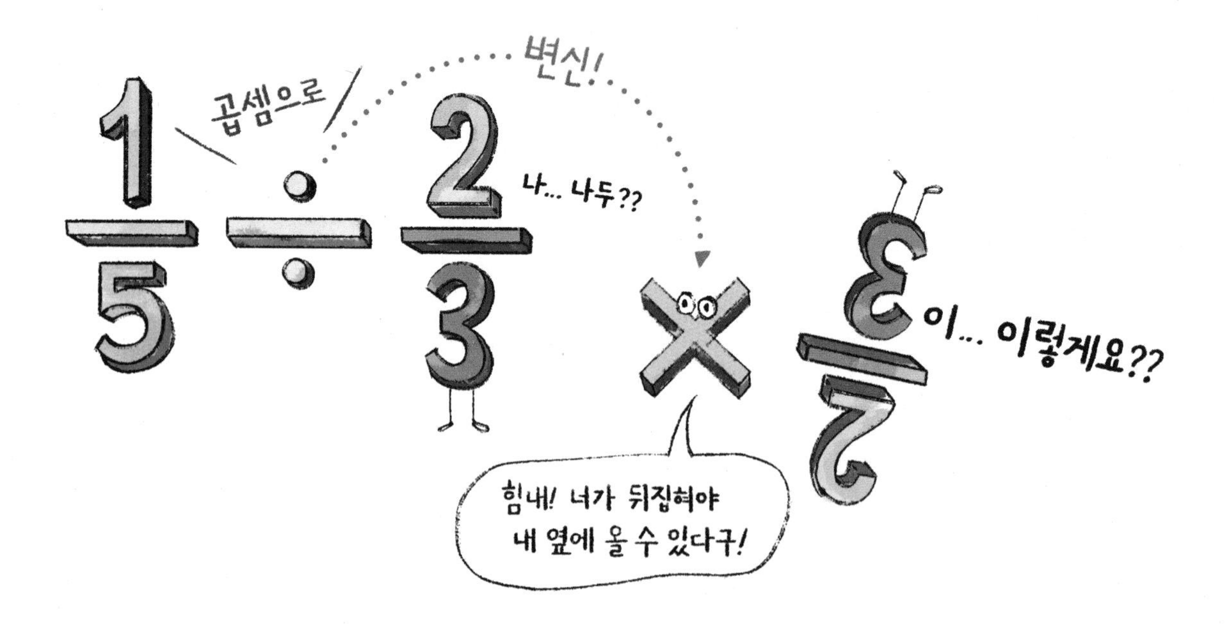
곱셈으로
변신!
나... 나두??
이... 이렇게요??
힘내! 너가 뒤집혀야 내 옆에 올 수 있다구!

나눗셈을 곱셈으로 바꾸어 계산할 수 있어!

$$3 \xrightarrow{\times 2} 6,\quad 6 \xrightarrow{\div 2} 3 \quad = \quad 3 \xrightarrow{\times 2} 6,\quad 6 \xrightarrow{\times \frac{1}{2}} 3$$

분수도 자연수처럼 계산해 보자!

$$\frac{1}{2} \xrightarrow{\times \frac{2}{3}} \frac{1}{3},\quad \frac{1}{3} \xrightarrow{\div \frac{2}{3}} \frac{1}{2} \quad = \quad \frac{1}{2} \xrightarrow{\times \frac{2}{3}} \frac{1}{3},\quad \frac{1}{3} \xrightarrow{\times \frac{3}{2}} \frac{1}{2}$$

1 분모가 같은 (분수)÷(분수)는 분자끼리 나누면 돼.

- 분자끼리 나누어떨어지는 분모가 같은 (분수)÷(분수)

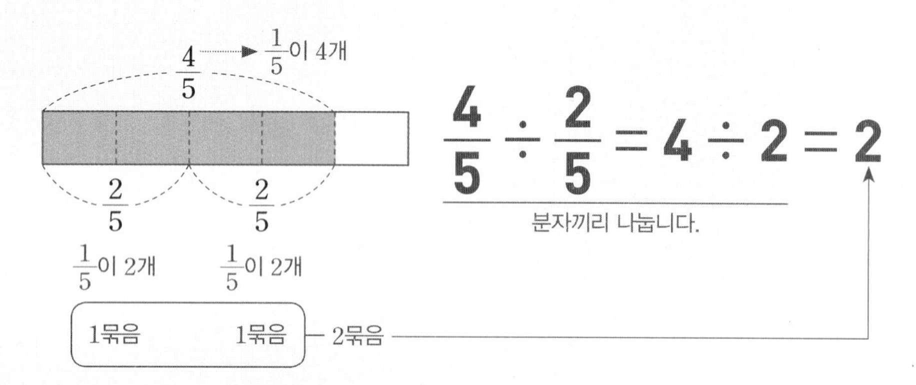

- 분자끼리 나누어떨어지지 않는 분모가 같은 (분수)÷(분수)

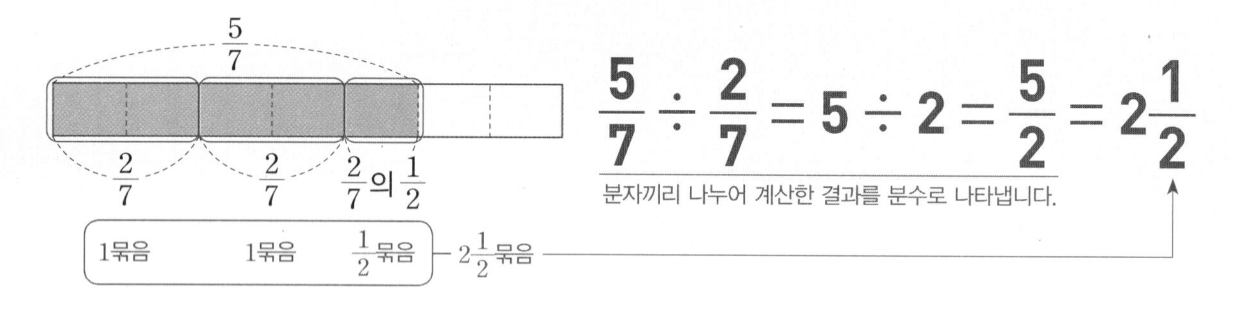

1 그림을 보고 $\frac{5}{8}\div\frac{1}{8}$을 계산하려고 합니다. □ 안에 알맞은 수를 써넣으세요.

$\frac{5}{8}$

$\frac{1}{8}$	$\frac{1}{8}$	$\frac{1}{8}$	$\frac{1}{8}$	$\frac{1}{8}$			

→ $\frac{5}{8}$에서 $\frac{1}{8}$을 □번 덜어 낼 수 있습니다.

→ $\frac{5}{8}\div\frac{1}{8}=$ □

2 그림을 보고 $\frac{7}{9}\div\frac{2}{9}$를 계산하려고 합니다. □ 안에 알맞은 수를 써넣으세요.

$\frac{7}{9}$

→ $\frac{7}{9}\div\frac{2}{9}=$ □ $\div 2=\frac{\square}{2}=$ □

3 □ 안에 알맞은 수를 써넣으세요.

$\frac{8}{11}$은 $\frac{1}{11}$이 □개이고, $\frac{4}{11}$는 $\frac{1}{11}$이 □개입니다.

➡ $\frac{8}{11} \div \frac{4}{11} = \square \div \square = \square$

4 □ 안에 알맞은 수를 써넣으세요.

(1) $\frac{8}{9} \div \frac{2}{9} = \square \div \square = \square$

(2) $\frac{15}{16} \div \frac{5}{16} = \square \div \square = \square$

(3) $\frac{4}{21} \div \frac{20}{21} = \square \div \square = \frac{\square}{\square}$

(4) $\frac{7}{10} \div \frac{3}{10} = \square \div \square = \frac{\square}{\square} = \square$

1

5 보기 와 같은 방법으로 계산해 보세요.

보기

$\frac{5}{13} \div \frac{9}{13} = 5 \div 9 = \frac{5}{9}$

(1) $\frac{9}{14} \div \frac{11}{14}$ ....

(2) $\frac{7}{15} \div \frac{8}{15}$ ....

6 계산 결과를 찾아 이어 보세요.

$\frac{13}{17} \div \frac{6}{17}$ •	• $1\frac{6}{7}$
$\frac{13}{15} \div \frac{7}{15}$ •	• $2\frac{1}{6}$

2 분모가 다른 (분수)÷(분수)는 통분한 후 분자끼리 나누면 돼.

● 분자끼리 나누어떨어지는 분모가 다른 (분수)÷(분수)

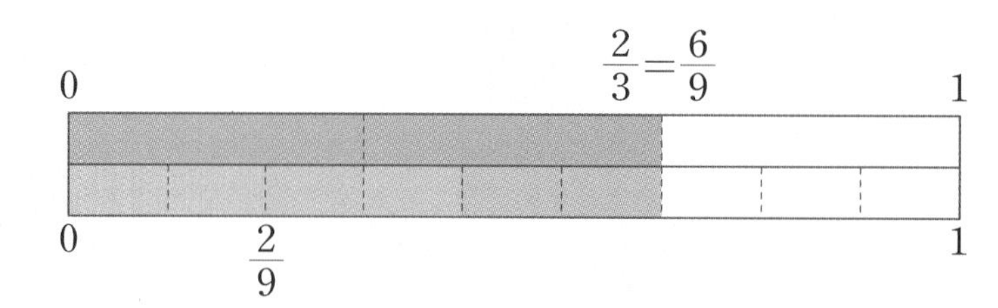

$$\frac{2}{3}\div\frac{2}{9}=\frac{6}{9}\div\frac{2}{9}=6\div2=3$$

통분하기 / 분자끼리 나누기

● 분자끼리 나누어떨어지지 않는 분모가 다른 (분수)÷(분수)

$$\frac{3}{4}\div\frac{1}{5}=\frac{15}{20}\div\frac{4}{20}=15\div4=\frac{15}{4}=3\frac{3}{4}$$

통분하기 / 분자끼리 나누어 계산한 결과를 분수로 나타내기

1 그림을 보고 $\frac{3}{5}\div\frac{3}{10}$을 계산하려고 합니다. □ 안에 알맞은 수를 써넣으세요.

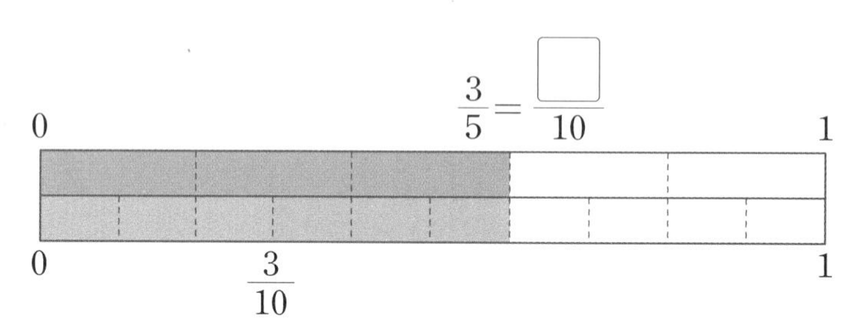

$$\frac{3}{5}\div\frac{3}{10}=\frac{\square}{10}\div\frac{\square}{10}=\square\div\square=\square$$

2 □ 안에 알맞은 수를 써넣으세요.

$$\frac{4}{7}\div\frac{1}{2}=\frac{\square}{14}\div\frac{\square}{14}=\square\div\square=\frac{\square}{\square}=\square$$

두 분수를 통분하기

$\left(\frac{4}{7}, \frac{1}{2}\right) \rightarrow \left(\frac{4\times2}{7\times2}, \frac{1\times7}{2\times7}\right)$

$\rightarrow \left(\frac{8}{14}, \frac{7}{14}\right)$

3 □ 안에 알맞은 수를 써넣으세요.

(1) $\frac{3}{4} \div \frac{3}{16} = \frac{\square}{16} \div \frac{\square}{16} = \square \div \square = \square$

(2) $\frac{2}{3} \div \frac{2}{15} = \frac{\square}{15} \div \frac{\square}{15} = \square \div \square = \square$

(3) $\frac{2}{7} \div \frac{3}{4} = \frac{\square}{28} \div \frac{\square}{28} = \square \div \square = \frac{\square}{\square}$

(4) $\frac{5}{6} \div \frac{3}{7} = \frac{\square}{42} \div \frac{\square}{42} = \square \div \square = \frac{\square}{\square} = \square$

1

4 ㉠, ㉡, ㉢에 알맞은 수를 각각 구해 보세요.

$\frac{5}{7} \div \frac{5}{14} = \frac{㉠}{14} \div \frac{5}{14} = ㉡ \div 5 = ㉢$

㉠: □, ㉡: □, ㉢: □

5 보기 와 같은 방법으로 계산해 보세요.

보기

$\frac{1}{2} \div \frac{2}{3} = \frac{3}{6} \div \frac{4}{6} = 3 \div 4 = \frac{3}{4}$

(1) $\frac{3}{8} \div \frac{4}{5}$

(2) $\frac{2}{5} \div \frac{5}{6}$

6 바르게 계산한 것에 ○표 하세요.

$\frac{5}{9} \div \frac{1}{7} = \frac{35}{63} \div \frac{9}{63} = \frac{9}{35}$ ( )

$\frac{5}{6} \div \frac{4}{5} = \frac{25}{30} \div \frac{24}{30} = 1\frac{1}{24}$ ( )

1 분모가 같은 (분수)÷(분수)

1 계산해 보세요.

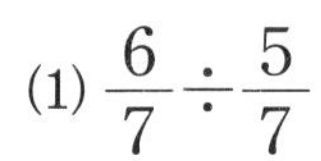

(1) $\frac{6}{7} \div \frac{5}{7}$　　　　(2) $\frac{5}{12} \div \frac{11}{12}$

➕ 계산해 보세요.

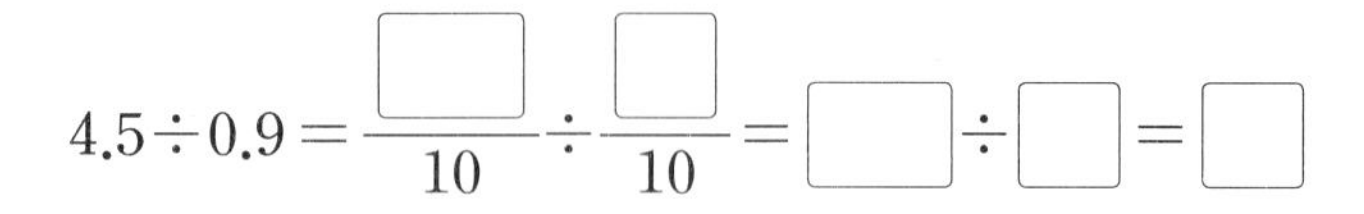

$4.5 \div 0.9 = \frac{\square}{10} \div \frac{\square}{10} = \square \div \square = \square$

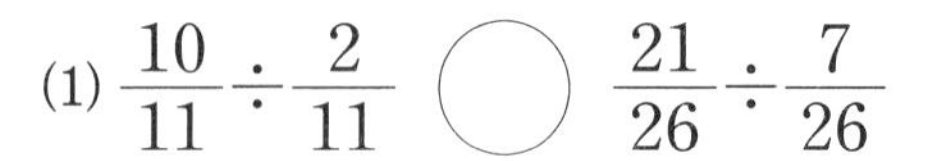

2 계산 결과를 비교하여 ○ 안에 >, =, <를 알맞게 써넣으세요.

(1) $\frac{10}{11} \div \frac{2}{11}$ ○ $\frac{21}{26} \div \frac{7}{26}$

(2) $\frac{8}{9} \div \frac{7}{9}$ ○ $\frac{13}{23} \div \frac{14}{23}$

3 계산 결과가 다른 것을 찾아 기호를 써 보세요.

㉠ $\frac{6}{7} \div \frac{2}{7}$	㉡ $\frac{10}{11} \div \frac{5}{11}$	㉢ $\frac{12}{19} \div \frac{4}{19}$

(　　　　　　　)

4 물 $\frac{9}{20}$ L를 한 사람에게 $\frac{3}{20}$ L씩 나누어 주려고 합니다. 몇 명에게 나누어 줄 수 있는지 식을 쓰고 답을 구해 보세요.

식 ....

답 ....

2단원에서 만나!

소수의 나눗셈

• 소수의 나눗셈을 분수의 나눗셈으로 바꾸어 계산하기
소수 한 자리 수는 분모가 10인 분수로 나타낼 수 있으므로 분모가 같은 (분수)÷(분수)로 계산합니다.

$2.4 \div 0.3 = \frac{24}{10} \div \frac{3}{10}$
$= 24 \div 3 = 8$

▶ $\frac{▲}{■} \div \frac{●}{■} = ▲ \div ● = \frac{▲}{●}$

▶ (전체 물의 양)÷(한 사람에게 주는 물의 양)으로 식을 세워 봐.

5 조건 을 모두 만족하는 분수의 나눗셈식을 모두 써 보세요.

> **조건**
> • $7 \div 5$와 계산 결과가 같습니다.
> • 분모가 10보다 작은 진분수끼리의 나눗셈입니다.
> • 두 분수의 분모는 같습니다.

식 ....

▶ 분모가 같은 분수의 나눗셈은 분자끼리의 나눗셈으로 계산해.
$\frac{3}{5} \div \frac{2}{5} = 3 \div 2 = \frac{2}{3}$

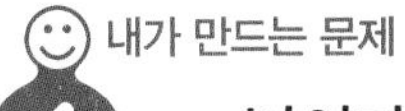

6 넓이가 $\frac{18}{25}$ cm^2인 직사각형이 있습니다. 직사각형의 가로를 다음 길이에서 골라 ○표 하고, 세로의 길이는 몇 cm인지 구해 보세요.

$\frac{3}{25}$ cm	$\frac{6}{25}$ cm	$\frac{9}{25}$ cm

( )

▶ (직사각형의 넓이) = (가로) × (세로)
↓
(세로) = (직사각형의 넓이) ÷ (가로)

분모가 같은 (분수) ÷ (분수)에서 분자끼리 나누는 이유는?

$\frac{8}{9}$ | $\frac{1}{9}$ | $\frac{1}{9}$ | $\frac{1}{9}$ | $\frac{1}{9}$ | $\frac{1}{9}$ | $\frac{1}{9}$ | $\frac{1}{9}$ | $\frac{1}{9}$ | | ➡ $\frac{1}{9}$이 8개

$\frac{2}{9}$ | $\frac{1}{9}$ | $\frac{1}{9}$ | | | | | | | | ➡ $\frac{1}{9}$이 2개

$\frac{1}{9}$의 개수끼리 나누면 $8 \div 2 = \square$입니다. ➡ $\frac{8}{9} \div \frac{2}{9} = \square$

2 분모가 다른 (분수)÷(분수)

7 계산해 보세요.

(1) $\frac{1}{8}\div\frac{4}{5}$　　(2) $\frac{3}{4}\div\frac{4}{7}$

▶ 두 분수를 통분할 때에는 두 분모의 곱 또는 두 분모의 최소공배수를 공통분모하여 통분해.

8 관계있는 것끼리 이어 보세요.

$\frac{8}{9}\div\frac{7}{27}$ •	• $14\div2$ •	• 7
$\frac{2}{3}\div\frac{2}{21}$ •	• $24\div7$ •	• $3\frac{3}{7}$

▶ 두 분수를 통분하여 분자끼리의 나눗셈으로 나타내어 봐.

9 계산 결과가 자연수가 아닌 것을 찾아 기호를 써 보세요.

㉠ $\frac{1}{2}\div\frac{1}{6}$　㉡ $\frac{3}{5}\div\frac{3}{20}$　㉢ $\frac{2}{3}\div\frac{5}{9}$

(　　　　　　　)

10 집에서 학교까지의 거리는 집에서 도서관까지의 거리의 몇 배일까요?

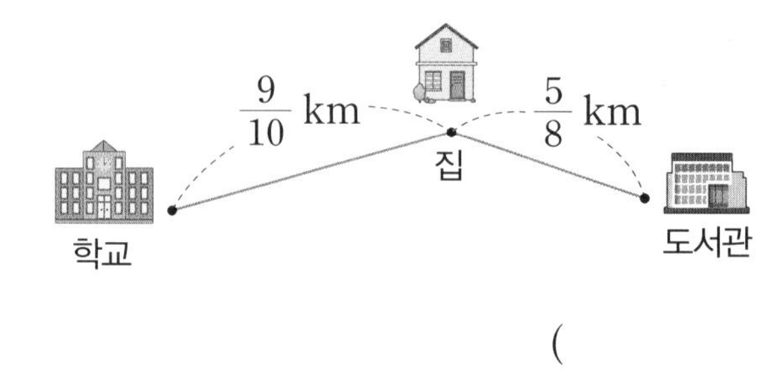

(　　　　　　　)

▶ '몇 배'인지 구하는 문제는 나눗셈식을 이용해.
예 ■는 ▲의 몇 배인지 구하기
➡ ■÷▲

11 소금 $\frac{5}{6}$ kg을 한 봉지에 $\frac{5}{24}$ kg씩 나누어 담으려고 합니다. 봉지는 모두 몇 개가 필요할까요?

( )

▶ (전체 소금의 양)÷(한 봉지에 담는 소금의 양)으로 식을 세워 봐.

12 계산 결과가 가장 작은 식을 찾아 ○표 하세요.

$\frac{7}{8}\div\frac{2}{3}$	$\frac{10}{11}\div\frac{9}{22}$	$\frac{3}{10}\div\frac{3}{4}$
( )	( )	( )

내가 만드는 문제

13 윤아의 일기입니다. □ 안에 알맞은 수를 써넣고, 같은 빠르기로 윤아가 한 시간 동안 달린다면 몇 km를 달릴 수 있는지 구해 보세요.

▶ 한 시간 동안 달릴 수 있는 거리는 (달린 거리)÷(걸린 시간)으로 구할 수 있어.

20○○년 ○월 ○일

나는 오늘 아침에 공원 $\frac{\square}{20}$ km를 달리는 데 $\frac{1}{4}$시간이 걸렸다. 아침 공기가 상쾌해서 좋았다.

( )

왜 $\frac{4}{5}\div\frac{2}{3}=2$가 아닐까?

$\frac{4}{5}\div\frac{2}{3}=\frac{4}{15}\div\frac{2}{15}$
$=4\div2$
$=2$ (X)

VS

$\frac{4}{5}\div\frac{2}{3}=\frac{12}{15}\div\frac{10}{15}$
$=12\div10$
$=\frac{\square}{10}=1\frac{\square}{10}=1\frac{\square}{5}$ (O)

통분할 때 분모와 분자에 같은 수를 곱해야 해.

3 (자연수)÷(분수)는 자연수를 분자로 나눈 후 분모를 곱해.

● **(자연수)÷(단위분수)**

물 5 L를 받는 데 $\frac{1}{3}$시간이 걸렸을 때 1시간 동안 받을 수 있는 물의 양 구하기

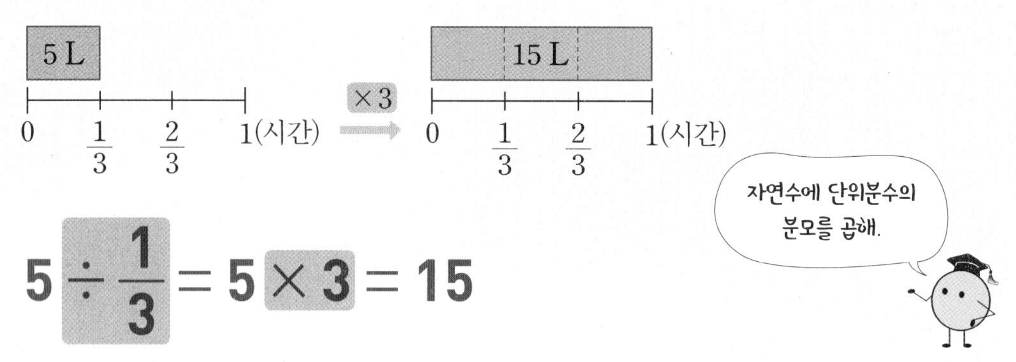

$$5 \div \frac{1}{3} = 5 \times 3 = 15$$

● **(자연수)÷(분수)**

물 4 L를 받는 데 $\frac{2}{3}$시간이 걸렸을 때 1시간 동안 받을 수 있는 물의 양 구하기

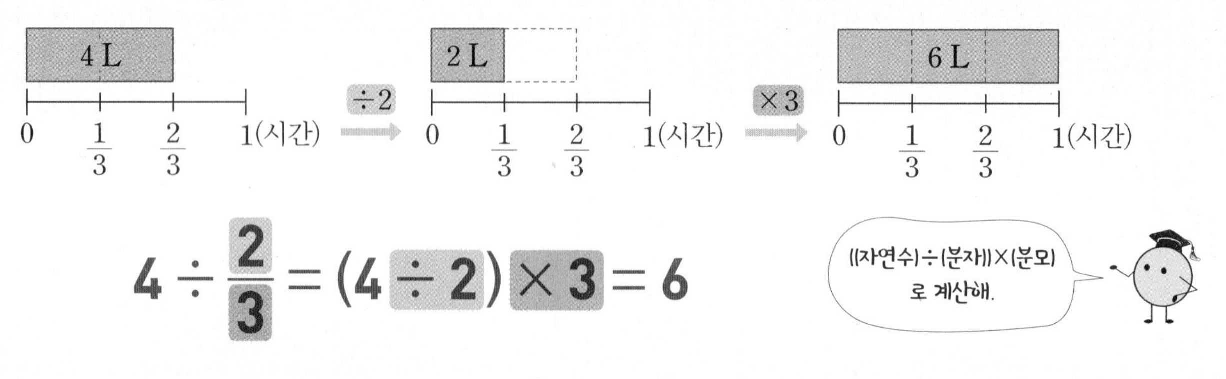

$$4 \div \frac{2}{3} = (4 \div 2) \times 3 = 6$$

1 모래 6 kg을 옮기는 데 $\frac{3}{4}$시간이 걸렸을 때 1시간 동안 옮길 수 있는 모래의 양을 구하려고 합니다. 그림을 보고 □ 안에 알맞은 수를 써넣으세요.

6 kg — ÷□ → 2 kg — ×□ → 8 kg

0, $\frac{1}{4}$, $\frac{2}{4}$, $\frac{3}{4}$, 1(시간)

$$6 \div \frac{3}{4} = (6 \div \square) \times \square = \square \text{(kg)}$$

2 $24 \div \frac{3}{8}$의 계산을 바르게 한 식을 찾아 ○표 하세요.

$24 \div 8 \times 3$	$(24 \div 3) \times 8$
(　　　)	(　　　)

3 □ 안에 알맞은 수를 써넣으세요.

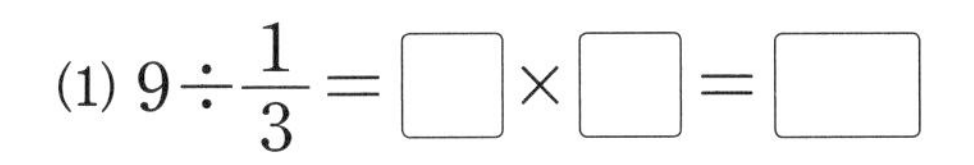

(1) $9 \div \frac{1}{3} = \square \times \square = \square$

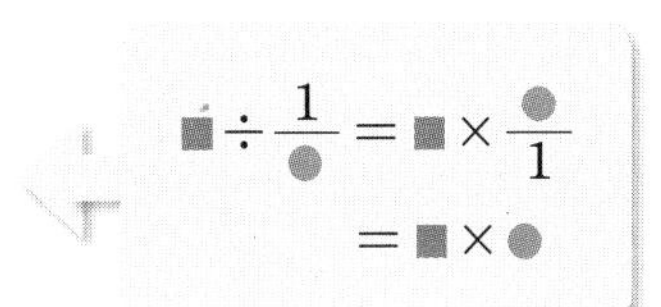

(2) $6 \div \frac{1}{7} = \square \times \square = \square$

(3) $8 \div \frac{2}{5} = (\square \div \square) \times \square = \square$

■÷▲/●=(■÷▲)×●

(4) $16 \div \frac{8}{9} = (\square \div \square) \times \square = \square$

4 □ 안에 올바른 계산 과정을 써넣으세요.

(1) $5 \div \frac{1}{9} = \square = 45$

(2) $10 \div \frac{5}{6} = \square = 12$

5 바르게 계산한 것을 찾아 기호를 써 보세요.

㉠ $12 \div \frac{2}{3} = 12 \times 2 \div 3 = 8$　　㉡ $20 \div \frac{4}{5} = (20 \div 4) \times 5 = 25$

(　　　　　　　)

4 (분수)÷(분수)는 나누는 분수의 분모와 분자를 바꾸어 곱해.

● (분수)÷(분수)를 (분수)×(분수)로 나타내기

물 $\frac{1}{2}$ L로 물통의 $\frac{4}{5}$를 채웠을 때 물통을 가득 채울 수 있는 물의 양 구하기

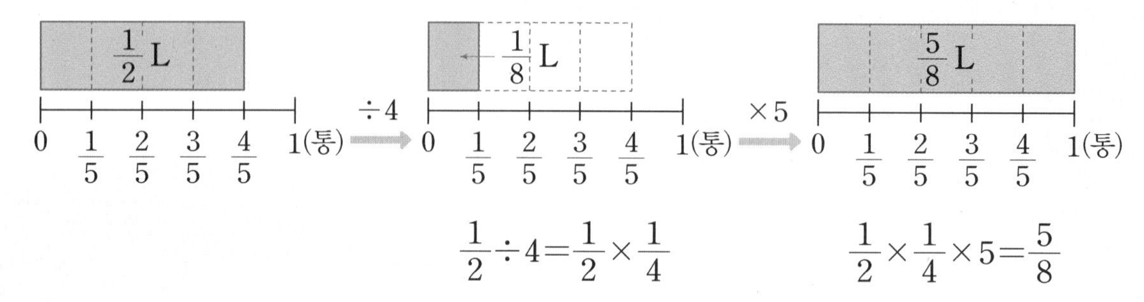

$\frac{1}{2}\div 4=\frac{1}{2}\times\frac{1}{4}$ $\frac{1}{2}\times\frac{1}{4}\times 5=\frac{5}{8}$

곱셈으로 바꾸기

$$\frac{1}{2}\div\frac{4}{5}=\frac{1}{2}\times\frac{5}{4}=\frac{5}{8}$$

분모와 분자 바꾸기

1 분수의 나눗셈을 곱셈으로 바르게 나타낸 것에 ○표 하세요.

(1) $\frac{3}{7}\div\frac{7}{9}$

$\frac{3}{7}\times\frac{9}{7}$ ( )

$\frac{3}{7}\times\frac{7}{9}$ ( )

(2) $\frac{5}{13}\div\frac{3}{4}$

$\frac{5}{13}\times\frac{3}{4}$ ( )

$\frac{5}{13}\times\frac{4}{3}$ ( )

2 ㉠, ㉡, ㉢에 알맞은 수를 각각 구해 보세요.

$$\frac{2}{9}\div\frac{3}{8}=\frac{2}{9}\times\frac{㉠}{㉡}=\frac{㉢}{27}$$

㉠: ☐, ㉡: ☐, ㉢: ☐

3 □ 안에 알맞은 수를 써넣으세요.

(1) $\frac{1}{3} \div \frac{7}{10} = \frac{1}{3} \times \frac{\square}{\square} = \frac{\square}{\square}$

(2) $\frac{2}{11} \div \frac{3}{4} = \frac{2}{11} \times \frac{\square}{\square} = \frac{\square}{\square}$

(3) $\frac{6}{7} \div \frac{5}{6} = \frac{6}{7} \times \frac{\square}{\square} = \frac{\square}{\square} = \square$

(4) $\frac{5}{6} \div \frac{4}{7} = \frac{5}{6} \times \frac{\square}{\square} = \frac{\square}{\square} = \square$

4 관계있는 것끼리 이어 보세요.

$\frac{5}{9} \div \frac{2}{5}$ •	• $\frac{7}{10} \times \frac{9}{4}$ •	• $1\frac{23}{40}$
$\frac{7}{10} \div \frac{4}{9}$ •	• $\frac{3}{8} \times \frac{15}{7}$ •	• $1\frac{7}{18}$
$\frac{3}{8} \div \frac{7}{15}$ •	• $\frac{5}{9} \times \frac{5}{2}$ •	• $\frac{45}{56}$

5 보기 와 같은 방법으로 계산해 보세요.

> 보기
>
> $\frac{7}{8} \div \frac{3}{4} = \frac{7}{\cancel{8}_{2}} \times \frac{\cancel{4}^{1}}{3} = \frac{7}{6} = 1\frac{1}{6}$

(1) $\frac{3}{4} \div \frac{3}{5}$ ....

(2) $\frac{5}{8} \div \frac{7}{10}$ ....

5 (분수)÷(분수)를 계산해 보자.

● (가분수)÷(분수)

방법 1 통분하여 계산하기

$$\underbrace{\frac{5}{3}\div\frac{3}{4}=\frac{20}{12}\div\frac{9}{12}}_{\text{통분하기}}=20\div9=\frac{20}{9}=2\frac{2}{9}$$

방법 2 분수의 곱셈으로 나타내어 계산하기

곱셈으로 바꾸기

$$\frac{5}{3}\div\frac{3}{4}=\frac{5}{3}\times\frac{4}{3}=\frac{20}{9}=2\frac{2}{9}$$

분모와 분자 바꾸기

● (대분수)÷(분수)

방법 1 대분수를 가분수로 나타낸 후 통분하여 계산하기

대분수를 가분수로 나타내기

$$2\frac{1}{3}\div\frac{2}{5}=\frac{7}{3}\div\frac{2}{5}=\frac{35}{15}\div\frac{6}{15}=35\div6=\frac{35}{6}=5\frac{5}{6}$$

통분하기

방법 2 대분수를 가분수로 나타낸 후 분수의 곱셈으로 나타내어 계산하기

대분수를 가분수로 나타내기 곱셈으로 바꾸기

$$2\frac{1}{3}\div\frac{2}{5}=\frac{7}{3}\div\frac{2}{5}=\frac{7}{3}\times\frac{5}{2}=\frac{35}{6}=5\frac{5}{6}$$

분모와 분자 바꾸기

1 $\frac{5}{4}\div\frac{2}{3}$를 두 가지 방법으로 계산하려고 합니다. □ 안에 알맞은 수를 써넣으세요.

(1) 통분하여 계산해 보세요.

$$\frac{5}{4}\div\frac{2}{3}=\frac{15}{12}\div\frac{\square}{12}=15\div\square=\frac{\square}{\square}=\square$$

(2) 분수의 곱셈으로 나타내어 계산해 보세요.

$$\frac{5}{4}\div\frac{2}{3}=\frac{5}{4}\times\frac{\square}{2}=\frac{\square}{\square}=\square$$

2 $2\frac{1}{5} \div \frac{5}{6}$를 두 가지 방법으로 계산하려고 합니다. □ 안에 알맞은 수를 써넣으세요.

(1) 통분하여 계산해 보세요.

$$2\frac{1}{5} \div \frac{5}{6} = \frac{\square}{5} \div \frac{5}{6} = \frac{\square}{30} \div \frac{25}{30} = \square \div \square = \frac{\square}{\square} = \square$$

(2) 분수의 곱셈으로 나타내어 계산해 보세요.

$$2\frac{1}{5} \div \frac{5}{6} = \frac{\square}{5} \div \frac{5}{6} = \frac{\square}{5} \times \frac{6}{\square} = \frac{\square}{\square} = \square$$

3 □ 안에 알맞은 수를 써넣으세요.

(1) $\frac{3}{2} \div \frac{2}{7} = \frac{\square}{14} \div \frac{\square}{14} = \square \div \square = \frac{\square}{\square} = \square$

(2) $1\frac{1}{3} \div \frac{5}{8} = \frac{\square}{3} \div \frac{5}{8} = \frac{\square}{3} \times \frac{\square}{\square} = \frac{\square}{\square} = \square$

4 $3\frac{2}{7} \div 1\frac{3}{4}$과 계산 결과가 같은 것을 찾아 ○표 하세요.

$\frac{23}{7} \times \frac{7}{4}$ $\frac{23}{7} \times \frac{4}{7}$ $\frac{7}{23} \times \frac{7}{4}$

5 다음을 나눗셈식으로 나타내고 답을 구해 보세요.

$\frac{9}{8}$를 $\frac{4}{5}$로 나눈 몫

식 ....

답 ....

3 (자연수)÷(분수)

1 보기 와 같이 계산해 보세요.

보기

$5\div\frac{1}{6}=5\times6=30$ $6\div\frac{3}{10}=(6\div3)\times10=20$

(1) $13\div\frac{1}{3}$ ....

(2) $10\div\frac{5}{9}$ ....

▶ ■÷$\frac{1}{●}$=■×●

■÷$\frac{▲}{●}$=(■÷▲)×●

2 계산해 보세요.

(1) $3\div\frac{1}{5}$ (2) $12\div\frac{1}{4}$

(3) $8\div\frac{2}{9}$ (4) $12\div\frac{6}{7}$

3 □ 안에 들어갈 수 있는 가장 작은 자연수를 구해 보세요.

$25\div\frac{5}{7}<\square$

( )

▶ ▲<□일 때 □ 안에 들어갈 수 있는 수는 ▲보다 큰 수야.

4 두 나눗셈의 몫의 차를 구해 보세요.

$9\div\frac{3}{8}$ $21\div\frac{7}{11}$

( )

5 길이가 32 m인 철사를 $\frac{4}{5}\text{ m}$씩 잘랐습니다. 자른 철사는 모두 몇 도막인지 구해 보세요.

( )

▶ (전체 철사의 길이)÷(한 도막의 길이)로 식을 세워 봐.

6 계산 결과가 가장 큰 것을 찾아 기호를 써 보세요. (단, ★은 0이 아닌 같은 수입니다.)

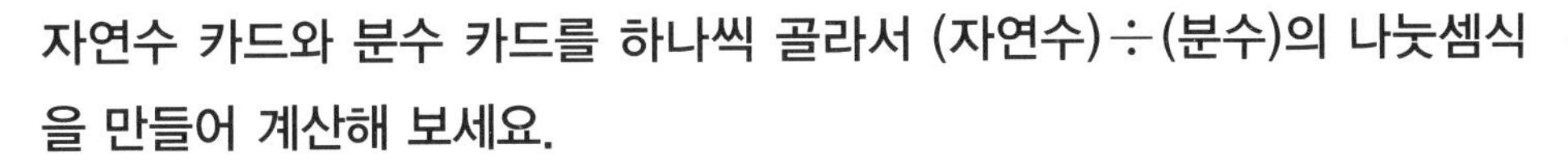
㉠ $★ \div \frac{1}{9}$　　㉡ $★ \div \frac{1}{8}$　　㉢ $★ \div \frac{1}{14}$

( )

▶ 단위분수는 분모가 클수록 더 작은 분수입니다.

내가 만드는 문제

7 자연수 카드와 분수 카드를 하나씩 골라서 (자연수)÷(분수)의 나눗셈식을 만들어 계산해 보세요.

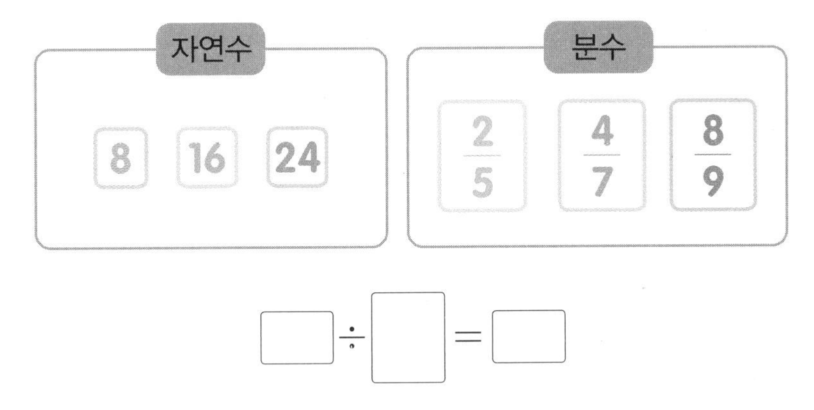

$\square \div \square = \square$

▶ 여러 가지 나눗셈식을 만들 수 있어.

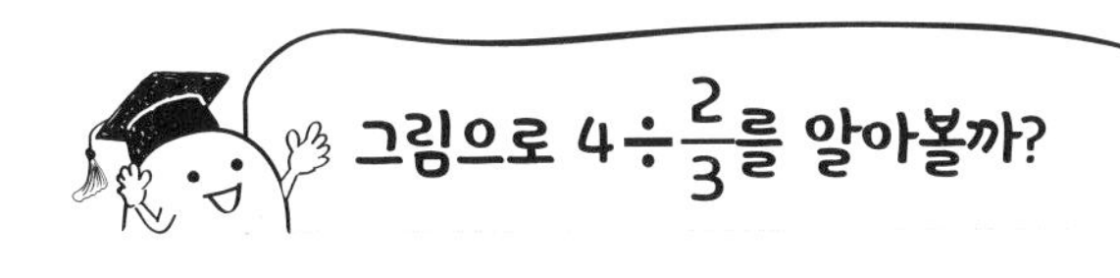

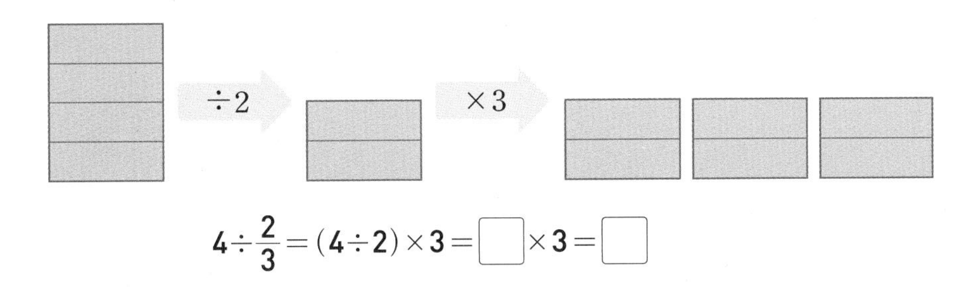

$4 \div \frac{2}{3} = (4 \div 2) \times 3 = \square \times 3 = \square$

개념 적용

4 (분수)÷(분수)를 (분수)×(분수)로 나타내기

8 분수의 곱셈으로 나타내어 계산해 보세요.

▶ (분수)÷(분수)는 나누는 분수의 분모와 분자를 바꾸어 곱해.

(1) $\frac{1}{8}\div\frac{5}{9}$ ....

(2) $\frac{8}{9}\div\frac{3}{10}$ ....

9 계산이 잘못된 것을 찾아 기호를 써 보세요.

▶ $\div\frac{1}{■}$은 $\times$■와 같아.

㉠ $\frac{5}{9}\div\frac{1}{8}=\frac{5}{9}\times8=\frac{40}{9}=4\frac{4}{9}$

㉡ $\frac{4}{7}\div\frac{3}{4}=\frac{7}{4}\times\frac{3}{4}=\frac{21}{16}=1\frac{5}{16}$

( )

10 값이 다른 하나를 찾아 기호를 써 보세요.

▶ 나눗셈의 계산 과정과 결과를 살펴보면 값이 다른 하나를 찾을 수 있어.

㉠ $\frac{3}{11}\div\frac{5}{6}$ ㉡ $\frac{11}{3}\times\frac{5}{6}$ ㉢ $\frac{3}{11}\times\frac{6}{5}$ ㉣ $\frac{18}{55}$

( )

11 계산 결과가 1보다 큰 것을 찾아 ○표 하세요.

▶ 여러 가지 분수와 1의 크기 비교
(진분수)<1
(가분수)≥1
(대분수)>1

$\frac{1}{2}\div\frac{7}{8}$	$\frac{8}{9}\div\frac{9}{10}$	$\frac{5}{12}\div\frac{1}{6}$
( )	( )	( )

12 빵 한 개를 만드는 데 소금 $\frac{3}{10}$컵이 필요합니다. 소금 $\frac{3}{4}$컵으로 빵을 몇 개까지 만들 수 있는지 구해 보세요.

(　　　　　　　　　　)

▶ (전체 소금의 양)÷(빵 한 개를 만드는 데 필요한 소금의 양)으로 식을 세워 봐.

13 계산 결과가 큰 것부터 차례로 ○ 안에 1, 2, 3을 써넣으세요.

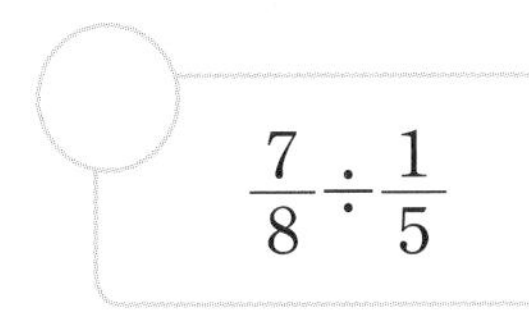
$\frac{7}{8} \div \frac{1}{5}$

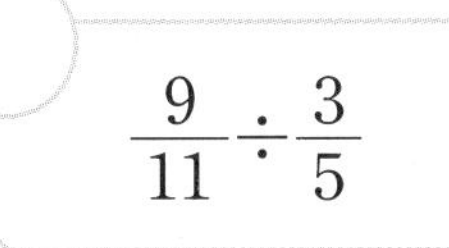
$\frac{9}{11} \div \frac{3}{5}$

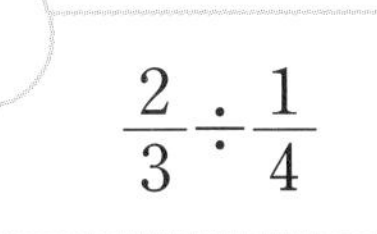
$\frac{2}{3} \div \frac{1}{4}$

▶ 분모가 다른 대분수의 크기 비교하기
① 자연수 부분의 크기를 비교합니다.
② 자연수 부분의 크기가 같으면 분수 부분을 통분하여 크기를 비교합니다.

1

내가 만드는 문제

14 달팽이가 다음 거리만큼 기어가는 데 $\frac{2}{5}$분 걸렸습니다. 달팽이가 움직인 거리를 자유롭게 진분수로 써넣고 이 달팽이가 같은 빠르기로 1분 동안 기어갈 수 있는 거리는 몇 cm인지 구해 보세요.

□ cm

(　　　　　　　　　　)

▶ (달팽이가 1분 동안 기어갈 수 있는 거리)
= (기어간 거리)÷(걸린 시간)
으로 구할 수 있어.

$\frac{5}{7} \div \frac{3}{4}$을 잘못 계산하지 않으려면?

$\frac{5}{7} \div \frac{3}{4} = \frac{5}{7} \times \frac{3}{4} = \frac{15}{28}$ ✕
나누는 분수의 분모와 분자를 바꾸지 않았어.

$\frac{5}{7} \div \frac{3}{4} = \frac{7}{5} \times \frac{4}{3} = \frac{28}{15} = 1\frac{13}{15}$ ✕
나누어지는 분수의 분모와 분자는 바꾸면 안 돼.

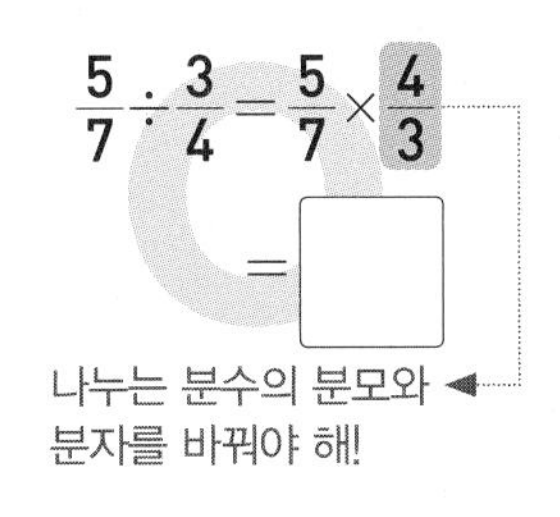
$\frac{5}{7} \div \frac{3}{4} = \frac{5}{7} \times \frac{4}{3} = □$ ○
나누는 분수의 분모와 분자를 바꿔야 해!

15 보기 와 같이 계산해 보세요.

보기

$$2\frac{3}{4} \div 1\frac{1}{5} = \frac{11}{4} \div \frac{6}{5} = \frac{11}{4} \times \frac{5}{6} = \frac{55}{24} = 2\frac{7}{24}$$

(1) $3\frac{1}{2} \div 1\frac{1}{7}$

(2) $1\frac{4}{5} \div 1\frac{3}{8}$

▶ 대분수는 가분수로 나타낸 후 분수의 나눗셈은 곱셈으로 나타내어 계산해.

16 계산이 잘못된 곳을 찾아 바르게 계산해 보세요.

$$3\frac{1}{6} \div \frac{2}{3} = 3\frac{1}{\overset{}{\cancel{6}}_{2}} \times \frac{\overset{1}{\cancel{3}}}{2} = 3\frac{1}{4}$$

➡ $3\frac{1}{6} \div \frac{2}{3}$

17 계산해 보세요.

(1) $\frac{13}{2} \div \frac{1}{4}$

(2) $3\frac{3}{5} \div 1\frac{1}{6}$

▶ 두 가지 방법 중 편한 방법으로 계산해 봐.
방법 1 통분한 후 분자의 나눗셈으로 계산하는 방법
방법 2 분수의 곱셈으로 나타내어 계산하는 방법

18 ㉠, ㉡, ㉢에 알맞은 수를 잘못 구한 것을 찾아 ×표 하세요.

$$4\frac{2}{3} \div 2\frac{3}{5} = \frac{14}{3} \div \frac{13}{5} = \frac{㉠}{15} \div \frac{㉡}{15} = \frac{㉠}{㉡} = 1\frac{㉢}{39}$$

㉠ 70	㉡ 39	㉢ 32
( )	( )	( )

▶ 대분수를 가분수로 나타낸 후 두 분수를 통분하여 분자의 나눗셈으로 계산했어.

19 가분수를 진분수로 나눈 몫을 구해 보세요.

$4\frac{1}{7}$	$\frac{5}{12}$	$\frac{17}{6}$

( )

▶ 가분수는 분자가 분모와 같거나 분모보다 큰 분수이고, 진분수는 분자가 분모보다 작은 분수야.

20 똑같은 피자를 선우네 모둠은 $1\frac{5}{6}$판, 윤주네 모둠은 $\frac{7}{8}$판 먹었습니다. 선우네 모둠이 먹은 피자의 양은 윤주네 모둠이 먹은 피자의 양의 몇 배인지 구해 보세요.

( )

▶ (선우네 모둠이 먹은 피자의 양) ÷(윤주네 모둠이 먹은 피자의 양)으로 식을 세워 봐.

1

내가 만드는 문제

21 들이가 $6\frac{1}{4}$ L인 수조가 있습니다. 들이가 다음과 같은 세 그릇 중 한 개를 골라 ○표 하고, 고른 그릇으로 수조에 물을 가득 채우려면 적어도 몇 번 부어야 하는지 구해 보세요.

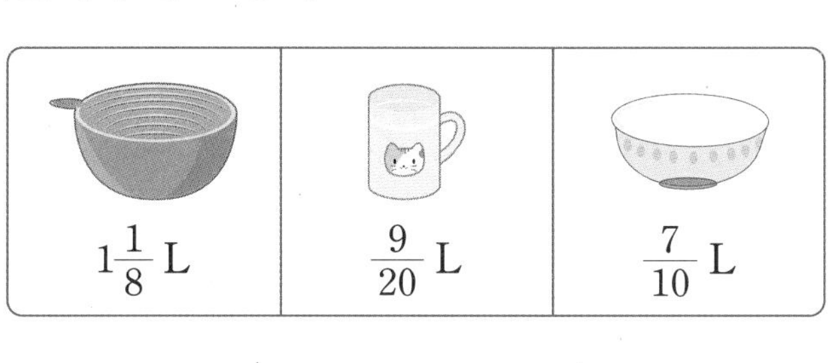

( )

▶ (수조의 들이)÷(그릇의 들이)의 결과가 ■$\frac{▲}{●}$일 때 물을 부족하지 않게 부어야 하므로 물을 적어도 (■+1)번 부어야 해.

$2\frac{1}{3}\div\frac{2}{5}$을 잘못 계산하지 않으려면?

X: $2\frac{1}{3}\div\frac{2}{5}=2\frac{1}{3}\times\frac{5}{2}=2\frac{5}{6}$

└► 대분수를 가분수로 바꾸지 않았어.

O: $2\frac{1}{3}\div\frac{2}{5}=\frac{7}{3}\times\square=\square=\square$

└► 대분수를 가분수로 바꾼 후 계산했어.

개념 완성

발전 문제

1 모르는 수 구하기

1 준비

□ 안에 알맞은 수를 구해 보세요.

$$\frac{2}{5} \div \square = \frac{3}{5}$$

(　　　　　　　　　)

2 확인

$\frac{4}{9}$를 어떤 수로 나누었더니 $\frac{3}{7}$이 되었습니다. 어떤 수를 구해 보세요.

(　　　　　　　　　)

3 완성

어떤 수를 $\frac{2}{3}$로 나누어야 할 것을 잘못하여 곱하였더니 $1\frac{4}{5}$가 되었습니다. 바르게 계산한 값을 구해 보세요.

(　　　　　　　　　)

2 시간을 분수로 나타내어 계산하기

4 준비

현우가 자전거를 타고 $1\frac{3}{10}$ km를 달리는 데 $7\frac{1}{2}$분이 걸렸습니다. 같은 빠르기로 달렸다면 1분 동안 몇 km를 간 셈인지 구해 보세요.

(　　　　　　　　　)

5 확인

자동차로 30 km를 가는 데 25분이 걸렸습니다. 같은 빠르기로 1시간 동안 갈 수 있는 거리는 몇 km인지 구해 보세요.

(　　　　　　　　　)

6 완성

물이 일정하게 나오는 수도가 있습니다. 이 수도로 물 $\frac{5}{8}$ L를 받는 데 45초가 걸렸다면 물 3 L를 받는 데 걸리는 시간은 몇 분 몇 초인지 구해 보세요.

(　　　　　　　　　)

3 수 카드로 나눗셈식을 만들어 계산하기

7 준비

3장의 수 카드 4, 6, 8 을 □ 안에 한 번씩 써넣어 몫이 가장 큰 (자연수)÷(진분수)의 식을 완성하고, 몫을 구해 보세요.

$$\square \div \frac{\square}{5}$$

(　　　　　　　　)

8 확인

3장의 수 카드 2, 7, 9 를 □ 안에 한 번씩 써넣어 몫이 가장 큰 (자연수)÷(진분수)의 식을 완성하고, 몫을 구해 보세요.

$$\square \div \frac{\square}{\square}$$

(　　　　　　　　)

9 완성

3장의 수 카드 5, 6, 7 을 □ 안에 한 번씩 써넣어 몫이 가장 작은 (대분수)÷(진분수)의 식을 완성하고, 몫을 구해 보세요.

$$\square\frac{\square}{\square} \div \frac{1}{2}$$

(　　　　　　　　)

4 필요한 나무 수 구하기

10 준비

길이가 $9\frac{3}{4}$ km인 도로의 한쪽에 처음부터 끝까지 $\frac{3}{8}$ km 간격으로 나무를 심으려고 합니다. 필요한 나무는 모두 몇 그루일까요? (단, 나무의 두께는 생각하지 않습니다.)

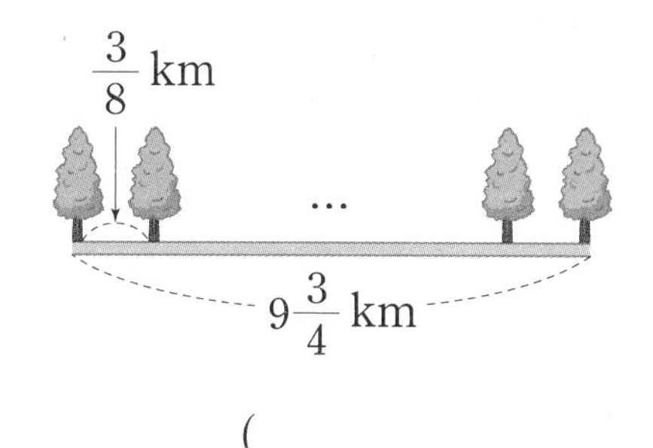

(　　　　　　　　)

11 확인

길이가 $6\frac{3}{5}$ km인 도로의 한쪽에 처음부터 끝까지 $\frac{3}{10}$ km 간격으로 나무를 심으려고 합니다. 필요한 나무는 모두 몇 그루일까요? (단, 나무의 두께는 생각하지 않습니다.)

(　　　　　　　　)

12 완성

길이가 $17\frac{1}{2}$ km인 길의 양쪽에 처음부터 끝까지 $1\frac{1}{6}$ km 간격으로 가로등을 설치하려고 합니다. 필요한 가로등은 모두 몇 개일까요? (단, 가로등의 두께는 생각하지 않습니다.)

(　　　　　　　　)

5 넓이를 이용하여 변의 길이 구하기

13 준비

직사각형의 세로가 $\frac{3}{4}$ m이고 넓이가 $\frac{7}{5}$ m^{2}일 때 가로는 몇 m일까요?

$\frac{7}{5}$ m^2 $\frac{3}{4}$ m

(　　　　　　　　)

14 확인

평행사변형의 높이가 $1\frac{7}{8}$ m이고 넓이가 $4\frac{2}{7}$ m^{2}일 때 밑변의 길이는 몇 m일까요?

$4\frac{2}{7}$ m^2 $1\frac{7}{8}$ m

(　　　　　　　　)

15 완성

삼각형의 밑변의 길이가 $\frac{8}{9}$ m이고 넓이가 $\frac{5}{6}$ m^{2}일 때 높이는 몇 m일까요?

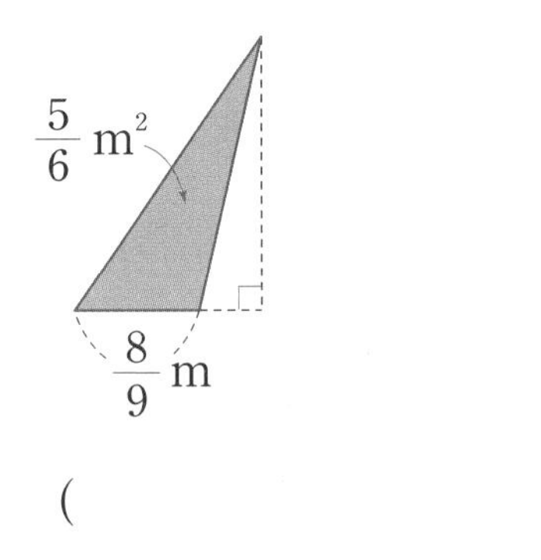

(　　　　　　　　)

6 □ 안에 들어갈 수 있는 수 구하기

16 준비

□ 안에 들어갈 수 있는 자연수 중에서 1보다 큰 수는 모두 몇 개일까요?

$$7 \div \frac{1}{\square} < 32$$

(　　　　　　　　)

17 확인

□ 안에 들어갈 수 있는 자연수 중에서 1보다 큰 수는 모두 몇 개일까요?

$$8 \div \frac{1}{6} > 9 \div \frac{1}{\square}$$

(　　　　　　　　)

18 완성

다음 나눗셈의 계산 결과가 자연수일 때 ●에 알맞은 자연수를 모두 구해 보세요.

$$\frac{8}{15} \div \frac{●}{15}$$

(　　　　　　　　)

단원 평가

점수 확인

1 그림을 보고 □ 안에 알맞은 수를 써넣으세요.

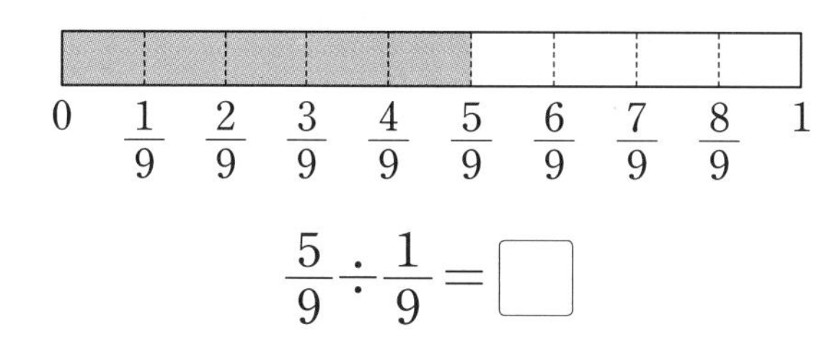

$\frac{5}{9} \div \frac{1}{9} = \square$

2 □ 안에 알맞은 수를 써넣으세요.

$\frac{3}{7} \div \frac{4}{5} = \frac{\square}{35} \div \frac{\square}{35}$

$= \square \div \square = \frac{\square}{\square}$

3 분수의 나눗셈을 곱셈으로 바르게 나타낸 것에 ○표 하세요.

$\frac{10}{11} \div \frac{7}{8} = \frac{10}{11} \times \frac{8}{7}$ ( )

$\frac{10}{11} \div \frac{7}{8} = \frac{10}{11} \times \frac{7}{8}$ ( )

4 보기 와 같은 방법으로 계산해 보세요.

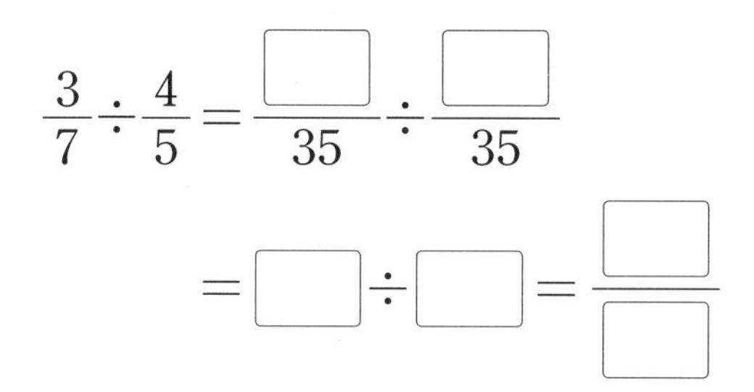
보기

$8 \div \frac{2}{7} = (8 \div 2) \times 7 = 28$

$10 \div \frac{5}{8}$ ....

5 관계있는 것끼리 이어 보세요.

$\frac{10}{11} \div \frac{5}{11}$ •	• $12 \div 2$
$\frac{3}{4} \div \frac{3}{8}$ •	• $6 \div 3$
$\frac{4}{5} \div \frac{2}{15}$ •	• $10 \div 5$

6 계산이 잘못된 곳을 찾아 바르게 계산해 보세요.

$\frac{8}{9} \div \frac{1}{7} = \frac{8}{9} \times \frac{1}{7} = \frac{8}{63}$

➡ $\frac{8}{9} \div \frac{1}{7}$

7 빈칸에 알맞은 수를 써넣으세요.

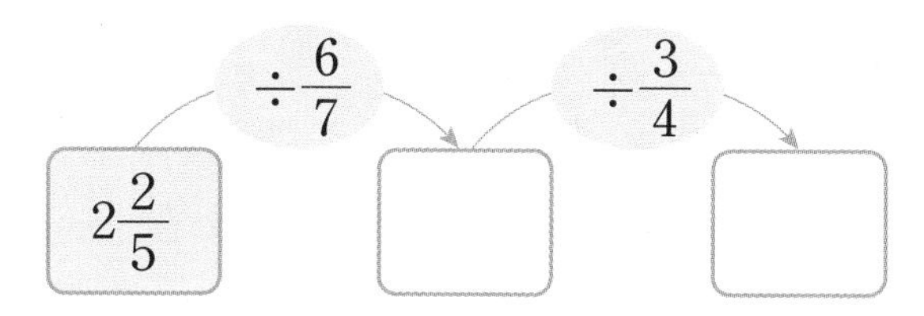

8 가장 큰 수를 가장 작은 수로 나눈 몫을 구해 보세요.

$1\frac{5}{6}$ $3\frac{3}{4}$ $2\frac{1}{9}$

( )

9 송편 7개를 빚는 데 $\frac{1}{4}$시간이 걸렸습니다. 1시간 동안 빚을 수 있는 송편은 몇 개인지 식을 쓰고 답을 구해 보세요.

식

답

10 계산 결과가 자연수인 것을 찾아 기호를 써 보세요.

㉠ $\frac{5}{8} \div \frac{3}{8}$ ㉡ $\frac{4}{11} \div \frac{2}{11}$

㉢ $\frac{7}{13} \div \frac{8}{13}$ ㉣ $\frac{9}{16} \div \frac{5}{16}$

( )

11 계산 결과를 비교하여 ○ 안에 >, =, <를 알맞게 써넣으세요.

$1\frac{9}{10} \div \frac{4}{5}$ ○ $1\frac{13}{20} \div \frac{2}{5}$

12 계산 결과가 큰 것부터 차례로 ( ) 안에 1, 2, 3을 써넣으세요.

$6 \div \frac{3}{7}$	$8 \div \frac{4}{9}$	$5 \div \frac{2}{5}$
( )	( )	( )

13 □ 안에 들어갈 수 있는 자연수를 모두 구해 보세요.

$\frac{5}{16} \div \frac{7}{8} > \frac{\square}{14}$

( )

14 조건 을 모두 만족하는 분수의 나눗셈식을 만들고 계산해 보세요.

보기
- 진분수의 나눗셈입니다.
- 8÷5를 이용하여 계산할 수 있습니다.
- 두 분수의 분모는 같고 9 이하입니다.

식

답

15 어느 공장에서 장난감 한 개를 만드는 데 $\frac{5}{6}$시간이 걸립니다. 하루에 5시간씩 7일 동안 만들 수 있는 장난감은 모두 몇 개일까요?

( )

16 ㉡의 값을 구해 보세요.

㉠ $= 2\frac{2}{5} \times 1\frac{2}{3}$ ㉡ $=$ ㉠ $\div \frac{5}{8}$

( )

17 다음 나눗셈의 계산 결과가 15보다 크고 30보다 작을 때 □ 안에 들어갈 수 있는 자연수는 모두 몇 개일까요?

$8 \div \frac{2}{\square}$

( )

18 길이가 $9\frac{3}{5}$ cm인 양초에 불을 붙이고 40분 후에 타고 남은 양초의 길이를 재어 보니 $4\frac{4}{5}$ cm였습니다. 양초가 타는 빠르기가 일정할 때 1시간 동안 탄 양초의 길이는 몇 cm일까요?

( )

정답과 풀이 7쪽 술술 서술형

19 어떤 수에 $\frac{3}{4}$을 곱했더니 $\frac{15}{7}$가 되었습니다. 어떤 수를 $1\frac{1}{4}$로 나눈 몫은 얼마인지 풀이 과정을 쓰고 답을 구해 보세요.

풀이

답

20 물이 일정하게 나오는 수도가 있습니다. 이 수도로 물 $5\frac{1}{3}$ L를 받는 데 24분이 걸렸다면 1시간 동안 받을 수 있는 물은 몇 L인지 풀이 과정을 쓰고 답을 구해 보세요.

풀이

답

2 소수의 나눗셈

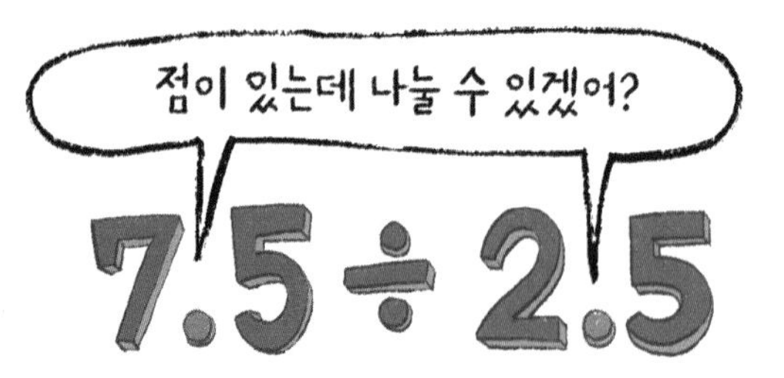

75 ÷ 25

점이 있으나 없으나 3등분!

소수점을 옮겨 계산해!

$$1.8 \div 0.6 = 3$$

10배　　10배

$$18.0 \div 6.0 = 3$$

나누어지는 수와
나누는 수에 똑같이 10배 해도
몫은 변하지 않아!

$$\begin{array}{r} 3 \\ 0.6 \overline{)\,1.8} \\ 18 \\ \hline 0 \end{array} \rightarrow \begin{array}{r} 3 \\ 6 \overline{)\,18} \\ 18 \\ \hline 0 \end{array}$$

1 자릿수가 같은 (소수)÷(소수)는 자연수의 나눗셈과 같이 계산해!

● 325÷5를 이용하여 32.5÷0.5와 3.25÷0.05를 알아보기

$32.5 \div 0.5$ → (10배, 10배) → $325 \div 5 = 65$ → $32.5 \div 0.5 = 65$

$3.25 \div 0.05$ → (100배, 100배) → $325 \div 5 = 65$ → $3.25 \div 0.05 = 65$

나누어지는 수와 나누는 수에 같은 수를 곱해도 몫은 같습니다.

● 8.4÷0.6 계산하기

방법 1 분수의 나눗셈으로 계산하기

$$8.4 \div 0.6 = \frac{84}{10} \div \frac{6}{10} = 84 \div 6 = 14$$

방법 2 8.4÷0.6과 84÷6을 비교하여 알아보기

$8.4 \div 0.6 = 14$ (10배, 10배) $84 \div 6 = 14$

방법 3 세로로 계산하기

$0.6\overline{)8.4}$ → $6\overline{)84}$

```
     1 4
  ┌────
 6)8 4
   6
   ───
   2 4
   2 4
   ───
     0
```

● 1.08÷0.12 계산하기

방법 1 분수의 나눗셈으로 계산하기

$$1.08 \div 0.12 = \frac{108}{100} \div \frac{12}{100} = 108 \div 12 = 9$$

방법 2 1.08÷0.12와 108÷12를 비교하여 알아보기

$1.08 \div 0.12 = 9$ (100배, 100배) $108 \div 12 = 9$

방법 3 세로로 계산하기

$0.12\overline{)1.08}$ → $12\overline{)108}$

```
         9
   ┌──────
 12)1 0 8
    1 0 8
    ─────
        0
```

1 **리본 1.8 cm를 0.3 cm씩 자르려고 합니다. 물음에 답하세요.**

(1) 리본을 잘라서 생기는 조각 수를 구하는 식을 써 보세요.

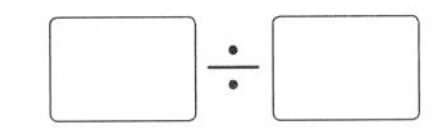

(2) 그림에 0.3씩 선을 그어 보세요.

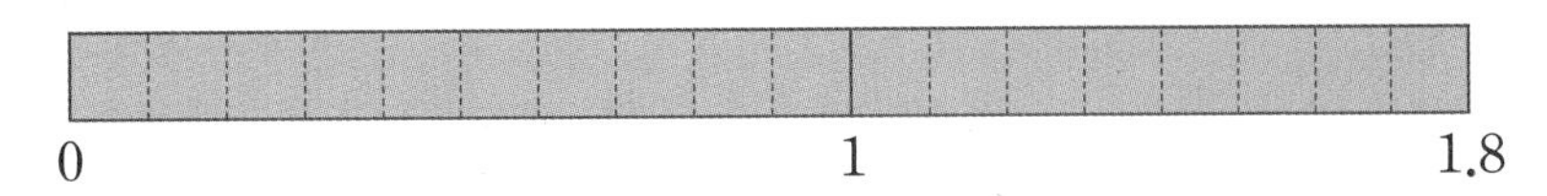

(3) 리본 1.8 cm를 0.3 cm씩 자르면 ☐조각이 생깁니다.

2 234÷6을 **이용하여** 23.4÷0.6과 2.34÷0.06을 **계산해 보세요.**

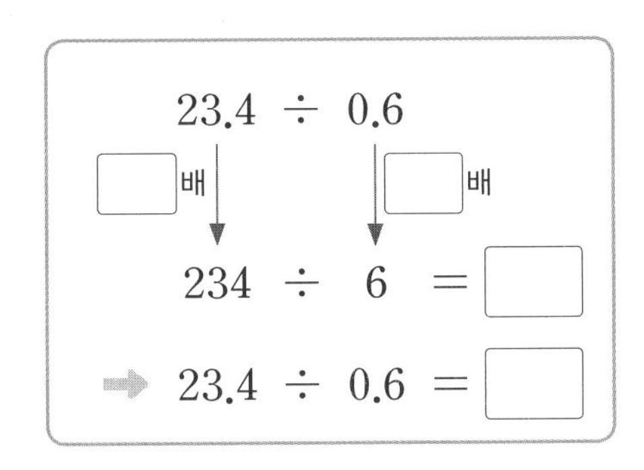

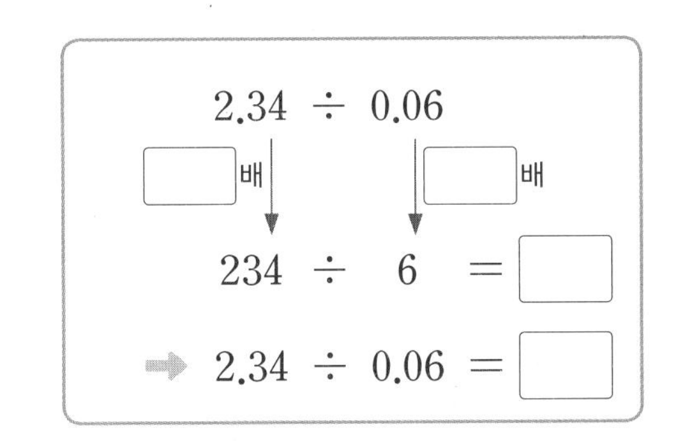

3 18.5÷0.5**를 계산하려고 합니다. 물음에 답하세요.**

(1) 18.5÷0.5를 분수의 나눗셈으로 계산해 보세요.

$$18.5 \div 0.5 = \frac{\square}{10} \div \frac{\square}{10} = \square \div \square = \square$$

(2) 185÷5를 이용하여 18.5÷0.5를 계산해 보세요.

① 자연수의 나눗셈으로 계산하기

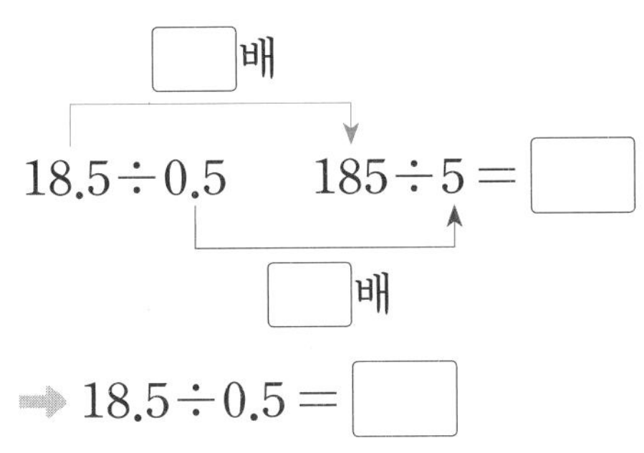

② 세로로 계산하기

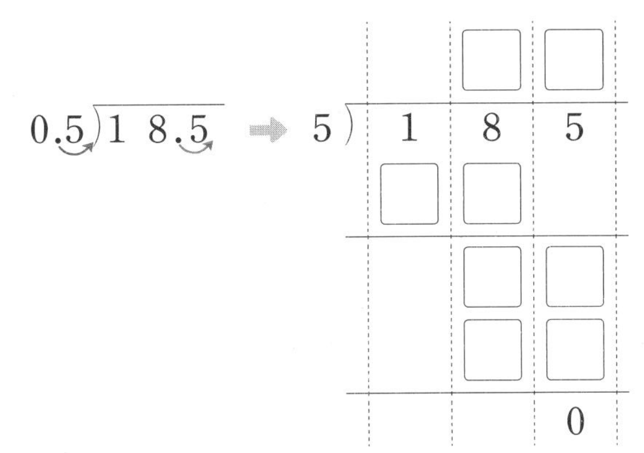

2 자릿수가 다른 (소수)÷(소수)는 나누는 수를 자연수로 바꾸어 계산해.

● **2.94÷1.4 계산하기**

(1) 294÷140을 이용하여 계산하기

방법 1 나누어지는 수와 나누는 수에 각각 100배 하기

$$2.94 \div 1.4 \xrightarrow{100\text{배}} 294 \div 140 = 2.1$$

$$2.94 \div 1.4 = 2.1$$

방법 2 소수점을 오른쪽으로 두 자리씩 옮겨 세로로 계산하기

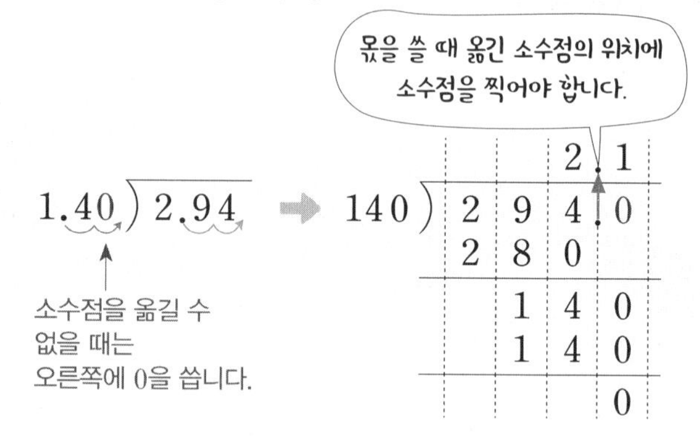

(2) 29.4÷14를 이용하여 계산하기

방법 1 나누어지는 수와 나누는 수에 각각 10배 하기

$$2.94 \div 1.4 \xrightarrow{10\text{배}} 29.4 \div 14 = 2.1$$

$$2.94 \div 1.4 = 2.1$$

방법 2 소수점을 오른쪽으로 한 자리씩 옮겨 세로로 계산하기

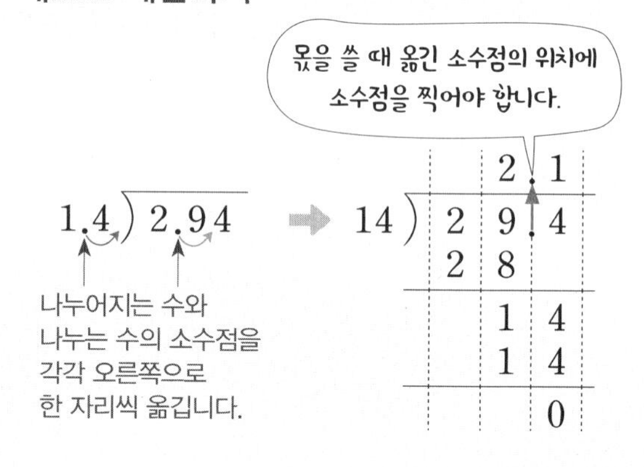

1 7.02÷0.9를 두 가지 방법으로 계산해 보세요.

(1) 70.2÷9를 이용하여 계산하기

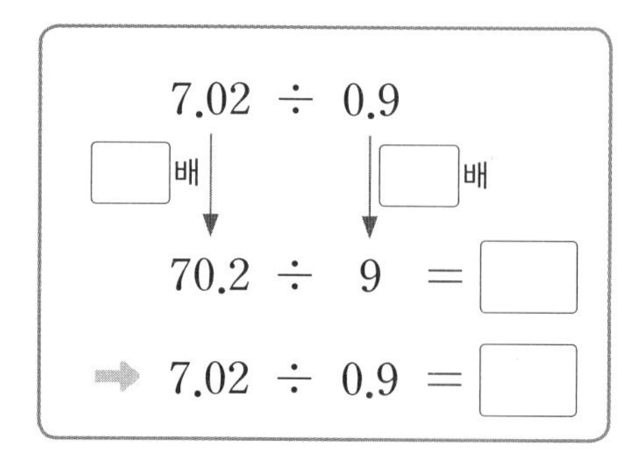

(2) 702÷90을 이용하여 계산하기

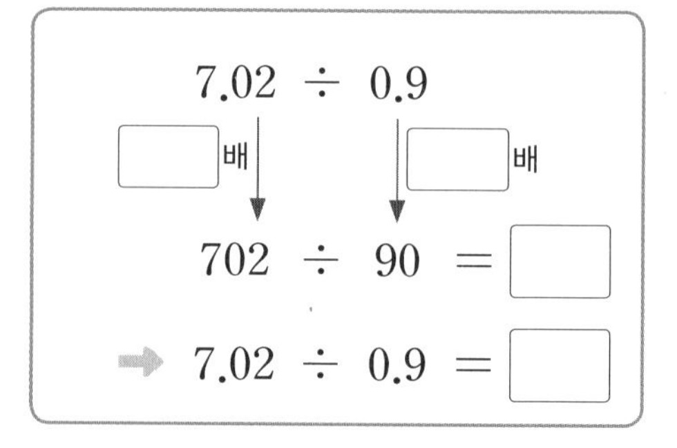

2 □ 안에 알맞은 수를 써넣으세요.

(1) $4.02 \div 0.6 = \square \div 6 = \square$

(2) $3.96 \div 1.2 = \square \div 120 = \square$

3 소수점을 옮겨서 표시하고 □ 안에 알맞은 수를 써넣으세요.

(1) $9.03 \div 2.1$

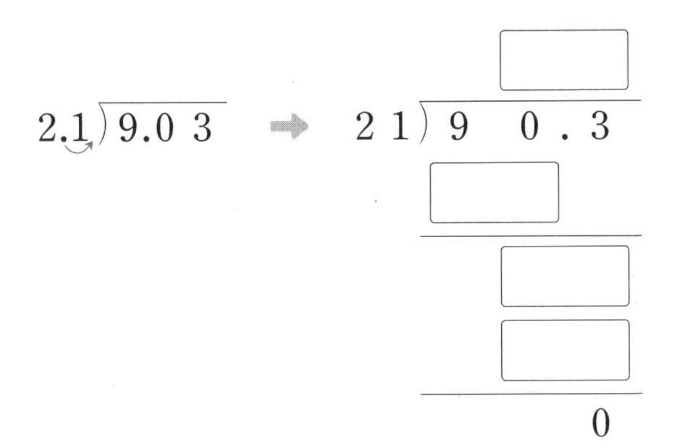

(소수)÷(자연수)의 계산은 자연수의 나눗셈과 같은 방법으로 계산한 다음 몫의 소수점을 옮긴 위치에 찍습니다.

예) $8.96 \div 0.7$

➡ $89.6 \div 7 = 12.8$

소수점의 위치가 같습니다.

(2) $4.32 \div 1.8$

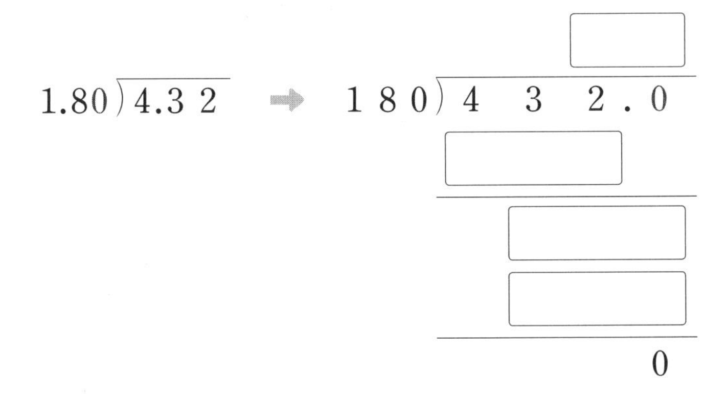

4 나눗셈의 몫이 다른 것을 찾아 기호를 써 보세요.

㉠ $8.05 \div 3.5$	㉡ $805 \div 35$
㉢ $80.5 \div 35$	㉣ $805 \div 350$

(　　　　　　　)

3 (자연수)÷(소수)는 나누어지는 수와 나누는 수에 똑같이 10, 100을 곱해.

● **6÷1.5 계산하기**

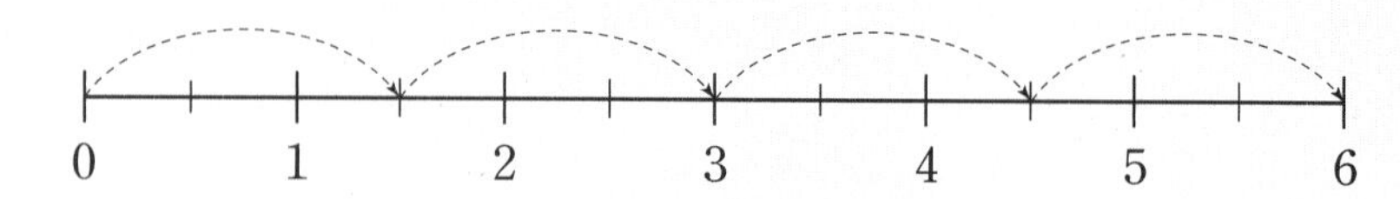

방법 1 분수의 나눗셈으로 계산하기

$$6\div1.5=\frac{60}{10}\div\frac{15}{10}=60\div15=4$$

방법 2 6÷1.5와 60÷15를 비교하여 알아보기

나누어지는 수와 나누는 수에 각각 10배 하기

$6\div1.5$

10배 ↓ ↓ 10배

$60\div15=4$

↓

$6\div1.5=4$

방법 3 세로로 계산하기

$1.5\overline{)6.0}$ ➡ $15\overline{)60}$ 몫 4, 60, 0

소수점을 옮길 수 없을 때는 오른쪽 끝자리에 0을 씁니다.

● **나누어지는 수, 나누는 수, 몫의 관계**

$28\div4=7$
$28\div0.4=70$
$28\div0.04=700$

➡ 나누어지는 수가 같고 나누는 수가 $\frac{1}{10}$배, $\frac{1}{100}$배가 되면 몫은 10배, 100배가 됩니다.

$0.28\div0.04=7$
$2.8\div0.04=70$
$28\div0.04=700$

➡ 나누는 수가 같고 나누어지는 수가 10배, 100배가 되면 몫은 10배, 100배가 됩니다.

1 $18 \div 1.2$를 계산하려고 합니다. 물음에 답하세요.

(1) 분수의 나눗셈으로 계산하기

$$18 \div 1.2 = \frac{\square}{10} \div \frac{\square}{10} = \square \div \square = \square$$

(2) $18 \div 1.2$와 $180 \div 12$를 비교하여 알아보기

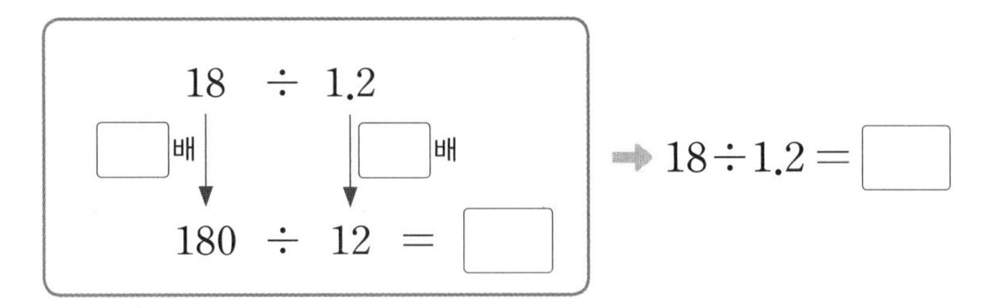

➡ $18 \div 1.2 = \square$

(3) 세로로 계산하기

$1.2\overline{)18.0}$ ➡ $12\overline{)180}$, 몫 □, □, □, □, 0

2

2 □ 안에 알맞은 수를 써넣으세요.

$56 \div 8 = \square$	$1.32 \div 0.06 = \square$
$56 \div 0.8 = \square$	$13.2 \div 0.06 = \square$
$56 \div 0.08 = \square$	$132 \div 0.06 = \square$

3 $945 \div 27 = 35$를 이용하여 나눗셈의 몫을 찾아 이어 보세요.

$94.5 \div 27$ • $9.45 \div 27$ • $94.5 \div 2.7$ • $9.45 \div 2.7$

35 • 3.5 • 0.35

4 나누어떨어지지 않는 몫은 반올림을 해.

● 12÷7 계산하기

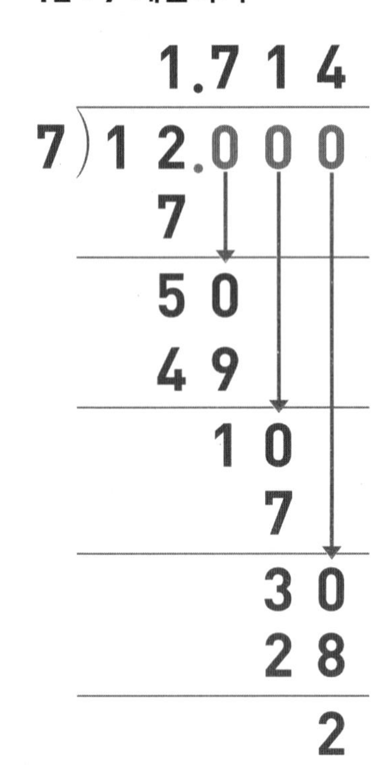

(1) 몫을 반올림하여 **일의 자리**까지 나타내기

12÷7＝1.7…이고 몫의 소수 첫째 자리 숫자가 7이므로 반올림하면

1.7… → 2

(2) 몫을 반올림하여 **소수 첫째 자리**까지 나타내기

12÷7＝1.71…이고 몫의 소수 둘째 자리 숫자가 1이므로 반올림하면

1.71… → 1.7

(3) 몫을 반올림하여 **소수 둘째 자리**까지 나타내기

12÷7＝1.714…이고 몫의 소수 셋째 자리 숫자가 4이므로 반올림하면

1.714… → 1.71

반올림은 구하려는 자리 바로 아래 자리의 숫자가 0, 1, 2, 3, 4이면 버리고 5, 6, 7, 8, 9이면 올려!

1 46÷13을 소수 셋째 자리까지 계산해 보고 물음에 답하세요.

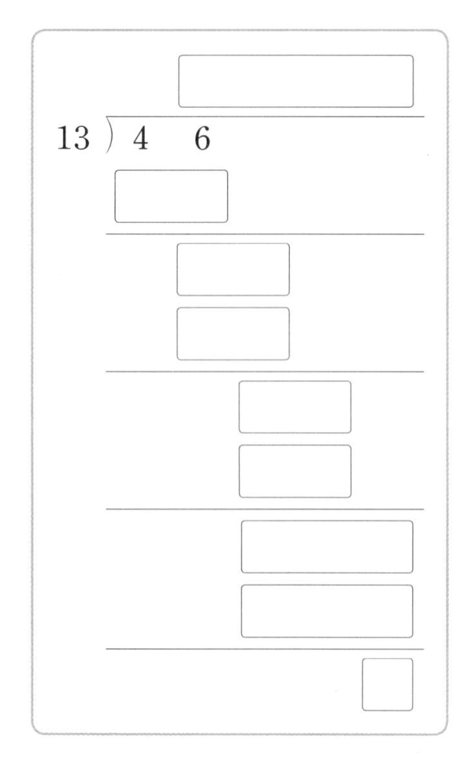

(1) 46을 13으로 나눈 몫을 반올림하여 일의 자리까지 나타내어 보세요.

(　　　　　　)

(2) 46을 13으로 나눈 몫을 반올림하여 소수 첫째 자리까지 나타내어 보세요.

(　　　　　　)

(3) 46을 13으로 나눈 몫을 반올림하여 소수 둘째 자리까지 나타내어 보세요.

(　　　　　　)

5 똑같은 양을 나누어 주고 남는 양은 얼마일까?

● **물 7.4 L를 3 L씩 나누어 주고 남는 양 알아보기**

(1) 그림을 보고 뺄셈식으로 알아보기

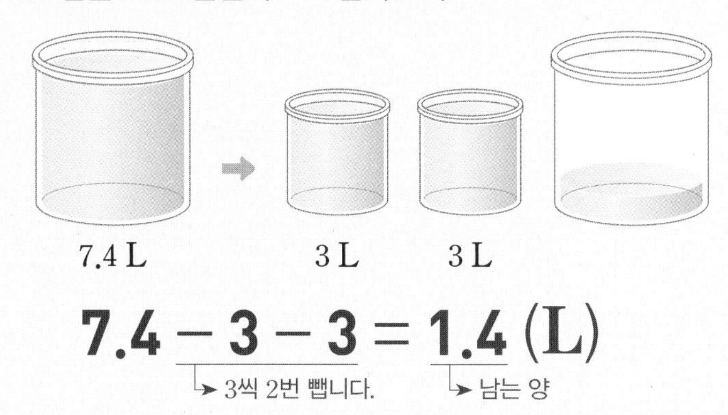

$7.4 - 3 - 3 = 1.4$ (L)

↳ 3씩 2번 뺍니다. ↳ 남는 양

(2) 나눗셈식으로 알아보기

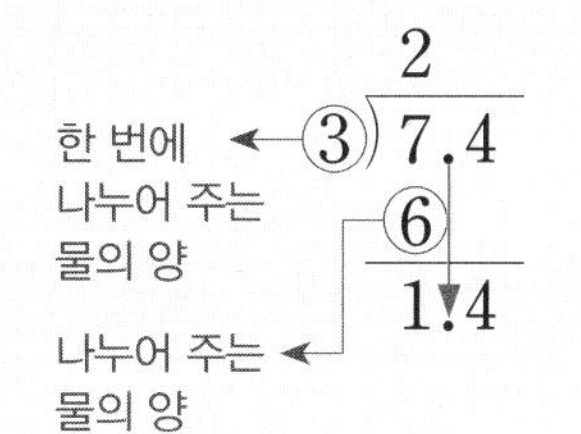

➡ 7.4를 3으로 나누면 몫은 2가 되고 1.4가 남습니다.
나누어 주는 횟수: 2번,
남는 물의 양: 1.4 L

몫을 자연수 부분까지 구하고 남는 수의 소수점은 나누어지는 수의 소수점의 같은 위치에 맞추어 찍어.

1 콩 8.7 kg을 한 바구니에 2 kg씩 담으려고 합니다. □ 안에 알맞은 수를 써넣으세요.

방법 1 그림을 보고 뺄셈식으로 계산하기

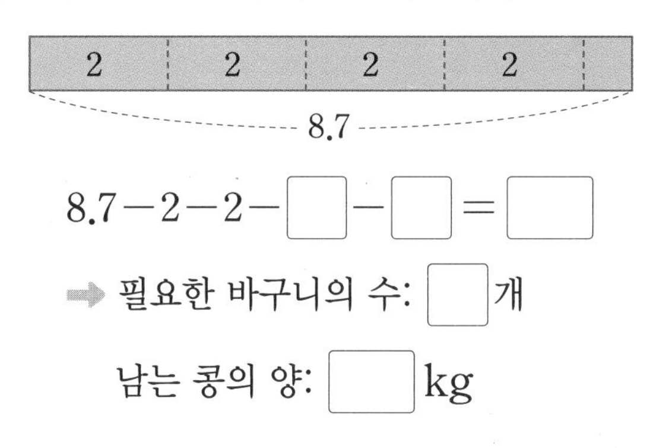

8.7−2−2−□−□=□

➡ 필요한 바구니의 수: □개

남는 콩의 양: □kg

방법 2 나눗셈식으로 계산하기

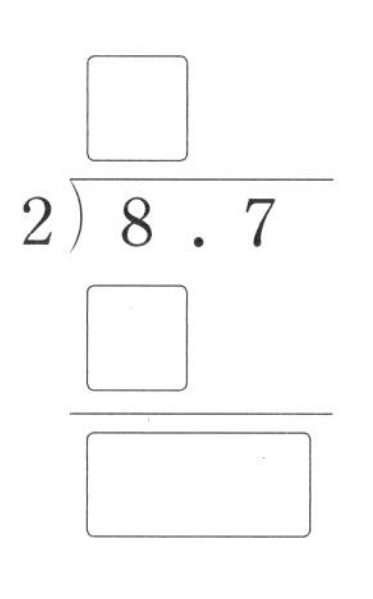

2 길이가 7.3 m인 끈을 2 m씩 잘라 상자를 포장하려고 합니다. □ 안에 알맞은 수를 써넣으세요.

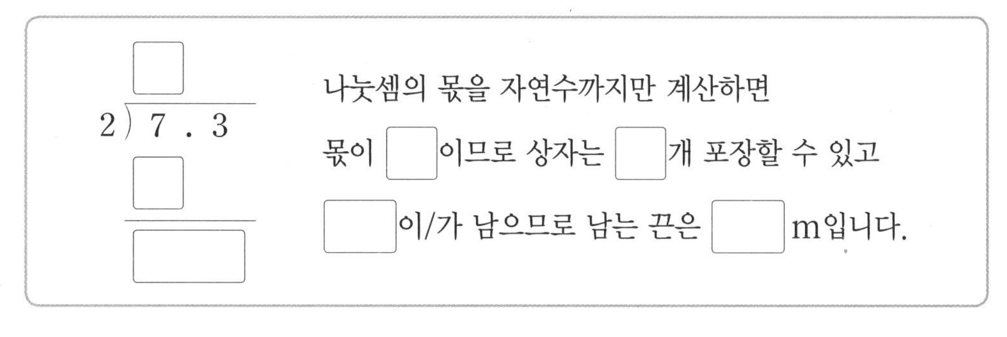

나눗셈의 몫을 자연수까지만 계산하면

몫이 □이므로 상자는 □개 포장할 수 있고

□이/가 남으므로 남는 끈은 □m입니다.

1 자릿수가 같은 (소수)÷(소수)

1 보기 와 같은 방법으로 계산해 보세요.

보기

$$1.84 \div 0.04 = \frac{184}{100} \div \frac{4}{100} = 184 \div 4 = 46$$

(1) $9.6 \div 0.8$

(2) $2.16 \div 0.27$

▶ 소수 한 자리 수는 분모가 10인 분수로, 소수 두 자리 수는 분모가 100인 분수로 바꾸어 계산해.

2 $3.64 \div 0.28$과 몫이 같은 나눗셈에 ○표 하세요.

$364 \div 2.8$ $36.4 \div 28$ $364 \div 28$

▶ 나누어지는 수와 나누는 수에 같은 수를 곱하면 몫은 변하지 않아.

3 계산해 보세요.

(1) $0.5\overline{)6.5}$

(2) $0.16\overline{)1.92}$

▶ 나누어지는 수와 나누는 수의 소수점을 똑같이 옮겨서 계산해.

4 철사 1.68 m를 0.07 m씩 자르려고 합니다. □ 안에 알맞은 수를 써넣으세요.

1 m = □ cm와 같으므로

1.68 m = □ cm, 0.07 m = □ cm입니다.

철사 1.68 m를 0.07 m씩 자르는 것은

□ cm를 □ cm씩 자르는 것과 같습니다.

$168 \div 7 =$ □이므로 $1.68 \div 0.07 =$ □입니다.

따라서 철사를 자르면 □조각이 생깁니다.

▶ 1 m = 100 cm

5 빈칸에 알맞은 수를 써넣으세요.

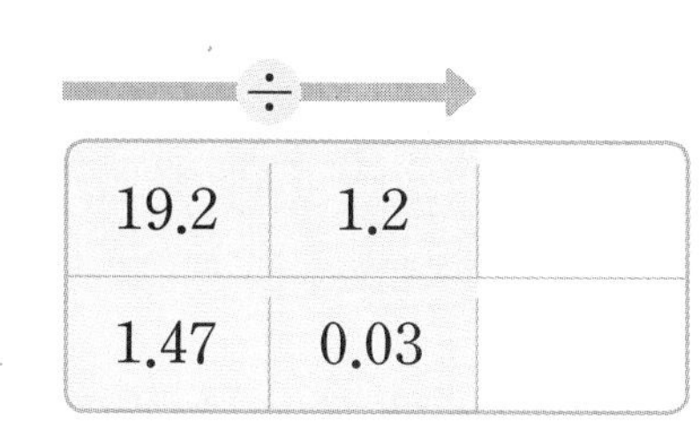

÷		
19.2	1.2	
1.47	0.03	

▶ (소수)÷(소수)에서 나누어지는 수와 나누는 수에 똑같이 10배 또는 100배 하여 (자연수)÷(자연수)로 계산해.

6 식빵 한 개를 만드는 데 밀가루 0.4 kg이 필요합니다. 밀가루 14.8 kg으로 똑같은 크기의 식빵을 몇 개 만들 수 있을까요?

( )

내가 만드는 문제

7 수 카드 2, 4, 8 을 한 번씩만 사용하여 나눗셈식을 만들고, 몫을 구해 보세요.

▶ 소수의 나눗셈의 몫은 소수일 수도 있어.

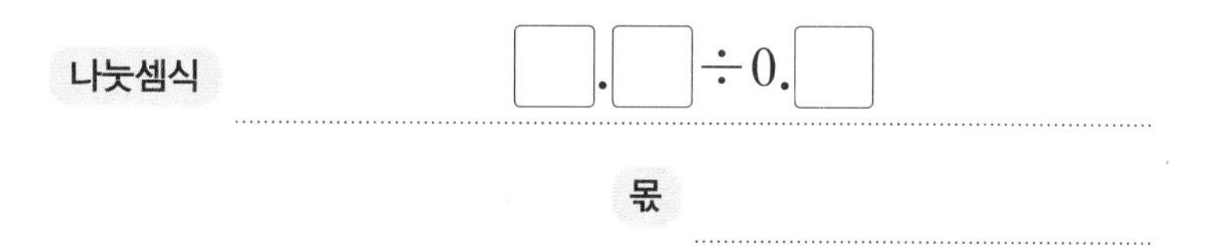

몫의 소수점은 어디에 찍어야 할까?

• 4.05÷0.15를 세로로 계산하기

```
     0.2 7          2.7            2 7
0.15)4.0 5    0.15)4.0 5    0.15)4.0 5
    X              X              O
```

몫을 쓸 때는
옮긴 소수점의 위치에
소수점을 찍어야 해!

2 자릿수가 다른 (소수)÷(소수)

8 1.8÷0.36을 계산하려고 합니다. □ 안에 알맞은 수를 써넣으세요.

▶ 나누는 수가 자연수가 되도록 나누어지는 수와 나누는 수의 소수점을 오른쪽으로 같은 자리만큼 옮겨.

(1)

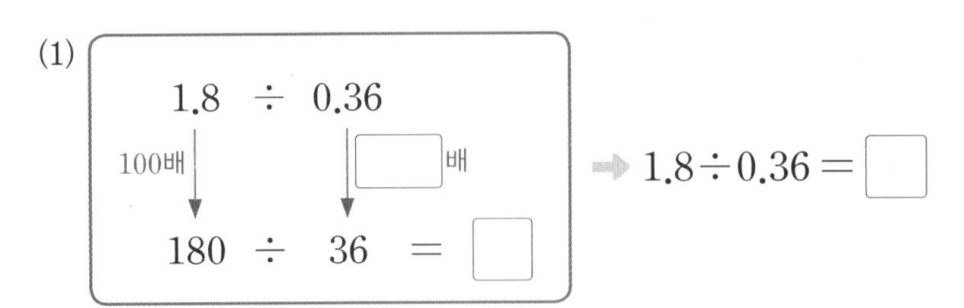

(2)

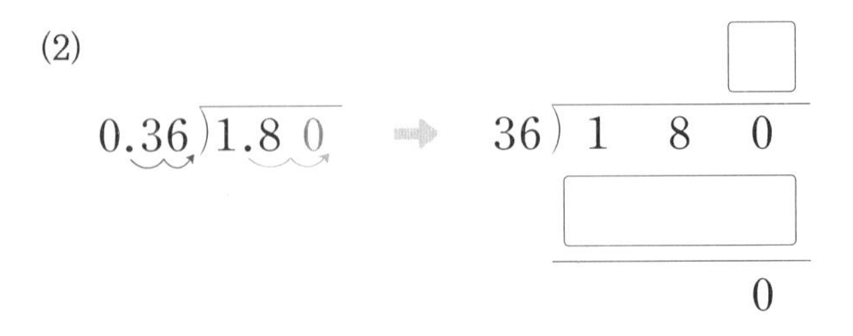

9 계산이 잘못된 곳을 찾아 바르게 계산하고 그 이유를 써 보세요.

▶ 몫을 쓸 때는 옮긴 소수점의 위치에 소수점을 찍어야 해!

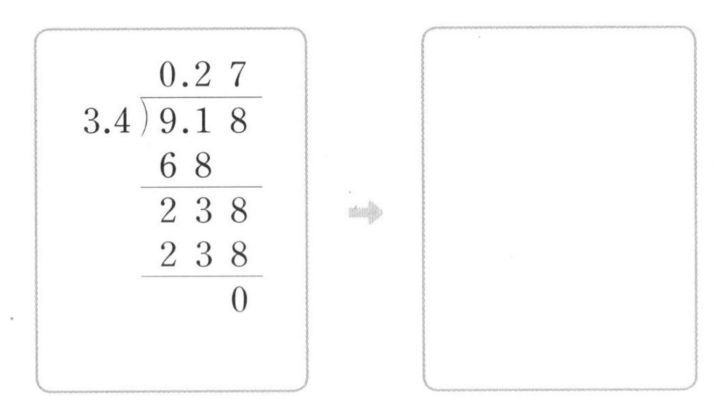

이유 ……………………………………

……………………………………

10 계산 결과를 비교하여 ○ 안에 >, =, <를 알맞게 써넣으세요.

3.06÷1.7 ○ 6.46÷3.8

11 몫이 다른 하나를 찾아 ○표 하세요.

8.97÷3.9	4.83÷2.3	2.07÷0.9
(　　)	(　　)	(　　)

12 몫이 작은 것부터 차례로 기호를 써 보세요.

㉠ $7.14 \div 3.4$ ㉡ $2.24 \div 1.4$ ㉢ $1.52 \div 0.8$

( )

13 넓이가 $9.72\ \mathrm{km}^2$인 직사각형 모양의 공원이 있습니다. 공원의 가로가 $2.7\ \mathrm{km}$일 때, 세로는 몇 km인지 식을 쓰고 구해 보세요.

▶ (직사각형의 넓이) =(가로)×(세로)

식 ....

답 ....

2

내가 만드는 문제

14 키가 $1.7\ \mathrm{m}$인 장대높이뛰기 선수의 기록입니다. 기록 중 하나를 선택하여 ○표 하고, 이 기록이 선수 키의 몇 배인지 구해 보세요.

▶ 장대높이뛰기 기록을 키로 나눠 보자.

회차	기록
1회	2.72 m
2회	3.57 m
3회	4.76 m

( )

소수점을 오른쪽으로 옮길 때 자리가 없는 경우는?

소수점을 오른쪽으로 옮길 때 자리가 없으면 없는 자리에 □을 적습니다.

$5.46 \div 2.10$ → $546 \div 210$ (○), $546 \div 21$ (×)

$8.70 \div 7.25$ → $870 \div 725$ (○), $87 \div 725$ (×)

15 보기 와 같은 방법으로 계산해 보세요.

▶ 소수 한 자리 수는 분모가 10인 분수로, 소수 두 자리 수는 분모가 100인 분수로 바꾸어 계산해.

보기

$$36\div2.4=\frac{360}{10}\div\frac{24}{10}=360\div24=15$$

(1) $65\div2.6$

(2) $27\div0.45$

16 자연수를 소수로 나눈 몫을 빈칸에 써넣으세요.

(1)

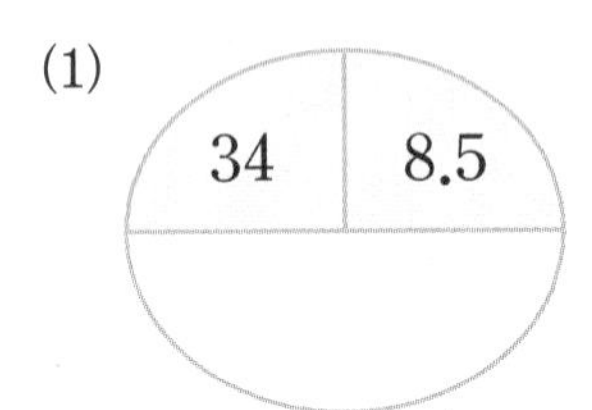

(2)

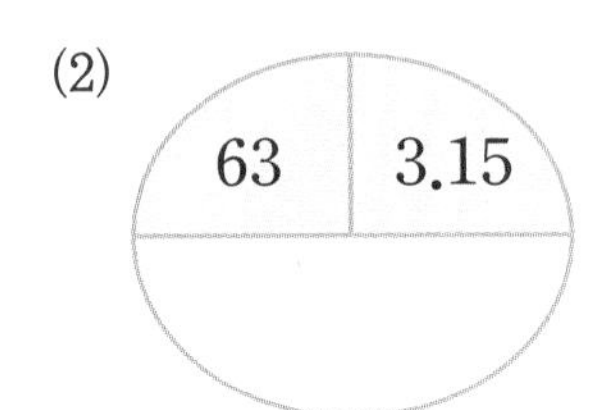

17 설명을 보고 바르게 설명한 친구의 이름을 써 보세요.

나누어지는 수가 같고 나누는 수가 10배, 100배가 되면 몫도 10배, 100배가 돼.

지수

나누는 수가 같고 나누어지는 수가 10배, 100배가 되면 몫도 10배, 100배가 돼.

은경

(　　　　　　　　　　)

18 나눗셈의 몫이 같은 것을 찾아 기호를 써 보세요.

▶ 나눗셈에서 나누어지는 수와 나누는 수에 같은 수를 곱하면 몫은 변하지 않아.

㉠ $85\div1.7$	㉡ $8.5\div17$
㉢ $8.5\div1.7$	㉣ $8.5\div0.17$

(　　　　　　　　　　)

19 가게에서 사탕을 $0.4\,\mathrm{kg}$당 5600원에 판매하고 있습니다. 사탕 $1\,\mathrm{kg}$을 사려면 얼마를 내야 할까요?

( )

▶ 사탕의 가격을 사탕의 무게로 나누어 봐!

20 음식물은 우리 몸의 입, 식도, 위, 작은창자, 큰창자를 지나며 소화가 됩니다. 작은창자의 길이는 약 $6\,\mathrm{m}$이고 큰창자의 길이는 약 $1.5\,\mathrm{m}$라고 할 때, 작은창자의 길이는 큰창자의 길이의 약 몇 배일까요?

약 ( )

▶ ●은 ■의 몇 배
➡ ●÷■

내가 만드는 문제

21 딸기우유 1잔을 만들려면 우유 $0.5\,\mathrm{L}$와 딸기 4개가 필요합니다. 우유의 양을 자유롭게 정해 만들 수 있는 딸기우유와 필요한 딸기 수를 구해 보세요.

우유의 양 ( )
만들 수 있는 딸기우유 ( )
필요한 딸기 ( )

어떤 수에 10을 곱하거나 나누면 소수점은 어떻게 움직일까?

어떤 수에 10, 100, 1000을 곱할 때 소수점은 □쪽으로 이동합니다.

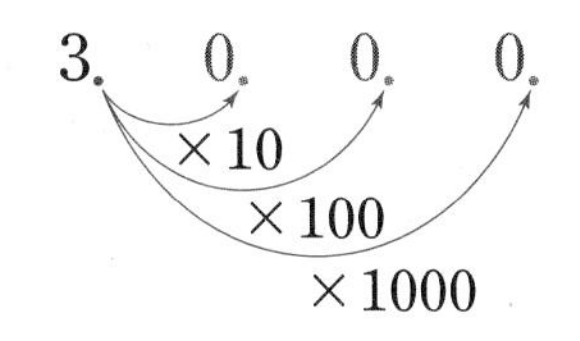

어떤 수를 10, 100, 1000으로 나누면 소수점은 □쪽으로 이동합니다.

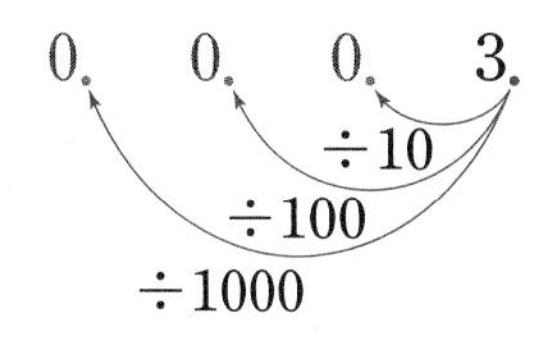

22 $5.8 \div 0.7$의 몫을 반올림하여 주어진 자리까지 나타내어 보세요.

일의 자리	
소수 첫째 자리	
소수 둘째 자리	

▶ 올림을 하면 원래 수보다 커지고 버림을 하면 원래 수보다 작아져.

23 몫을 반올림하여 소수 둘째 자리까지 나타내어 보세요.

(1) $14 \div 6$ ➡ ☐

(2) $5.6 \div 3$ ➡ ☐

(3) $1.5 \div 0.9$ ➡ ☐

(4) $3.59 \div 1.1$ ➡ ☐

▶ 반올림은 구하려는 자리 바로 아래 자리의 숫자가 0, 1, 2, 3, 4이면 버리고, 5, 6, 7, 8, 9이면 올리는 방법이야.

24 계산 결과를 비교하여 ○ 안에 $>$, $=$, $<$를 알맞게 써넣으세요.

(1) $13 \div 9$의 몫을 반올림하여 일의 자리까지 나타낸 수 ○

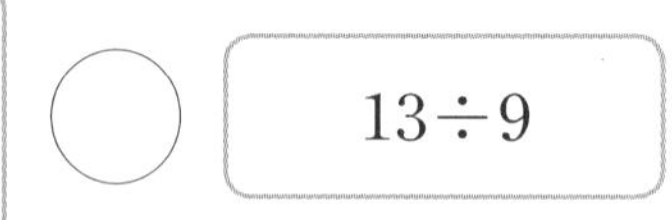
$13 \div 9$

(2) $64 \div 6$의 몫을 반올림하여 소수 둘째 자리까지 나타낸 수 ○

$64 \div 6$

▶ 몫을 구하려는 자리보다 한 자리 아래 자리까지 구한 후 마지막 자리에서 반올림 해.

25 몫을 반올림하여 소수 첫째 자리까지 나타낸 값과 반올림하여 소수 둘째 자리까지 나타낸 값의 차를 구해 보세요.

$5.08 \div 6$

( )

26 면적당 수확량이 일정한 텃밭 $14\ m^2$에 토마토를 심어 $11\ kg$을 수확하였습니다. 텃밭 $1\ m^2$에서 수확한 토마토의 양은 몇 kg인지 반올림하여 소수 둘째 자리까지 나타내어 보세요.

( )

▶ 몫을 반올림하여 소수 둘째 자리까지 나타내려면 소수 셋째 자리에서 반올림하여 나타내야 해.

27 번개가 친 곳에서 $22\ km$ 떨어진 곳은 번개가 치고 약 1분 뒤에 천둥소리를 들을 수 있습니다. 번개가 친 곳에서 $6\ km$ 떨어진 곳은 번개가 친 지 몇 분 뒤에 천둥소리를 들을 수 있는지 반올림하여 소수 첫째 자리까지 나타내어 보세요.

( )

2

내가 만드는 문제

28 가족 중 나보다 키가 큰 한 명을 고르고, 고른 가족의 키는 나의 키의 몇 배인지 반올림하여 소수 둘째 자리까지 나타내어 보세요.

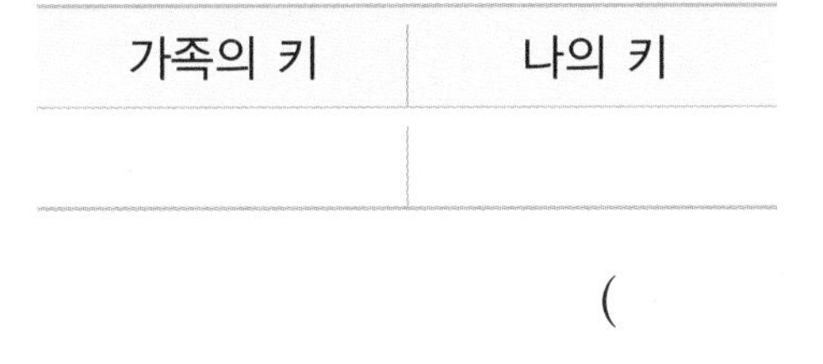

가족의 키	나의 키

( )

▶ 몫을 구하려는 자리 바로 아래 자리까지 구한 후 마지막 자리에서 반올림해.

만 원을 위안으로 바꾸면 얼마일까?

위안(¥)은 중국의 화폐 단위입니다. 소수의 나눗셈을 이용하여 우리나라 돈 만 원을 위안(¥)으로 바꾸면 얼마일까요?

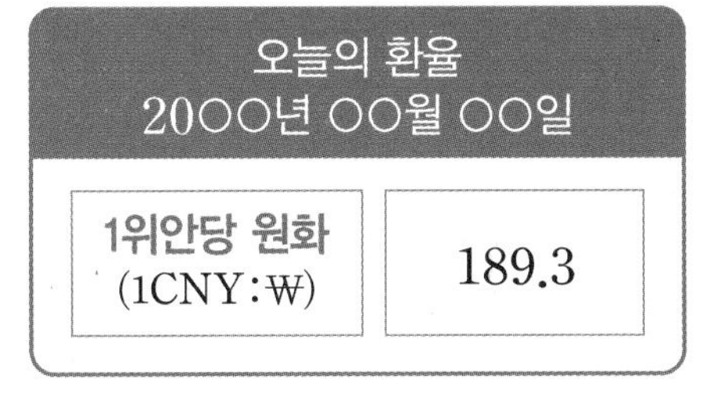

오늘의 환율 2000년 00월 00일	
1위안당 원화 (1CNY:₩)	189.3

10000÷189.3＝52.☐☐☐…

반올림하여 소수 둘째 자리까지 나타내면 ☐입니다.

따라서 만 원을 위안(¥)으로 바꾸면 약 ☐위안(¥)입니다.

5 남는 양 알아보기

29 리본 6.7 m를 한 사람에게 1.2 m씩 나누어 주려고 합니다. 나누어 줄 수 있는 사람 수와 남는 리본의 길이를 알아보려고 합니다. □ 안에 알맞은 수를 써넣으세요.

$$6.7-1.2-1.2-1.2-1.2-1.2=\square$$

나누어 줄 수 있는 사람: □명

남는 리본의 길이: □m

[30～31] 빵 한 개를 만드는 데 소금 7 g이 필요합니다. 소금 15.4 g으로 만들 수 있는 빵의 수와 남는 소금의 양을 구하려고 합니다. 물음에 답하세요.

30 문제에 알맞은 식을 찾아 기호를 써 보세요.

▶ 나눗셈의 몫을 일의 자리까지 구하고, 남는 양을 구해.

㉠
```
      2.2
  7)1 5.4
    1 4
      1 4
      1 4
        0
```

㉡
```
        2
  7)1 5.4
    1 4
      1.4
```

(   )

31 만들 수 있는 빵의 수와 남는 소금의 양을 구해 보세요.

만들 수 있는 빵: □개

남는 소금의 양: □g

32 페인트 35.1 L를 한 명에게 4 L씩 나누어 주려고 합니다. 나누어 줄 수 있는 사람 수와 남는 페인트는 몇 L인지 구해 보세요.

▶ 35.1을 4로 나누고, 몫을 일의 자리까지 구하면 나누어 줄 수 있는 사람이 몇 명인지 구할 수 있어.

나누어 줄 수 있는 사람: □명

남는 페인트의 양: □L

33 밀가루 21.7 kg을 한 사람에게 3 kg씩 나누어 주려고 합니다. 두 친구가 계산한 결과를 보고 계산 방법이 옳은 사람의 이름을 써 보세요.

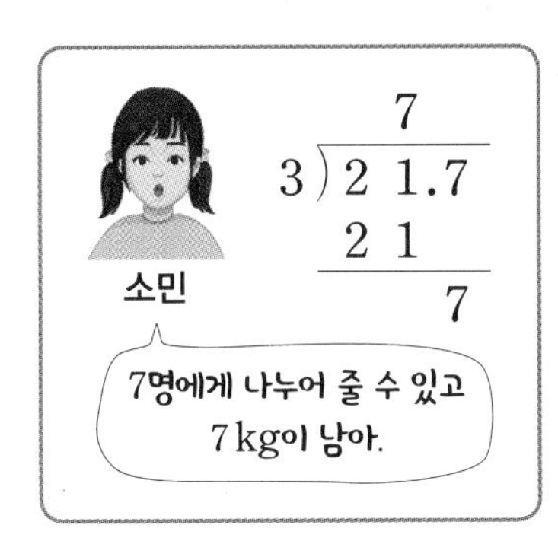

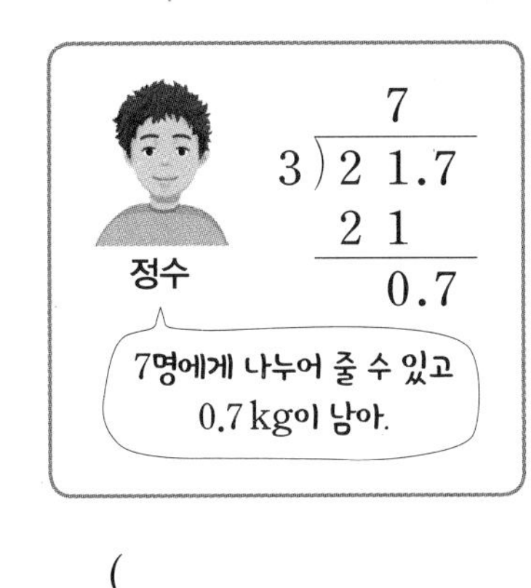

(　　　　　　　　　　)

▶ 나누어 주는 밀가루의 양과 나누어 주고 남는 밀가루의 양의 합이 처음 밀가루의 양과 같은지 확인해야 해.

내가 만드는 문제

34 찰흙 3.7 kg을 친구들에게 똑같이 나누어 주려고 합니다. 한 사람에게 나누어 줄 찰흙의 양을 자유롭게 정하고, 찰흙을 나누어 줄 수 있는 사람 수와 나누어 주고 남는 찰흙의 양을 구해 보세요.

한 사람에게 줄 찰흙의 양 (　　　　　　　　　　)

나누어 줄 수 있는 사람 (　　　　　　　　　　)

나누어 주고 남는 찰흙의 양 (　　　　　　　　　　)

▶ 나누어 주고 남는 양의 소수점은 처음 나누어지는 수의 소수점의 위치에 맞추어 찍어야 해.

2

나누어 주고 남는 양은 나머지일까?

물 5 L를 3명에게 똑같이 나누어 줄 때 한 명이 마실 수 있는 물의 양 구하기

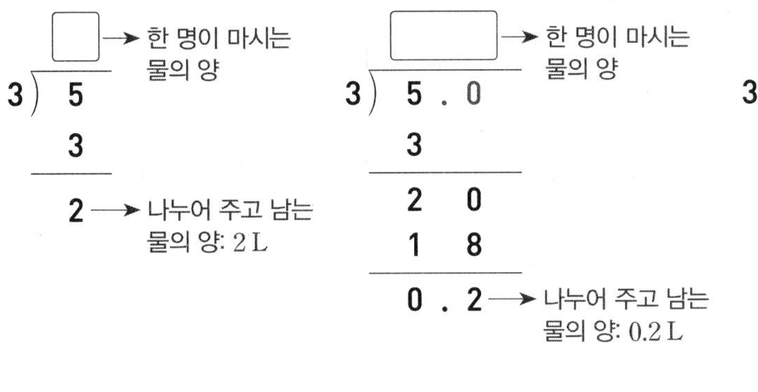

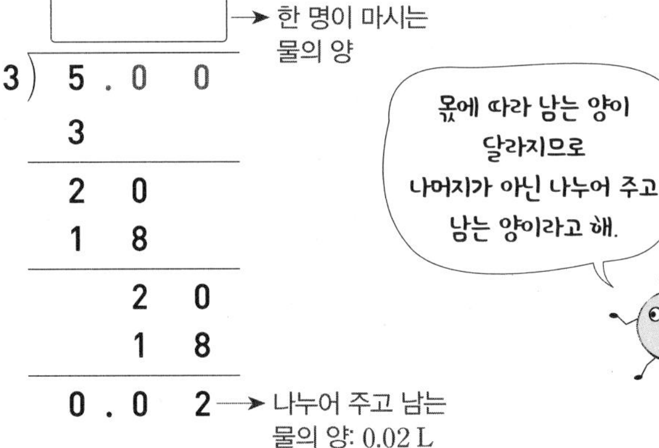

➡ 한 명이 마시는 물의 양에 따라 나누어 주고 남는 물의 양이 달라집니다.

개념 완성

발전 문제

1 소수의 나눗셈 활용

1 준비

윤성이는 자동차를 타고 2.4분 동안 3.6 km를 일정한 빠르기로 움직였습니다. 윤성이가 1분 동안 간 거리는 몇 km일까요?

(　　　　　　　　)

2 확인

재연이와 경민이는 길이가 21.6 m인 색 테이프를 각각 가지고 있습니다. 이 색 테이프를 재연이는 0.9 m씩, 경민이는 1.2 m씩 잘랐습니다. 두 사람이 자른 색 테이프는 누가 몇 조각 더 많을까요?

(　　　　　　), (　　　　　　)

3 완성

휘발유 2.2 L로 27.5 km를 달릴 수 있는 승합차가 있습니다. 이 승합차로 402 km 떨어진 할머니 댁에 가려면 필요한 휘발유는 몇 L일까요?

(　　　　　　　　)

2 수 카드로 나눗셈식 만들기

4 준비

수 카드 3, 5, 8 을 한 번씩만 사용하여 몫이 가장 작게 되는 (소수)÷(소수)를 만들고 몫을 구해 보세요.

□.□÷0.7

(　　　　　　　　)

5 확인

수 카드 3, 6, 9 를 한 번씩만 사용하여 몫이 가장 크게 되는 (자연수)÷(소수)를 만들고 몫을 구해 보세요.

□□÷0.□

(　　　　　　　　)

6 완성

수 카드 2, 4, 6, 8 을 한 번씩만 사용하여 나눗셈식을 만들 때, 만든 나눗셈식 중 가장 큰 몫과 가장 작은 몫의 차를 구해 보세요.

□.□□÷0.4

(　　　　　　　　)

3 필요한 개수 구하기

7 준비

길이가 12 m인 벽에 가로가 0.75 m인 그림을 한 줄로 빈틈없이 붙이려고 합니다. 그림을 몇 개까지 붙일 수 있을까요?

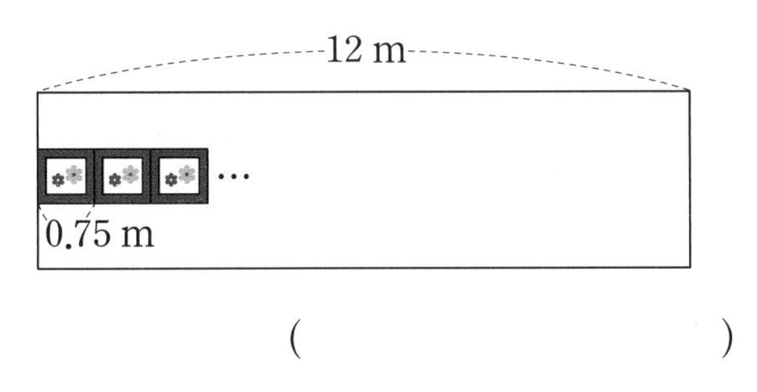

(　　　　　　　　)

8 확인

그림과 같이 둘레가 17.92 m인 원 모양의 울타리에 0.56 m마다 기둥을 세우려고 합니다. 기둥을 몇 개 세울 수 있을까요? (단, 기둥의 두께는 생각하지 않습니다.)

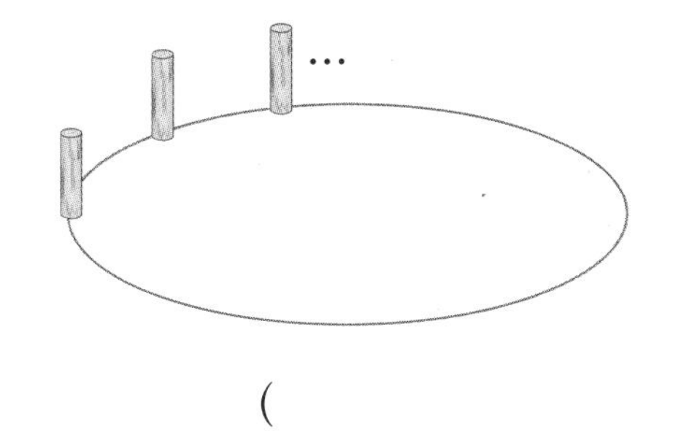

(　　　　　　　　)

9 완성

둘레가 63 m인 원 모양의 산책로에 3.4 m 간격으로 의자를 놓으려고 합니다. 의자의 길이가 0.8 m일 때 필요한 의자는 모두 몇 개일까요?

(　　　　　　　　)

4 몫의 소수 ■째 자리 숫자 구하기

10 준비

나눗셈의 몫의 소수 둘째 자리 숫자를 구해 보세요.

$23 \div 7$

(　　　　　　　　)

11 확인

나눗셈의 몫의 소수 다섯째 자리 숫자를 구해 보세요.

$25.6 \div 2.2$

(　　　　　　　　)

12 완성

나눗셈의 몫의 소수 13째 자리 숫자를 구해 보세요.

$31.6 \div 2.7$

(　　　　　　　　)

5 몫을 반올림하기

13 준비

막대 7 m의 무게가 52.4 kg이라고 합니다. 막대 1 m의 무게는 몇 kg인지 반올림하여 소수 둘째 자리까지 나타내어 보세요.

( )

14 확인

삼각형의 넓이를 6.7 cm^2보다 크게 만들려고 합니다. 밑변의 길이가 3 cm일 때 높이는 적어도 몇 cm가 되어야 하는지 반올림하여 소수 첫째 자리까지 나타내어 보세요.

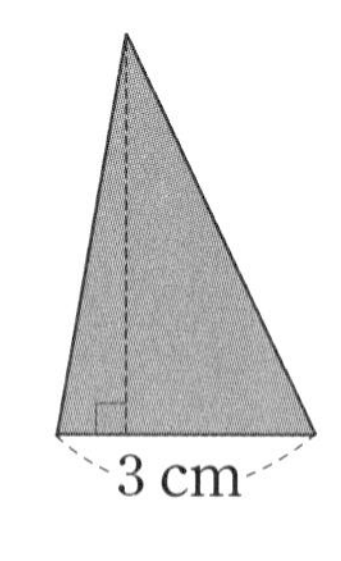

( )

15 완성

일정한 빠르기로 1초에 75.8 m를 달리는 기차가 길이가 250.4 m인 다리를 지나가려고 합니다. 기차의 길이가 60 m일 때 이 기차가 다리를 완전히 통과하는 데 걸리는 시간은 몇 초인지 반올림하여 소수 첫째 자리까지 나타내어 보세요.

( )

6 남는 수의 활용

16 준비

색 테이프로 상자 한 개를 묶는 데 2 m가 필요합니다. 길이가 12.8 m인 색 테이프로 상자를 몇 개까지 묶을 수 있고, 남는 색 테이프는 몇 m인지 차례로 써 보세요.

( ), ( )

17 확인

공장에서 생산된 설탕 210.4 kg을 한 자루에 12 kg씩 담아 모두 옮기려고 합니다. 자루는 적어도 몇 개 필요할까요?

( )

18 완성

길이가 120.5 m인 철사로 둘레가 9 m인 울타리를 돌려 감으려고 합니다. 철사를 남김없이 울타리를 여러 번 돌려 감으려면 철사는 적어도 몇 m가 더 있어야 할까요?

( )

단원 평가

점수 확인

1 길이가 3.5 m인 색 테이프를 0.7 m씩 자르면 몇 조각이 되는지 알아보려고 합니다. □ 안에 알맞은 수를 써넣으세요.

(1) m 단위를 cm 단위로 계산해 보세요.

$3.5\text{ m} = \square\text{ cm}$

$0.7\text{ m} = \square\text{ cm}$

$3.5 \div 0.7 = 350 \div \square = \square$(조각)

(2) 분수의 나눗셈으로 계산해 보세요.

$3.5 \div 0.7 = \frac{\square}{10} \div \frac{\square}{10}$

$= 35 \div \square = \square$(조각)

2 □ 안에 알맞은 수를 써넣으세요.

(1) $8.5 \div 1.7 = \frac{\square}{10} \div \frac{\square}{10}$

$= \square \div \square = \square$

(2) $6.45 \div 2.15 = \frac{\square}{100} \div \frac{\square}{100}$

$= \square \div \square$

$= \square$

3 □ 안에 알맞은 수를 써넣으세요.

$6.05 \times \square = 10.89$

4 자연수의 나눗셈으로 계산하려고 합니다. □ 안에 알맞은 수를 써넣으세요.

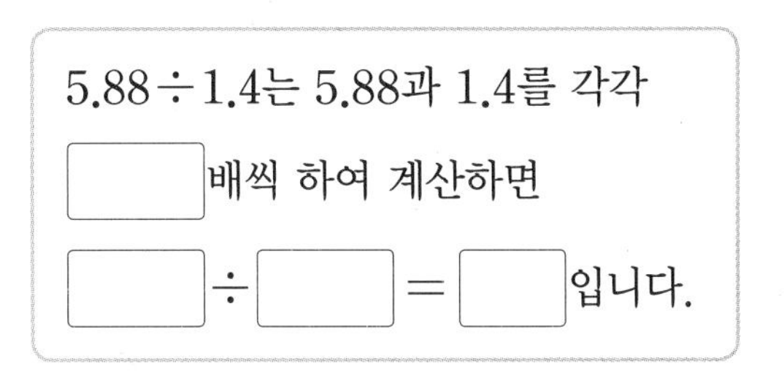

5 큰 수를 작은 수로 나눈 몫을 빈칸에 써넣으세요.

16.45	4.7

6 계산 결과를 비교하여 ○ 안에 $>$, $=$, $<$를 알맞게 써넣으세요.

30.75÷12.3 ○ 6.72÷2.8

7 ㉮는 ㉯의 몇 배인지 구해 보세요.

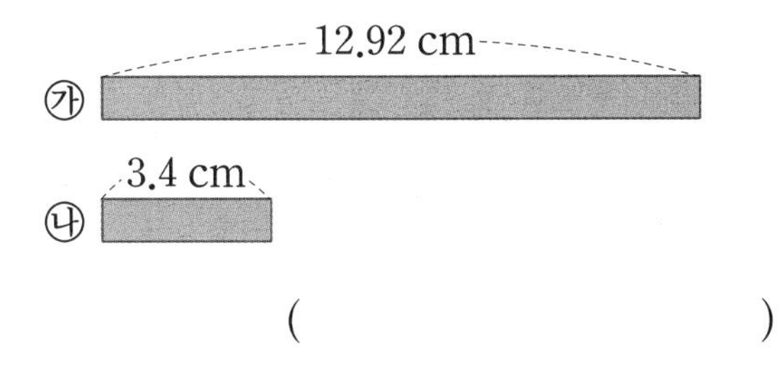

(　　　　　　　　)

8 넓이가 13.86 cm^2인 사다리꼴입니다. 이 사다리꼴의 높이가 3.08 cm, 아랫변의 길이가 5.8 cm일 때 윗변의 길이를 구해 보세요.

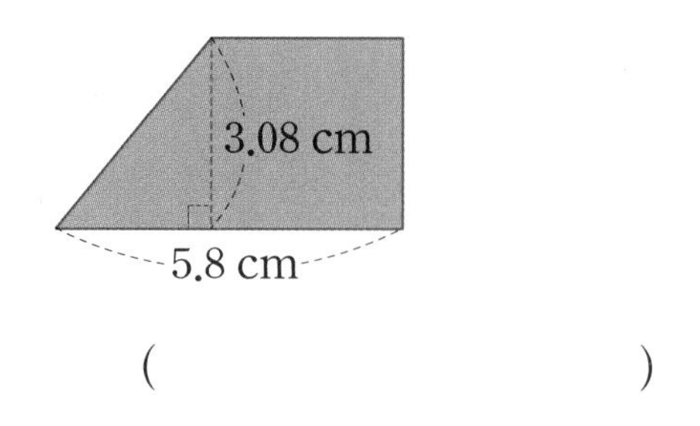

( )

9 계산해 보세요.

(1) $2.8\overline{)4.48}$

(2) $0.25\overline{)9}$

10 만두 한 개를 만드는 데 고기 5.8 g이 필요합니다. 고기 87 g으로 만두를 몇 개 만들 수 있는지 두 가지 방법으로 구해 보세요.

방법 1

방법 2

11 주스 16.2 L를 한 병에 0.9 L씩 나누어 담으려고 합니다. 병은 몇 개인지 식을 쓰고 답을 구해 보세요.

식 ....

답 ....

12 몫을 반올림하여 주어진 자리까지 나타내어 보세요.

(1) $5.8 \div 3$ (소수 첫째 자리)

( )

(2) $38.4 \div 4.6$ (소수 둘째 자리)

( )

13 $16.8 \div 2.9$의 몫을 반올림하여 소수 첫째 자리까지 나타낸 몫과 반올림하여 소수 둘째 자리까지 나타낸 몫의 차를 구해 보세요.

( )

14 나눗셈의 몫을 구했을 때 몫의 소수 10째 자리 숫자를 써 보세요.

$11 \div 6$

( )

15 렌즈로 물체를 보면 물체의 크기가 변해 보입니다. 길이가 16.4 cm인 필통을 볼록렌즈로 보았더니 19 cm였습니다. 필통을 볼록렌즈로 볼 때의 길이는 실제 길이의 몇 배인지 반올림하여 소수 둘째 자리까지 나타내어 보세요.

( )

16 나눗셈의 몫을 일의 자리까지 구했을 때 얼마가 남는지 구해 보세요.

$107.3 \div 7$

( )

17 우유 6.1 L를 한 병에 0.9 L씩 담으려고 합니다. 우유를 병 몇 개에 담을 수 있고, 남는 우유는 몇 L인지 차례로 구해 보세요.

( ), ( )

18 쌀 97.5 kg을 한 봉투에 8 kg씩 담아 판매하려고 합니다. 쌀을 남김없이 모두 판매하려면 쌀은 적어도 몇 kg이 더 필요할까요?

( )

정답과 풀이 14쪽

술술 서술형

19 12.5를 어떤 수로 나누어야 하는데 잘못하여 곱했더니 35가 되었습니다. 어떤 수는 얼마인지 풀이 과정을 쓰고 답을 구해 보세요.

풀이

답

20 모빌을 한 개 만드는 데 철사가 3 m 필요합니다. 철사 76.9 m로 같은 모빌을 몇 개까지 만들 수 있고, 남는 철사는 몇 m인지 풀이 과정을 쓰고 답을 구해 보세요.

풀이

답 ,

2

3 공간과 입체

보는 방향에 따라 다르게 보여!

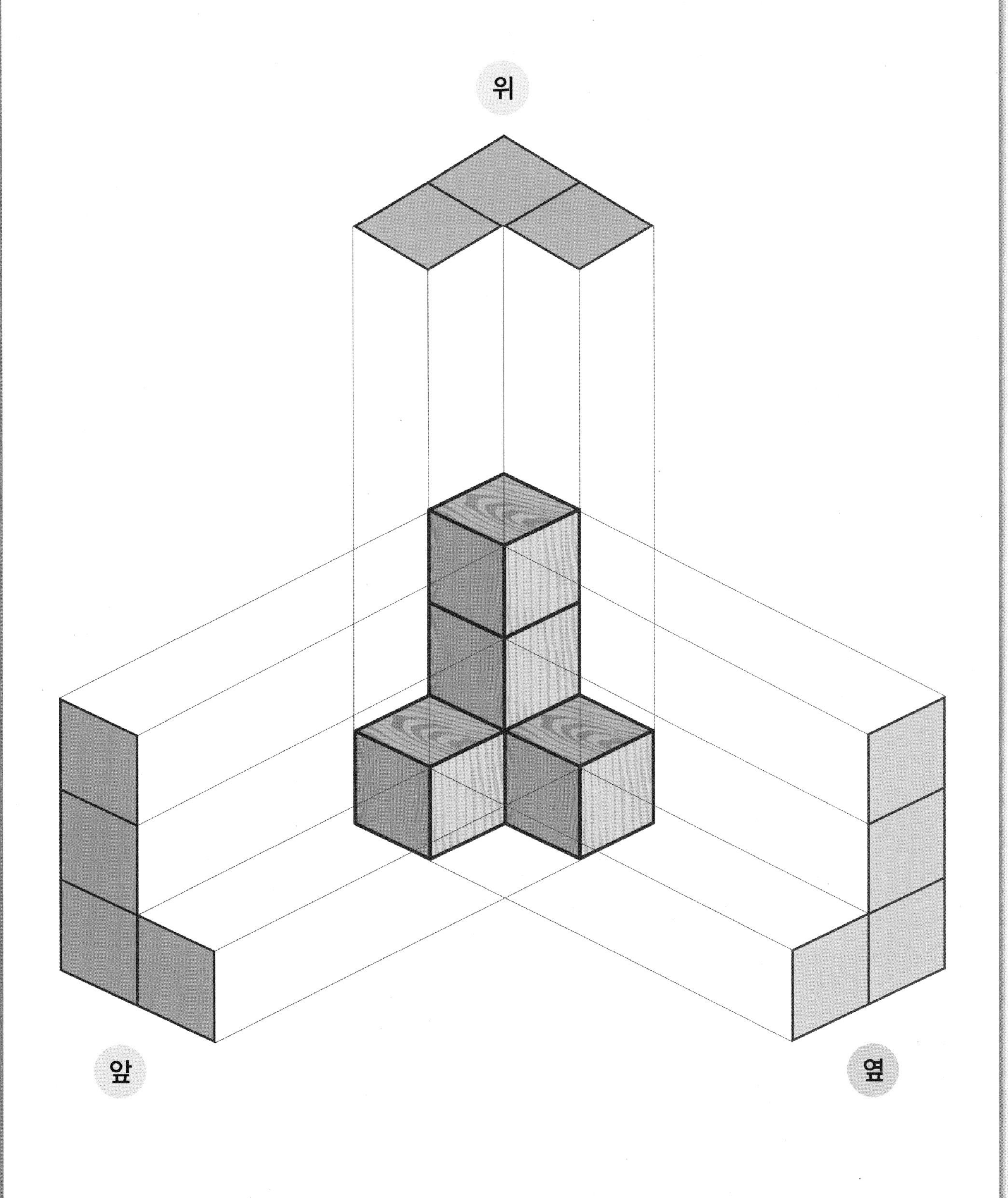

1 사물을 보는 위치와 방향에 따라 모양이 달라.

● 건물을 여러 가지 방향에서 사진 찍어 보기

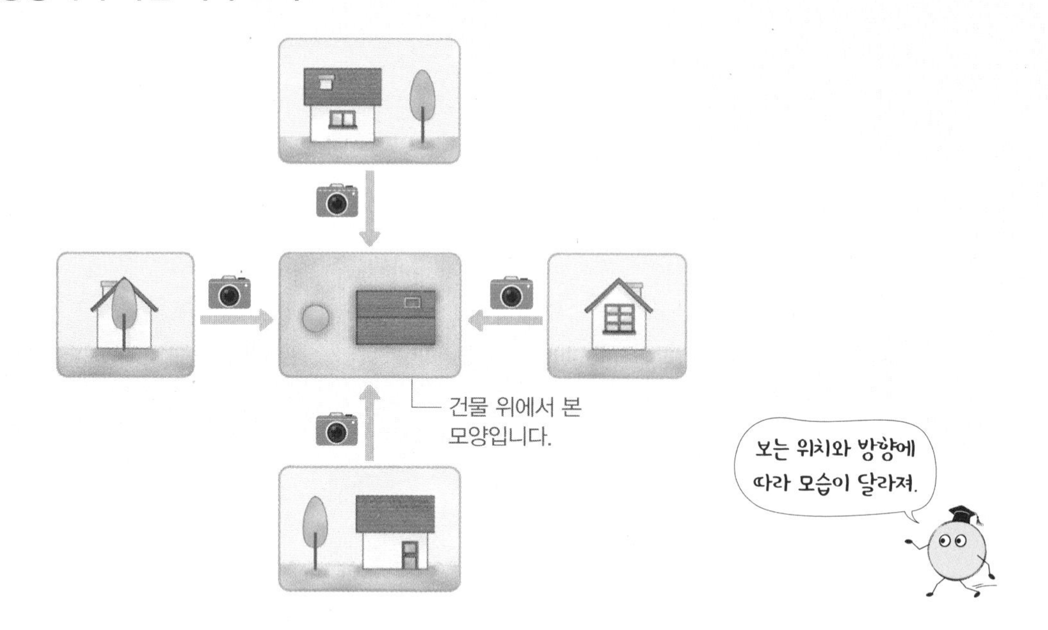

● 쌓기나무의 개수 구하기

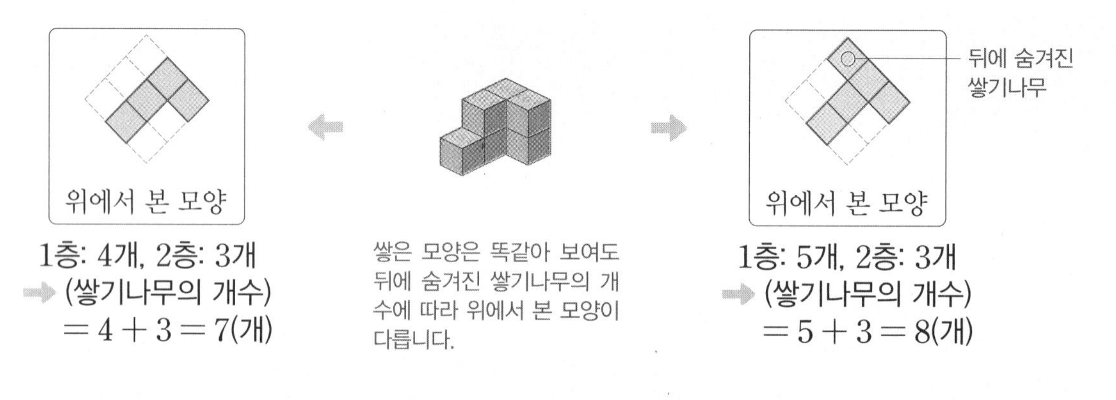

1층: 4개, 2층: 3개
→ (쌓기나무의 개수)
$= 4 + 3 = 7$(개)

쌓은 모양은 똑같아 보여도 뒤에 숨겨진 쌓기나무의 개수에 따라 위에서 본 모양이 다릅니다.

1층: 5개, 2층: 3개
→ (쌓기나무의 개수)
$= 5 + 3 = 8$(개)

1 조형물을 보고 사진을 찍었습니다. 각 사진을 찍은 위치를 찾아 기호를 써 보세요.

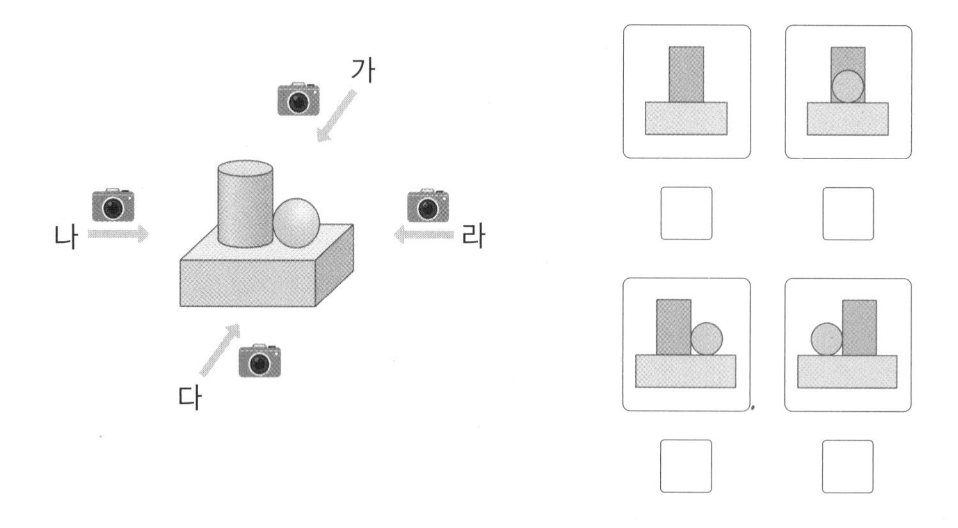

2 쌓기나무로 쌓은 모양을 보고 위에서 본 모양을 그렸습니다. 관계있는 것끼리 이어 보세요.

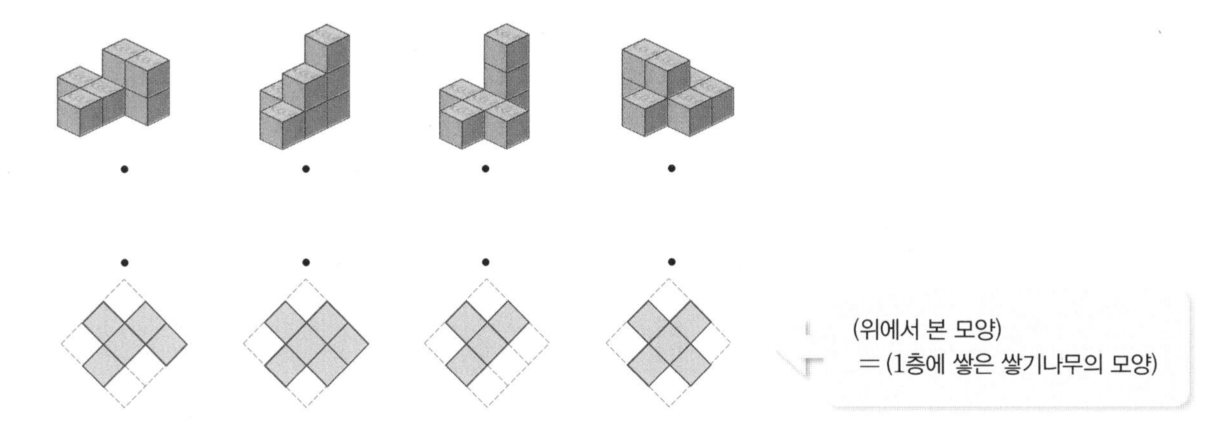

3 쌓기나무 10개로 쌓은 모양입니다. 위에서 본 모양으로 알맞은 것을 찾아 ○표 하세요.

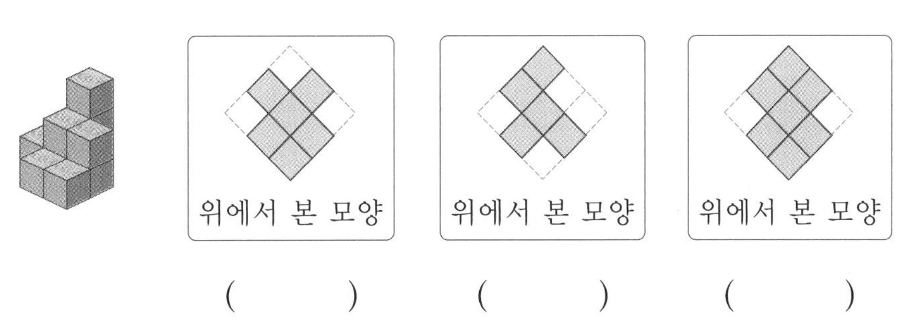

( ) ( ) ( )

4 주어진 모양과 똑같이 쌓는 데 필요한 쌓기나무의 개수를 구하려고 합니다. □ 안에 알맞은 수를 써넣으세요.

(1)

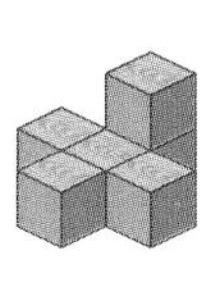

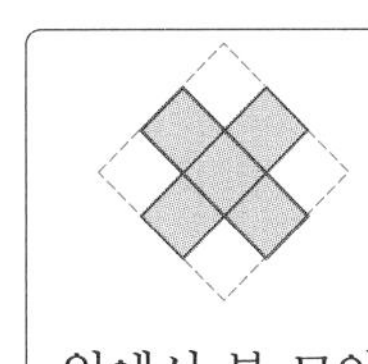

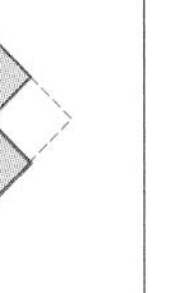

➡ 1층: □개, 2층: □개

(필요한 쌓기나무의 개수) = □개

(2)

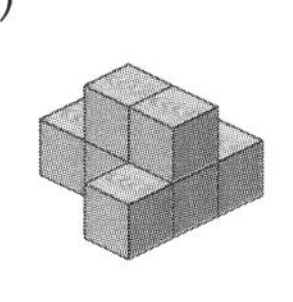

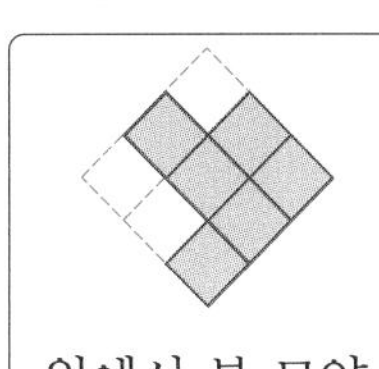

➡ 뒤에 숨겨진 쌓기나무의 개수: □개

1층: □개, 2층: □개

(필요한 쌓기나무의 개수) = □개

2 위, 앞, 옆에서 본 모양을 보고 쌓기나무 개수를 추측할 수 있어.

● **쌓기나무로 쌓은 모양을 보고 위, 앞, 옆에서 본 모양 그리기**

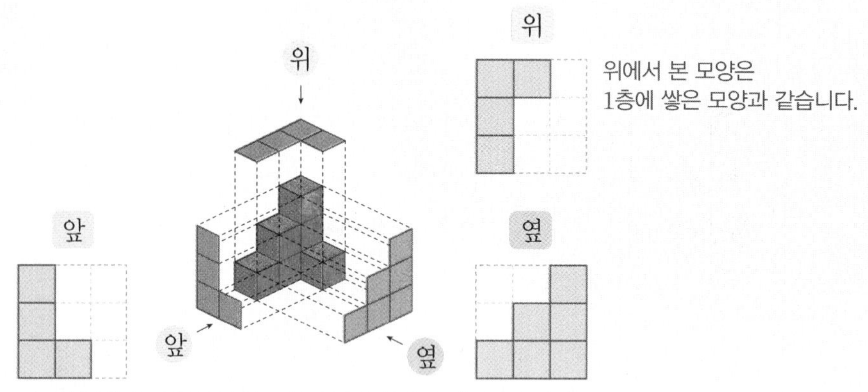

앞과 옆에서 본 모양은 쌓은 모양의 각 방향에서 세로줄의 가장 높은 층의 모양과 같습니다.

● **위, 앞, 옆에서 본 모양을 보고 쌓은 모양을 추측하고 쌓기나무의 개수 구하기**

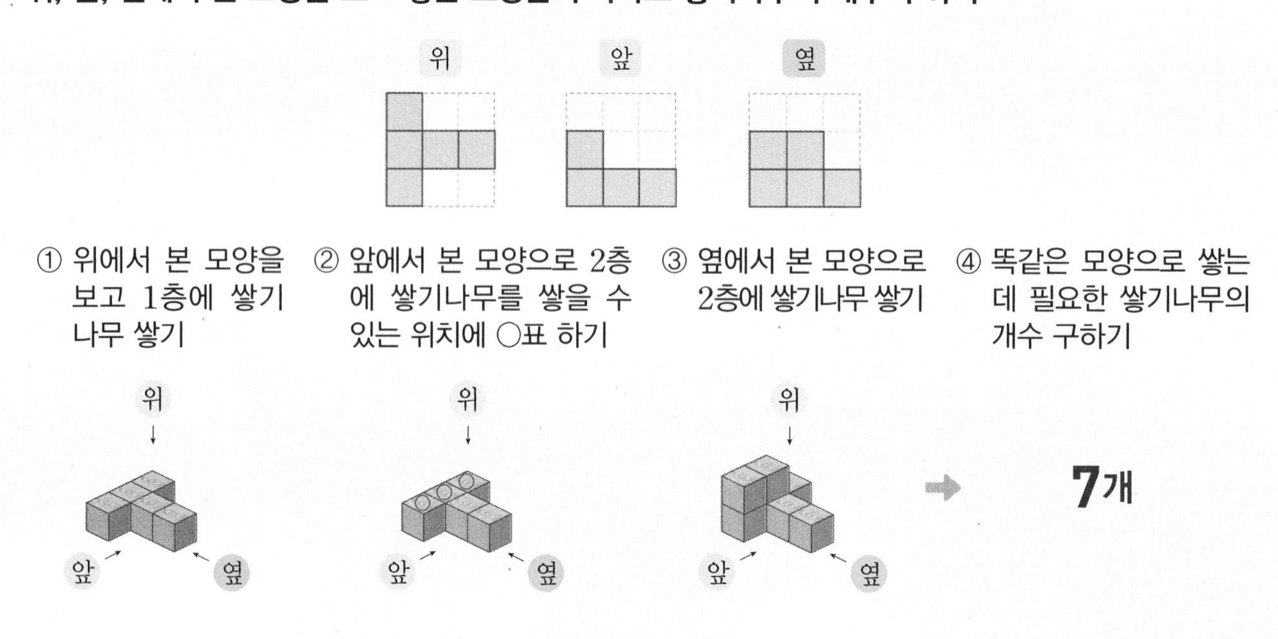

1 쌓기나무로 쌓은 모양과 위에서 본 모양을 보고 앞, 옆에서 본 모양을 각각 그려 보세요.

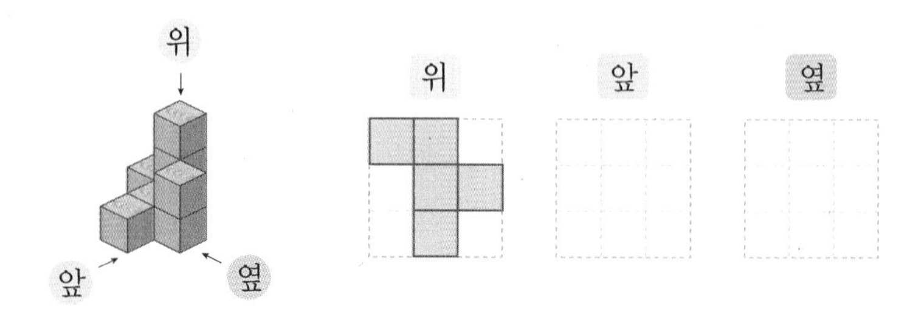

2 쌓기나무 9개로 쌓은 모양입니다. □ 안에 알맞은 기호를 써넣으세요.

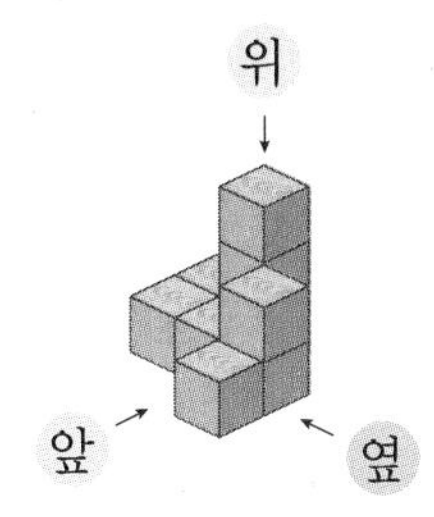

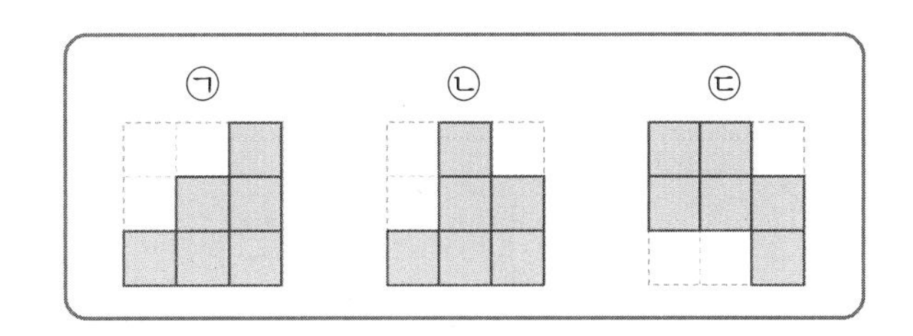

(1) 위에서 본 모양은 □입니다.

(2) 앞에서 본 모양은 □입니다.

(3) 옆에서 본 모양은 □입니다.

3 쌓기나무로 쌓은 모양을 위, 앞, 옆에서 본 모양입니다. 물음에 답하세요.

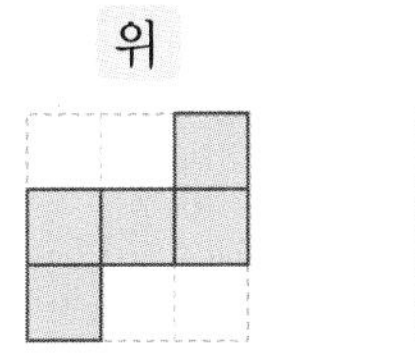

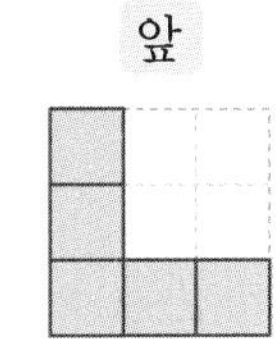

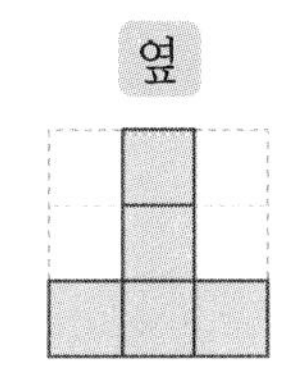

(1) 위에서 본 모양을 보면 1층에 쌓은 쌓기나무는 □개입니다.

(2) 위에서 본 모양대로 쌓은 쌓기나무에서 쌓기나무가 3층인 곳에 ○표 하세요.

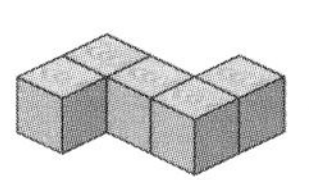

(3) 쌓은 모양을 찾아 ○표 하세요.

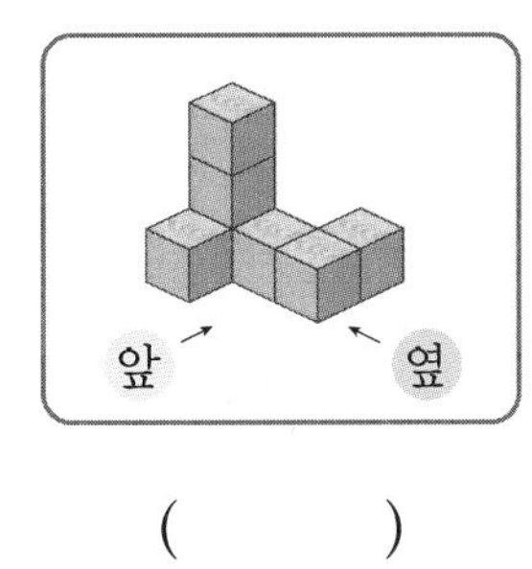

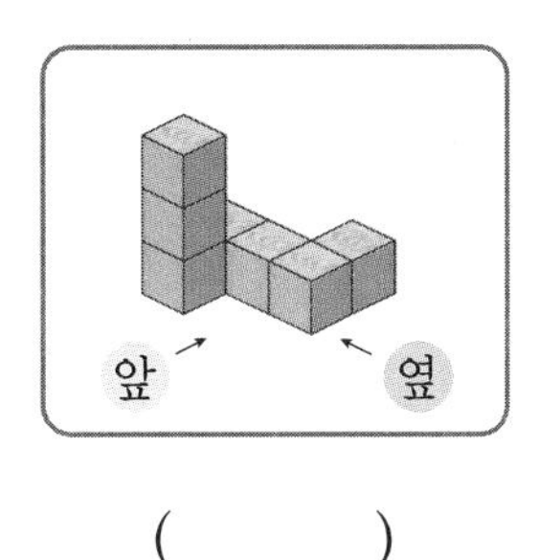

(　　　)　　　(　　　)

(4) 똑같은 모양으로 쌓는 데 필요한 쌓기나무는 □개입니다.

1 어느 방향에서 본 것인지 알아보기 / 쌓은 모양과 쌓기나무 개수 알기

1 스튜디오에 그림과 같이 카메라를 놓고 여러 방향에서 촬영하고 있습니다. 각 장면을 촬영하고 있는 카메라를 찾아 □ 안에 기호를 써넣으세요.

▶ 카메라의 위치와 사진의 각도를 알아봐.

□ 카메라

□ 카메라

□ 카메라

2 위에서 본 모양이 다른 하나를 찾아 ○표 하세요.

▶ 위에서 본 모양은 1층에 쌓은 쌓기나무 모양과 같아.

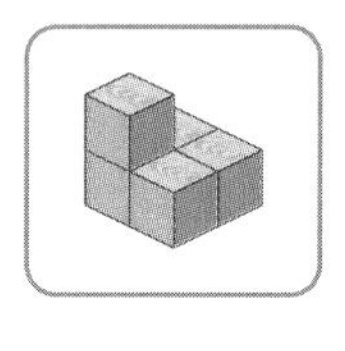

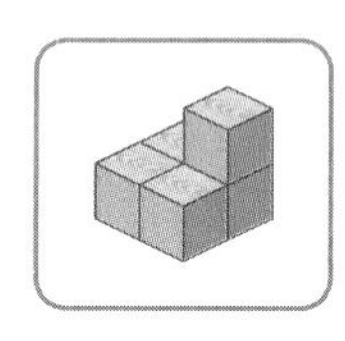

(　　)　(　　)　(　　)

3 다음과 같이 쌓기나무를 쌓으면 쌓기나무의 개수를 정확하게 알 수 없습니다. 그 이유를 써 보세요.

▶ 쌓은 모양을 뒤쪽에서 본 모양도 생각해 봐.

이유 ....

....

4 쌓기나무로 쌓은 모양과 위에서 본 모양입니다. 똑같은 모양으로 쌓는 데 필요한 쌓기나무의 개수를 모두 구해 보세요.

▶ 위에서 본 모양을 보면 뒤에 숨겨진 쌓기나무가 있는지 없는지 알 수 있어.

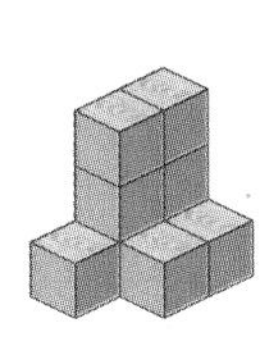

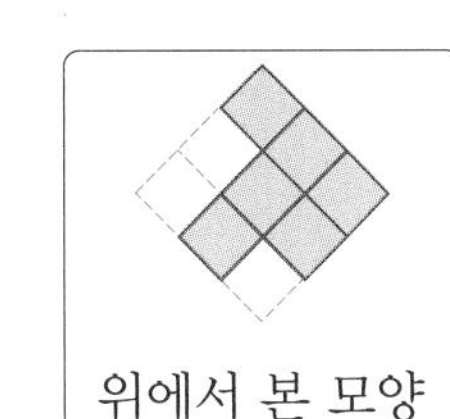

위에서 본 모양

(　　　　　　　　　　　　)

내가 만드는 문제

5 쌓기나무로 쌓은 모양을 보고 위에서 본 모양을 자유롭게 그리고, 쌓기나무의 개수를 구해 보세요.

▶ 쌓기나무에 가려져 보이지 않는 쌓기나무가 있는지 추측해봐.

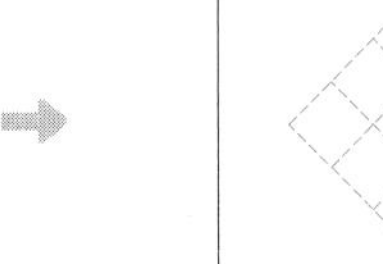

위에서 본 모양

1층: ☐개, 2층: ☐개, 3층: ☐개 ➡ (쌓기나무의 개수): ☐개

쌓은 모양과 위에서 본 모양을 보고 쌓기나무의 개수를 알 수 있을까?

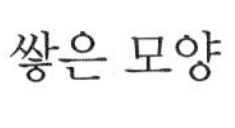

쌓은 모양

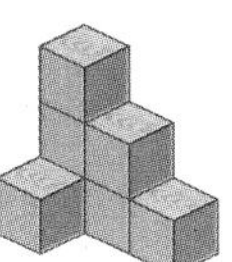

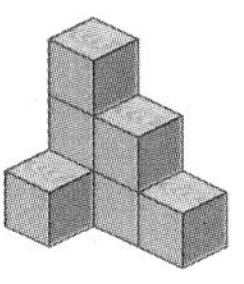

숨겨진 쌓기나무가 없는 경우

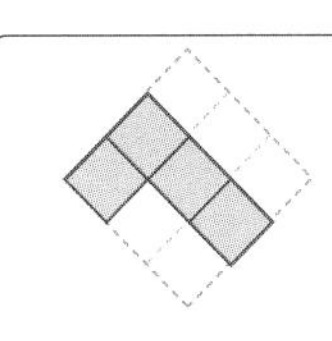

위에서 본 모양

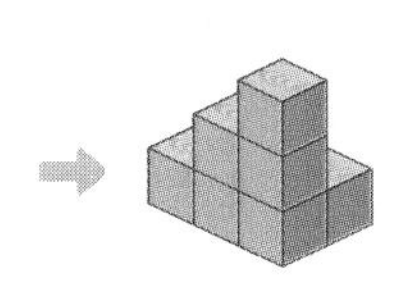

뒤쪽에서 본 모양

➡ 쌓기나무의 개수: ☐개

숨겨진 쌓기나무가 있는 경우

위에서 본 모양

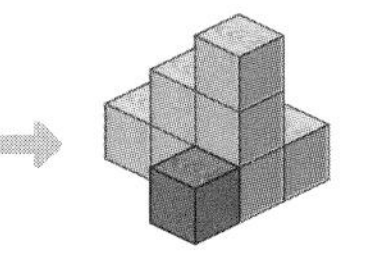

뒤쪽에서 본 모양

➡ 쌓기나무의 개수: ☐개

3

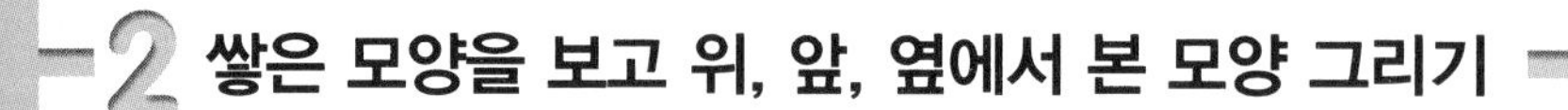

2 쌓은 모양을 보고 위, 앞, 옆에서 본 모양 그리기

6 쌓기나무 7개로 쌓은 모양입니다. 앞과 옆에서 본 모양을 각각 그려 보세요.

▶ 뒤에 숨겨진 쌓기나무가 있는지 생각해 보자.

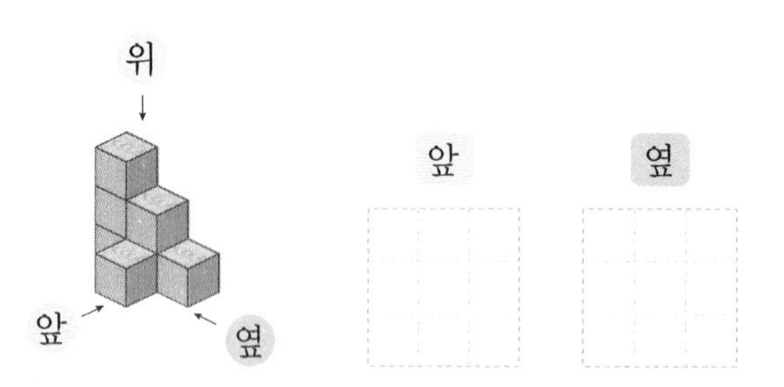

7 쌓기나무로 만든 모양과 이를 위에서 본 모양입니다. 앞, 옆에서 본 모양을 각각 그려 보세요.

▶ 위에서 본 모양을 보면 뒤에 숨겨진 쌓기나무가 없어.

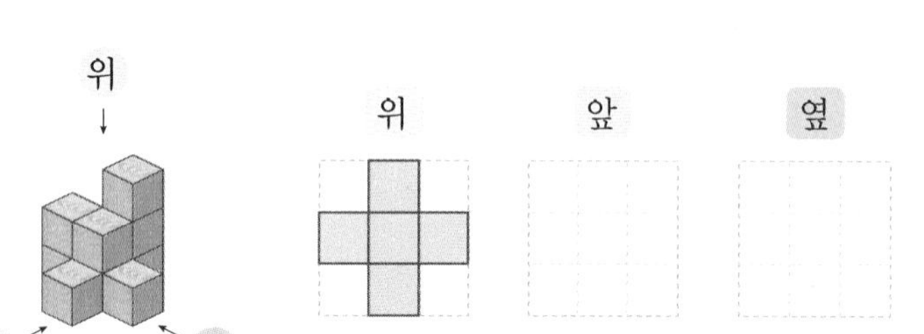

8 쌓기나무로 쌓은 모양을 위, 앞, 옆에서 본 모양입니다. 똑같은 모양으로 쌓는 데 필요한 쌓기나무의 개수를 구해 보세요.

▶ 옆에서 본 모양은 오른쪽 옆에서 본 모양이야.

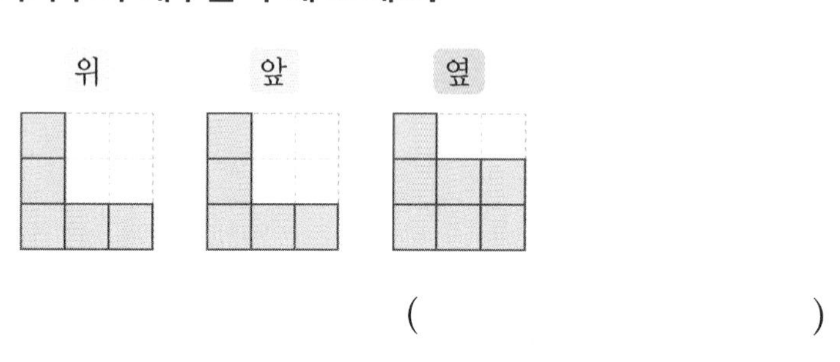

(　　　　　　　　　　)

9 쌓기나무로 쌓은 모양과 이를 위에서 본 모양입니다. 옆에서 보았을 때 가능한 모양을 두 가지 그려 보세요.

▶ 앞과 옆에서 볼 때 각 줄마다 가장 높은 층을 생각해.

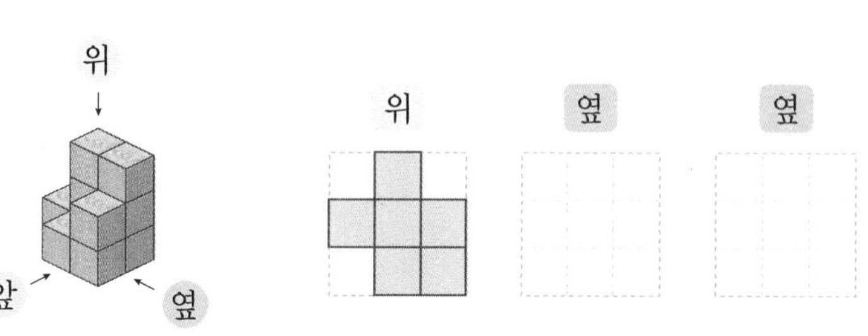

10 쌓기나무로 쌓은 모양을 위, 앞, 옆에서 본 모양입니다. 쌓은 모양으로 가능한 것에 ○표 하세요.

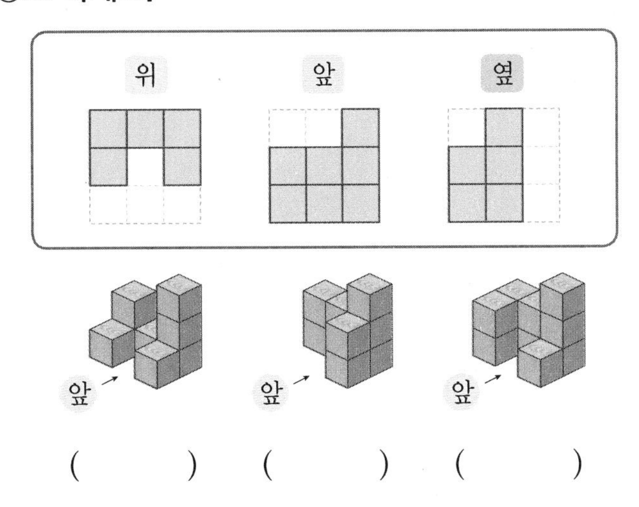

(　　　) (　　　) (　　　)

내가 만드는 문제

11 쌓기나무 8개로 쌓은 모양입니다. 쌓기나무를 1개 옮겨 새로운 모양을 만든 후 그 모양을 위, 앞, 옆에서 본 모양을 그려 보세요.

위　　앞　　옆

▶ 쌓기나무의 개수를 통해 보이지 않는 쌓기나무가 있는지 없는지 알 수 있어.

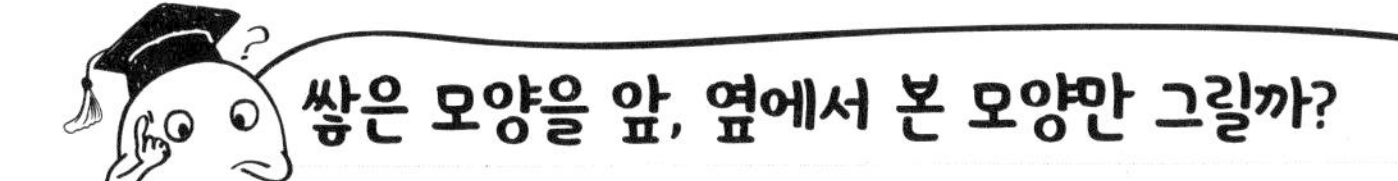

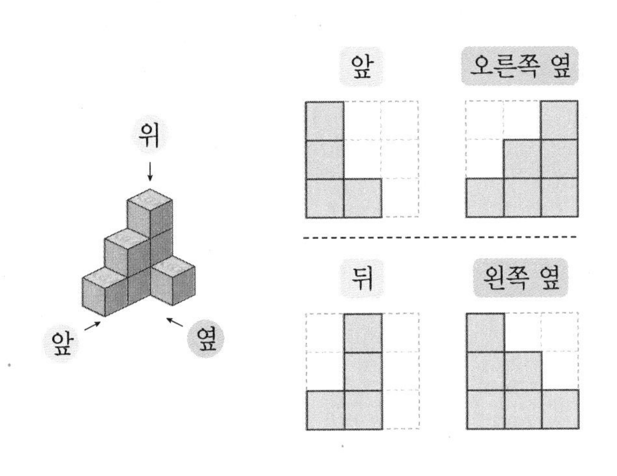

3 쌓기나무로 쌓은 모양을 보고 위에서 본 모양에 수를 쓸 수 있어.

● **쌓기나무로 쌓은 모양을 보고 위에서 본 모양에 수 쓰기**

쌓기나무로 쌓은 모양에서 위에서 보이는 면을 알아봅니다.

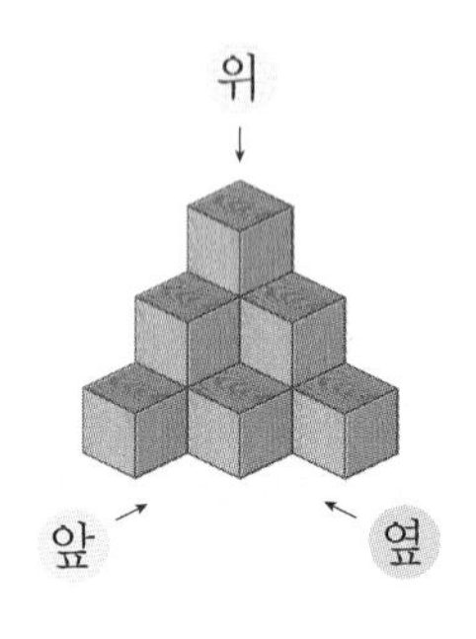

위에서 본 모양을 그립니다.

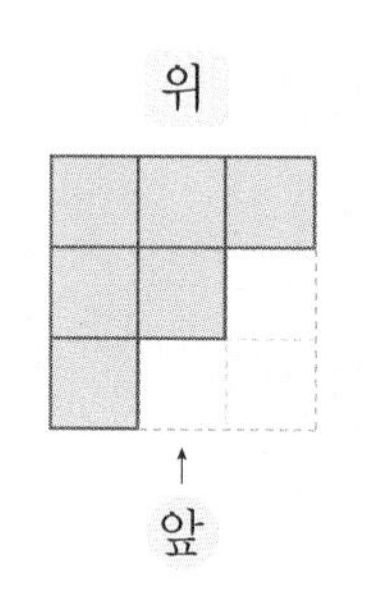

위에서 본 모양의 각 자리에 쌓은 쌓기나무의 개수를 씁니다.

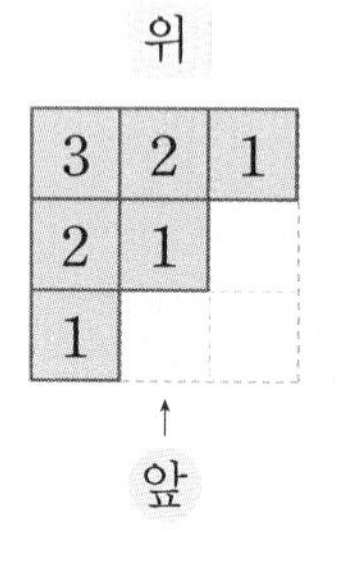

1 쌓기나무로 쌓은 모양을 보고 □ 안에 알맞은 수를 써넣으세요.

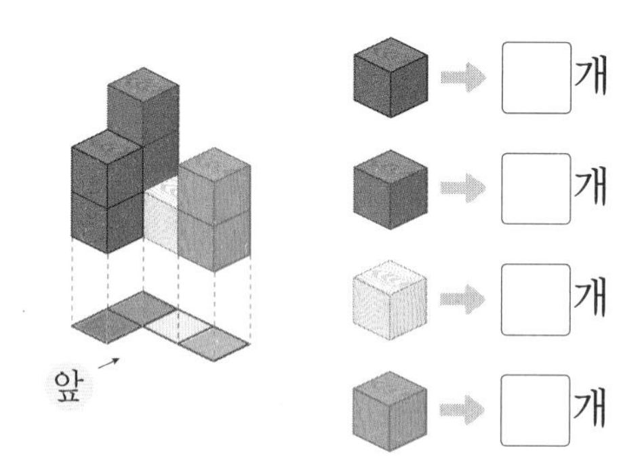

2 쌓기나무 11개로 쌓은 모양을 보고 위에서 본 모양을 그린 후 각 자리에 쌓은 쌓기나무의 개수를 써 보세요.

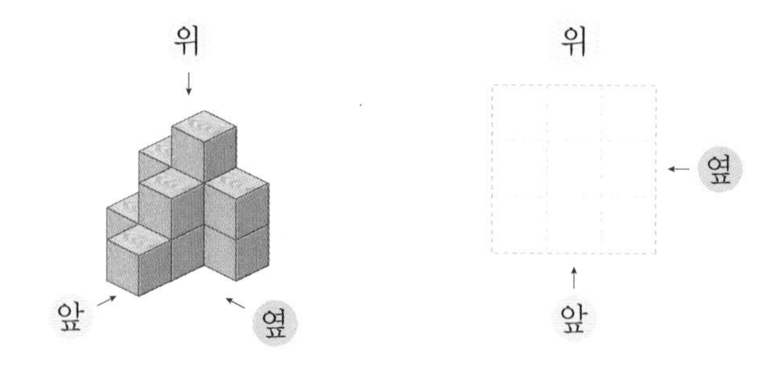

3 쌓기나무로 쌓은 모양과 위에서 본 모양입니다. 빈칸에 알맞은 수를 써넣으세요.

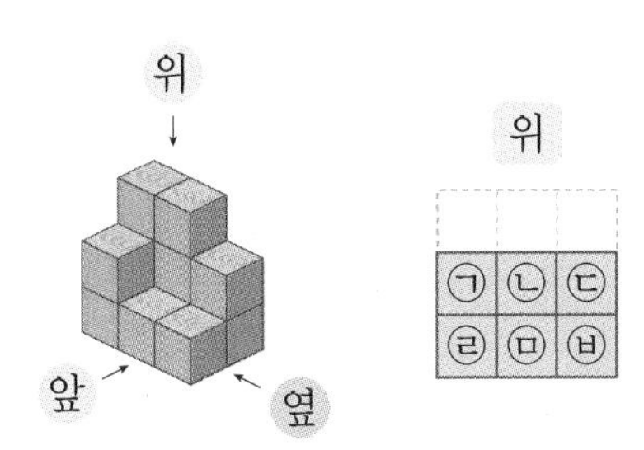

자리	㉠	㉡	㉢	㉣	㉤	㉥	합계
쌓기나무의 개수(개)							

4 쌓기나무로 쌓은 모양을 보고 위에서 본 모양에 수를 썼습니다. 쌓기나무를 앞에서 본 모양에 ○표 하세요.

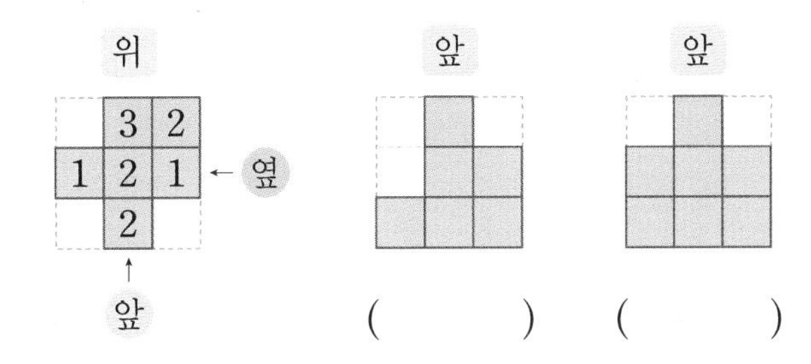

5 쌓기나무로 쌓은 모양을 보고 위에서 본 모양에 수를 썼습니다. 관계있는 것끼리 이어 보세요.

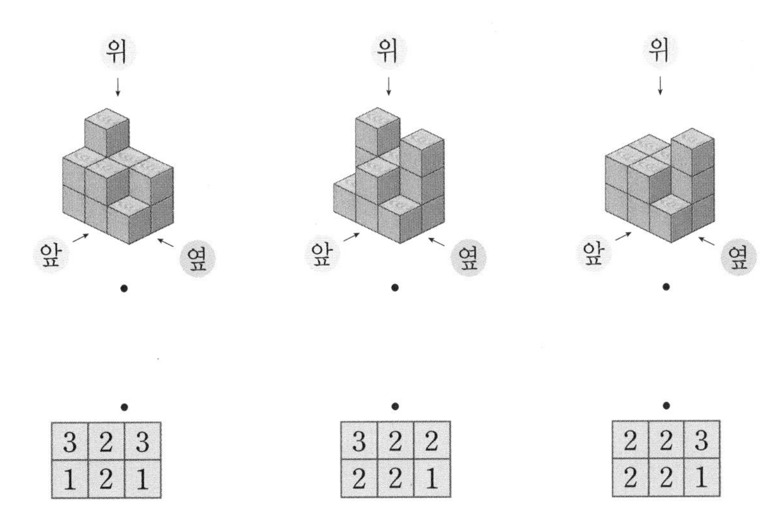

4 쌓기나무로 쌓은 모양을 보고 층별로 나타낼 수 있어.

● 쌓기나무로 쌓은 모양을 보고 층별로 나타낸 모양 그리기

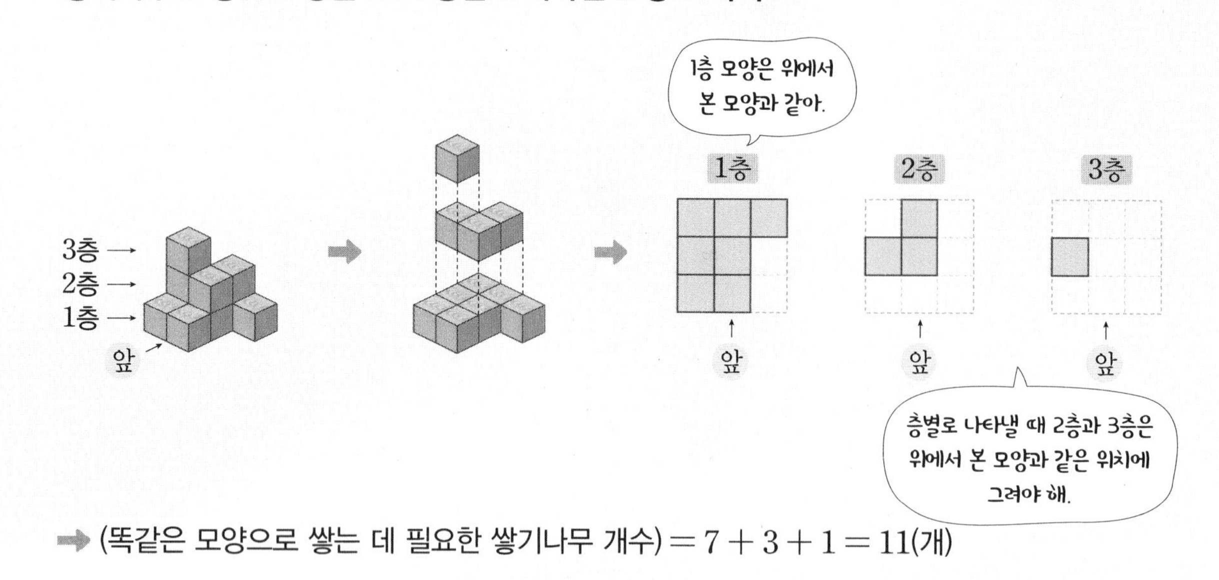

➡ (똑같은 모양으로 쌓는 데 필요한 쌓기나무 개수) $= 7 + 3 + 1 = 11$(개)

1 쌓기나무로 쌓은 모양과 위에서 본 모양을 보고 1층, 2층, 3층 모양을 각각 그려 보세요.

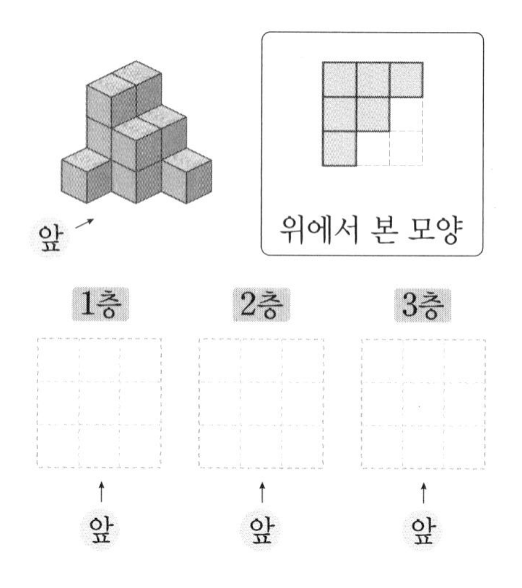

2 쌓기나무로 쌓은 모양을 보고 □ 안에 알맞은 수를 써넣으세요.

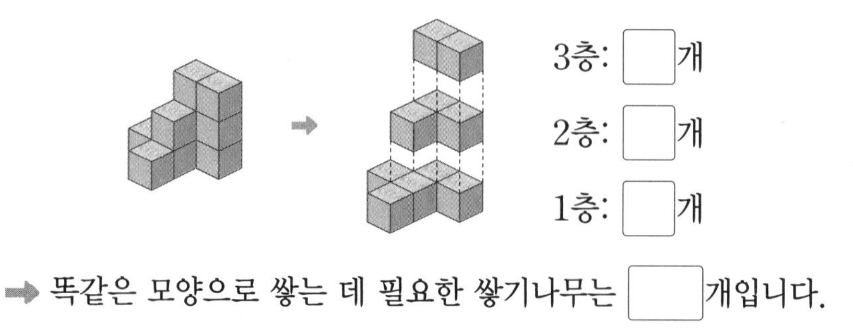

➡ 똑같은 모양으로 쌓는 데 필요한 쌓기나무는 □개입니다.

3 쌓기나무로 쌓은 모양을 층별로 나타낸 모양입니다. 위에서 본 모양의 각 자리에 쌓은 쌓기나무의 개수를 써넣으세요.

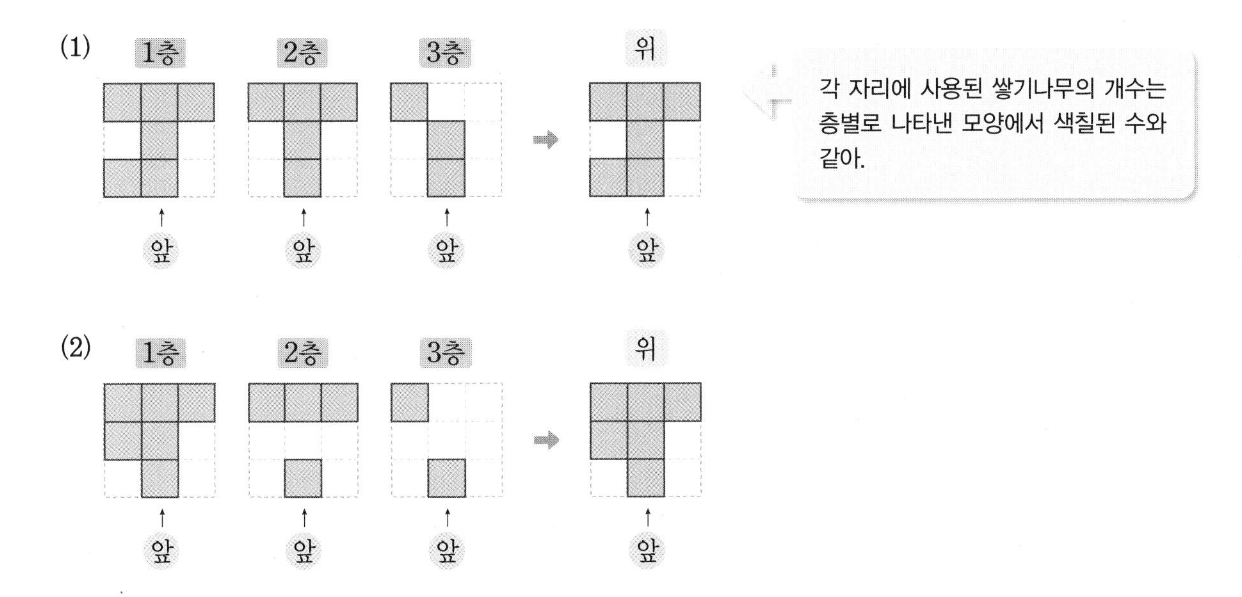

4 쌓기나무로 쌓은 모양을 층별로 나타낸 모양입니다. 쌓기나무로 쌓은 모양으로 알맞은 것에 ○표 하고 위, 앞, 옆에서 본 모양을 각각 그려 보세요.

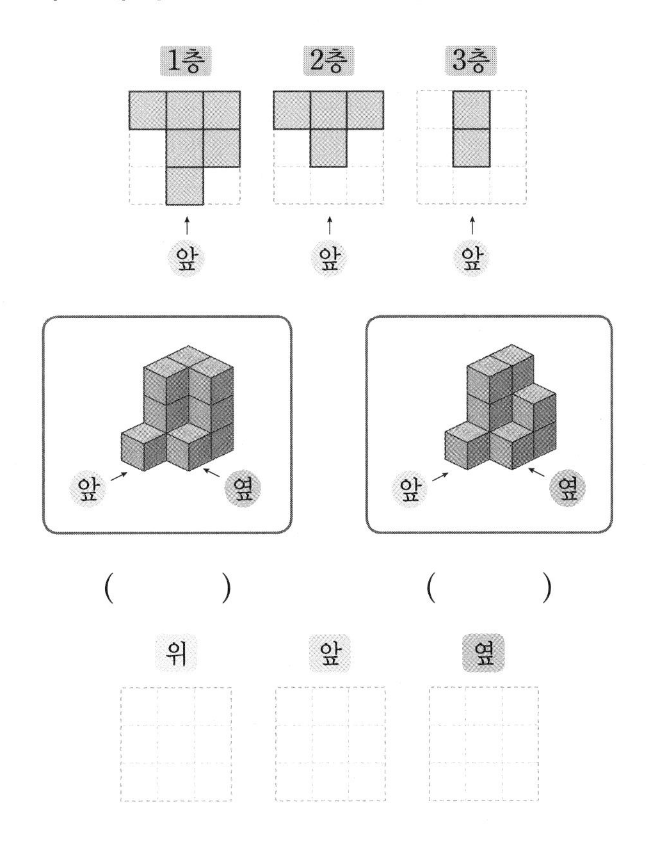

( ) ( )

위 앞 옆

5 쌓기나무로 여러 가지 모양을 만들 수 있어.

● **쌓기나무 3개로 만들 수 있는 모양**

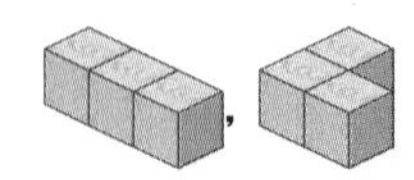

쌓기나무 3개로 만들 수 있는 모양: 2가지

● **쌓기나무 4개로 만들 수 있는 모양**

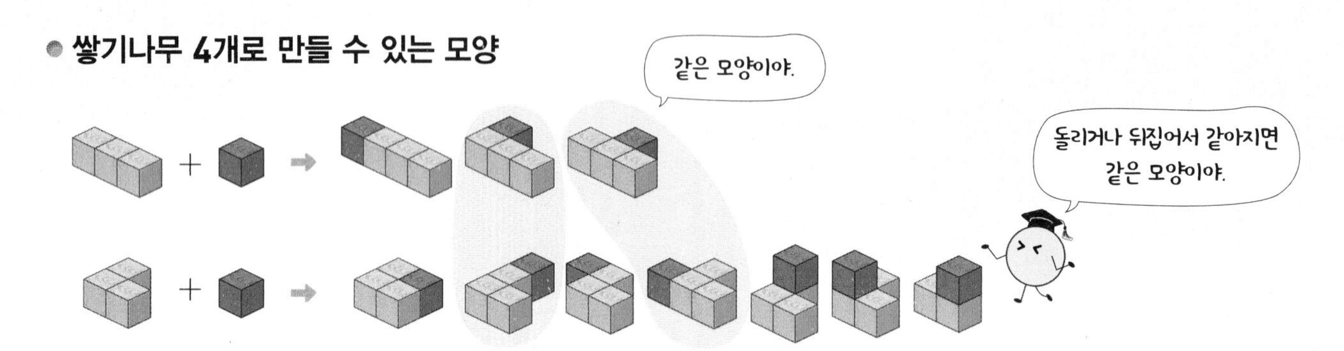

쌓기나무 4개로 만들 수 있는 서로 다른 모양: 8가지

● **두 모양을 사용하여 만들 수 있는 모양**

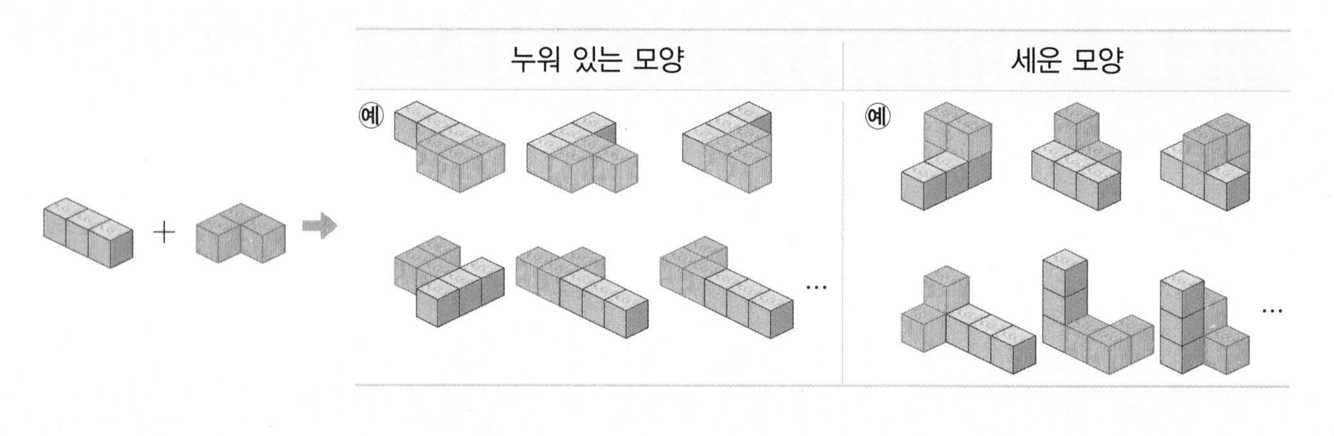

1 보기 의 쌓기나무 모양과 같은 모양을 찾아 ○표 하세요.

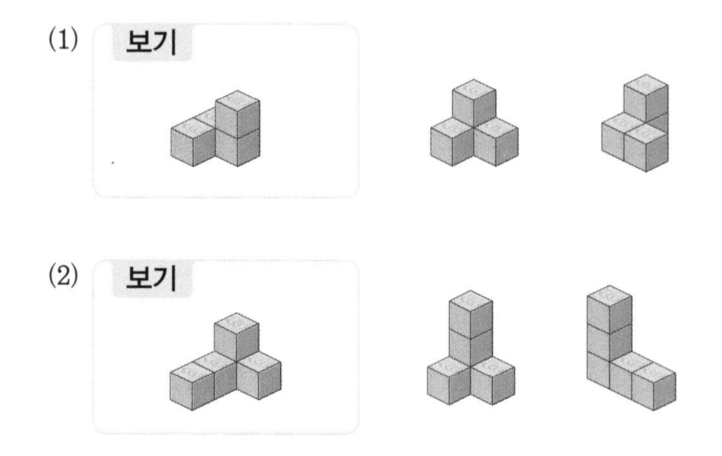

2 쌓기나무 4개로 쌓은 모양에 쌓기나무를 1개 더 붙여서 만들 수 있는 모양을 찾으려고 합니다. □ 안에 알맞은 기호를 찾아 써넣으세요.

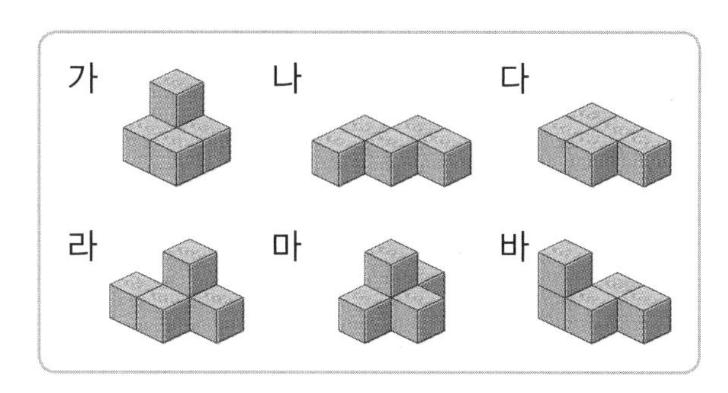

(1) 모양에 1개를 더 붙여서 만들 수 있는 모양은 □, □ 입니다.

(2) 모양에 1개를 더 붙여서 만들 수 있는 모양은 □, □, □, □ 입니다.

3 쌓기나무 5개로 만든 모양입니다. 돌리거나 뒤집었을 때 같은 모양을 찾아 이어 보세요.

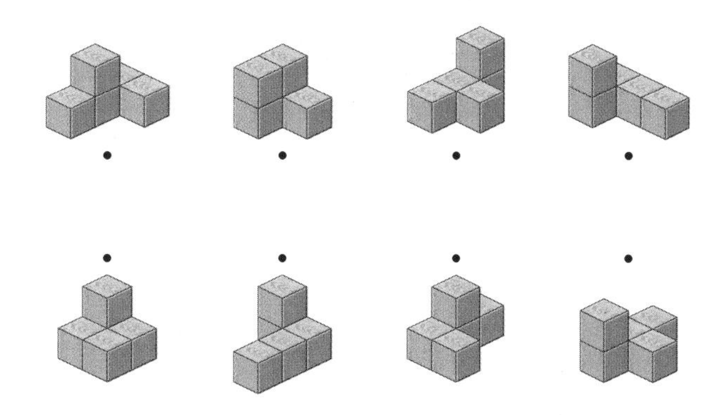

4 쌓기나무로 똑같이 만든 모양 두 개를 사용하여 새로운 모양을 만들었습니다. 어떻게 만들었는지 두 부분으로 구분해 보세요.

3

3 쌓은 모양을 보고 위에서 본 모양에 수를 쓰기

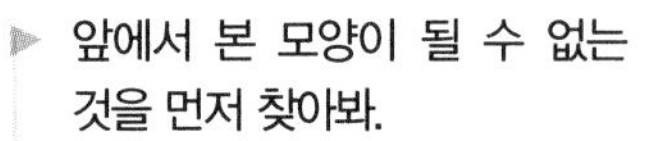

1 쌓기나무로 쌓은 모양을 위, 앞, 옆에서 본 모양입니다. 위에서 본 모양에 수를 바르게 쓴 것을 찾아 기호를 써 보세요.

▶ 앞에서 본 모양이 될 수 없는 것을 먼저 찾아봐.

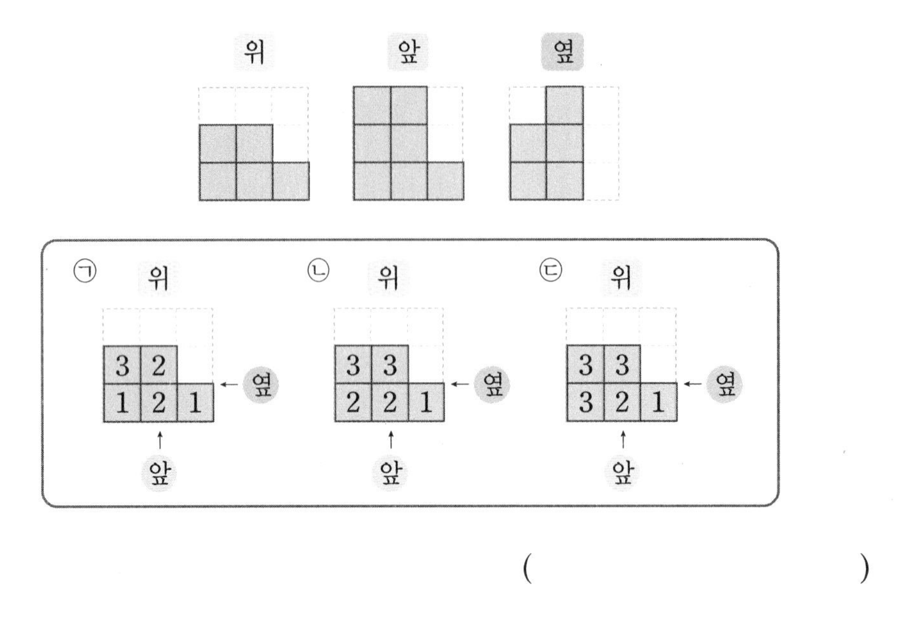

(　　　　　　　)

2 쌓기나무로 쌓은 모양을 보고 위에서 본 모양에 수를 썼습니다. 앞에서 본 모양과 옆에서 본 모양을 각각 그려 보세요.

▶ 각 방향에서 가장 큰 수만큼 그려야 해.

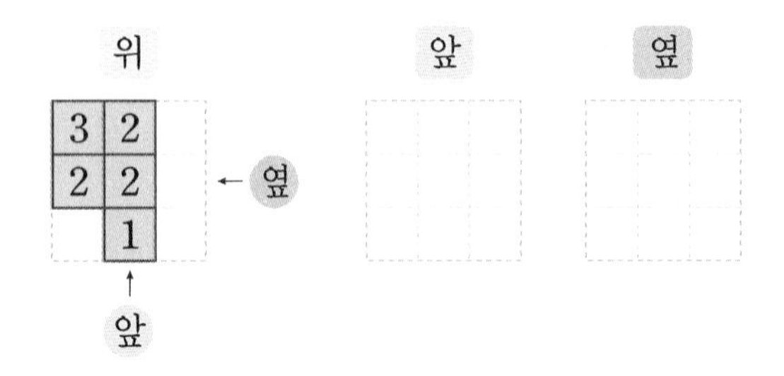

3 쌓기나무로 쌓은 모양을 보고 위에서 본 모양에 수를 썼습니다. 가, 나, 다 모양 중 옆에서 본 모양이 다른 하나를 찾아 기호를 써 보세요.

▶ 옆에서 보았을 때 가장 큰 수를 왼쪽에서부터 쓴 것이 다르면 옆에서 본 모양이 달라.

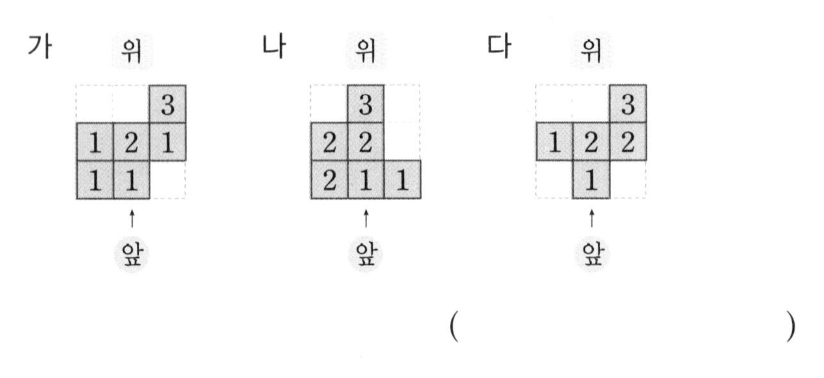

(　　　　　　　)

4 쌓기나무로 쌓은 모양을 위, 앞, 옆에서 본 모양입니다. 가장 많은 쌓기나무를 사용하여 쌓았다면 사용한 쌓기나무는 몇 개인지 구해 보세요.

▶ 각 자리에 최대한 많은 쌓기나무를 쌓아야 해.

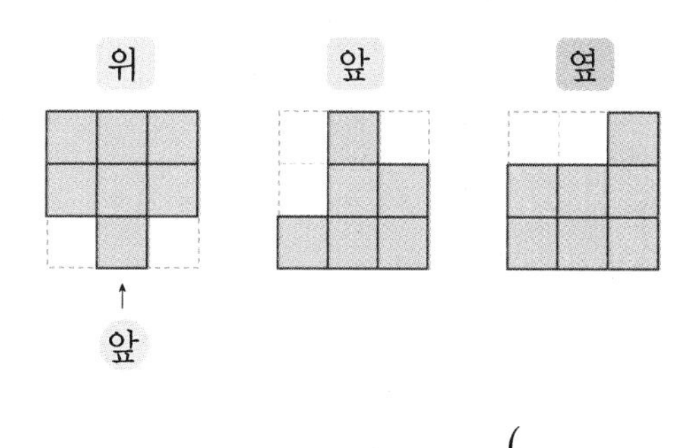

( )

내가 만드는 문제

5 쌓기나무로 쌓은 모양을 보고 위에서 본 모양에 쌓기나무의 수를 쓴 것입니다. 주어진 모양과 앞에서 본 모양이 같도록 위에서 본 모양을 그리고, 그 위에 쌓여진 쌓기나무의 개수를 써 보세요.

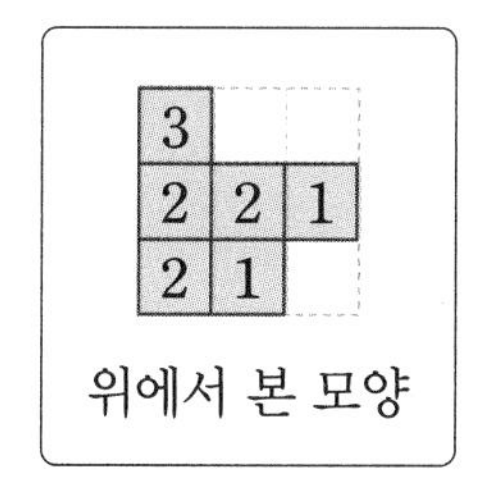

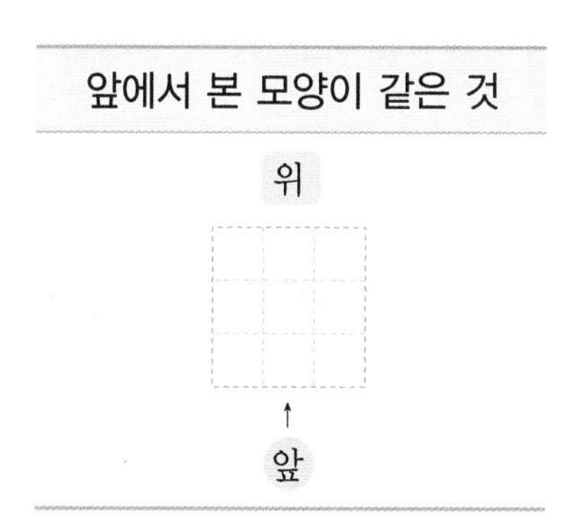

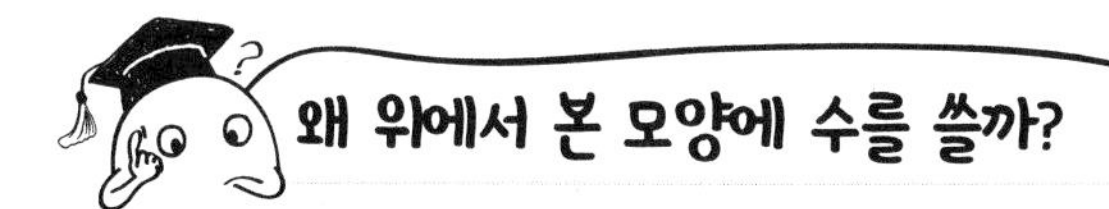

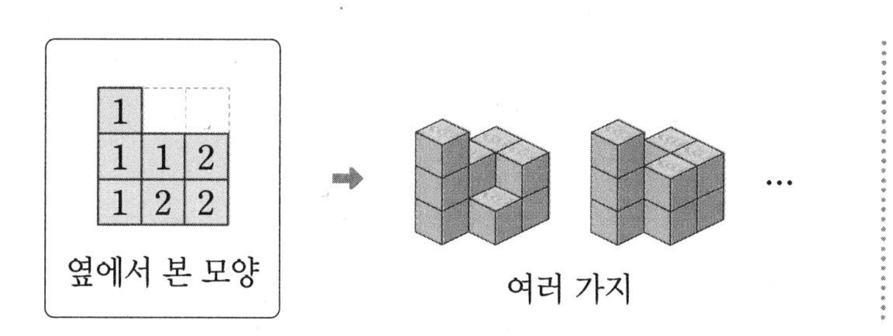

2 2
2 1
3
위에서 본 모양

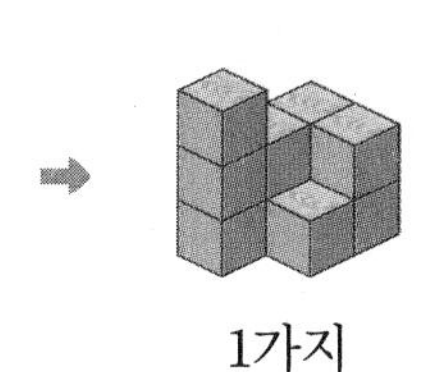

1가지

➡ 따라서 ☐에서 본 모양에 수를 쓰면 쌓은 모양을 정확하게 알 수 있습니다.

4 쌓은 모양을 보고 층별로 나타낸 모양 그리기

6 쌓기나무로 쌓은 모양을 보고 위에서 본 모양에 수를 쓴 것입니다. 2층 모양을 그려 보세요.

▶ 쌓기나무의 개수가 ■개 이상인 곳은 ■층에 쌓기나무가 쌓여 있어.

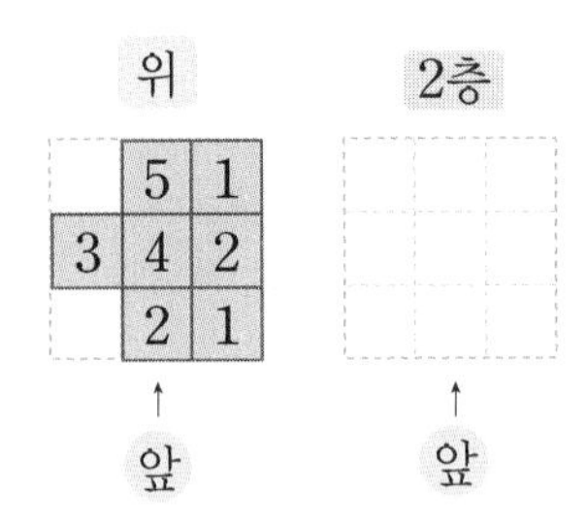

7 쌓기나무로 쌓은 모양을 층별로 나타낸 모양을 보고 쌓은 모양을 찾아 기호를 써 보세요.

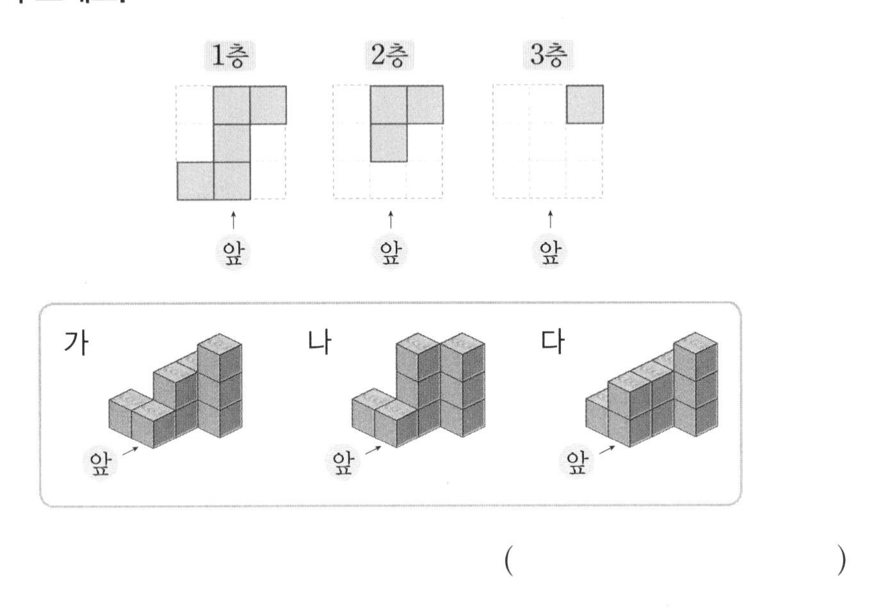

( )

8 쌓기나무 10개로 쌓은 모양의 3층 모양이 그림과 같을 때, 1층과 2층으로 알맞은 모양을 각각 찾아 기호를 써 보세요.

▶ 2층의 모양은 3층의 모양을 포함해야 하고, 1층의 모양은 2층의 모양을 포함해야 돼.

1층 ( ) 2층 ( ) 3층

앞

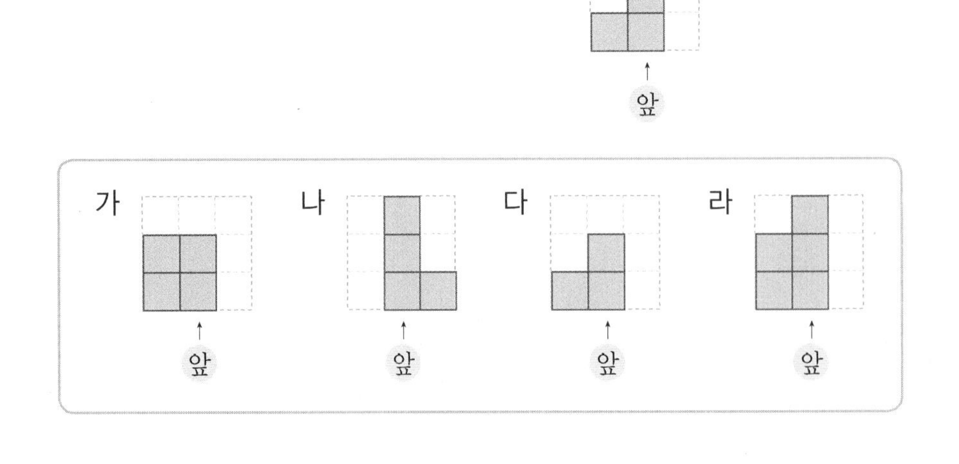

9 쌓기나무로 쌓은 모양을 층별로 나타낸 모양을 보고 위, 앞, 옆에서 본 모양을 그려 보세요.

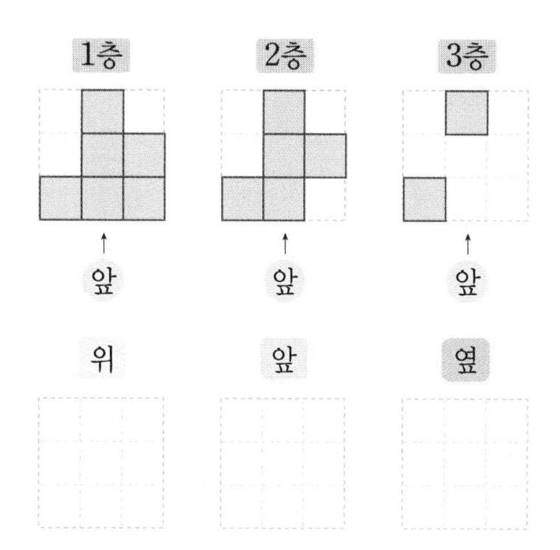

▶ 층별로 쌓은 모양을 위에서 본 모양에 수를 써 봐.

내가 만드는 문제

10 왼쪽의 모양은 모두 쌓기나무 10개로 만든 모양입니다. 이 중 한 개의 모양을 정한 후 층별 모양을 그려 보세요.

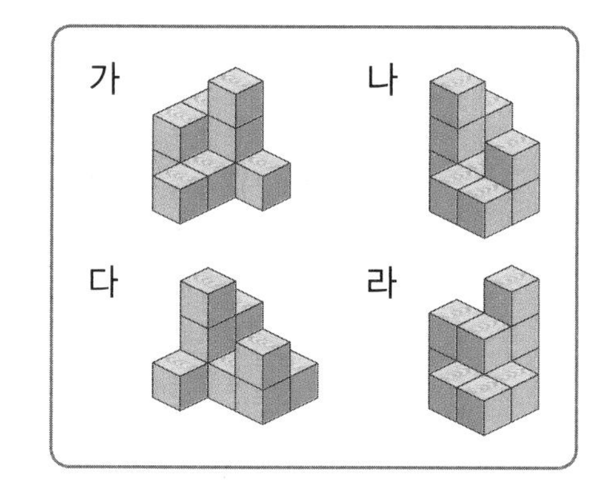

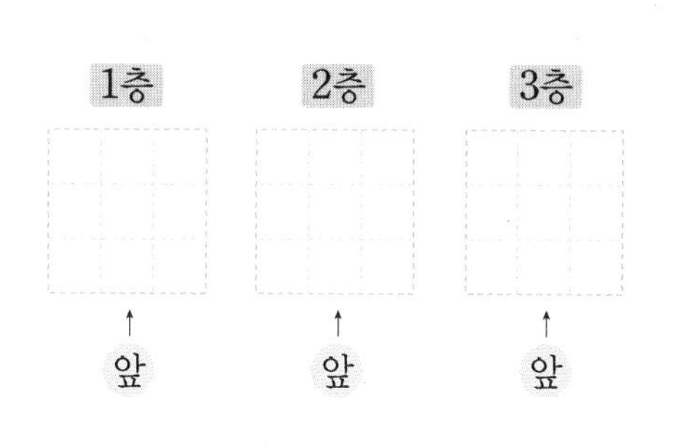

3

아래층 모양에서 색칠한 부분이 아닌 곳의 위층에 쌓기나무를 쌓을 수 있을까?

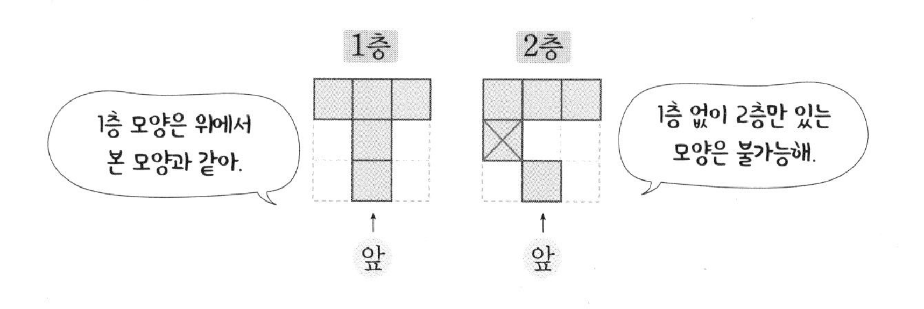

11 쌓기나무 4개로 만든 모양입니다. 같은 모양을 모두 찾아 써 보세요.

▶ 뒤집거나 돌렸을 때 모양이 같은 것을 찾아봐.

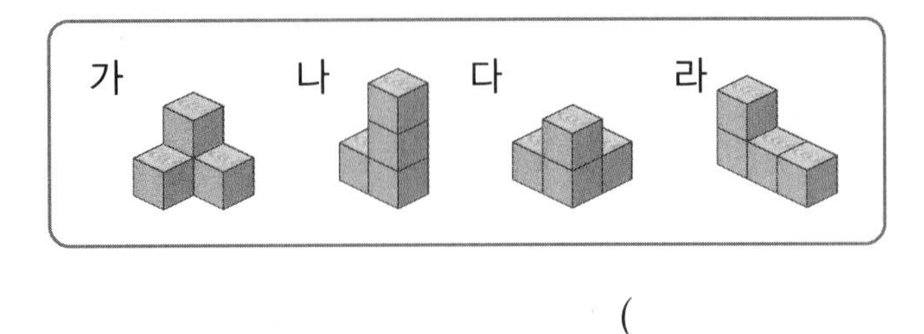

( )

12 두 가지 모양을 사용하여 오른쪽과 같은 모양을 만들었습니다. 사용한 두 가지 모양을 찾아 ○표 하세요.

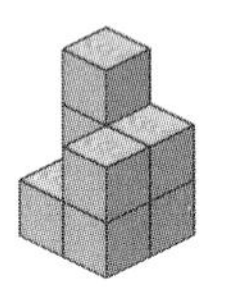

▶ 두 가지 모양 중 하나를 기준으로 하여 그 모양이 들어갈 수 있는 곳에 놓고 나머지 하나가 들어갈 수 있는 위치를 찾아봐.

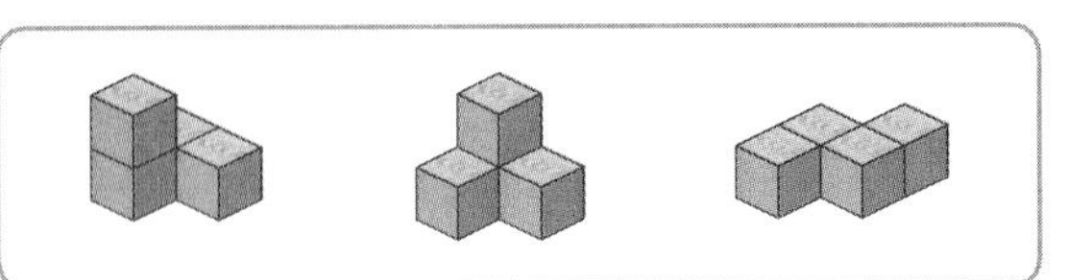

13 쌓기나무를 4개씩 붙여서 만든 두 가지 모양을 사용하여 새로운 모양을 만들었습니다. 어떻게 만들었는지 구분하여 색칠해 보세요.

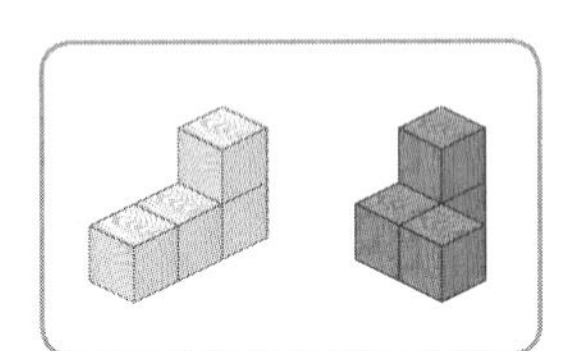

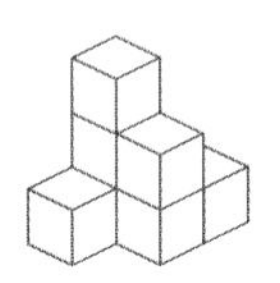

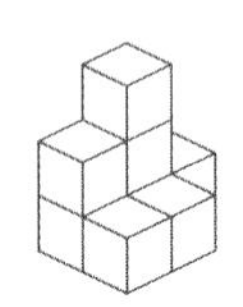

14 쌓기나무 6개를 사용하여 조건 을 만족하도록 쌓았을 때 모두 몇 가지 모양을 만들 수 있는지 구해 보세요.

조건

• 2층짜리 모양입니다.

• 위에서 본 모양은 □□□□ 입니다.

( )

15 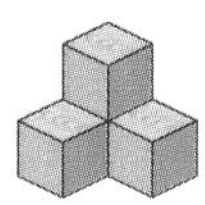 모양에 쌓기나무 1개를 더 붙여서 만들 수 있는 모양이 <u>아닌</u> 것을 찾아 기호를 써 보세요.

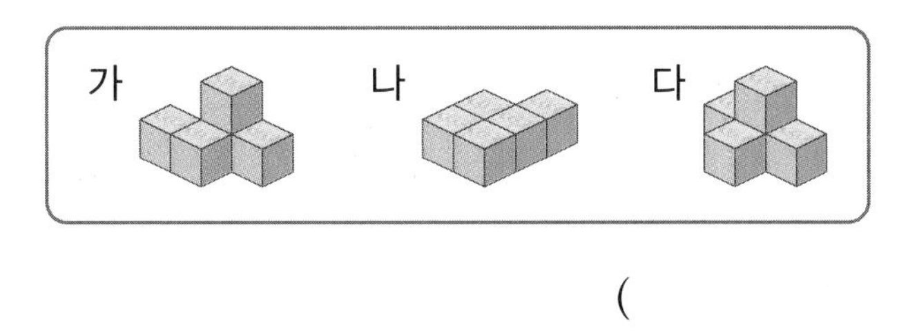

( )

▶ 쌓기나무로 모양을 만들 때는 쌓기나무의 면과 면이 정확히 일치하게 쌓아야 해.

16 모양에 쌓기나무 1개를 붙여서 만들 수 있는 모양은 모두 몇 가지인지 구해 보세요.

( )

▶ 돌리거나 뒤집었을 때 같은 모양을 중복하여 세지 않도록 주의해야 해.

내가 만드는 문제

17 왼쪽 쌓기나무 2개를 이용해서 모양을 만들려고 합니다. 이용한 쌓기나무에 ○표 하고 어떻게 만들었는지 쌓기나무에 구분하여 색칠해 보세요.

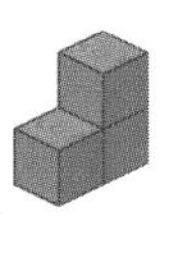
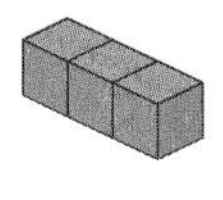
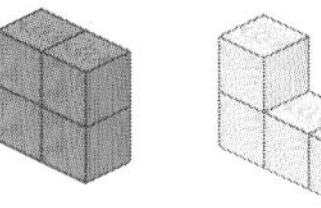
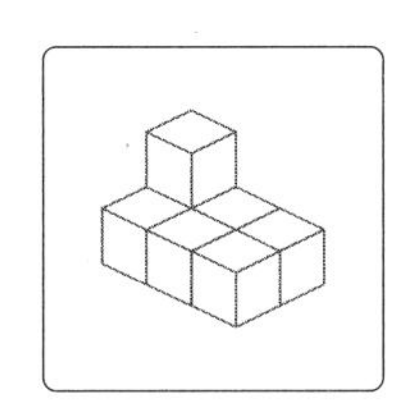

▶ 두 가지 모양 중 하나를 기준으로 하여 그 모양이 들어갈 수 있는 곳에 놓고 나머지 하나가 들어갈 수 있는 위치를 찾아봐.

두 모양은 같은 모양일까?

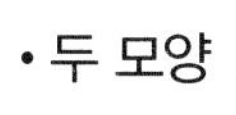

• 두 모양 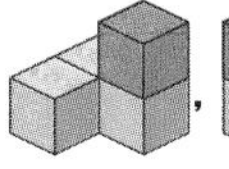, 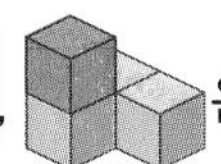 은 (같은 , 다른) 모양입니다.

• 두 모양  은 (같은 , 다른) 모양입니다.

발전 문제

1 위, 앞, 옆에서 본 모양으로 쌓기나무 개수 구하기

1 준비

쌓기나무로 쌓은 모양을 위, 앞, 옆에서 본 모양입니다. 똑같은 모양으로 쌓는 데 필요한 쌓기나무는 몇 개일까요?

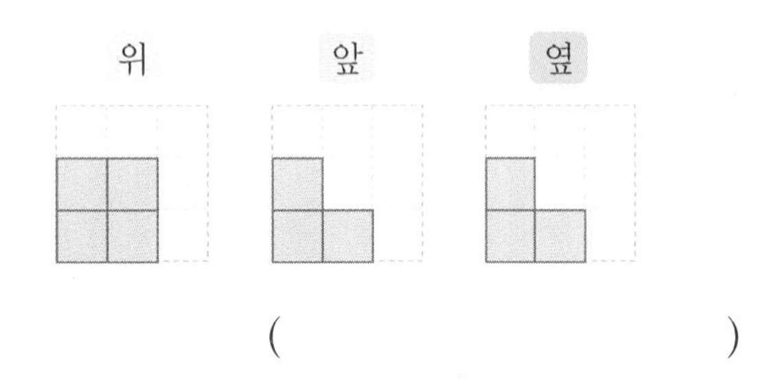

( )

2 확인

쌓기나무로 쌓은 모양을 위, 앞, 옆에서 본 모양입니다. 쌓은 쌓기나무의 개수가 가장 많은 경우의 쌓기나무의 개수를 구해 보세요.

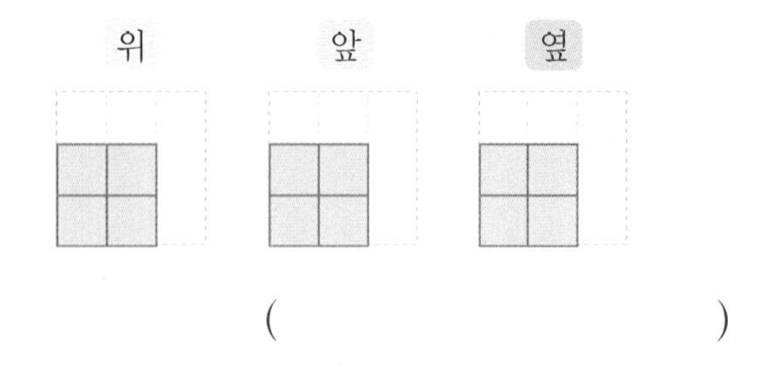

( )

3 완성

쌓기나무로 쌓은 모양을 위, 앞, 옆에서 본 모양입니다. 쌓은 모양이 서로 다르게 5가지 경우로 쌓았을 때 위에서 본 모양에 수를 써넣고 똑같은 모양으로 쌓는 데 필요한 쌓기나무의 개수는 적어도 몇 개인지 구해 보세요.

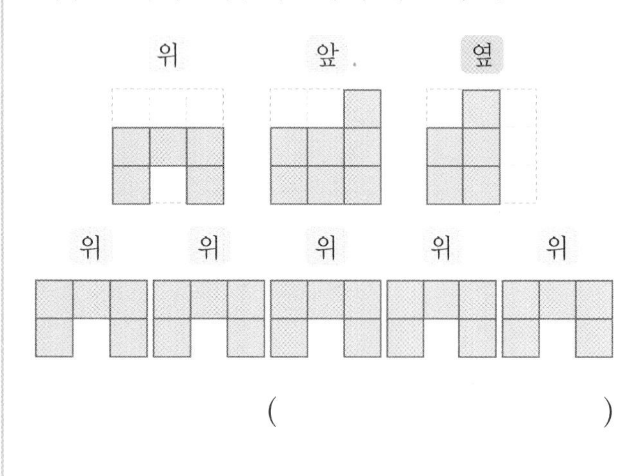

( )

2 층별로 쌓은 쌓기나무 알아보기

4 준비

쌓기나무로 쌓은 모양을 층별로 나타낸 모양을 보고 위에서 본 모양에 수를 써넣으세요.

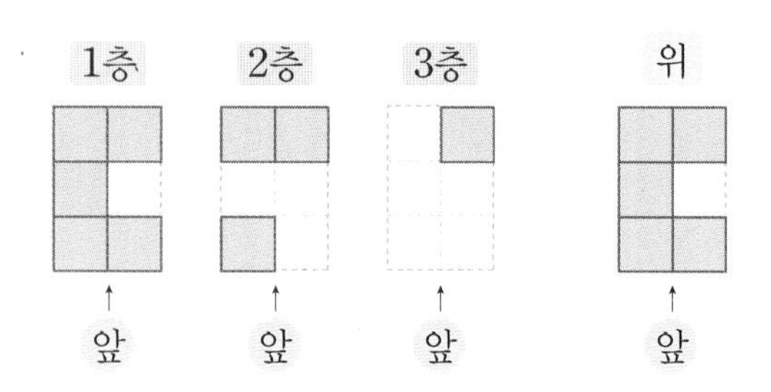

5 확인

쌓기나무로 쌓은 모양을 층별로 나타낸 모양입니다. 옆에서 본 모양을 그려 보고 똑같은 모양으로 쌓는 데 필요한 쌓기나무의 개수를 구해 보세요.

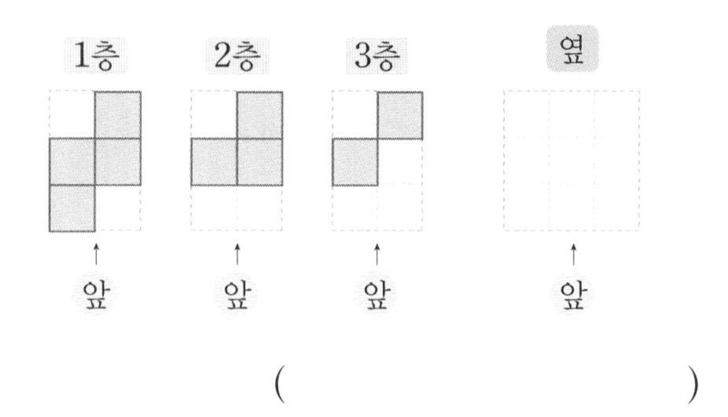

( )

6 완성

쌓기나무로 1층 위에 2층과 3층을 쌓으려고 합니다. 1층 모양을 보고 2층과 3층으로 알맞은 모양을 찾아 기호를 쓰고 똑같은 모양으로 쌓는 데 필요한 쌓기나무의 개수를 구해 보세요.

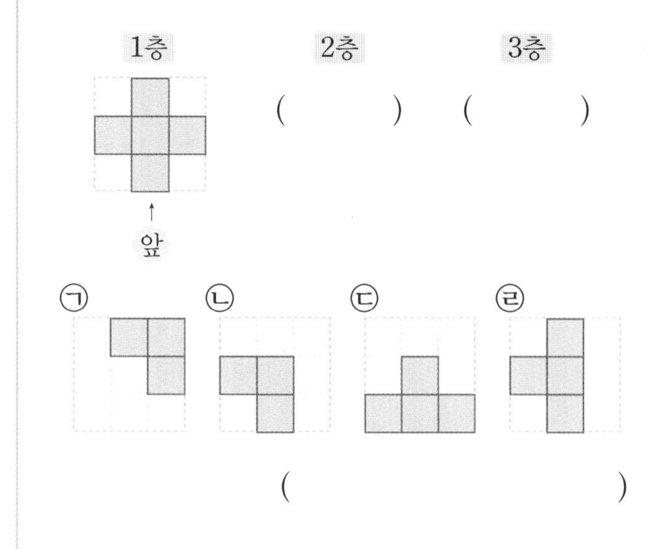

( )

3 사용된 쌓기나무의 최대, 최소의 개수 구하기

[7~9] 쌓기나무로 쌓은 모양에서 앞에 있는 쌓기나무에 가려서 뒤에 있는 쌓기나무가 보이지 않을 수 있습니다. 물음에 답하세요.

7 준비

주어진 모양과 똑같이 쌓는 데 필요한 쌓기나무가 가장 적은 경우의 쌓기나무의 개수를 구해 보세요.

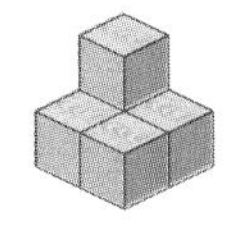

(　　　　　　　　)

8 확인

주어진 모양과 똑같이 쌓는 데 필요한 쌓기나무가 가장 많은 경우의 쌓기나무의 개수를 구해 보세요.

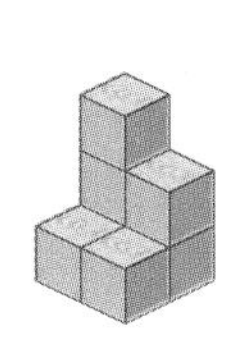

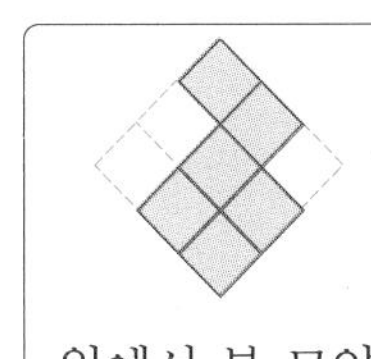

위에서 본 모양

(　　　　　　　　)

9 완성

주어진 모양과 똑같이 쌓는 데 필요한 쌓기나무가 가장 많은 경우의 쌓기나무의 개수를 구해 보세요.

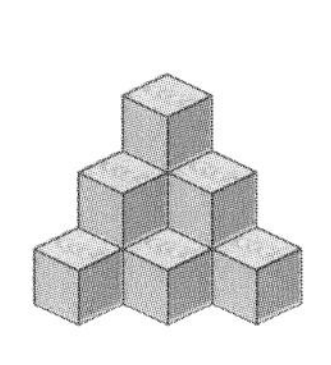

위에서 본 모양

(　　　　　　　　)

4 빼낸 쌓기나무의 개수 구하기

10 준비

왼쪽의 정육면체 모양에서 쌓기나무를 몇 개 빼었더니 오른쪽과 같은 모양이 되었습니다. 빼낸 쌓기나무는 몇 개일까요?

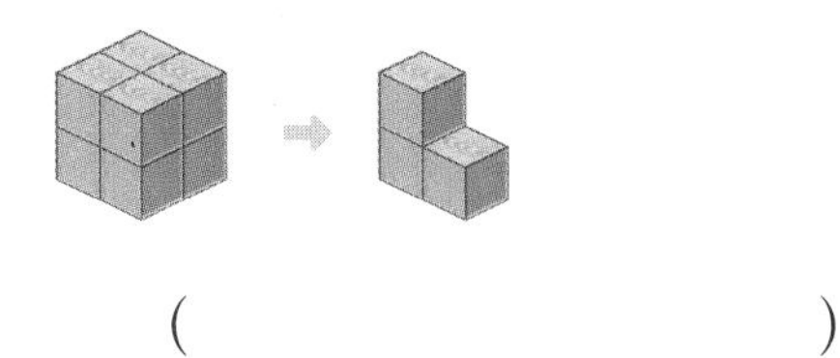

(　　　　　　　　)

11 확인

왼쪽의 정육면체 모양에서 쌓기나무를 몇 개 빼었더니 오른쪽과 같은 모양이 되었습니다. 빼낸 쌓기나무는 몇 개일까요?

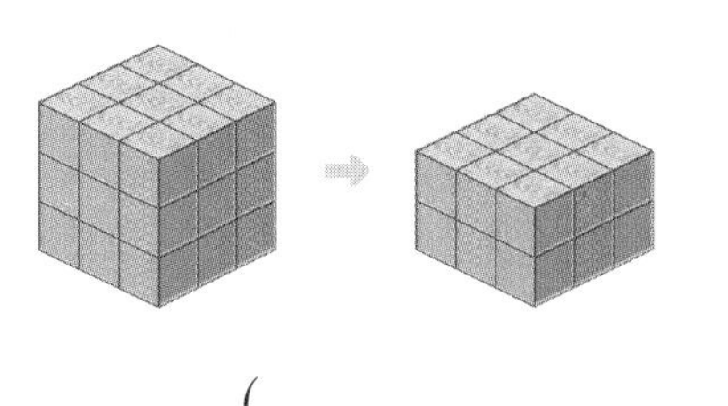

(　　　　　　　　)

12 완성

왼쪽의 정육면체 모양에서 쌓기나무를 몇 개 빼었더니 오른쪽과 같은 모양이 되었습니다. 빼낸 쌓기나무가 가장 많을 때 몇 개를 뺐을까요?

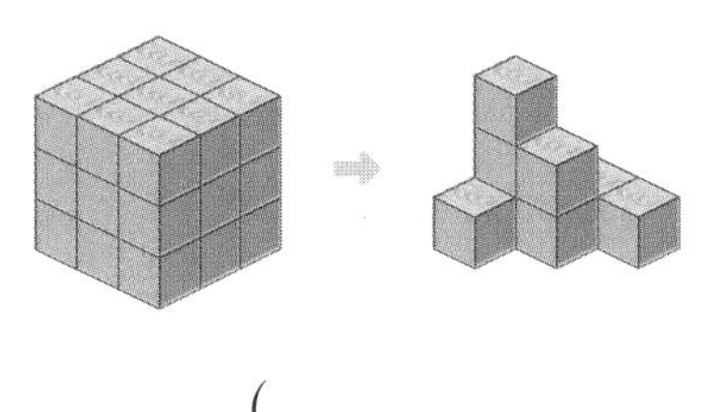

(　　　　　　　　)

5 쌓기나무 몇 개를 뺀 후의 모양 알아보기

[13~14] 오른쪽은 쌓기나무 10개로 쌓은 모양입니다. 물음에 답하세요.

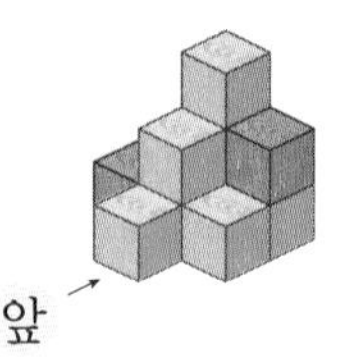

13 준비

쌓기나무로 쌓은 모양을 위, 앞, 옆에서 본 모양을 각각 그려 보세요.

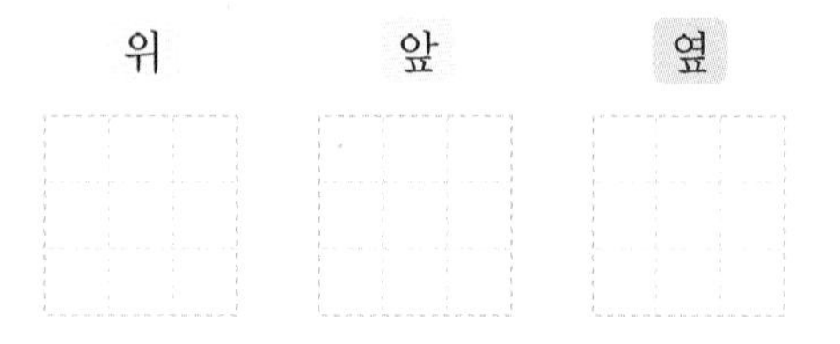

14 확인

쌓기나무로 쌓은 모양에서 빨간색 쌓기나무 2개를 뺀 모양의 위, 앞, 옆에서 본 모양을 각각 그려 보세요.

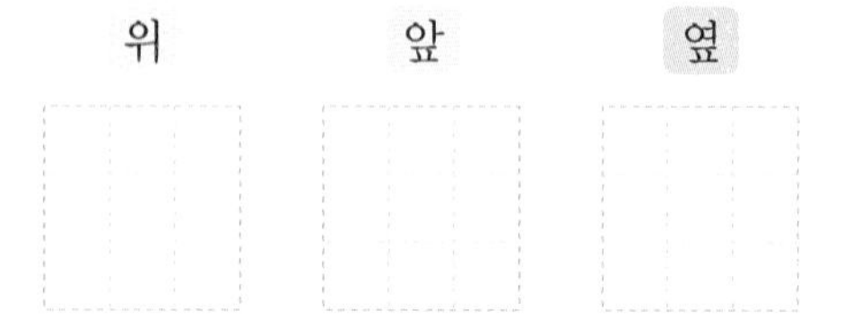

15 완성

쌓기나무로 쌓은 모양과 위에서 본 모양입니다. 빨간색 쌓기나무 3개를 뺀 모양의 위, 앞, 옆에서 본 모양을 각각 그려 보세요.

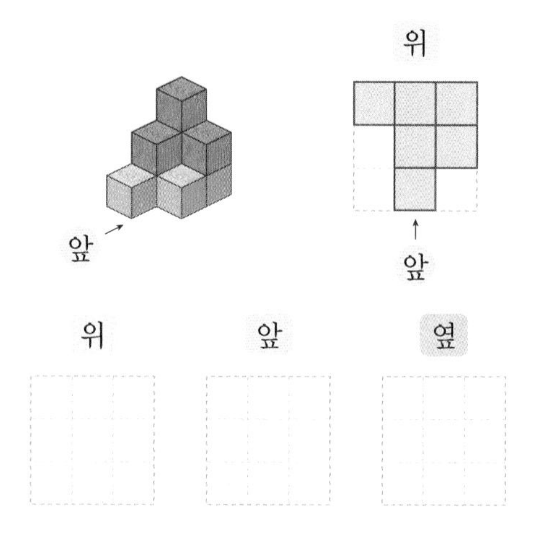

6 더 필요한 쌓기나무의 개수 구하기

16 준비

쌓기나무로 쌓은 모양을 보고 위에서 본 모양에 수를 썼습니다. 똑같은 모양으로 쌓는 데 필요한 쌓기나무는 몇 개일까요?

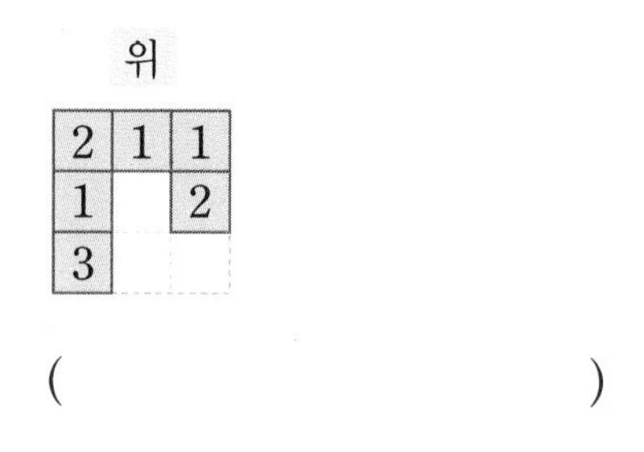

(　　　　　　)

17 확인

쌓기나무로 쌓은 모양과 위에서 본 모양입니다. 쌓기나무를 더 쌓아서 가장 작은 정육면체를 만들기 위해 필요한 쌓기나무는 몇 개일까요?

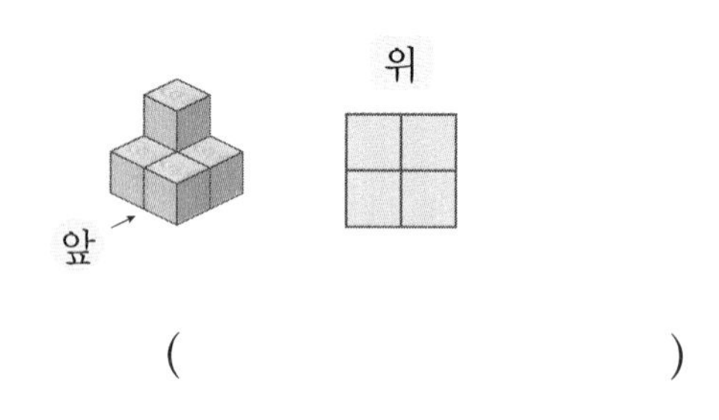

(　　　　　　)

18 완성

쌓기나무로 쌓은 모양과 위에서 본 모양입니다. 쌓기나무를 더 쌓아서 가장 작은 정육면체를 만들기 위해 필요한 쌓기나무는 몇 개일까요?

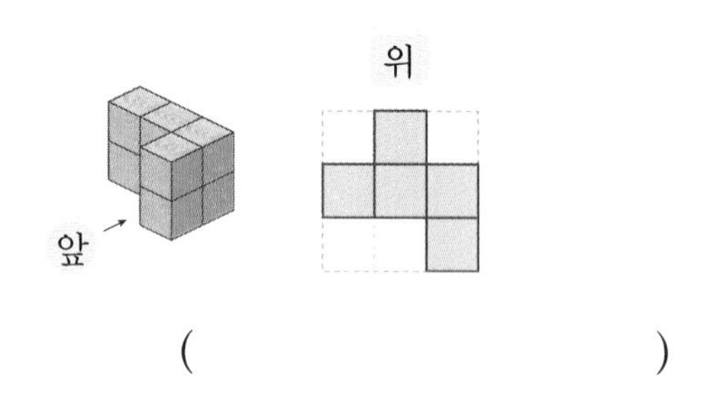

(　　　　　　)

단원 평가

점수 확인

1 가와 나 중 쌓기나무의 개수를 바르게 알 수 있는 것을 찾아 기호를 써 보세요.

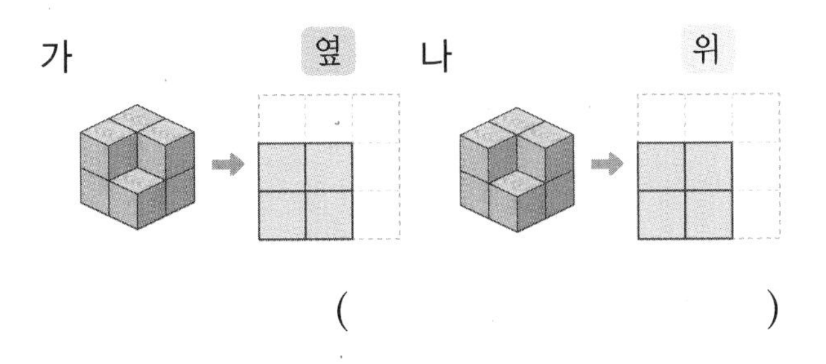

( )

[2～4] 쌓기나무로 쌓은 모양과 위에서 본 모양을 보고 □ 안에 알맞은 수를 써넣으세요.

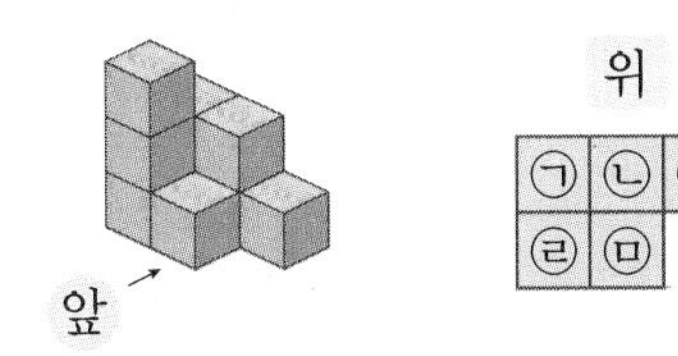

2 위에서 본 모양에 쌓기나무의 수를 쓰면 ㉠에 □개, ㉡에 □개, ㉢에 □개, ㉣에 □개, ㉤에 □개이므로 모두 □개로 쌓았습니다.

3 쌓은 쌓기나무의 개수를 층별로 살펴보면 1층에 □개, 2층에 □개, 3층에 □개이므로 모두 □개로 쌓았습니다.

4 앞과 옆에서 본 모양을 각각 그려 보세요.

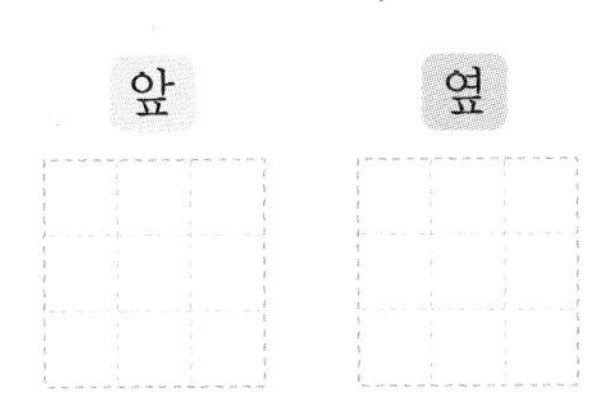

5 쌓기나무로 쌓은 모양을 보고 위에서 본 모양에 수를 써넣으세요.

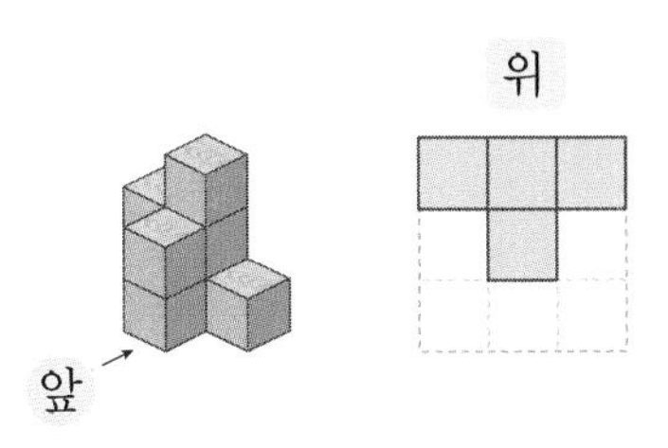

[6～7] 쌓기나무로 쌓은 모양을 보고 물음에 답하세요.

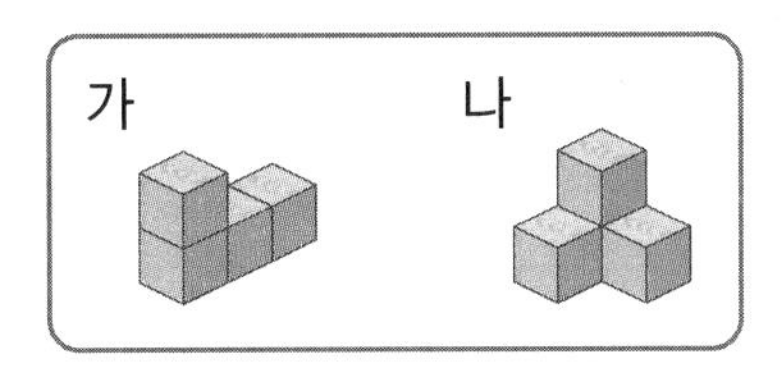

6 가 모양에 쌓기나무 1개를 붙여서 만들 수 있는 모양을 모두 찾아 기호를 써 보세요.

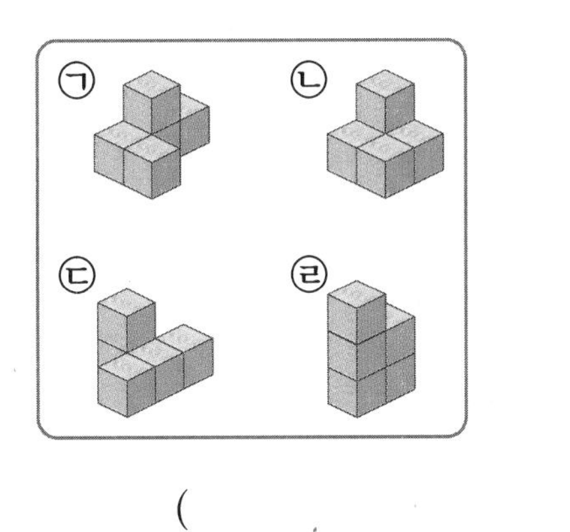

( )

7 가와 나 모양을 사용하여 만들 수 있는 모양을 찾아 기호를 써 보세요.

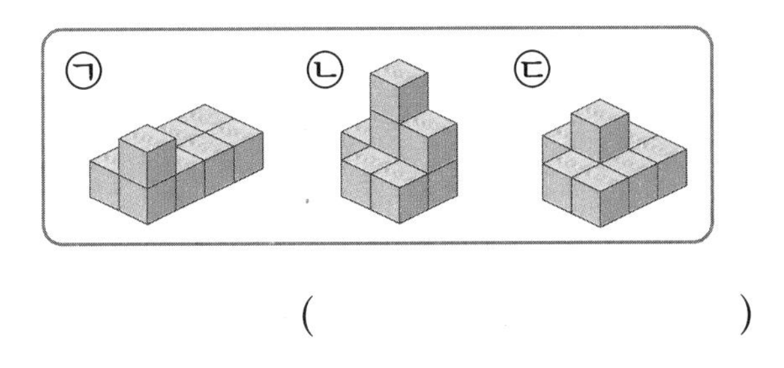

( )

[8 ~ 9] 쌓기나무로 쌓은 모양과 위에서 본 모양을 보고 물음에 답하세요.

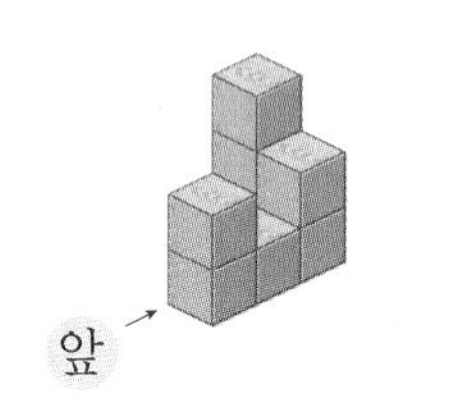

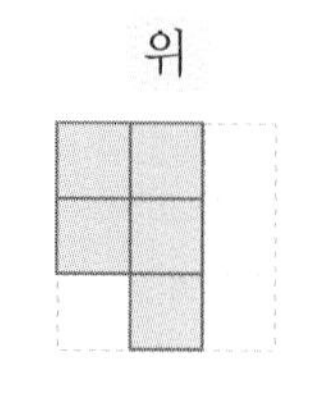

8 빈칸에 알맞은 수를 써넣으세요.

층수	1층	2층	3층
쌓기나무의 개수(개)			

9 똑같은 모양으로 쌓는 데 필요한 쌓기나무는 몇 개일까요?

( )

[10 ~ 11] 똑같은 모양으로 쌓는 데 필요한 쌓기나무의 개수를 구해 보세요.

10

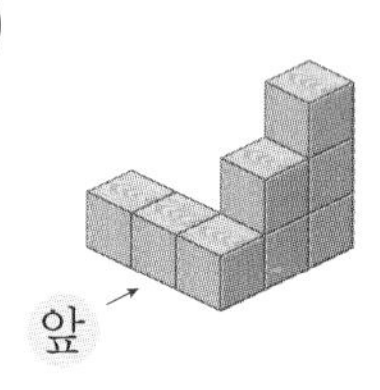

위

( )

11

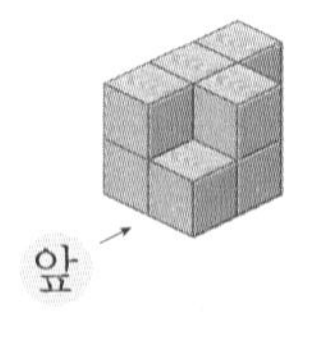

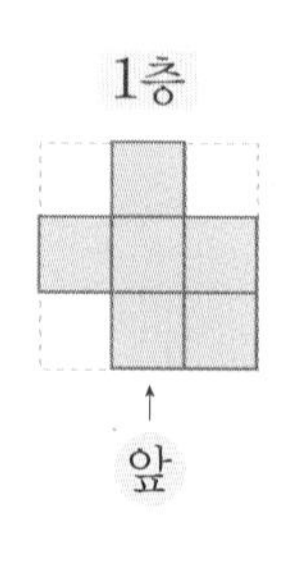

( )

12 쌓기나무 5개로 쌓은 모양입니다. 서로 같은 모양끼리 이어 보세요.

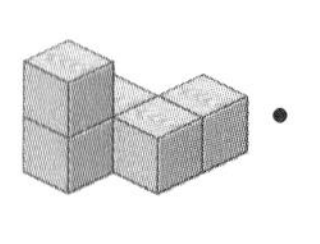

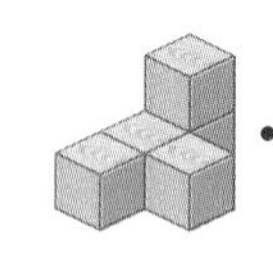
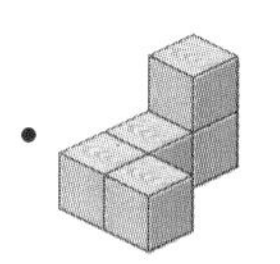
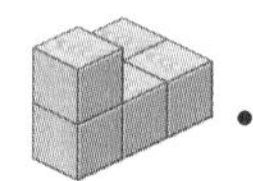
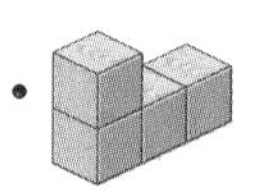

13 쌓기나무로 쌓은 모양을 위, 앞, 옆에서 본 모양입니다. 가능한 모양을 찾아 기호를 써 보세요.

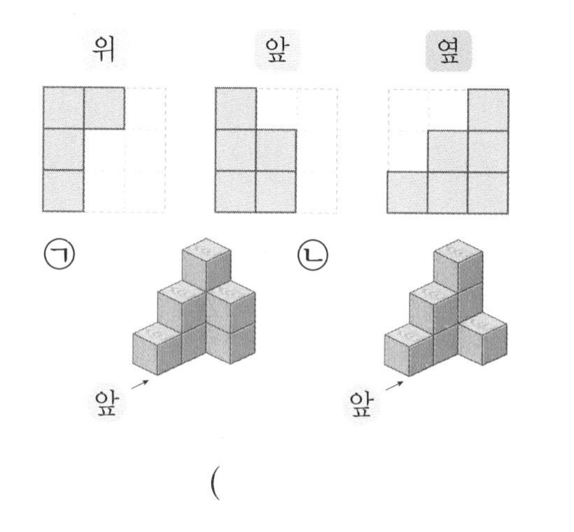

( )

14 오른쪽은 쌓기나무 10개로 쌓은 모양입니다. 위, 앞, 옆에서 본 모양을 각각 그려 보세요.

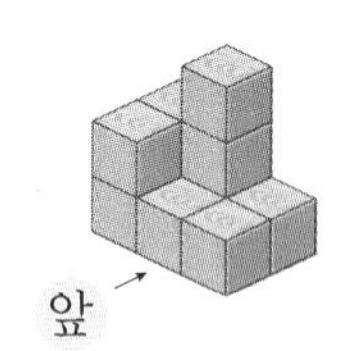

위 앞 옆

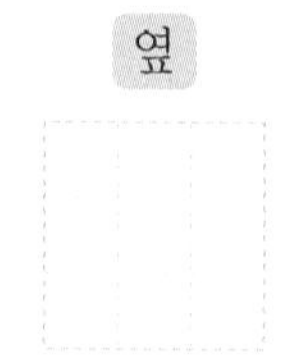

정답과 풀이 21쪽

15 왼쪽의 정육면체 모양에서 쌓기나무를 몇 개 빼었더니 오른쪽과 같은 모양이 되었습니다. 빼낸 쌓기나무는 몇 개일까요?

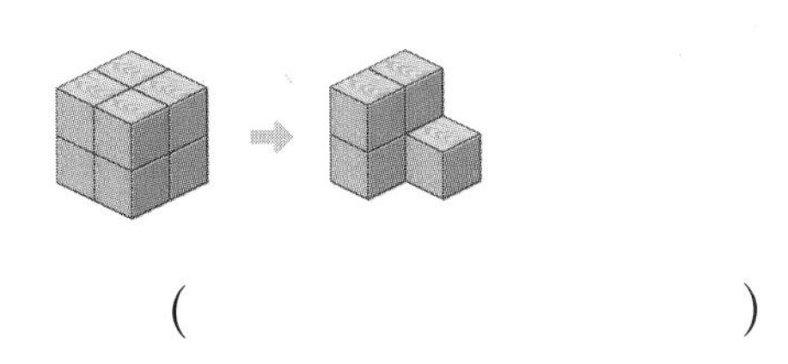

( )

16 쌓기나무 8개로 쌓은 모양입니다. 옆에서 본 모양이 다른 하나는 어느 것인지 찾아 기호를 써 보세요.

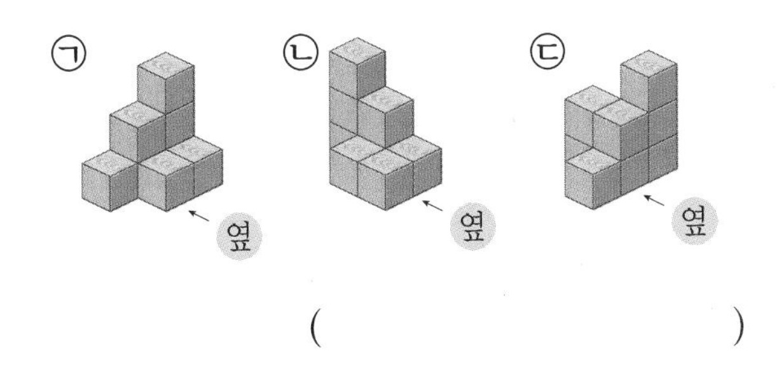

( )

17 쌓기나무로 쌓은 모양을 위, 앞, 옆에서 본 모양입니다. 똑같은 모양으로 쌓는 데 필요한 쌓기나무는 적어도 몇 개일까요?

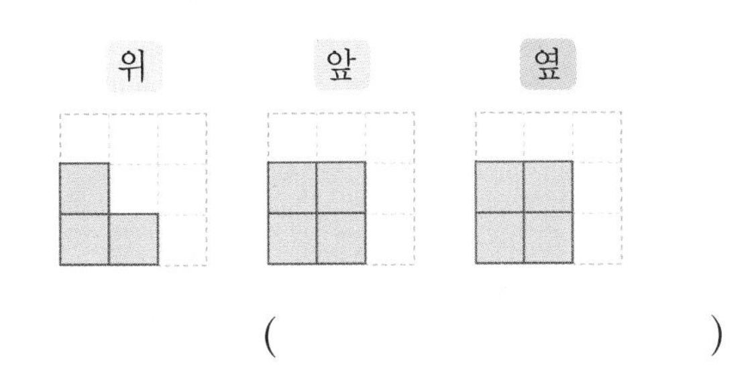

( )

18 쌓기나무 4개로 만들 수 있는 서로 다른 모양은 모두 몇 가지일까요?

( )

술술 서술형

19 쌓기나무로 쌓은 모양을 층별로 나타낸 모양을 보고 똑같은 모양으로 쌓는 데 필요한 쌓기나무는 몇 개인지 풀이 과정을 쓰고 답을 구해 보세요.

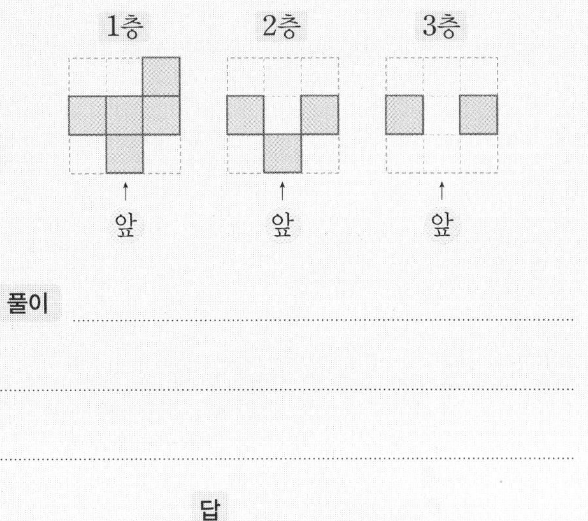

풀이

답

20 쌓기나무로 쌓은 모양과 위에서 본 모양입니다. 가와 나 중 쌓은 쌓기나무의 개수가 더 많은 것은 어느 것인지 풀이 과정을 쓰고 답을 기호로 써 보세요.

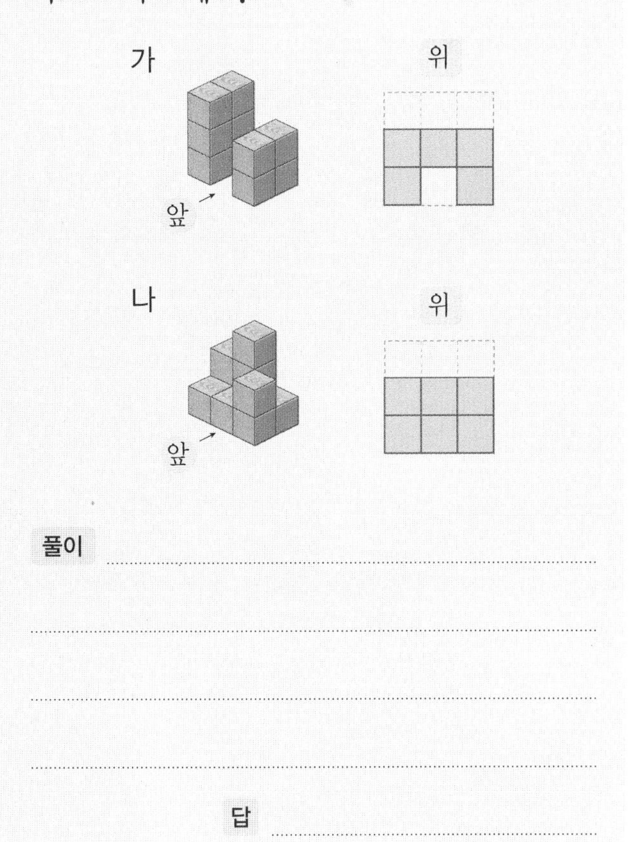

풀이

답

비례식과 비례배분

비율이 같은 두 비를 하나의 식으로 나타낼 수 있어!

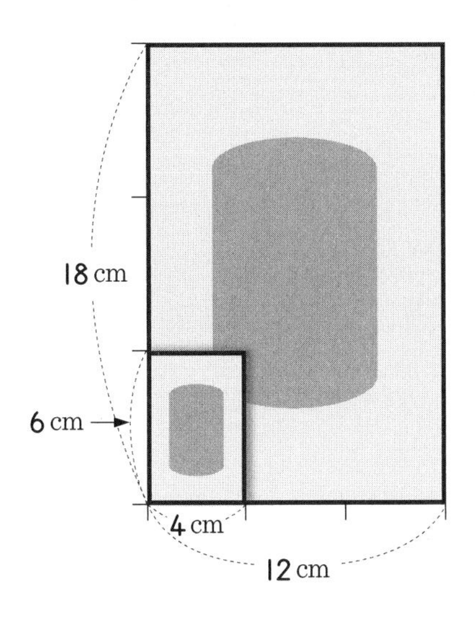

4 : 6 (가로 : 세로)	12 : 18 (가로 : 세로)
$\frac{4}{6} = \frac{2}{3}$	$\frac{12}{18} = \frac{2}{3}$

비는 다른데 비율은 같네!

비례식으로 나타내자!

$$4 : 6 = 12 : 18$$

1 같은 수를 곱하거나 나누어 비율이 같은 비를 만들 수 있어.

● **전항과 후항**

:의 앞에 있는 수 → 전항 — **2 : 3** — 후항 ← :의 뒤에 있는 수

● **비의 성질**

비의 전항과 후항을 0이 아닌 같은 수로 나누어도 비율은 같습니다.

1 간식 봉투 한 개에 레몬맛 사탕 2개와 딸기맛 사탕 3개를 담았습니다. 물음에 답하세요.

(1) 간식 봉투 수에 따른 전체 레몬맛 사탕 수와 딸기맛 사탕 수를 쓰고, 레몬맛 사탕 수와 딸기맛 사탕 수의 비와 비율을 구해 보세요.

간식 봉투 수(개)	레몬맛 사탕 수(개)	딸기맛 사탕 수(개)	비	비율
1	2	3	2 : 3	$\frac{2}{3}$
2				

(2) 수직선을 보고 간식 봉투 한 개에 들어 있는 전체 사탕 수에 대한 딸기맛 사탕 수의 비율을 백분율로 구하려고 합니다. □ 안에 알맞은 수를 써넣으세요.

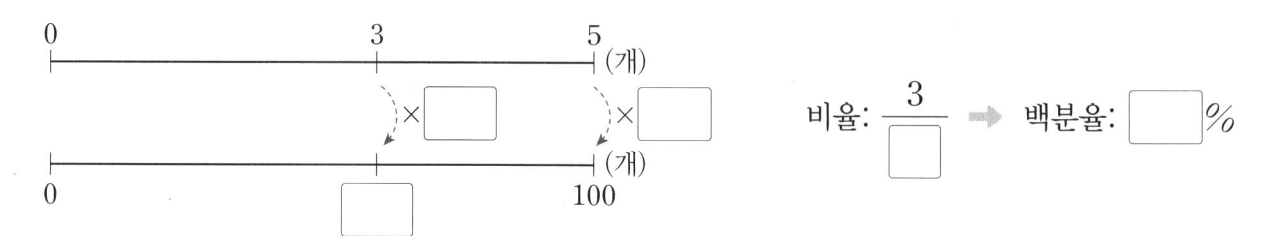

2 비의 전항과 후항을 찾아 써 보세요.

(1) 3 : 5

전항	후항

(2) 7 : 4

전항	후항

3 비의 성질을 이용하여 6 : 4와 비율이 같은 비를 찾으려고 합니다. □ 안에 알맞은 수를 써넣으세요.

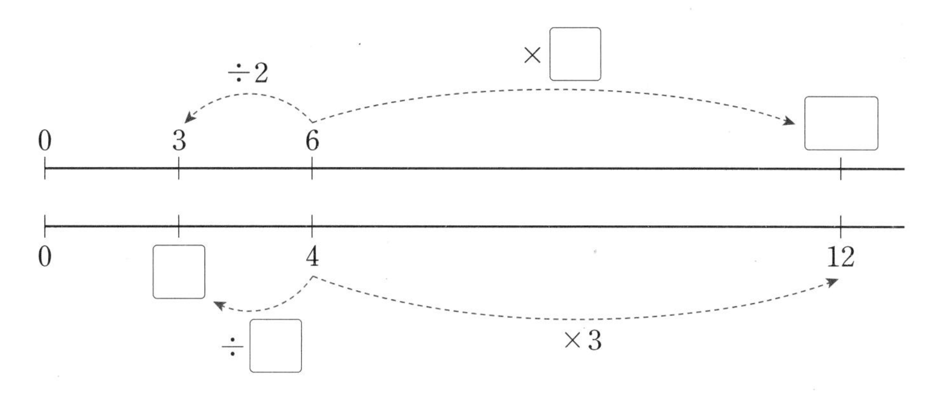

➡ 6 : 4와 비율이 같은 비는 3 : □, □ : 12입니다.

4 □ 안에 알맞은 수를 써넣으세요.

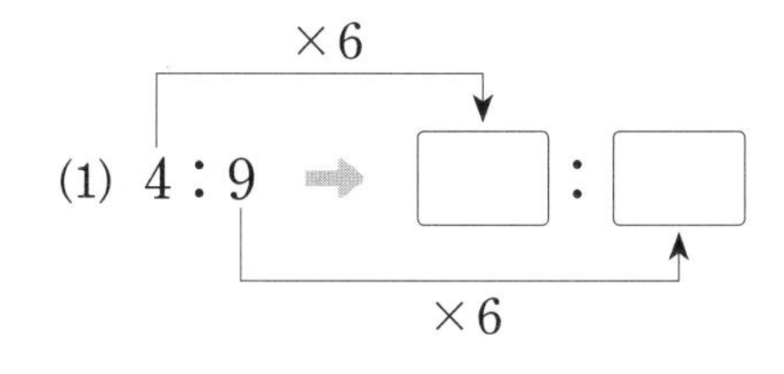

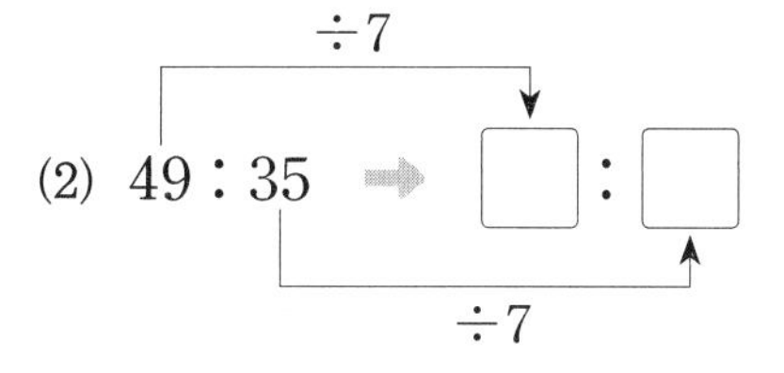

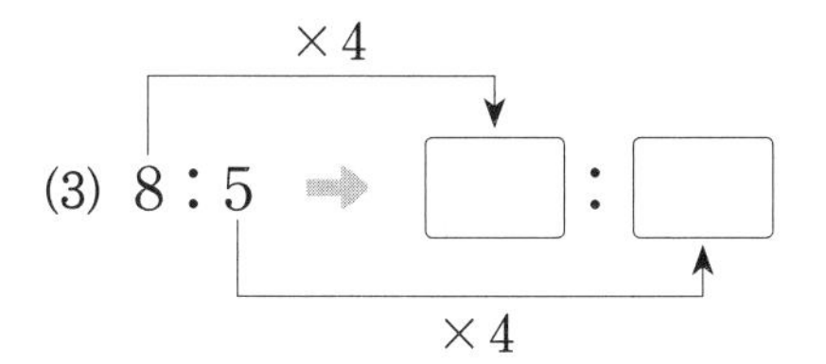

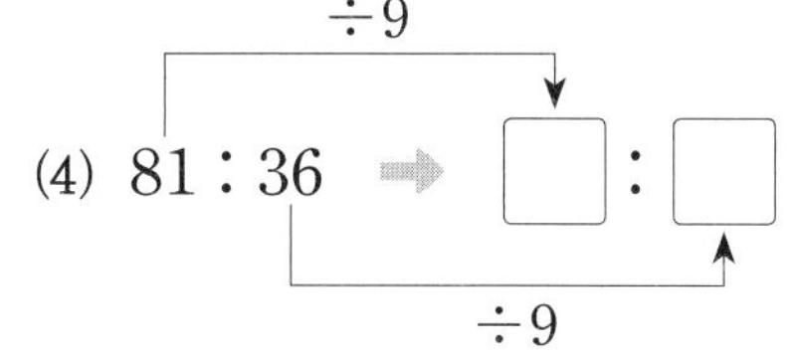

5 비의 성질을 이용하여 비율이 같은 비를 만들었습니다. □ 안에 알맞은 수를 써넣으세요.

(1) 7 : 9 ➡ (7 × □) : (9 × 5) ➡ □ : □

(2) 72 : 64 ➡ (72 ÷ 8) : (64 ÷ □) ➡ □ : □

2 비의 성질을 이용하여 간단한 자연수의 비로 나타낼 수 있어.

● 간단한 자연수의 비로 나타내기

(1) (소수) : (소수)

$0.6 : 0.8$

$\times 10$ ↓ ↓ $\times 10$ ← 전항과 후항에 각각 10, 100, 1000, ... 중 하나를 곱합니다.

$6 : 8$

$\div 2$ ↓ ↓ $\div 2$ ← 전항과 후항을 두 수의 공약수로 나눕니다.

$3 : 4$

(2) (분수) : (분수)

$\frac{2}{3} : \frac{4}{9}$

$\times 9$ ↓ ↓ $\times 9$ ← 전항과 후항에 두 분모의 공배수를 곱합니다.

$6 : 4$

$\div 2$ ↓ ↓ $\div 2$ ← 전항과 후항을 두 수의 공약수로 나눕니다.

$3 : 2$

(3) (소수) : (분수) 또는 (분수) : (소수)

예 $0.6 : \frac{3}{4}$을 간단한 자연수의 비로 나타내기

방법 1 분수를 소수로 나타내기: $\frac{3}{4} \rightarrow 0.75$

$0.6 : 0.75$

$\times 100$ ↓ ↓ $\times 100$ ← 전항과 후항에 각각 10, 100, 1000, ... 중 하나를 곱합니다.

$60 : 75$

$\div 15$ ↓ ↓ $\div 15$ ← 전항과 후항을 두 수의 공약수로 나눕니다.

$4 : 5$

방법 2 소수를 분수로 나타내기: $0.6 \rightarrow \frac{6}{10}$

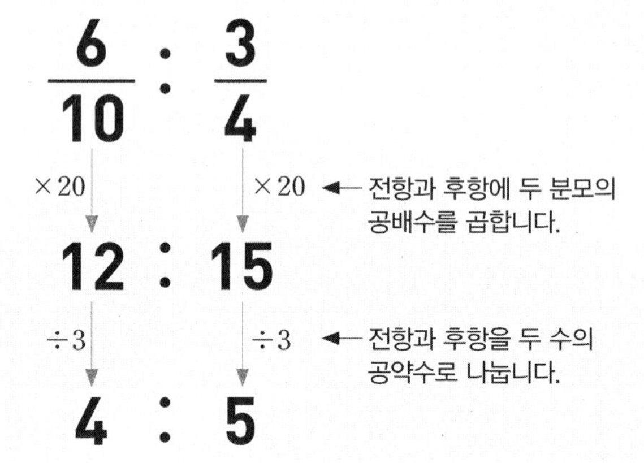

1 간단한 자연수의 비로 나타내려고 합니다. □ 안에 알맞은 수를 써넣으세요.

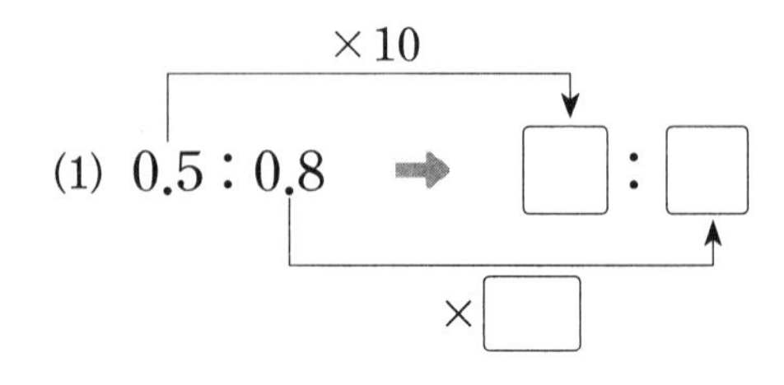

(2) $\frac{2}{3} : \frac{1}{5}$ ➡ □ : □ ($\times 15$, $\times$ □)

2 □ 안에 알맞은 수를 써넣어 간단한 자연수의 비로 나타내어 보세요.

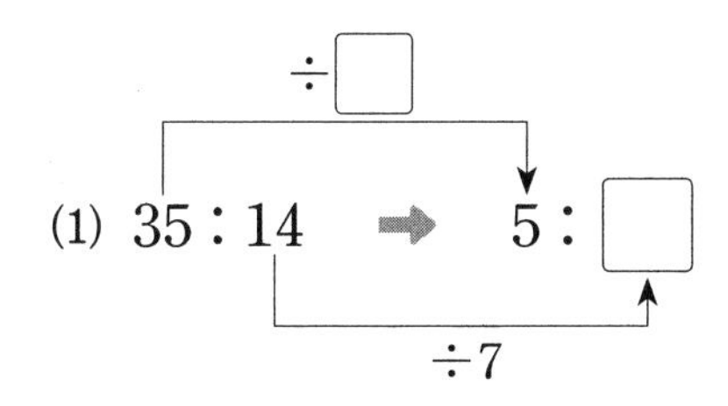

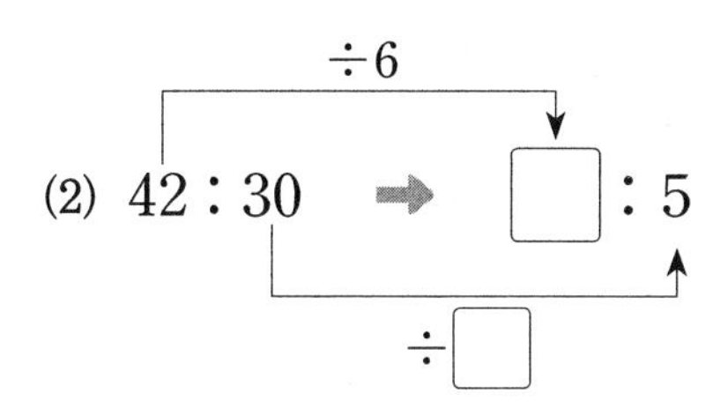

3 $\frac{1}{4}$: 0.3을 간단한 자연수의 비로 나타내려고 합니다. □ 안에 알맞은 수를 써넣으세요.

방법 1　전항 $\frac{1}{4}$을 소수로 바꾸면 □입니다.

> 분수를 소수로 나타내려면 분모가 10, 100, ...인 분수로 고친 다음 소수로 나타내.

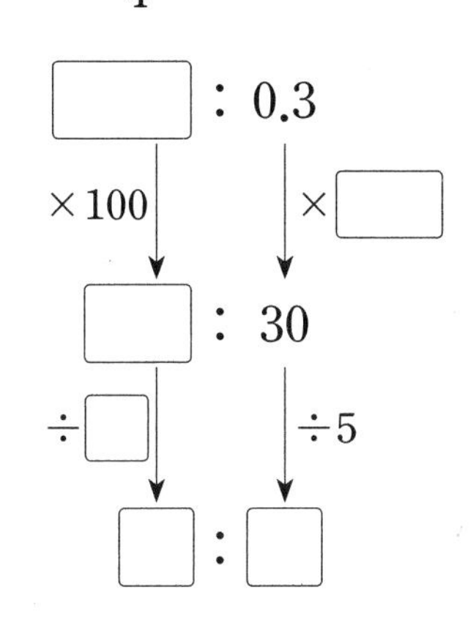

방법 2　후항 0.3을 분수로 바꾸면 □입니다.

> 소수를 분수로 나타내려면 소수 한 자리 수는 분모가 10, 소수 두 자리 수는 분모가 100인 분수로 나타내.

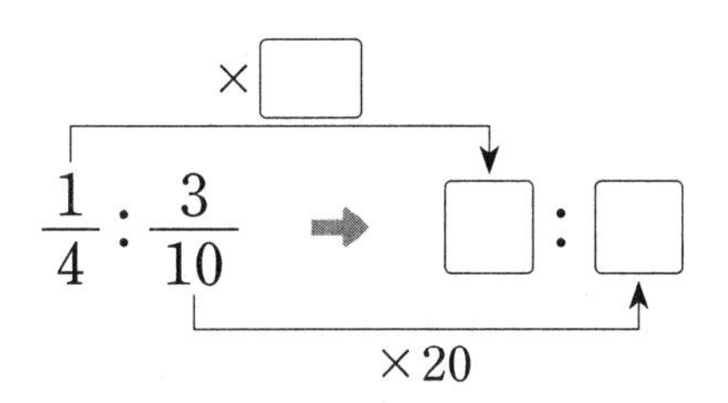

4 간단한 자연수의 비로 나타내어 보세요.

(1) 0.9 : 1.5 ➡ □ : 5

(2) $\frac{5}{6}$: $\frac{7}{8}$ ➡ 20 : □

(3) 80 : 56 ➡ 10 : □

(4) $\frac{7}{6}$: 0.5 ➡ □ : 3

3 비율이 같은 두 비는 '='를 사용하여 식으로 쓸 수 있어.

● **비례식: 비율이 같은 두 비를 기호 '='를 사용하여 나타낸 식**

2 : 3의 비율 → $\frac{2}{3}$

6 : 9의 비율 → $\frac{6}{9}=\frac{2}{3}$

비율이 같습니다. ➡ **2 : 3 = 6 : 9**

● **외항과 내항**

외항 ← 바깥쪽에 있는 2와 9

2 : 3 = 6 : 9

내항 ← 안쪽에 있는 3과 6

1 가로가 8 cm, 세로가 6 cm인 그림의 각 변을 같은 비율로 확대했습니다. 물음에 답하세요.

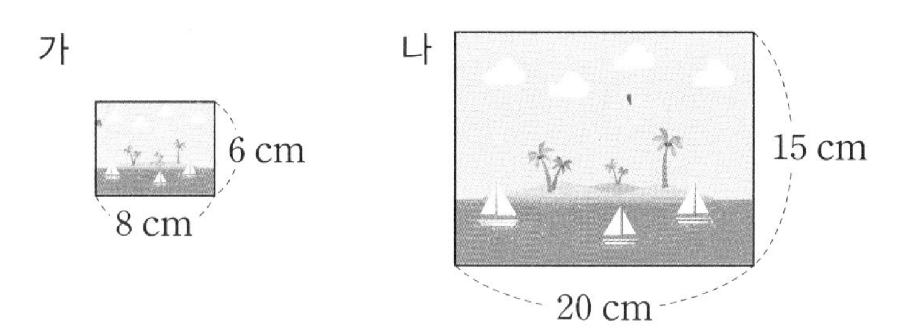

(1) 두 그림을 각각 가로와 세로의 비와 비율로 나타내어 보세요.

가 그림 ─ 비 ➡ 8 : □
　　　　└ 비율 ➡ $\frac{\square}{6}=\frac{\square}{\square}$

나 그림 ─ 비 ➡ □ : □
　　　　└ 비율 ➡ $\frac{20}{\square}=\frac{\square}{\square}$

(2) 두 그림의 가로와 세로의 비율은 (같습니다 , 다릅니다).

(3) 비율이 같은 두 비를 기호 '='를 사용하여 나타내어 보세요.

8 : □ = □ : □

(4) 비율이 같은 두 비를 기호 '='를 사용하여 나타낸 식을 □이라고 합니다.

(5) 비례식에서 바깥쪽에 있는 8과 □을(를) □, 안쪽에 있는 6과 □을(를) 내항이라고 합니다.

정답과 풀이 24쪽

4 비례식이 활용되는 경우를 찾아 보자.

● **비례식의 성질**

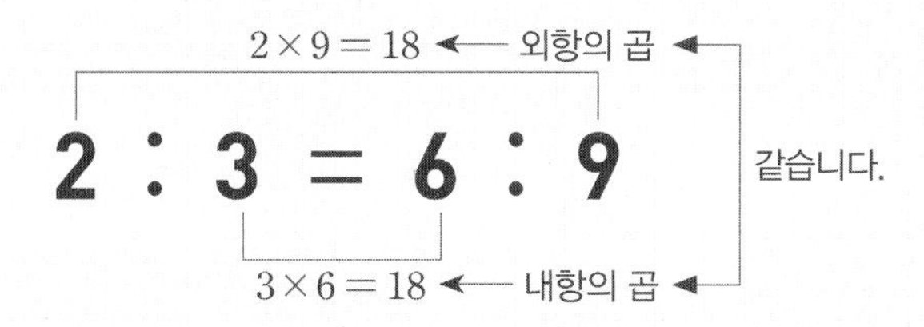

비례식에서 외항의 곱과 내항의 곱은 같습니다.

● **비례식의 활용**

㉠ 지우개 2개의 가격은 500원입니다. 지우개 6개의 가격은 얼마일까요?

방법 1 비례식의 성질을 이용하기
지우개 6개의 가격: ■원

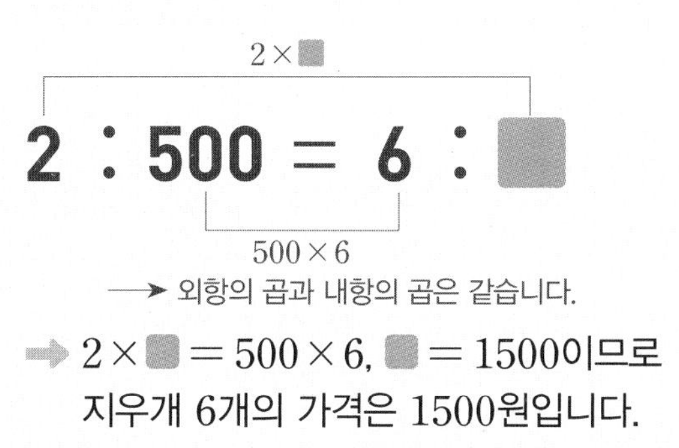

➡ 2×■=500×6, ■=1500이므로
지우개 6개의 가격은 1500원입니다.

방법 2 비의 성질을 이용하기
지우개 6개의 가격: ■원

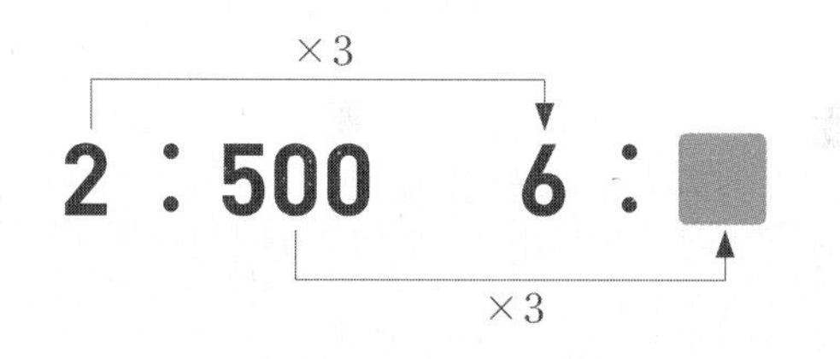

➡ ■=500×3=1500이므로
지우개 6개의 가격은 1500원입니다.

1 비례식에서 외항의 곱과 내항의 곱을 구하고, 크기를 비교하여 ○ 안에 >, =, <를 알맞게 써넣으세요.

2 : 7=8 : 28

(외항의 곱)=2×□=□
(내항의 곱)=7×□=□

➡ 외항의 곱 ○ 내항의 곱

2 사과 3개로 사과 주스 2잔을 만들 수 있다면 사과 15개로 사과 주스를 몇 잔 만들 수 있는지 비례식의 성질을 이용하여 구해 보세요.

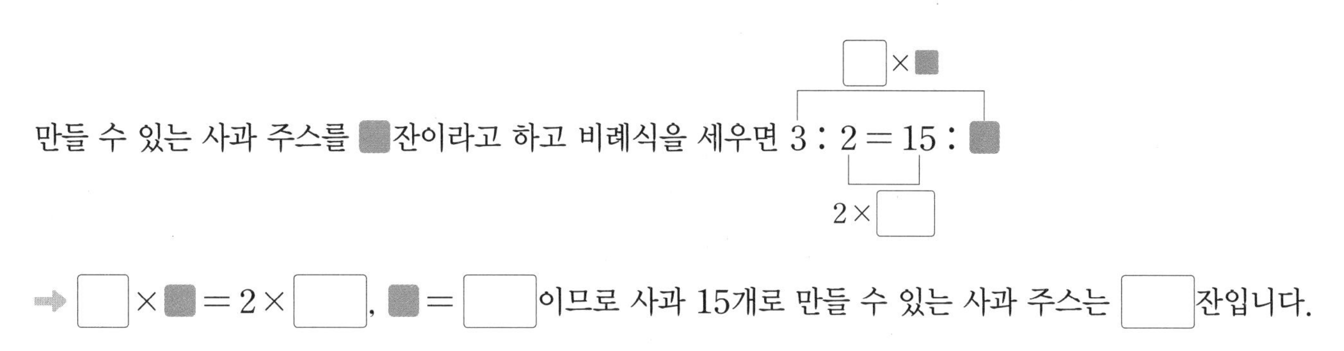

만들 수 있는 사과 주스를 ■잔이라고 하고 비례식을 세우면 3 : 2=15 : ■ (□×■, 2×□)

➡ □×■=2×□, ■=□이므로 사과 15개로 만들 수 있는 사과 주스는 □잔입니다.

5 전체와 비를 알면 공정하게 나눌 수 있어.

- **비례배분: 전체를 주어진 비로 배분하는 것**

- **10을 2 : 3으로 나누기**

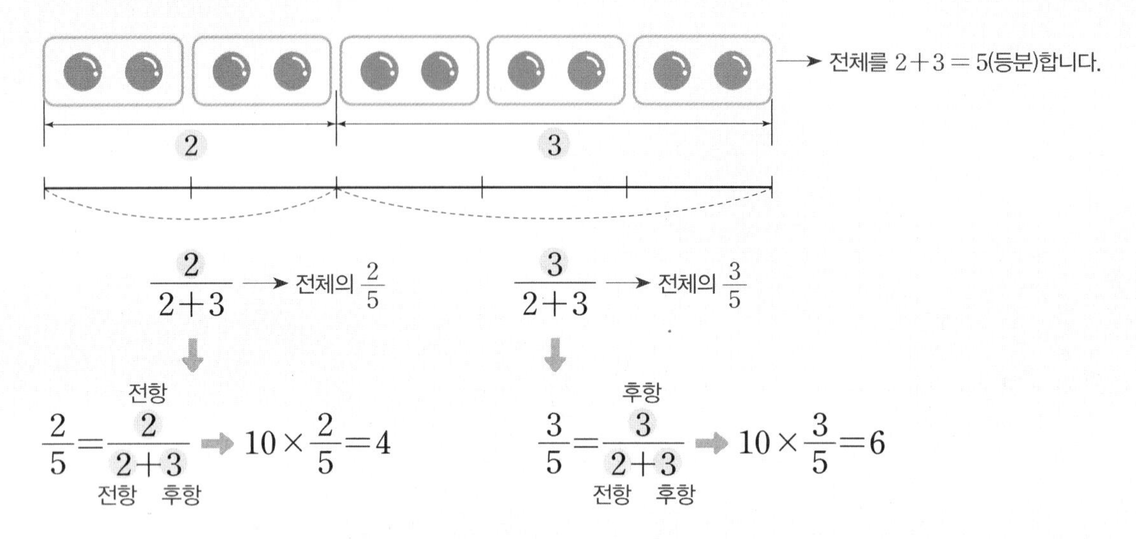

$\frac{2}{2+3}$ → 전체의 $\frac{2}{5}$ $\quad$ $\frac{3}{2+3}$ → 전체의 $\frac{3}{5}$

$\frac{2}{5}=\frac{2}{2+3}$ (전항 / 전항 후항) ➡ $10\times\frac{2}{5}=4$

$\frac{3}{5}=\frac{3}{2+3}$ (후항 / 전항 후항) ➡ $10\times\frac{3}{5}=6$

- **비례배분 문제 해결하기**

예) 지원이와 민경이가 연필 28자루를 4 : 3으로 나누어 가지려고 합니다.
연필을 각각 몇 자루씩 나누어 가져야 하는지 구해 보세요.

방법 1 비례배분하여 알아보기

지원이가 가지게 되는 연필: 전체 연필의 $\frac{4}{4+3}=\frac{4}{7}$ ➡ $28\times\frac{4}{7}=16$(자루)

민경이가 가지게 되는 연필: 전체 연필의 $\frac{3}{4+3}=\frac{3}{7}$ ➡ $28\times\frac{3}{7}=12$(자루)

방법 2 비의 성질을 이용하여 알아보기

지원이는 전체 연필의 $\frac{4}{7}$를, 민경이는 전체 연필의 $\frac{3}{7}$을 가집니다.

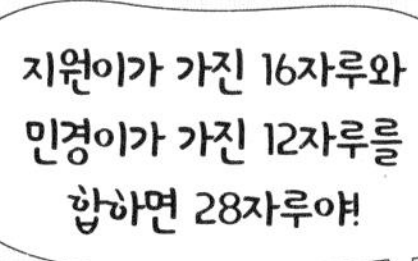

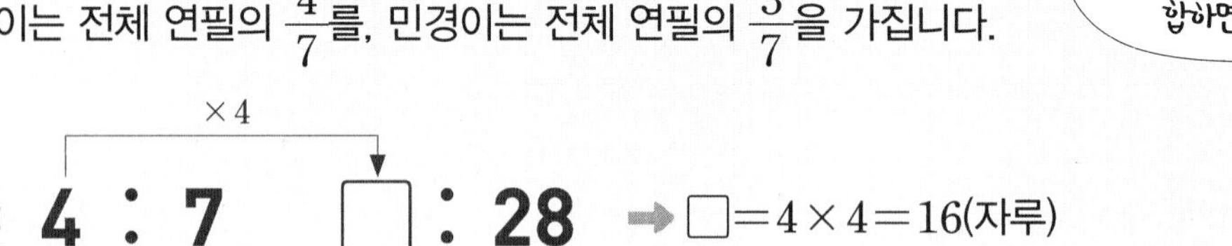

➡ □$=4\times4=16$(자루)

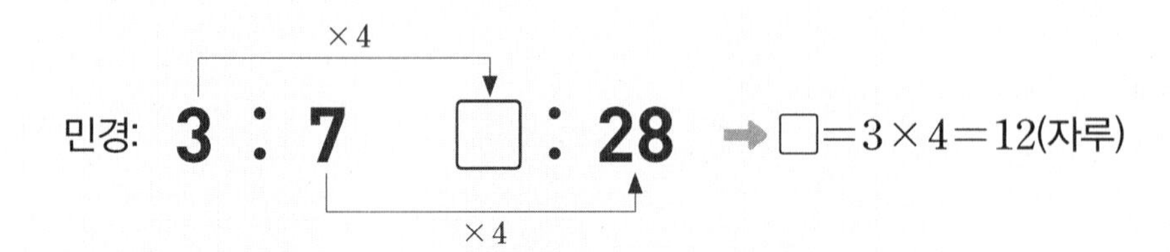

➡ □$=3\times4=12$(자루)

1 **사탕 8개를 가 상자와 나 상자에 3 : 1로 나누어 담으려고 합니다. □ 안에 알맞은 수를 써넣으세요.**

(1) 가 상자와 나 상자에 담을 수 있는 사탕은 전체의 몇 분의 몇일까요?

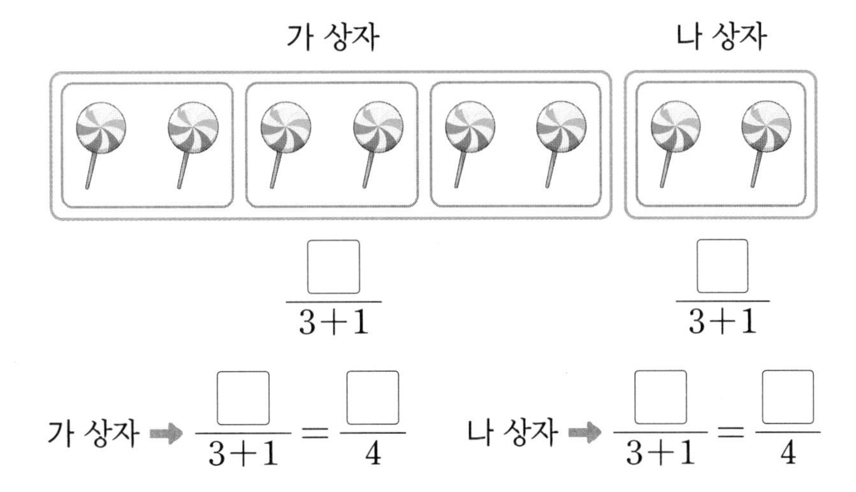

$\frac{\square}{3+1}$ $\frac{\square}{3+1}$

가 상자 ➡ $\frac{\square}{3+1}=\frac{\square}{4}$ 나 상자 ➡ $\frac{\square}{3+1}=\frac{\square}{4}$

(2) 가 상자와 나 상자에 사탕을 각각 몇 개씩 나누어 담을까요?

가 상자: $8\times\frac{\square}{4}=\square$(개)

나 상자: $8\times\frac{\square}{4}=\square$(개)

두 상자의 사탕 수를 합하면 전체 사탕 수인 8개야.

2 **구슬 30개를 민아와 미주가 2 : 3으로 나누어 가지려고 합니다. □ 안에 알맞은 수를 써넣으세요.**

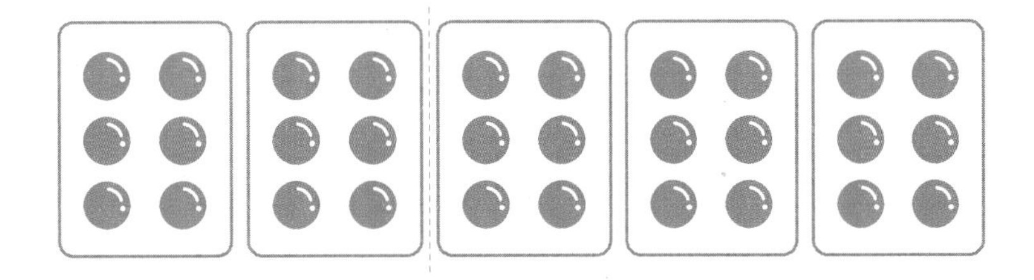

(1) 민아가 가지게 되는 구슬은 전체 구슬의 $\frac{\square}{2+3}=\frac{\square}{5}$입니다.

➡ $30\times\frac{\square}{5}=\square$(개)

(2) 미주가 가지게 되는 구슬은 전체 구슬의 $\frac{\square}{2+3}=\frac{\square}{5}$입니다.

➡ $30\times\frac{\square}{5}=\square$(개)

1 비의 성질

1 비의 성질을 이용하여 비율이 같은 비를 구하려고 합니다. □ 안에 알맞은 수를 써넣으세요.

> ▶ 비의 전항과 후항에 0이 아닌 같은 수를 곱하거나 0이 아닌 같은 수로 나누어도 비율이 같은 비를 만들 수 있어.

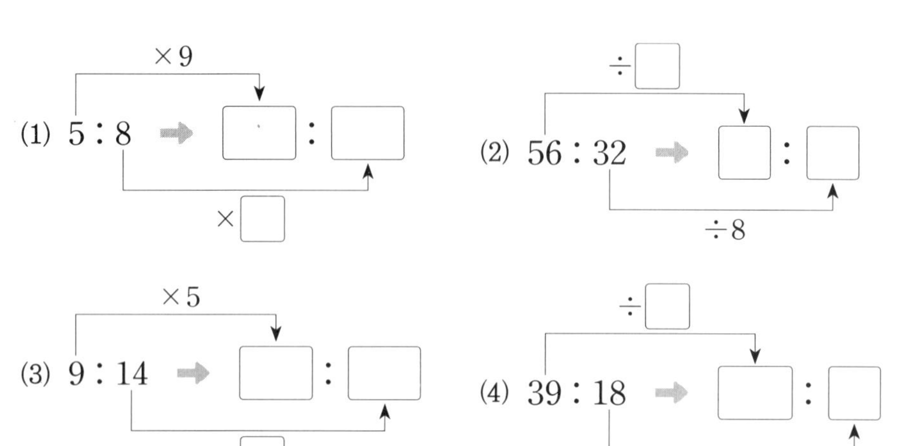

2 수직선을 보고 두 비의 전항과 후항을 비교하여 □ 안에 알맞은 수를 써넣으세요.

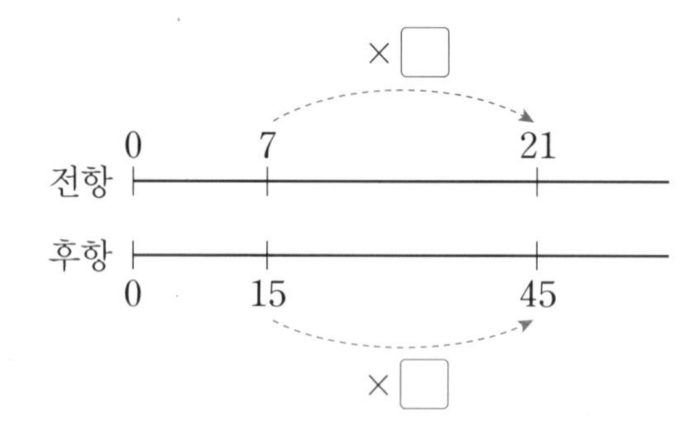

3 비의 성질을 이용하여 비율이 같은 비를 찾아 ○표 하세요.

> ▶ 비의 전항과 후항에 0이 아닌 같은 수를 곱하거나 0이 아닌 같은 수로 나누어도 비율은 같아.

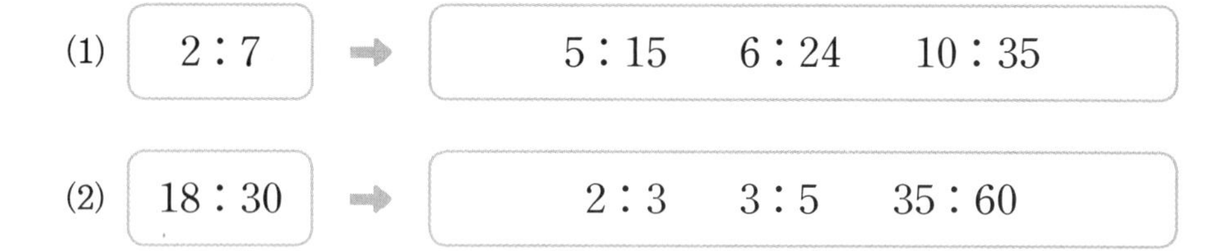

4 비의 성질을 이용하여 비율이 같은 비를 찾아 이어 보세요.

3 : 5 •	• 6 : 5
20 : 30 •	• 12 : 20
42 : 35 •	• 2 : 3

5 수 카드 2장을 골라 3 : 8과 같은 비를 찾아 써 보세요.

☐ : ☐

6 가로와 세로의 비율이 4 : 3과 같은 액자를 모두 찾아 기호를 써 보세요.

▶ 자연수의 비에서 전항과 후항을 공약수로 나누면 간단한 자연수의 비를 만들 수 있어.

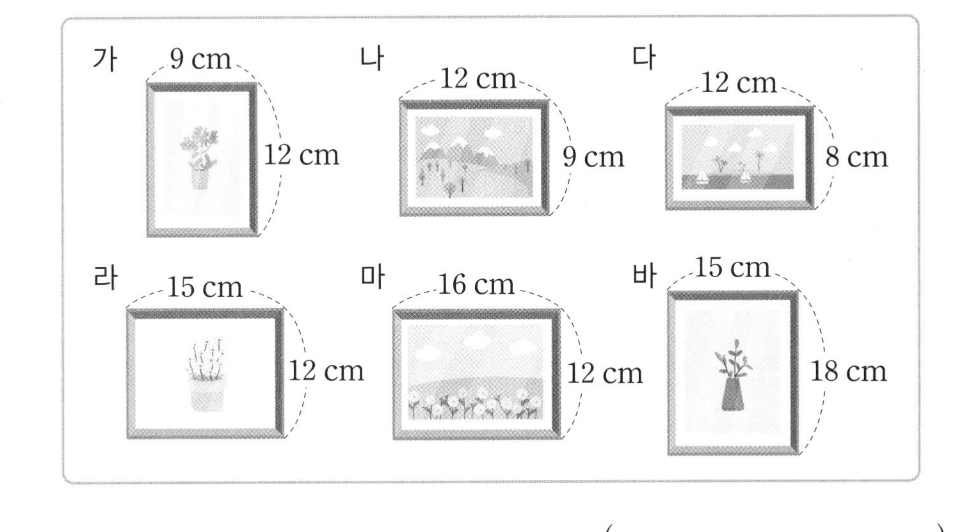

(   )

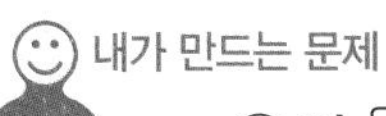

7 ㉠의 ☐ 안에 자유롭게 자연수를 써넣어 비를 만들고, 비의 성질을 이용하여 비율이 같은 식을 만들어 보세요.

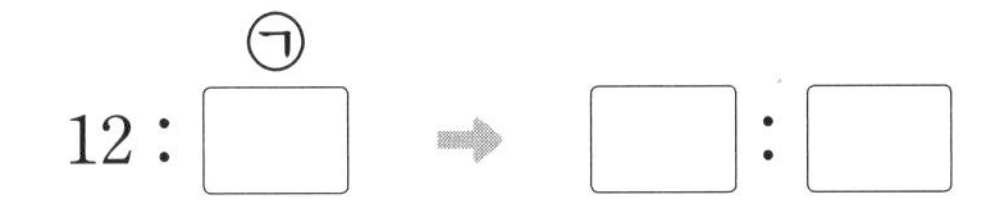

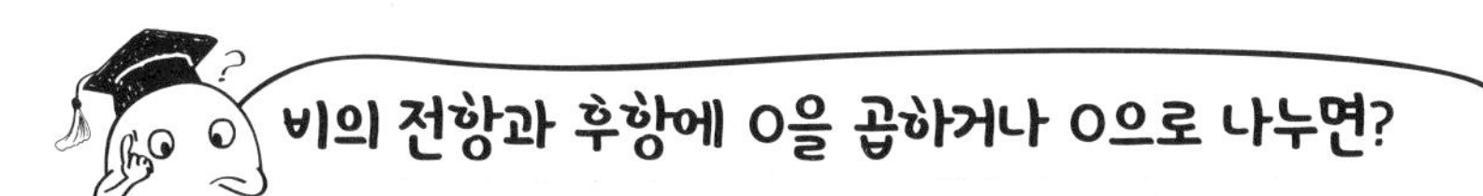

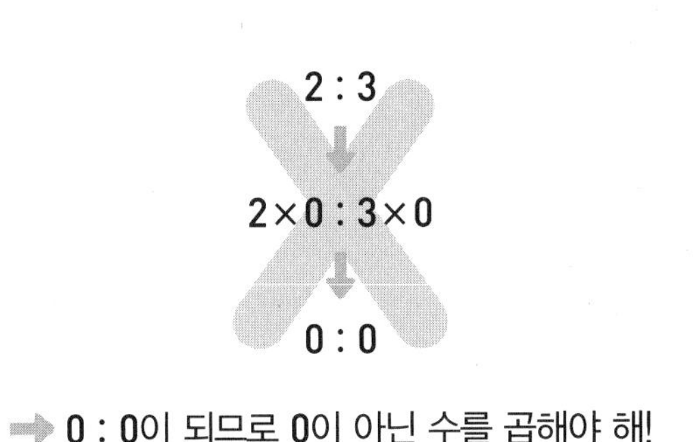

➡ 0 : 0이 되므로 0이 아닌 수를 곱해야 해!

5 : 4

5÷0 : 4÷0

0으로 나눌 수 없습니다.

➡ 0으로 나눌 수 없으므로 0이 아닌 수로 나누어야 해!

4

2 간단한 자연수의 비로 나타내기

8 비의 성질을 이용하여 간단한 자연수의 비로 나타내려고 합니다. □ 안에 알맞은 수를 써넣으세요.

▶ 비의 전항과 후항에 0이 아닌 같은 수를 곱하여도 비율은 같아.

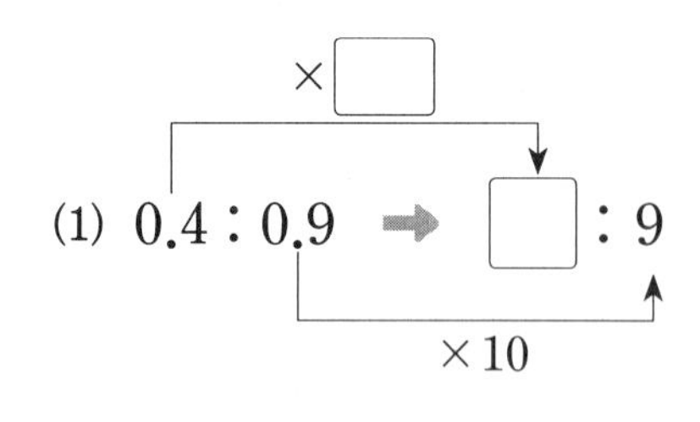

(1) $0.4 : 0.9 \Rightarrow \square : 9$ ($\times\square$, $\times 10$)

(2) $\frac{3}{5} : \frac{7}{8} \Rightarrow 24 : \square$ ($\times\square$, $\times\square$)

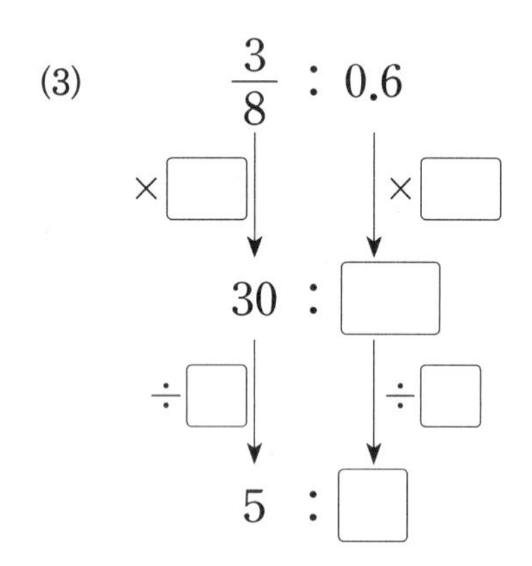

(3) $\frac{3}{8} : 0.6$ → ($\times\square$, $\times\square$) → $30 : \square$ → ($\div\square$, $\div\square$) → $5 : \square$

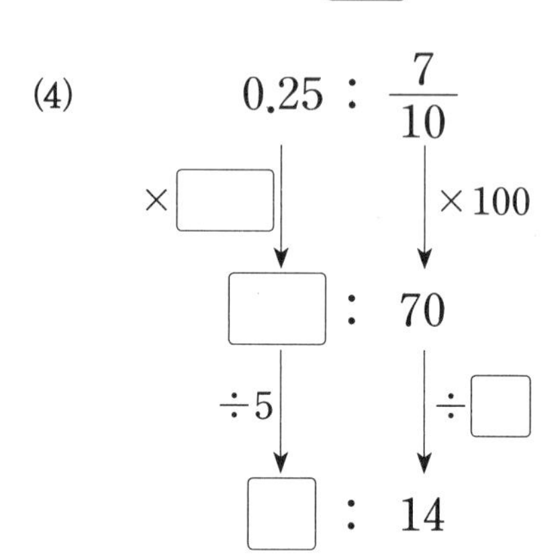

(4) $0.25 : \frac{7}{10}$ → ($\times\square$, $\times 100$) → $\square : 70$ → ($\div 5$, $\div\square$) → $\square : 14$

9 간단한 자연수의 비로 나타내어 보세요.

(1) $0.75 : 1.25$ (　　　　　)

(2) $\frac{5}{2} : \frac{2}{3}$ (　　　　　)

(3) $0.7 : \frac{5}{6}$ (　　　　　)

(4) $24 : 36$ (　　　　　)

10 간단한 자연수의 비로 잘못 나타낸 것을 찾아 ×표 하세요.

$0.6 : 1.5 \Rightarrow 2 : 5$	$\frac{2}{3} : \frac{3}{4} \Rightarrow 8 : 9$	$\frac{2}{5} : 0.8 \Rightarrow 1 : 4$
(　　)	(　　)	(　　)

11 빨간색 리본 $\frac{3}{4}$ m와 파란색 리본 $\frac{4}{5}$ m가 있습니다. 빨간색 리본의 길이와 파란색 리본의 길이를 간단한 자연수의 비로 나타내어 보세요.

▶ 비의 전항과 후항에 두 분모의 공배수를 곱하면 간단한 자연수의 비로 나타낼 수 있어.

(　　　　　)

12 정우네 집에서 학교까지의 거리와 민재네 집에서 학교까지의 거리의 비를 간단한 자연수의 비로 나타내어 보세요.

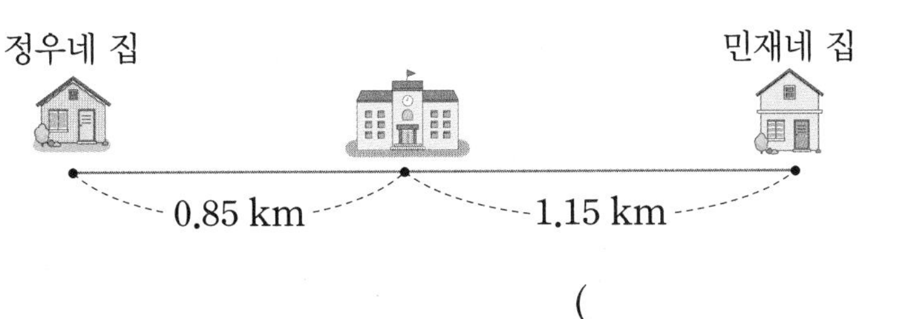
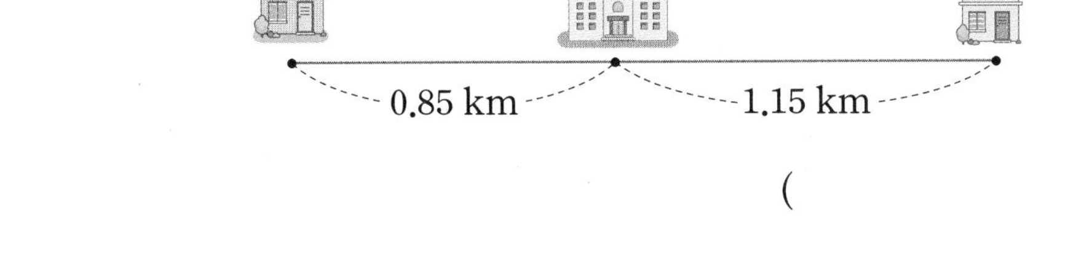

( )

▶ 소수의 비는 전항과 후항에 10, 100, 1000, ...을 곱하여 간단한 자연수의 비로 나타낼 수 있어.

13 흥민이와 진아가 읽은 책의 양의 비를 간단한 자연수의 비로 나타내어 보세요.

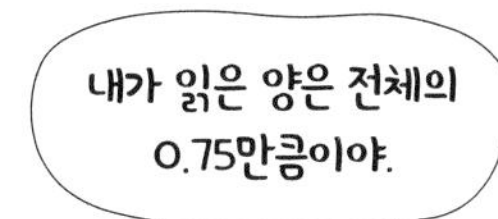

( )

▶ 분수를 소수로 또는 소수를 분수로 나타내.

내가 만드는 문제

14 미현이는 딸기청 $\frac{1}{5}$ L와 우유를 섞어 딸기우유를 만들려고 합니다. 우유의 양이 적힌 카드 중 하나를 골라 ○표 하고, 딸기청과 우유의 양의 비를 간단한 자연수의 비로 나타내어 보세요.

1 L | 0.5 L | 2 L | $\frac{2}{3}$ L

간단한 자연수의 비 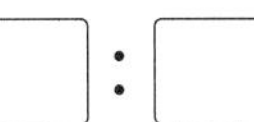

분수를 소수로 바꿀 수 없을 때는?

$\frac{1}{3}$: 0.7을 간단한 자연수의 비로 나타내어 보세요.

방법 1 0.7을 분수로 나타내기

$\frac{1}{3} : 0.7 \rightarrow \frac{1}{3} : \square$

$\rightarrow \left(\frac{1}{3} \times 30\right) : \left(\square \times 30\right)$

$\rightarrow \square : \square$

방법 2 $\frac{1}{3}$을 소수로 나타내기

→ $\frac{1}{3}$은 분모가 10, 100, 1000, ...인 분수로 나타낼 수 없습니다.

분수를 소수로 바꿀 수 없을 때는 소수를 분수로 바꾸어 나타내!

15 비의 성질을 이용하여 비례식을 만들고 □ 안에 알맞은 수를 써넣으세요.

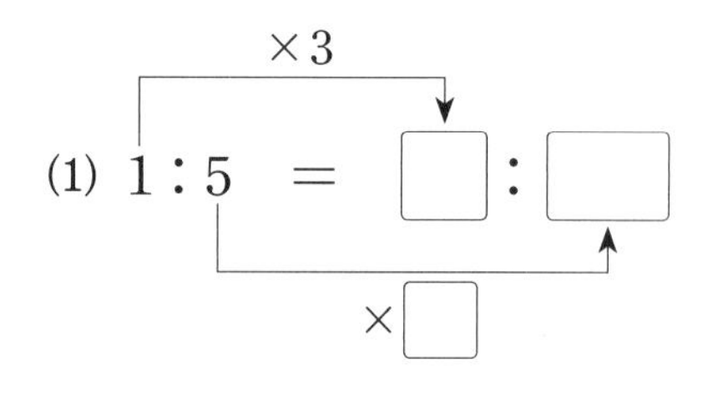

(1) 1 : 5 = □ : □ (×3, ×□)

외항	내항
□, □	□, □

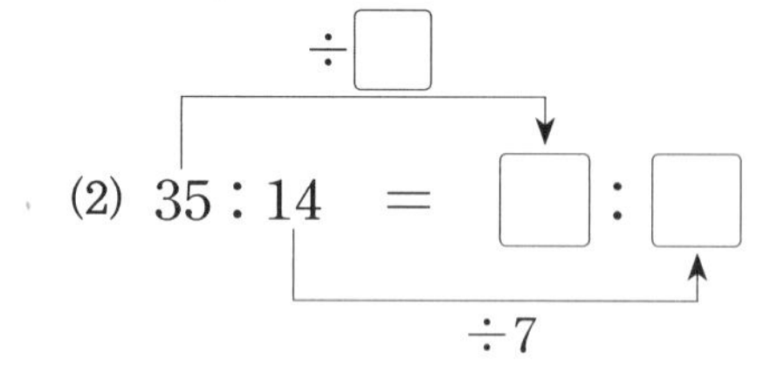

(2) 35 : 14 = □ : □ (÷□, ÷7)

외항	내항
□, □	□, □

▶ 외(外, 바깥 외)항: 바깥쪽에 있는 항
내(內, 안 내): 안쪽에 있는 항

16 □ 안에 알맞은 수를 써넣으세요.

3 : 8의 비율 ➡ $\frac{\square}{\square}$ 12 : 32의 비율 ➡ $\frac{\square}{\square}=\frac{\square}{\square}$

따라서 3 : 8 = □ : □입니다.

▶ (비율) = $\frac{(\text{비교하는 양})}{(\text{기준량})}$

17 비례식을 보고 옳은 설명에 ○표, 잘못된 설명에 ×표 하세요.

5 : 9 = 20 : 36

(1) 비율은 $\frac{5}{9}$입니다. ( )

(2) 외항은 5와 20입니다. ( )

(3) 내항은 9와 20입니다. ( )

▶ 비율이 같은지 확인할 때 각각의 비율을 기약분수로 나타내어 비교하면 편리해.

18 비율이 같은 두 비를 찾아 비례식으로 나타내어 보세요.

6 : 11 28 : 49 16 : 30 4 : 7

□ : □ = □ : □

19 두 비율로 비례식을 세워 보세요.

(1) $\frac{3}{7}=\frac{9}{21}$ ➡ ....

(2) $\frac{10}{17}=\frac{20}{34}$ ➡ ....

▶ $\frac{■}{◆}=\frac{★}{●}$이면 ■ : ◆ = ★ : ●로 나타낼 수 있어.

20 각 비의 비율이 $\frac{2}{3}$가 되도록 □ 안에 알맞은 수를 써넣으세요.

$$4:\square=\square:18$$

내가 만드는 문제

21 벽에 걸려있는 가로 36 cm, 세로 27 cm인 사진을 비율이 같게 확대하거나 축소하여 출력하려고 합니다. 출력하고 싶은 사진의 가로, 세로를 정하여 비례식을 만들어 보세요.

$$36:27=\square:\square$$

▶ 가로와 세로를 비로 나타내고, 전항과 후항에 같은 수를 곱하거나 같은 수로 나누어 비례식을 만들어 봐!

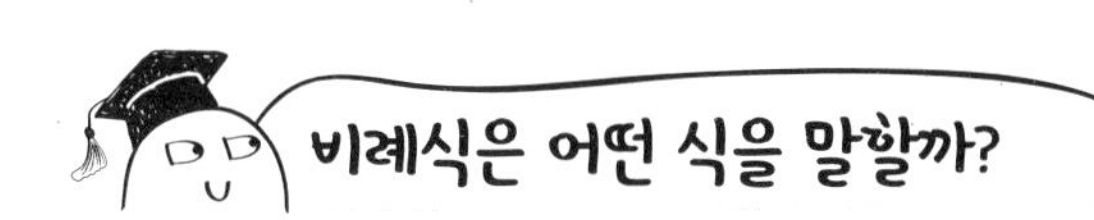

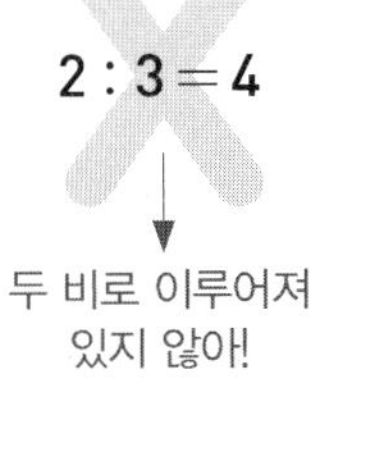

두 비로 이루어져 있지 않아!

4 : 9 8 : 18

=가 없어!

4 : 5 = 20 : 16

비율이 달라!

3 : 7 = 6 : 14

비례식이야.

4 비례식의 성질 활용하기

22 비례식인 것을 모두 찾아 기호를 써 보세요.

▶ 외항의 곱과 내항의 곱이 같은 식을 찾아보자.

㉠ $5:2=25:10$ ㉡ $4:18=10:35$
㉢ $7:15=9:21$ ㉣ $30:9=10:3$

( )

23 비례식의 성질을 이용하여 □ 안에 알맞은 수를 써넣으세요.

$4:3=12:$■

방법 1 비례식의 성질을 이용하기

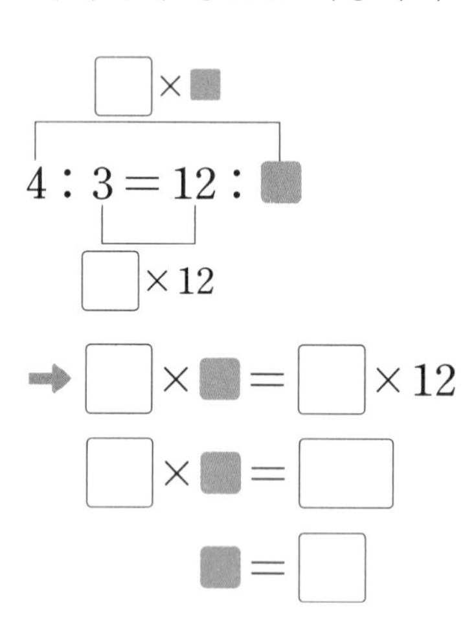

방법 2 비의 성질을 이용하기

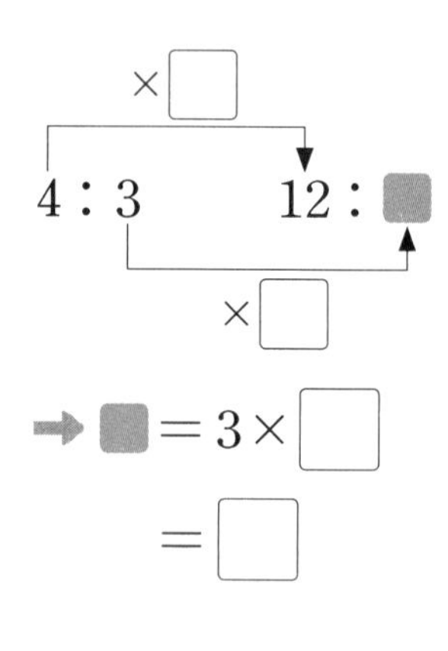

24 비례식의 성질을 이용하여 □ 안에 알맞은 수를 써넣으세요.

(1) □$:7=20:35$ (2) $6:13=24:$□

(3) $8:5=$□$:25$ (4) $27:$□$=9:20$

➕ 두 삼각형이 서로 닮은 도형일 때, 선분 ㄹㅁ의 길이를 구해 보세요.

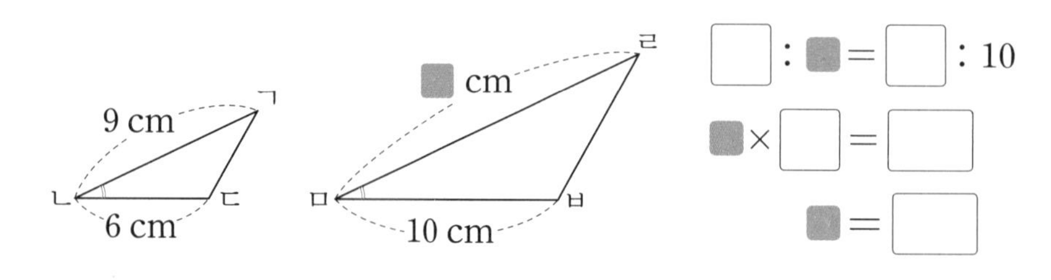

닮은 도형

한 도형을 일정한 비율로 확대 또는 축소한 도형이 다른 도형과 합동일 때 두 도형을 서로 닮은 도형이라고 합니다.
이때 세 쌍의 대응하는 변의 길이의 비가 같습니다.

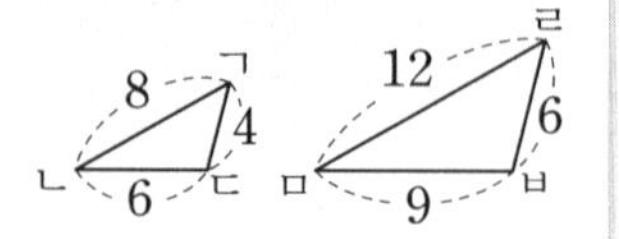

$8:12=6:9=4:6$

25 **동화책의 가로와 세로의 비는 5 : 7입니다. 동화책의 가로가 20 cm일 때, 세로는 몇 cm인지 구하려고 합니다. 물음에 답하세요.**

▶ 비례식을 세울 때는 전항과 후항의 순서에 맞게 세워야 해.

(1) 세로를 □cm라고 할 때, 비례식을 세워 보세요.

식 ....

(2) 세로는 몇 cm일까요?

(　　　　　　)

26 **맞물려 돌아가는 두 톱니바퀴 가, 나가 있습니다. 가가 3번 도는 동안 나는 4번 돕니다. 나가 28번 도는 동안 가는 몇 번 도는지 구해 보세요.**

▶ ◆와 ★의 비는 ◆ : ★로 나타내.

(　　　　　　)

내가 만드는 문제

27 **초콜릿 쿠키 5개를 만들 때, 초콜릿은 100 g이 필요합니다. 만들고 싶은 초콜릿 쿠키의 수를 정하고, 필요한 초콜릿의 양을 비례식을 이용해서 구해 보세요.**

초콜릿 쿠키 : □개

필요한 초콜릿의 양 : □g

옳은 비례식은 어떻게 찾을까?

① 외항의 곱과 내항의 곱이 같은지 알아봅니다.

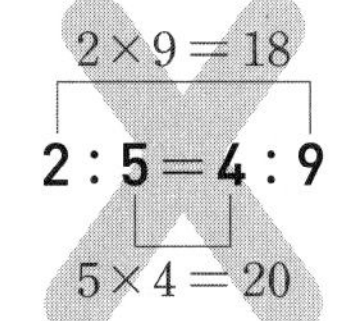

$3\times8=24$

3 : 4=6 : 8

$4\times6=24$

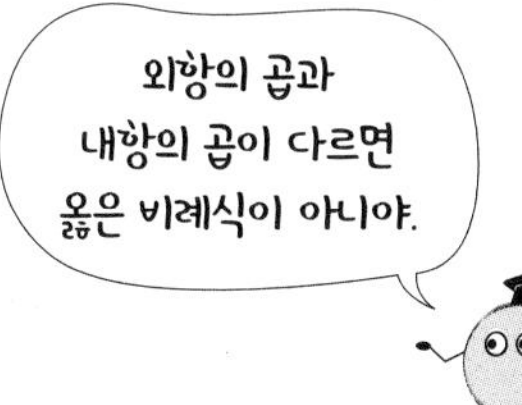

② 전항과 후항에 0이 아닌 같은 수를 곱하거나 나누어도 비율이 같은지 알아봅니다.

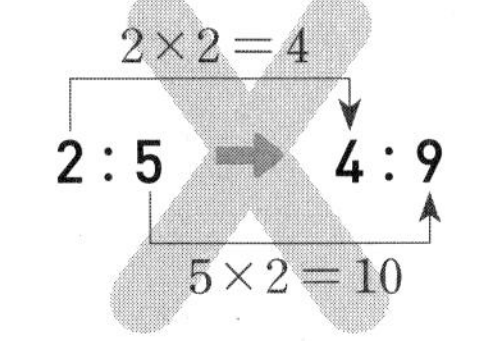

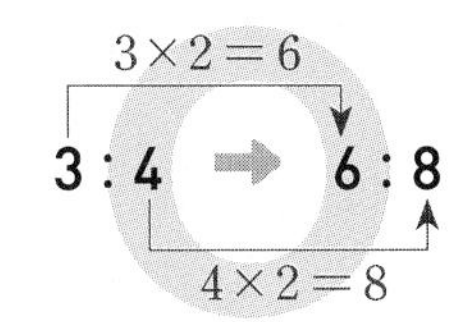

28

구슬 48개를 광수와 세찬이가 5 : 3으로 나누어 가지려고 합니다. □ 안에 알맞은 수를 써넣으세요.

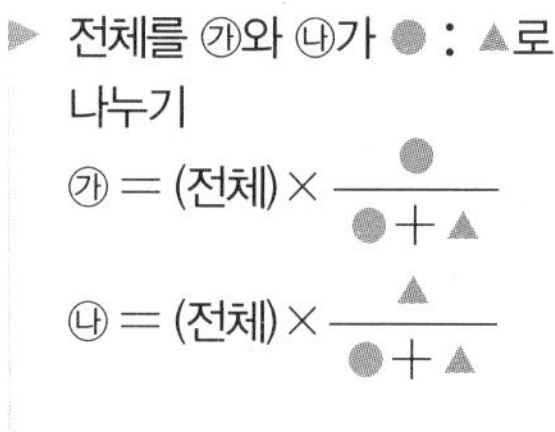

(1)

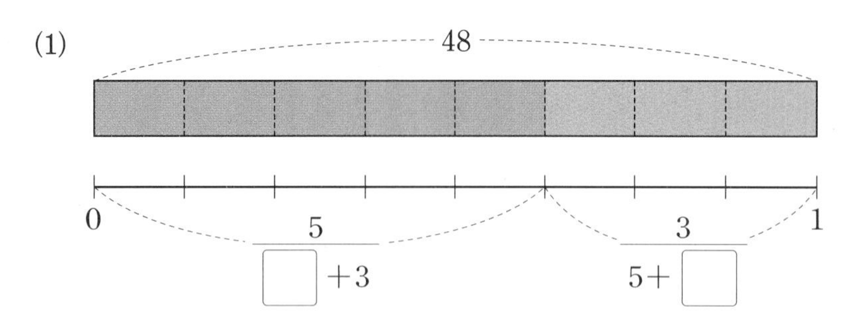

$\frac{5}{\square+3}$ $\frac{3}{5+\square}$

(2) 광수는 전체 구슬의 $\frac{5}{\square+3}=\frac{5}{\square}$를 가지고

세찬이는 전체 구슬의 $\frac{3}{5+\square}=\frac{3}{\square}$을 가지면 됩니다.

(3) 광수와 세찬이가 나누어 가지는 구슬 수

광수: $48\times\frac{5}{\square}=\square$(개)

세찬: $48\times\frac{3}{\square}=\square$(개)

29

90을 7 : 8로 나누려고 합니다. □ 안에 알맞은 수를 써넣으세요.

▶ 주어진 비로 배분하는 것을 비례배분이라고 해.

$90\times\frac{7}{\square+8}=90\times\frac{\square}{\square}=\square$

$90\times\frac{8}{7+\square}=90\times\frac{\square}{\square}=\square$

30

□ 안의 수를 4 : 9로 나누어 [,] 안에 써 보세요.

(1) 39 ➡ [,]

(2) 143 ➡ [,]

31 책 210권을 책장과 책꽂이에 19 : 11로 나누어 꽂으려고 합니다. 책장과 책꽂이에 꽂은 책은 각각 몇 권인지 구해 보세요.

▶ 책장과 책꽂이에 꽂힌 책 수를 더하면 전체 책 수야.

책장	책꽂이

32 진수와 소은이는 승관이의 생일 선물을 사기 위해 10000원을 모으려고 합니다. 진수와 소은이가 12 : 13으로 돈을 낸다면 진수와 소은이는 각각 얼마를 내야 하는지 구해 보세요.

진수 (　　　　　　　　)

소은 (　　　　　　　　)

내가 만드는 문제

33 정은이와 수현이가 3 : 5로 간식을 나누어 가지려고 합니다. 보기 에서 나누어 가질 간식을 자유롭게 한 가지 골라 ○표 하고, 고른 간식을 정은이와 수현이가 각각 몇 개씩 나누어야 하는지 구해 보세요.

비율이 같은 두 비로 각각 비례배분하면?

선희와 소호가 사탕 10개를 나누어 먹으려고 합니다.

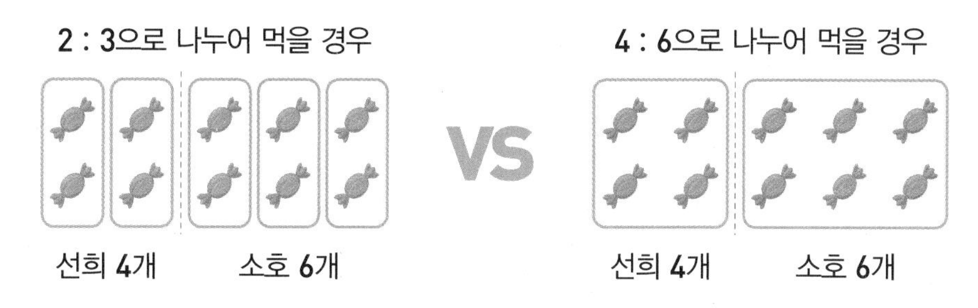

두 비가 달라도 비율이 같은 경우 비례배분한 결과는 (같습니다 , 다릅니다).

개념 완성

발전 문제

1 길이의 비를 이용하여 넓이 구하기

1 준비

삼각형에서 밑변의 길이와 높이의 비를 간단한 자연수의 비로 나타내어 보세요.

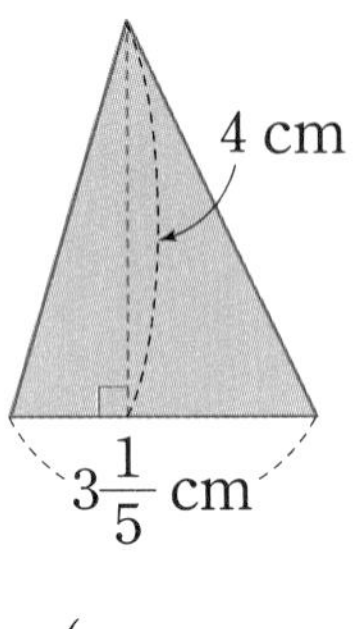

( )

2 확인

두 정사각형의 넓이의 비를 간단한 자연수의 비로 나타내어 보세요.

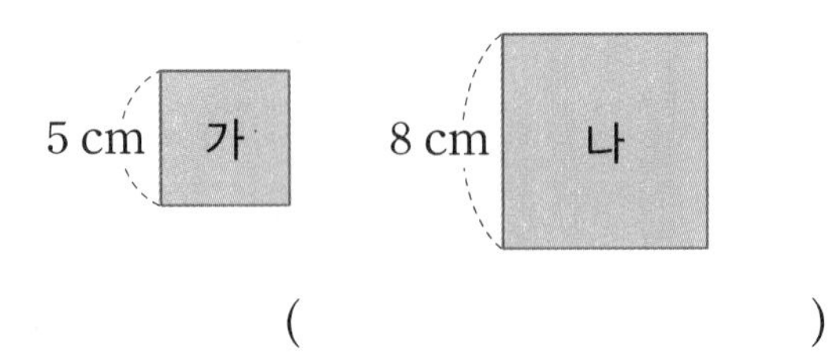

( )

3 완성

240 cm의 끈을 겹치지 않게 모두 사용하여 가로와 세로의 비가 7 : 5인 직사각형 모양을 만들려고 합니다. 만든 직사각형의 넓이는 몇 cm^2일까요?

( )

2 □ 안에 들어갈 수 있는 수 구하기

4 준비

비례식의 성질을 이용하여 □ 안에 알맞은 수를 써넣으세요.

(1) 4 : 9 = □ : 27

(2) □ : 2 = 35 : 10

5 확인

□ 안에 들어갈 수가 다른 비례식을 찾아 기호를 써 보세요.

㉠ 5 : 9 = 25 : □
㉡ 1.8 : 1.2 = □ : 30
㉢ 10 : □ = $\frac{1}{10}$: $\frac{1}{2}$

( )

6 완성

외항의 곱이 200보다 작은 6의 배수일 때, 비례식에서 □ 안에 들어갈 수 있는 가장 큰 자연수를 구해 보세요.

㉮ : 7 = □ : ㉯

( )

3 비례식의 활용

7 준비

산호는 그림을 그릴 때 실제 길이가 60 cm인 것을 4 cm로 나타내었습니다. 산호의 그림에서 7 cm로 그린 것의 실제 길이는 몇 cm인지 구해 보세요.

( )

8 확인

비례대표제란 선거에서 각 정당이 얻은 득표율의 비로 나누어 국회의원을 뽑는 것입니다. 선거에서 각 정당이 얻은 득표율이 가 당은 30 %, 나 당은 70 %일 때, 비례대표제로 국회의원을 40명 뽑는다면 각 정당에서 뽑을 수 있는 국회의원은 몇 명씩일까요?

가 당 ( )
나 당 ( )

9 완성

소영이네 반 학생의 65 %가 방과 후 활동으로 동아리 활동을 하고 있습니다. 소영이네 반에서 동아리 활동을 하는 학생이 26명일 때, 반 전체 학생 수는 몇 명일까요?

( )

4 간단한 자연수의 비로 비례배분하기

10 준비

100을 주어진 비로 나누었을 때의 값을 차례로 써 보세요.

3.7 : 1.3

(,)

11 확인

수현이와 민우가 길이가 1400 m인 길의 양끝에서 서로 마주 보고 달리다가 만났습니다. 수현이와 민우가 달린 거리의 비가 $\frac{2}{5}$: 1이라면 수현이와 민우가 각각 몇 m를 달렸을까요?

수현 ( )
민우 ( )

12 완성

가 회사와 나 회사가 각각 400만 원과 600만 원을 함께 투자하여 450만 원의 이익금을 받았습니다. 투자한 금액의 비로 이익금을 나누면 가 회사와 나 회사는 각각 얼마씩 받게 될까요?

가 회사 ( )
나 회사 ( )

5 일정한 시간 동안 한 일의 양의 비 나타내기

13 준비

간단한 자연수의 비로 나타내어 보세요.

$$\frac{1}{4} : \frac{1}{7}$$

(　　　　　　　　)

14 확인

똑같은 일을 하는 데 세찬이는 3시간이 걸렸고 소민이는 4시간이 걸렸습니다. 세찬이와 소민이가 한 시간 동안 한 일의 양의 비를 간단한 자연수의 비로 나타내어 보세요.

(세찬) : (소민) = ☐ : ☐

15 완성

어떤 일을 하는 데 지은이는 2시간, 백호는 3시간이 걸립니다. 지은이와 백호가 같이 한 시간 동안 일을 한 후 백호 혼자서 한 시간 동안 일을 더 했습니다. 지은이와 백호가 일한 양의 비를 간단한 자연수의 비로 나타내어 보세요.

(　　　　　　　　)

6 비례배분의 활용

16 준비

어떤 수를 가 : 나 = 4 : 5로 나누면 가는 16이 됩니다. 어떤 수를 구해 보세요.

(　　　　　　　　)

17 확인

사탕을 민정과 나영이가 3 : 7로 나누면 민정이는 사탕을 21개 갖게 됩니다. 나영이는 사탕을 몇 개를 받을 수 있을지 구해 보세요.

(　　　　　　　　)

18 완성

소정이와 지민이가 주스를 나누어 마시려고 합니다. 소정이와 지민이가 3 : 5로 나누면 소정이는 주스를 180 mL 마실 수 있습니다. 소정이와 지민이가 5 : 7로 나누었을 때 소정이는 주스를 몇 mL를 마실 수 있는지 구해 보세요.

(　　　　　　　　)

단원 평가

점수 | 확인

1 □ 안에 알맞은 수를 써넣으세요.

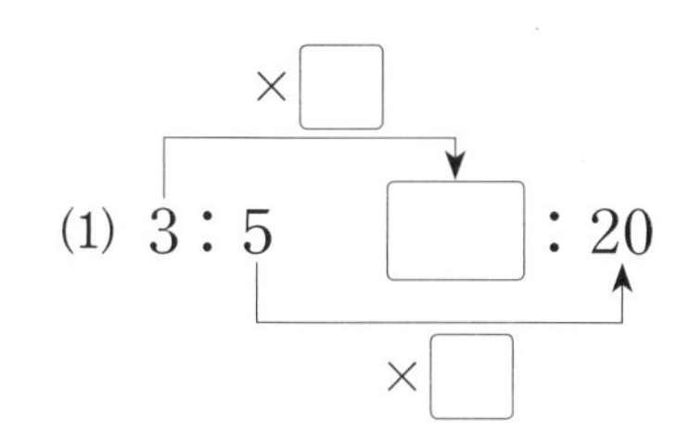

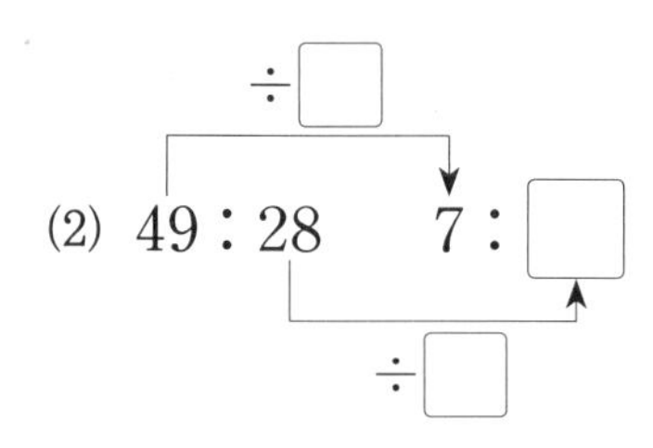

2 밑변의 길이와 높이의 비가 5 : 3인 삼각형을 모두 찾아 기호를 써 보세요.

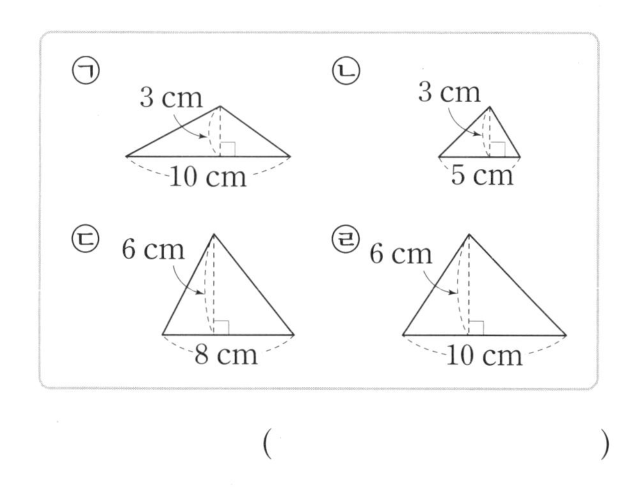

( )

3 직사각형 모양 수영장의 가로와 세로의 비는 5 : 2입니다. 가로가 10 m라면 세로는 몇 m일까요?

( )

4 간단한 자연수의 비로 나타내어 보세요.

(1) $\frac{4}{7} : \frac{3}{4}$ ➡

(2) $0.25 : \frac{2}{5}$ ➡

5 8 : 12와 비율이 다른 비는 어느 것일까요? ( )

① 2 : 3 ② 24 : 36 ③ $\frac{2}{3} : 1$

④ $\frac{1}{8} : \frac{1}{12}$ ⑤ $\frac{2}{5} : \frac{9}{15}$

6 비례식은 어느 것일까요? ( )

① 1 : 3 ② $\frac{1}{4} : \frac{1}{5}$

③ 2 : 3 = 6 ④ 2 : 5 = 6 : 15

⑤ 4 × 9 = 36

7 비례식에서 외항과 내항을 각각 모두 찾아 써 보세요.

30 : 5 = 18 : 3

외항 ( )

내항 ( )

8 비율이 같은 비를 찾아 비례식을 완성해 보세요.

3 : 4 6 : 15 12 : 27 16 : 32

4 : 9 = □ : □

9 전항이 3과 12이고 후항이 7과 28인 비례식을 모두 써 보세요.

( )

10 비례식인 것을 모두 찾아 기호를 써 보세요.

㉠ $2:5=50:20$ ㉡ $\frac{2}{5}:\frac{4}{7}=7:10$
㉢ $3.5:2=7:4$ ㉣ $250:50=3:1$

( )

11 간단한 자연수의 비로 나타내려고 합니다. □ 안에 알맞은 수를 써넣으세요.

$$2.4:\frac{27}{20}=16:\square$$

12 톱니바퀴 ㉮, ㉯가 맞물려 돌아가고 있습니다. ㉮ 톱니바퀴가 16바퀴 도는 동안 ㉯ 톱니바퀴는 24바퀴 돕니다. ㉯ 톱니바퀴가 60바퀴 도는 동안에 ㉮ 톱니바퀴는 몇 바퀴 돌게 될까요?

( )

13 조건 에 맞게 비례식의 □ 안에 알맞은 수를 써넣으세요.

조건
- 비율은 $\frac{2}{3}$입니다.
- 내항의 곱은 30입니다.

$$2:\square=\square:\square$$

14 색종이 110장을 각 모둠의 학생 수에 따라 나누어 주려고 합니다. 가 모둠은 4명, 나 모둠은 7명이라고 할 때 물음에 답하세요.

(1) 가와 나 모둠의 학생 수의 비를 간단한 자연수의 비로 나타내어 보세요.

가 : 나 = □ : □

(2) 각 모둠에게 색종이를 몇 장씩 주면 될까요?

가 ( ), 나 ( )

15 페인트 1430 mL를 8 : 5로 나누어 책상과 의자를 칠하는 데 사용하였습니다. 책상과 의자를 칠하는 데 사용한 페인트의 양은 각각 몇 mL인지 주어진 방법으로 알아보세요.

(1) 비례배분으로 구해 보세요.

(2) 비의 성질을 이용하여 구해 보세요.

정답과 풀이 28쪽

16 진원이와 유리가 찰흙을 3 : 5로 나누어 가졌습니다. 진원이가 가진 찰흙이 270 g이라면 나누기 전의 찰흙은 모두 몇 g일까요?

( )

17 지예와 지수는 책을 사기 위해 12000원을 모았습니다. 지예와 지수가 $\frac{1}{5} : \frac{1}{3}$로 돈을 모았다면 지예와 지수가 모은 돈은 각각 얼마일까요?

지예 ( )
지수 ( )

18 민기가 5시간, 현우가 4시간 일을 하고 모두 36000원을 받았습니다. 받은 돈을 일한 시간의 비로 나누어 가진다면 두 사람이 가지는 돈의 차는 얼마일까요?

( )

술술 서술형

19 과일 가게에서 사과 7개를 4000원에 팔고 있습니다. 20000원으로 사과를 몇 개 살 수 있는지 풀이 과정을 쓰고 답을 구하세요.

풀이

답

20 태리와 승기는 폐신문지를 각각 2 kg, 3 kg 모아서 재활용 센터에 팔아 2500원을 받았습니다. 받은 돈을 각자 모은 폐신문지의 무게의 비로 나누어 가질 때 승기가 받아야 할 돈은 얼마인지 풀이 과정을 쓰고 답을 구하세요.

풀이

답

4

5 원의 넓이

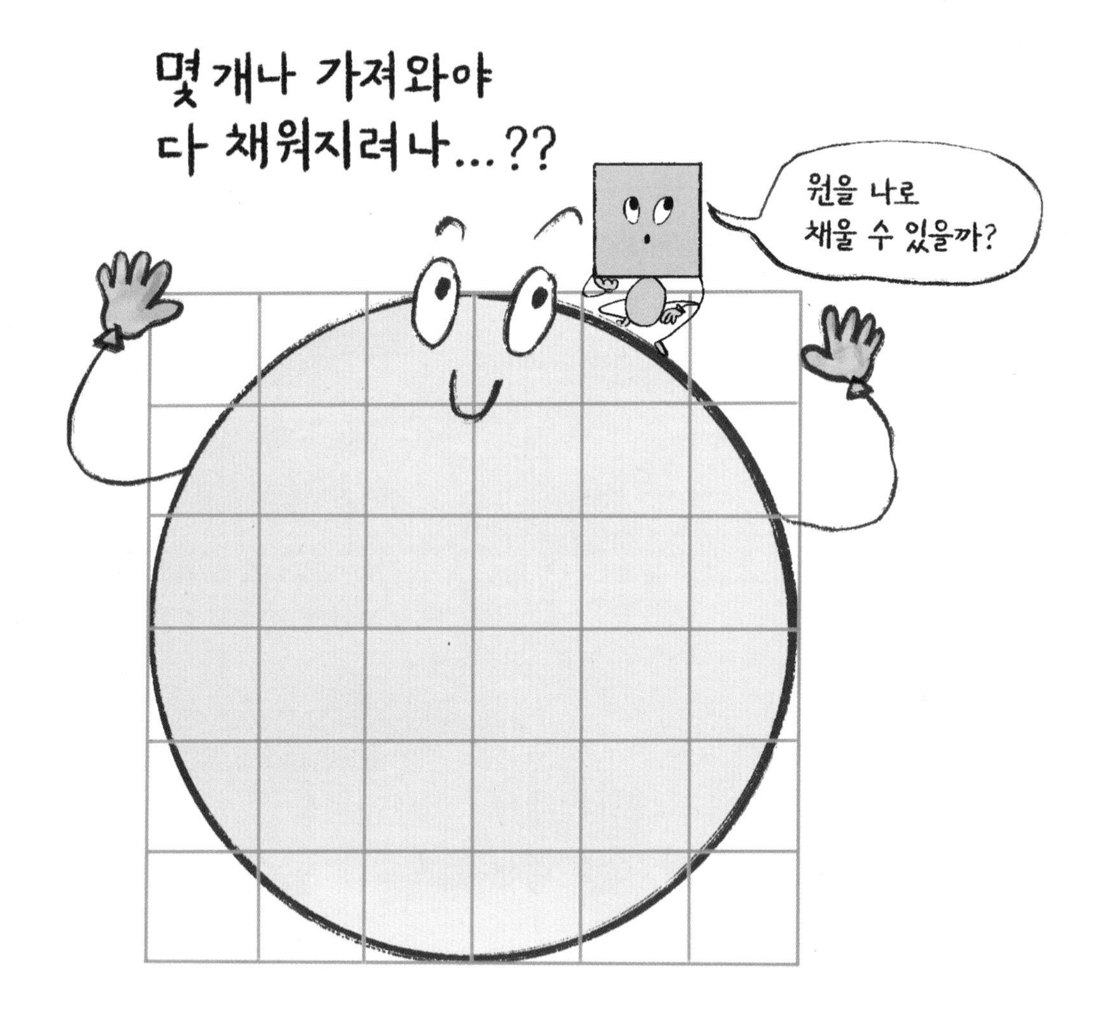

원의 지름을 알면 둘레와 넓이를 구할 수 있어!

● 원의 둘레: 원주

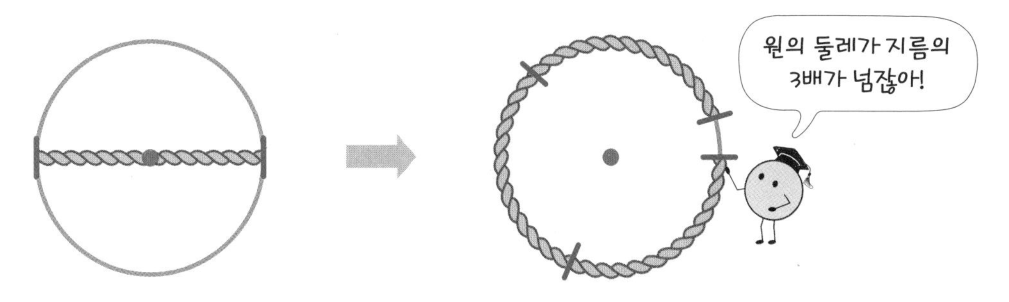

원주율: 원의 지름에 대한 원주의 비율

$$(\text{원주율}) = (\text{원주}) \div (\text{지름}) = \frac{(\text{원주})}{(\text{지름})} \Rightarrow \text{약 } 3.14$$

$$(\text{원주}) = (\text{원주율}) \times (\text{지름})$$

● 원의 넓이

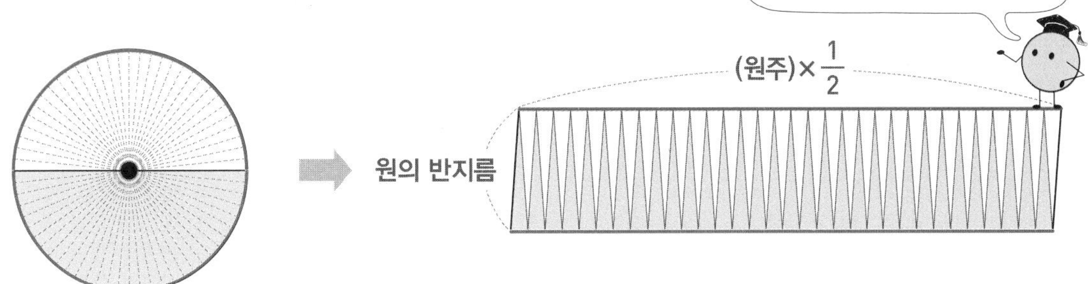

$$(\text{원의 넓이}) = (\text{원주}) \times \frac{1}{2} \times (\text{반지름})$$

$$= (\text{원주율}) \times (\text{지름}) \times \frac{1}{2} \times (\text{반지름})$$

$$= (\text{반지름}) \times (\text{반지름}) \times (\text{원주율})$$

1 원주는 지름의 약 3배야.

● **원주: 원의 둘레**

(1) **원주와 지름의 관계**

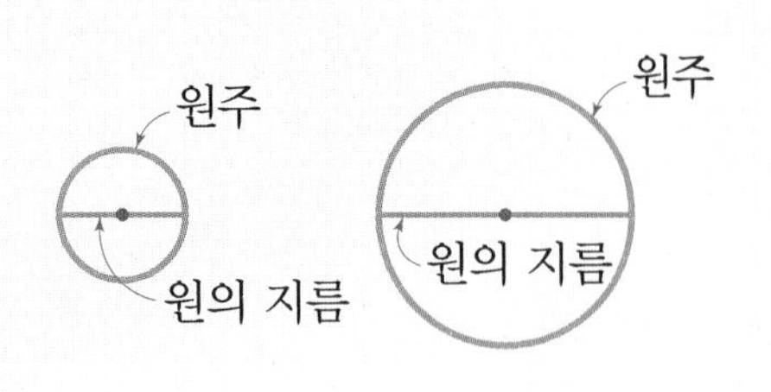

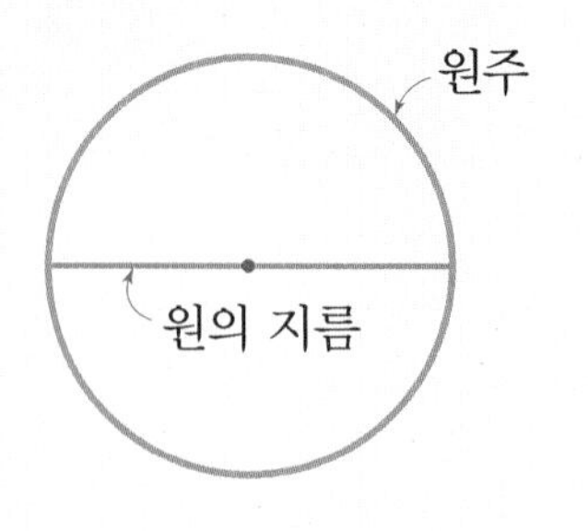

원주
원의 지름

➡ 원의 지름이 길어지면 원주도 길어집니다.

(2) **지름과 원주 비교하기**

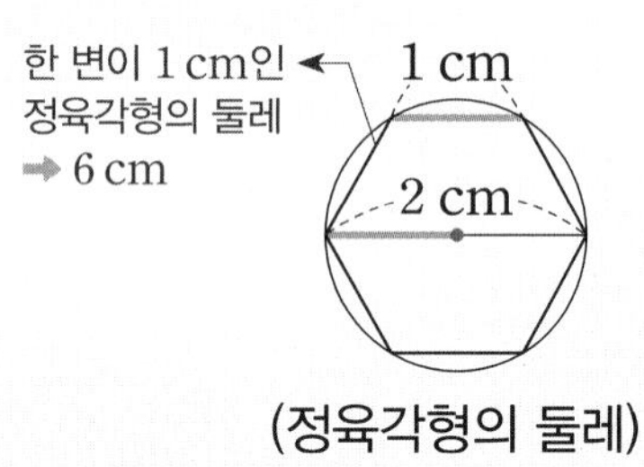

(정육각형의 둘레)
=(원의 반지름)×6
=(원의 지름)×3

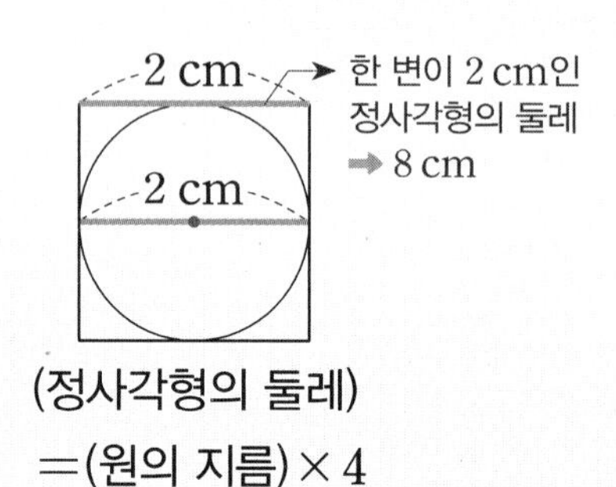

(정사각형의 둘레)
=(원의 지름)×4

(원의 지름)×3<(원주)
(원주)<(원의 지름)×4

● **원주율: 원의 지름에 대한 원주의 비율**

(원주율) = (원주)÷(지름)

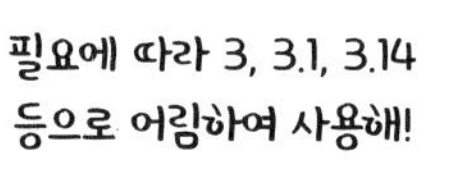

원주율을 소수로 나타내면 3.1415926535897932…와 같이 끝없이 이어집니다.

• **원주와 지름의 관계**

원주(cm)	지름(cm)	(원주)÷(지름)
12.56	4	3.14
15.7	5	3.14
18.84	6	3.14

➡ 원의 크기와 관계없이 (원주)÷(지름)은 항상 일정합니다.
↳ 원주율

1 □ 안에 알맞은 말을 써넣으세요.

(1)

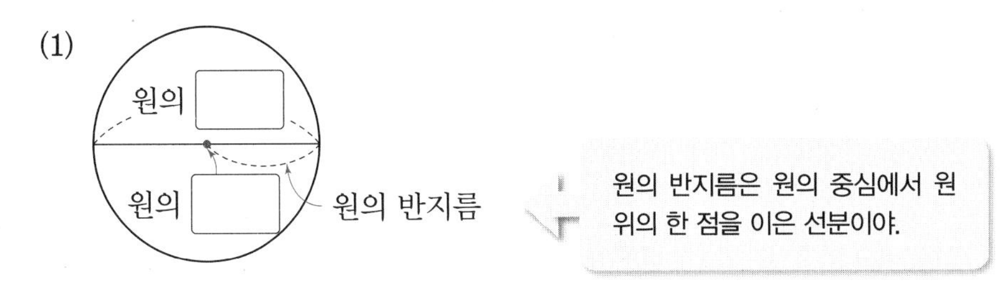

(2) 원의 둘레를 □(이)라고 합니다.

(3) 원의 지름에 대한 원주의 비율을 □(이)라고 합니다.

2 한 변의 길이가 2 cm인 정육각형, 지름이 4 cm인 원, 한 변의 길이가 4 cm인 정사각형을 보고 □ 안에 알맞은 수를 써넣으세요.

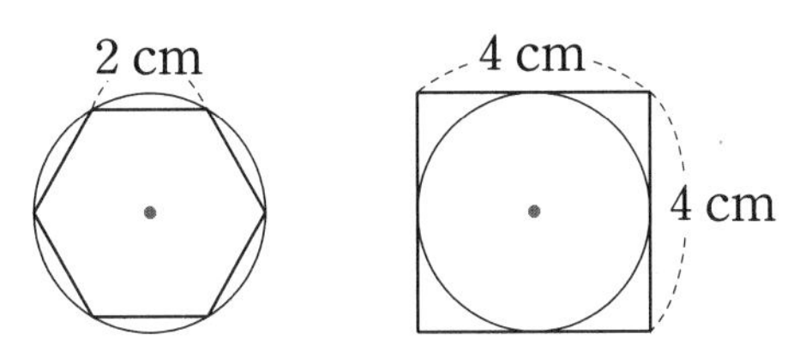

(1) (정육각형의 둘레) = □ × 6 = □ (cm)

(2) (정사각형의 둘레) = □ × 4 = □ (cm)

(3) 원주는 □ cm보다 길고, □ cm보다 짧습니다.

3 □ 안에 알맞은 수를 써넣으세요.

(1)

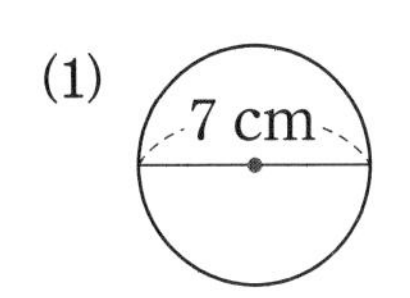

원주: 21.98 cm

(원주율) = (원주) ÷ (지름)

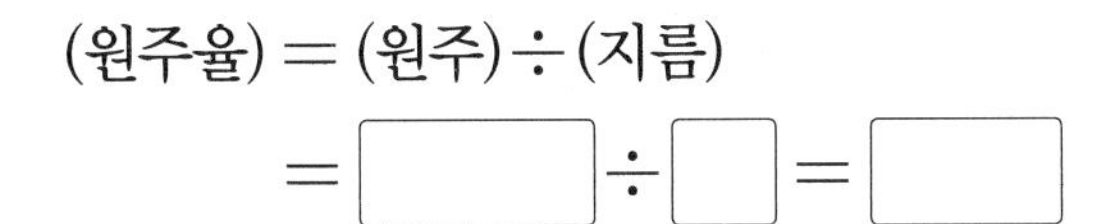

= □ ÷ □ = □

(2)

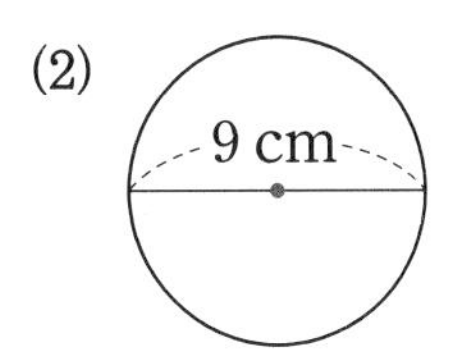

원주: 27.9 cm

(원주율) = (원주) ÷ (지름)

= □ ÷ □ = □

4 원에 대한 설명이 맞으면 ○표, 틀리면 ×표 하세요.

(1) 원의 넓이를 원주라고 합니다. ( )

(2) 원의 지름이 길어지면 원주도 길어집니다. ( )

(3) 원주가 길어지면 지름도 길어집니다. ( )

(4) 원의 크기와 관계없이 지름에 대한 원주의 비율은 일정하지 않습니다. ( )

2 원주는 (지름)×(원주율)이야.

● 지름을 알 때 원주율을 이용하여 원주 구하기

예 지름이 5 cm, 10 cm인 원주 구하기 (원주율: 3.14)

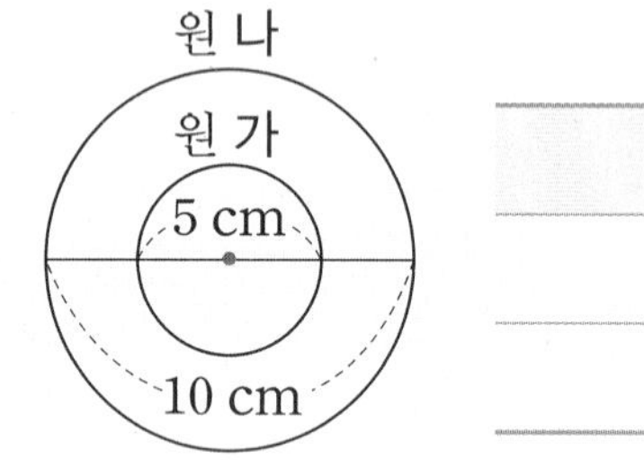

원	지름(cm)	원주(cm)
가	5	15.7
나	10	31.4

→ (원주) = 5 × 3.14 = 15.7
→ (원주) = 10 × 3.14 = 31.4

● 원주를 알 때 원주율을 이용하여 지름 구하기

예 원주를 보고 지름 구하기 (원주율: 3.1)

원주(cm)	지름(cm)
31	10
62	20

→ (지름) = 31 ÷ 3.1 = 10
→ (지름) = 62 ÷ 3.1 = 20

● 원주와 지름의 관계

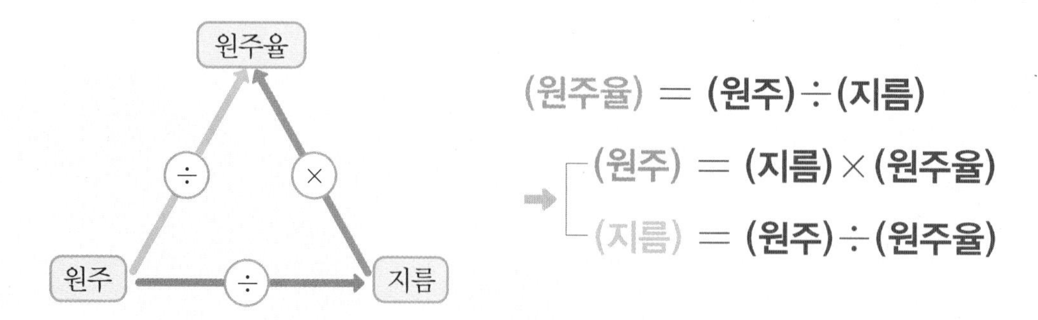

원주가 2배, 3배, ...가 되면 지름도 2배, 3배, ...가 됩니다.
지름이 2배, 3배, ...가 되면 원주도 2배, 3배, ...가 됩니다.

1 **반지름, 지름, 원주의 관계를 나타낸 표입니다. 빈칸에 알맞은 수를 써넣으세요. (원주율: 3)**

반지름(cm)	지름(cm)	원주(cm)
3	6	
6		
12		

➡ 지름이 2배가 되면 원주도 ☐배가 됩니다.

2 **원주를 구해 보세요.**

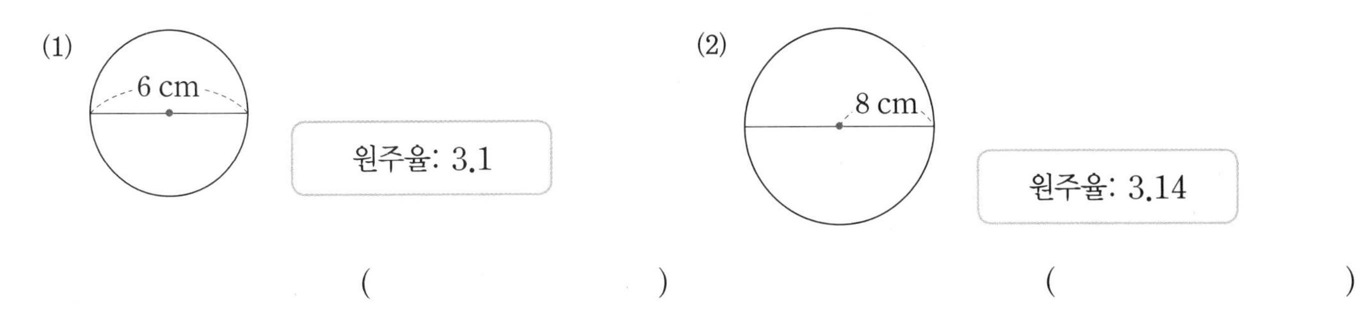

( ) ( )

3 **원의 둘레가 93 cm일 때, 물음에 답하세요. (원주율: 3.1)**

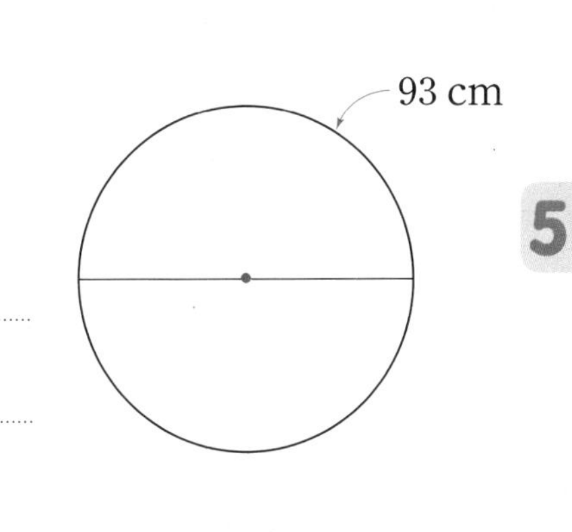

(1) 지름을 구하는 식을 쓰고 답을 구해 보세요.

식 ....

답 ....

(2) 원의 반지름은 몇 cm일까요?

( )

4 **☐ 안에 알맞은 수를 써넣으세요. (원주율: 3.1)**

(1) 원주: 31 cm

(지름) = (원주) ÷ (원주율)
= ☐ ÷ ☐ = ☐ (cm)

(2) 원주: 24.8 cm

(반지름) = (원주) ÷ (원주율) ÷ 2
= ☐ ÷ ☐ ÷ 2
= ☐ (cm)

1 원주와 지름의 관계 / 원주율

1 한 변의 길이가 1 cm인 정육각형, 한 변의 길이가 2 cm인 정사각형, 지름이 2 cm인 원을 보고 물음에 답하세요.

▶ (정육각형의 한 변의 길이)
= (원의 반지름)
= (원의 지름) × $\frac{1}{2}$
(정사각형 한 변의 길이)
= (원의 지름)

(1) 정육각형의 둘레와 정사각형의 둘레, 원주를 각각 수직선에 표시해 보세요.

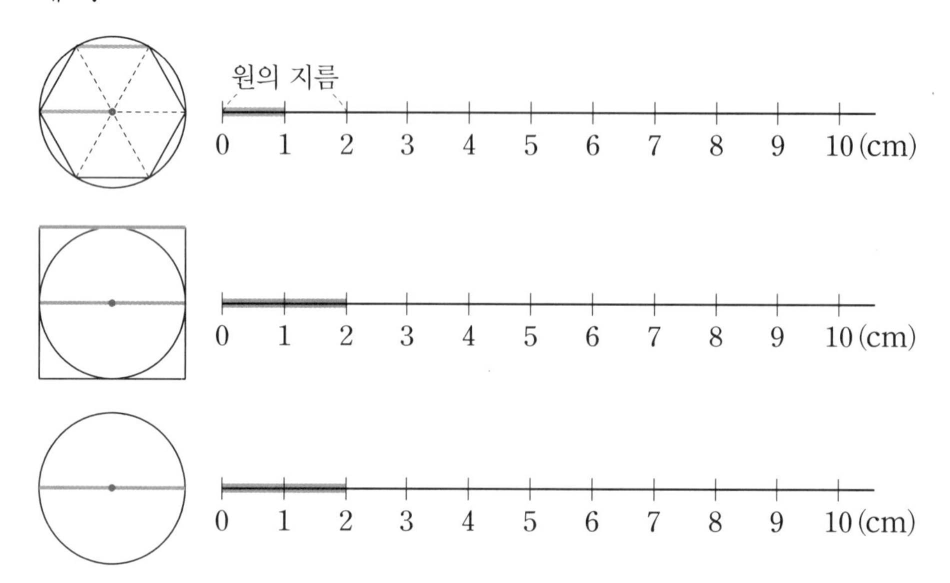

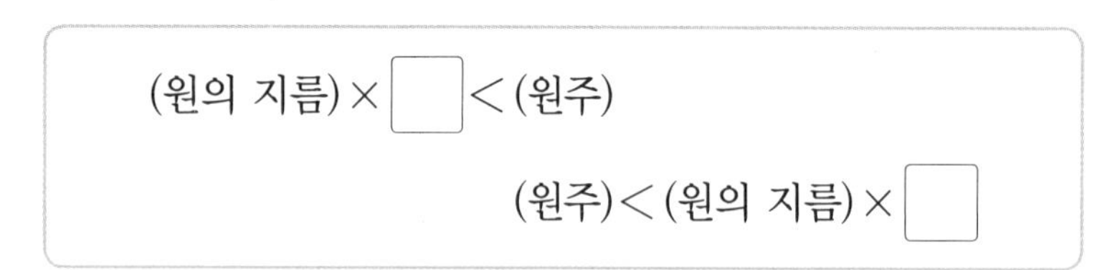

(2) □ 안에 알맞은 수를 써넣으세요.

(원의 지름) × □ < (원주)

(원주) < (원의 지름) × □

2 그림을 보고 알맞은 수에 ○표 하세요.

▶ 원주에 지름이 몇 개 들어갈까?

➡ 원주는 지름의 약 (1 , 3 , 7)배입니다.

3 원 모양 벽시계의 둘레는 94 cm, 지름은 30 cm입니다. 벽시계의 둘레는 지름의 몇 배인지 반올림하여 소수 둘째 자리까지 나타내어 보세요.

▶ 벽시계의 둘레를 지름으로 나눠 볼까?

( )

4 원주율을 소수로 나타내면 3.14159265358979932…와 같이 끝없이 이어집니다. 원주율을 주어진 자리까지 반올림하여 나타내어 보세요.

일의 자리	소수 첫째 자리	소수 둘째 자리	소수 셋째 자리

5 그림과 같이 크기가 다른 고리가 있습니다. 각 고리의 (원주)÷(지름)의 값을 비교하여 ○ 안에 >, =, <를 알맞게 써넣으세요.

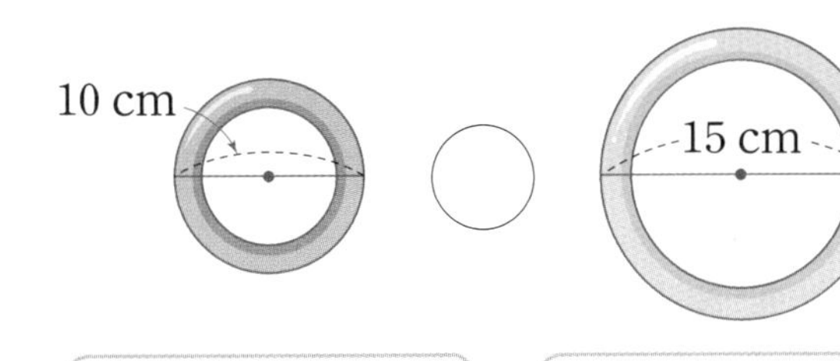

원주: 31.4 cm　　원주: 47.1 cm

6 집에 있는 원 모양의 물건을 찾아 원주와 지름을 재어 보고 원주율을 반올림하여 소수 둘째 자리까지 구해 보세요.

▶ (원주율) = (원주)÷(지름)

물건	원주(cm)	지름(cm)	원주율

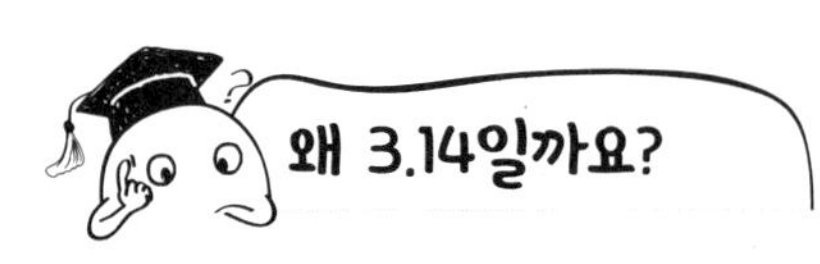

원주율은 **3.1415926535897932**…와 같이 끝없이 이어지는 소수입니다.
수가 너무 길어지면 계산할 때 시간이 많이 걸려서 어림하여 사용합니다.
이때 소수 셋째 자리 숫자 ☐을 반올림하면 3.☐☐가 되는데 이 수로 계산하면 **99%** 이상의 정확한 값을 구할 수 있습니다.

7 원주를 구하는 방법입니다. □ 안에 알맞은 말을 써넣으세요.

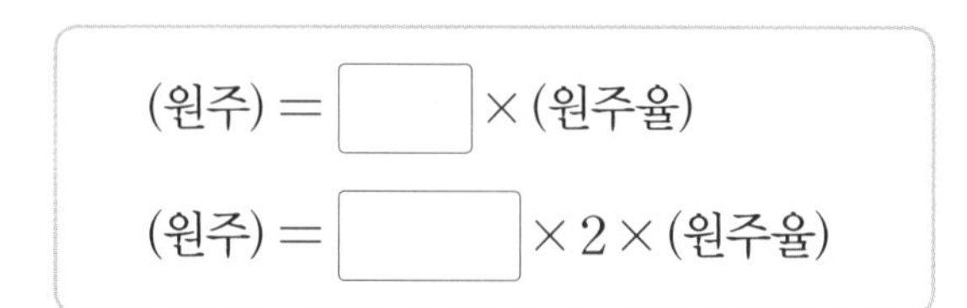

▶ (원주율) = (원주) ÷ (지름)
➡ (원주) = (지름) × (원주율)

8 원주를 구해 보세요. (원주율: 3.14)

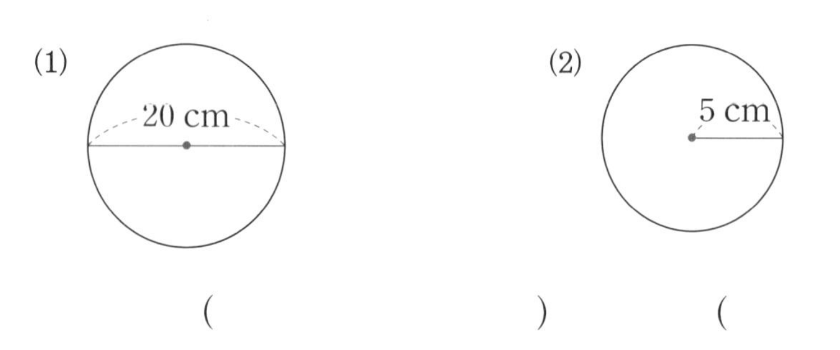

( ) ( )

➕ 반지름의 길이가 3 cm인 원주를 구하려고 합니다. □ 안에 알맞은 수를 써넣으세요.

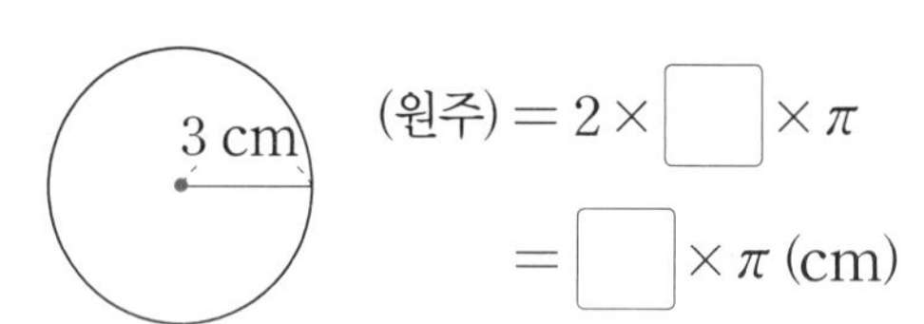

원주율과 원주

원주율: 지름의 길이에 대한 원주의 비율
➡ π로 쓰고 파이라고 읽습니다.

(원주)
= 2 × (반지름) × (원주율)
= 2 × (반지름) × π

9 그림과 같이 컴퍼스를 벌려 원을 그렸을 때 그린 원주는 몇 cm일까요? (원주율: 3.1)

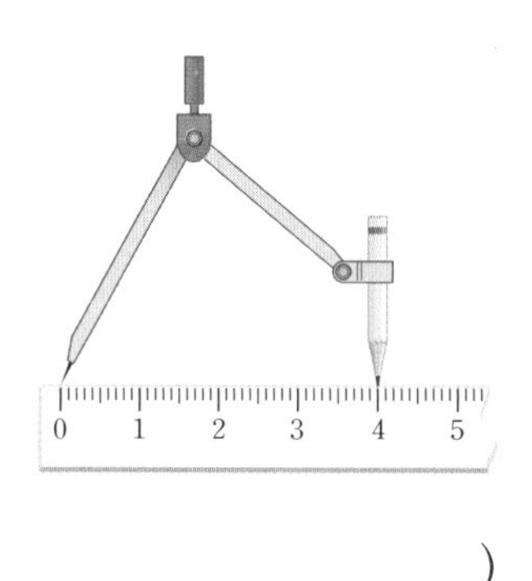

( )

10 길이가 94.2 cm인 종이띠를 겹치지 않게 붙여서 원을 만들었습니다. 만들어진 원의 지름을 구해 보세요. (원주율: 3.14)

▶ 종이띠의 길이가 원주야.

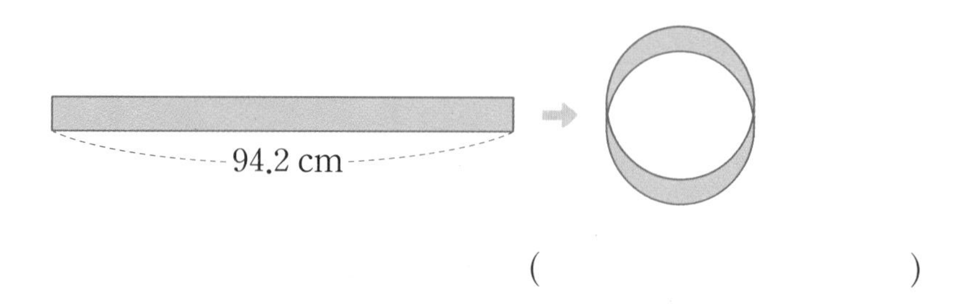

( )

11 원 모양 냄비에 꼭 맞는 뚜껑을 사려고 합니다. 냄비의 두께는 생각하지 않을 때 어떤 뚜껑을 사야 하는지 기호를 찾아 써 보세요. (원주율: 3.1)

▶ (지름) = (원주) ÷ (원주율)

가 지름: 12 cm

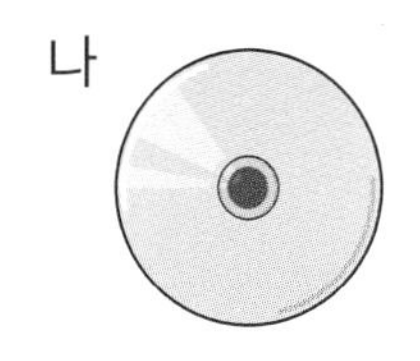

나 지름: 15 cm

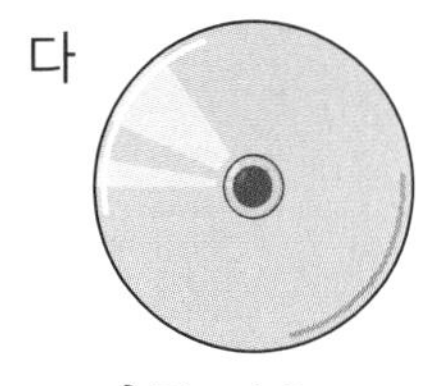

다 지름: 18 cm

(　　　　　　　　　　)

12 바퀴의 지름이 20 m인 원 모양의 대관람차에 4 m 간격으로 관람차가 매달려 있습니다. 모두 몇 대의 관람차가 매달려 있는지 구해 보세요. (원주율: 3)

▶ (원주) = (지름) × (원주율)

(　　　　　　　　　　)

내가 만드는 문제

13 원 모양의 훌라후프를 만들려고 합니다. 훌라후프의 지름을 정하고 그 원주를 구해 보세요. (원주율: 3)

훌라후프의 지름 : □ cm

(　　　　　　　　　　)

원이 커지면 원주율도 커질까요?

지름이 1 cm, 2 cm, 4 cm인 원주를 각각 재어 봅니다.

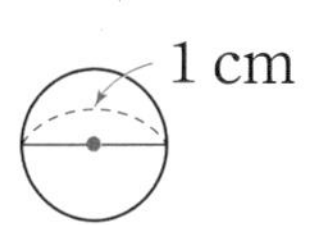

원주: 3.14 cm

➡ (원주율) = (원주) ÷ (지름)
= 3.14 ÷ 1
= □

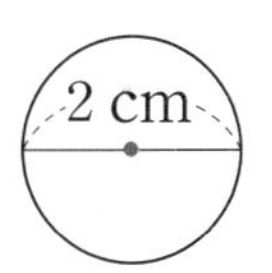

원주: 6.28 cm

➡ (원주율) = (원주) ÷ (지름)
= 6.28 ÷ □
= □

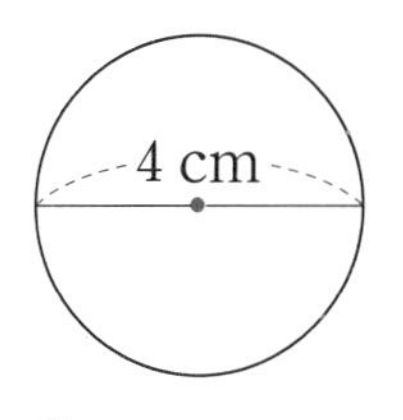

원주: 12.56 cm

➡ (원주율) = (원주) ÷ (지름)
= 12.56 ÷ □
= □

➡ 원이 커져도 원주율은 (커집니다 , 변하지 않습니다).

3 원의 넓이는 정사각형의 넓이나 모눈종이를 이용하여 어림할 수 있어.

● **원 안의 정사각형과 원 밖의 정사각형으로 원의 넓이 어림하기**

예 반지름이 10 cm인 원의 넓이 구하기

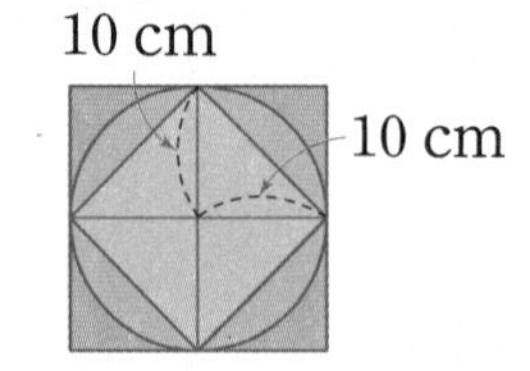

• 원의 넓이를 어림하기 위해 정사각형의 넓이 구하기

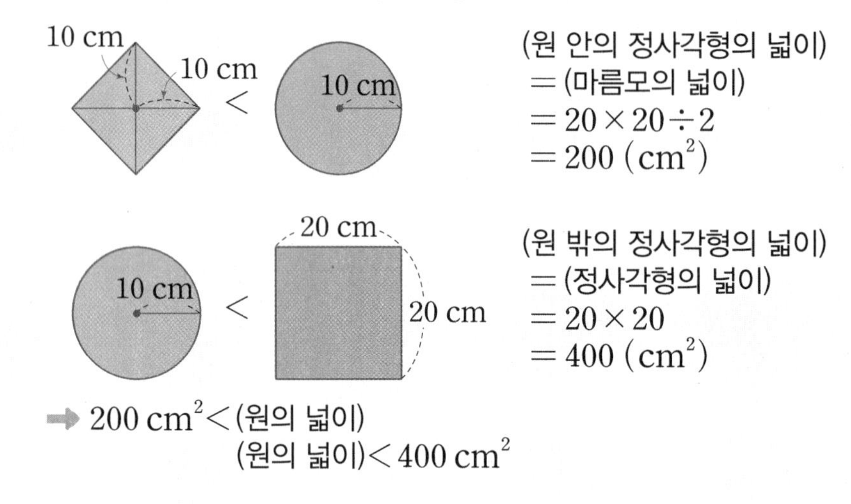

(원 안의 정사각형의 넓이)
$=$(마름모의 넓이)
$= 20 \times 20 \div 2$
$= 200\ (\mathrm{cm}^2)$

(원 밖의 정사각형의 넓이)
$=$(정사각형의 넓이)
$= 20 \times 20$
$= 400\ (\mathrm{cm}^2)$

➡ $200\ \mathrm{cm}^2 <$ (원의 넓이)
(원의 넓이) $< 400\ \mathrm{cm}^2$

● **모눈종이를 이용하여 원의 넓이 어림하기**

예 반지름이 7 cm인 원의 넓이 구하기

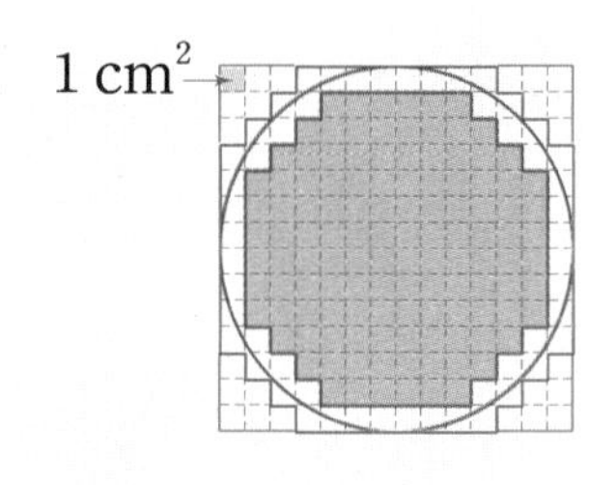

• 원의 넓이를 어림하기 위해 모눈 세어보기

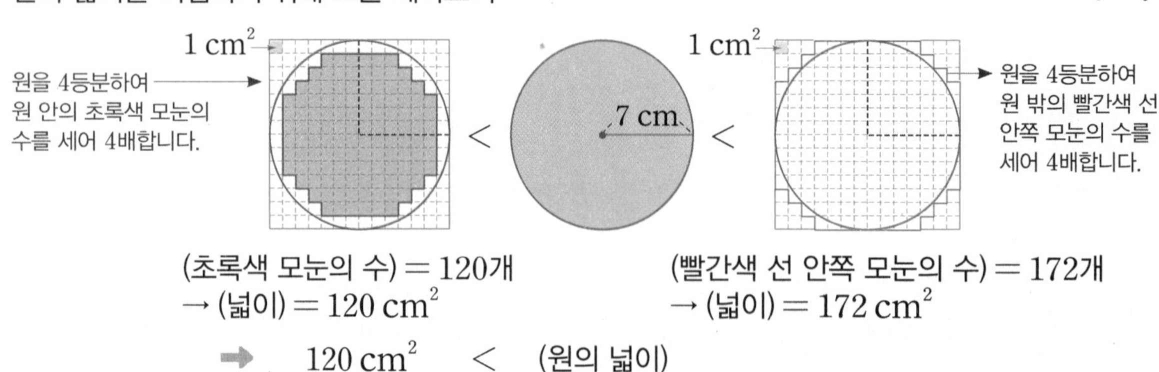

(초록색 모눈의 수) $=$ 120개
→ (넓이) $= 120\ \mathrm{cm}^2$

(빨간색 선 안쪽 모눈의 수) $=$ 172개
→ (넓이) $= 172\ \mathrm{cm}^2$

➡ $120\ \mathrm{cm}^2 <$ (원의 넓이)
(원의 넓이) $< 172\ \mathrm{cm}^2$

1 □ 안에 알맞은 수를 써넣으세요.

(1) 반지름이 4 cm인 원의 넓이와 한 변의 길이가 8 cm인 정사각형의 넓이를 비교해 보세요.

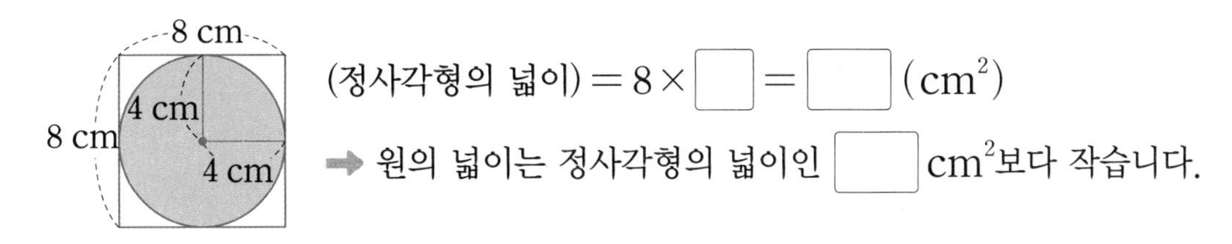

(정사각형의 넓이) $= 8 \times$ □ $=$ □ (cm^2)

➡ 원의 넓이는 정사각형의 넓이인 □ cm^2보다 작습니다.

(2) 반지름이 4 cm인 원의 넓이와 두 대각선의 길이가 각각 8 cm인 마름모의 넓이를 비교해 보세요.

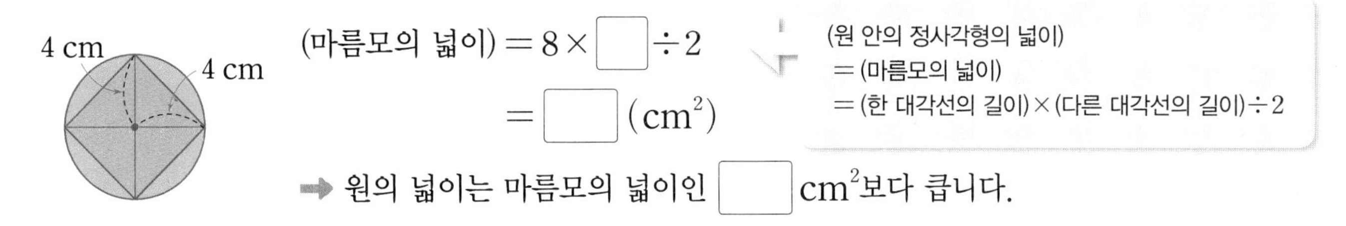

(마름모의 넓이) $= 8 \times$ □ $\div 2$

$=$ □ (cm^2)

(원 안의 정사각형의 넓이)
= (마름모의 넓이)
= (한 대각선의 길이) × (다른 대각선의 길이) ÷ 2

➡ 원의 넓이는 마름모의 넓이인 □ cm^2보다 큽니다.

2 원 안에 있는 정사각형의 넓이와 원 밖에 있는 정사각형의 넓이로 원의 넓이를 어림하려고 합니다. □ 안에 알맞은 수를 써넣으세요.

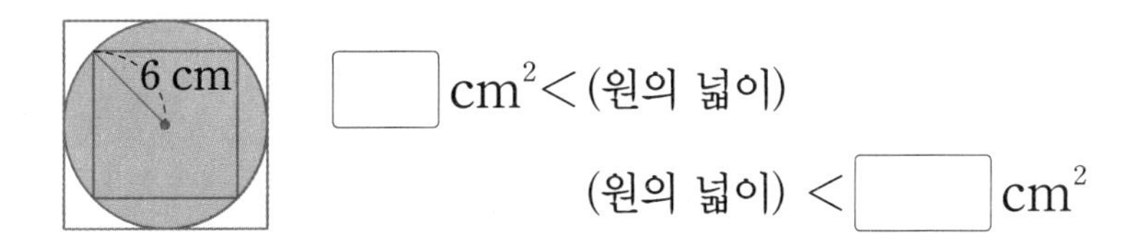

□ $cm^2 <$ (원의 넓이)

(원의 넓이) $<$ □ cm^2

5

3 한 변의 길이가 8 cm인 정사각형 안에 지름이 8 cm인 원을 그리고, 1 cm 간격으로 점선을 그렸습니다. 물음에 답하세요.

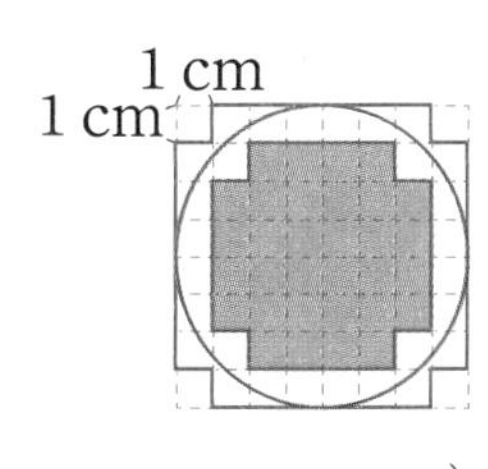

(1) 원 안의 색칠한 모눈의 수는 몇 개일까요?

( )

(2) 원 밖의 빨간색 선 안쪽 모눈의 수는 몇 개일까요?

( )

(3) (1)과 (2)를 이용하여 원의 넓이를 어림하여 보세요.

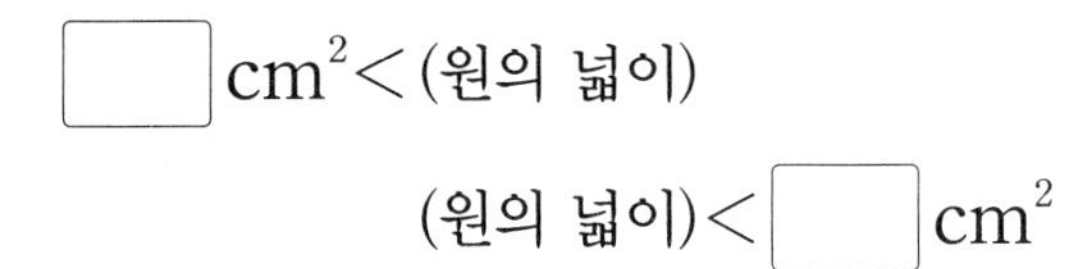

□ $cm^2 <$ (원의 넓이)

(원의 넓이) $<$ □ cm^2

4 원의 넓이는 (반지름)×(반지름)×(원주율)이야.

● **원을 다른 모양으로 이어 붙이기**

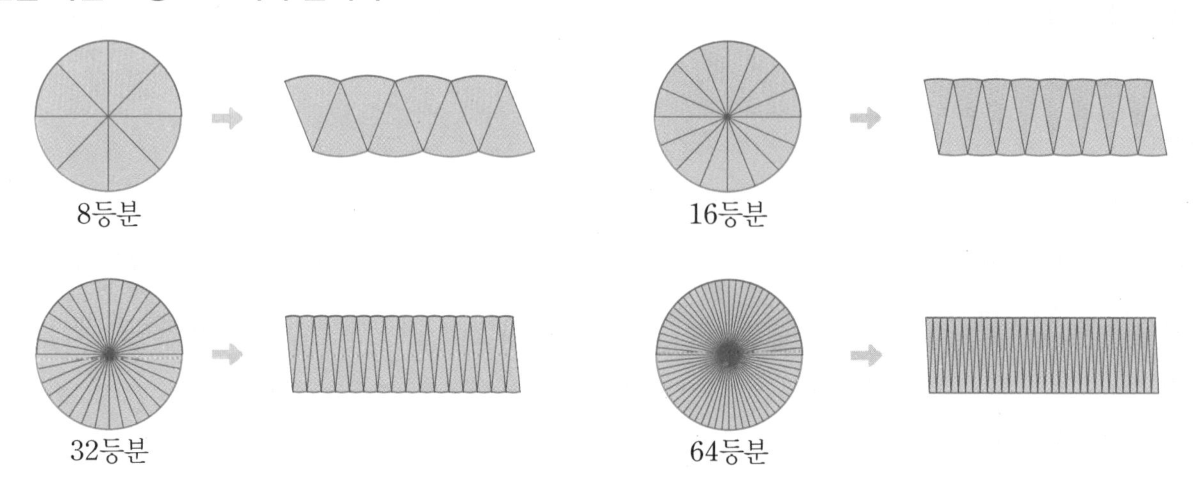

➡ 원을 한없이 잘라 이어 붙이면 직사각형에 가까워집니다.

● **원의 넓이 구하는 방법**

(원의 넓이) $=$ (원주) $\times \frac{1}{2} \times$ (반지름)

$=$ (원주율) $\times$ (지름) $\times \frac{1}{2} \times$ (반지름)

$=$ (반지름) $\times$ (반지름) $\times$ (원주율)

● **반지름과 원의 넓이의 관계**

반지름이 2배가 되면 원의 넓이는 4배가 되고, 반지름이 3배가 되면 원의 넓이는 9배가 됩니다.

➡ 반지름이 길어지면 원의 넓이도 커집니다.

● **여러 가지 원의 넓이 구하기 (원주율: 3.14)**

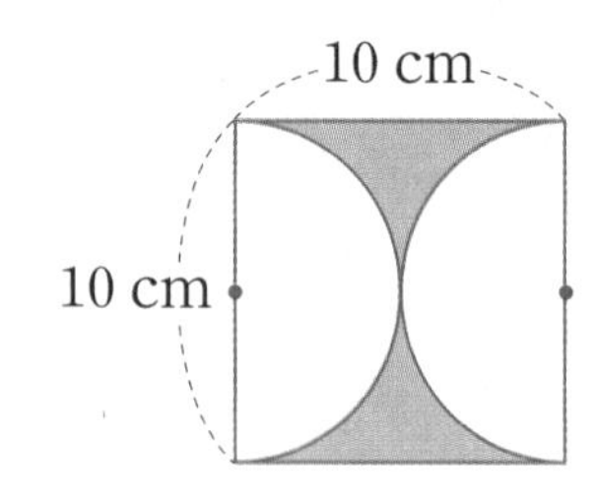

(색칠한 부분의 넓이)

$=$ (정사각형의 넓이) $-$ (반원의 넓이) $\times 2$

$= 10 \times 10 - 5 \times 5 \times 3.14 \div 2 \times 2$

$= 100 - 78.5 = 21.5\,(\text{cm}^2)$

1 그림을 보고 □ 안에 알맞은 말을 써넣으세요.

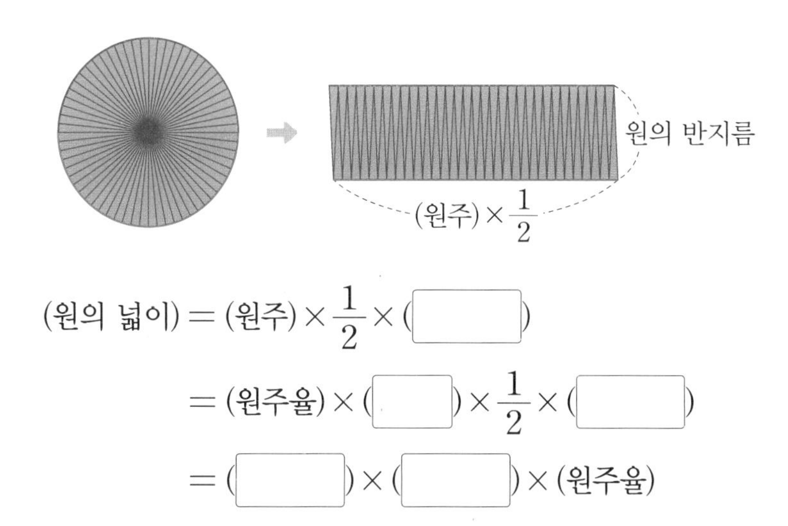

(원의 넓이)=(원주)×$\frac{1}{2}$×(□)

=(원주율)×(□)×$\frac{1}{2}$×(□)

=(□)×(□)×(원주율)

2 원을 한없이 잘라 이어 붙이면 직사각형에 가까워지는 도형이 됩니다. □ 안에 알맞은 수를 써넣으세요. (원주율: 3.14)

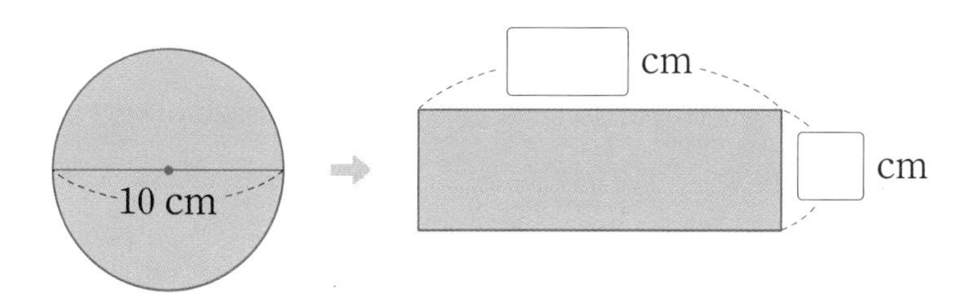

3 원의 넓이를 구하려고 합니다. □ 안에 알맞은 수를 써넣으세요. (원주율: 3.1)

(1)

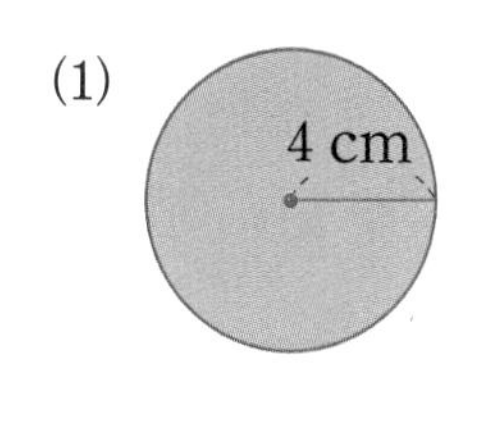

(원의 넓이)=□×□×3.1

=□(cm^2)

(2)

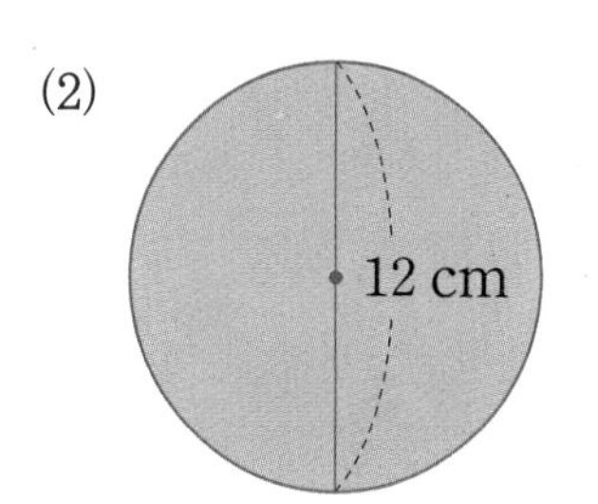

(원의 넓이)=□×□×3.1

=□(cm^2)

4 색칠한 부분의 넓이를 구하려고 합니다. □ 안에 알맞은 수를 써넣으세요. (원주율 : 3.1)

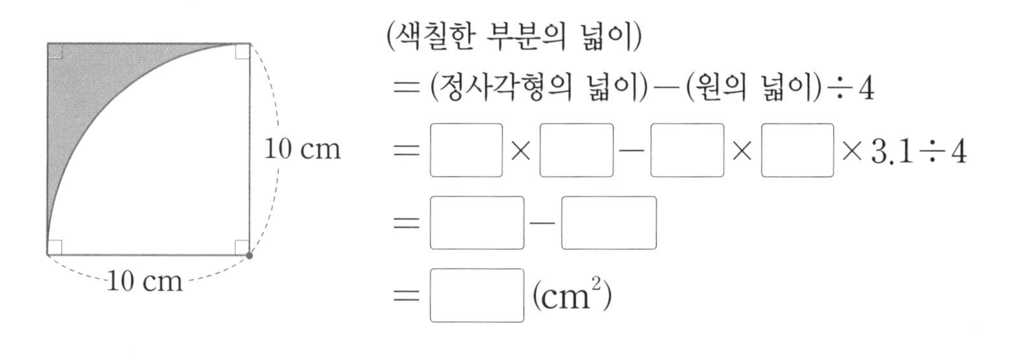

(색칠한 부분의 넓이)

=(정사각형의 넓이)−(원의 넓이)÷4

=□×□−□×□×3.1÷4

=□−□

=□(cm^2)

3 원의 넓이 어림하기

1 반지름을 한 변으로 하는 정사각형 ▢을 이용하여 원의 넓이를 어림하려고 합니다. □ 안에 알맞은 수를 써넣으세요.

▶ 원의 넓이는 원 안의 정사각형의 넓이보다 크고, 원 밖의 정사각형의 넓이보다 작아.

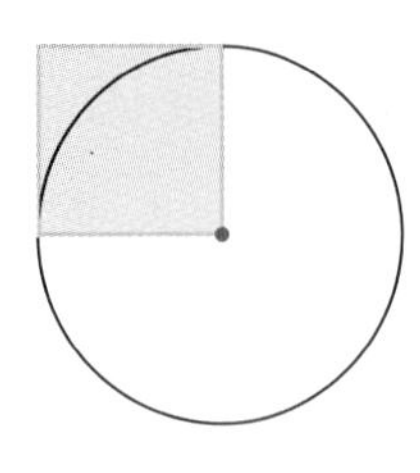

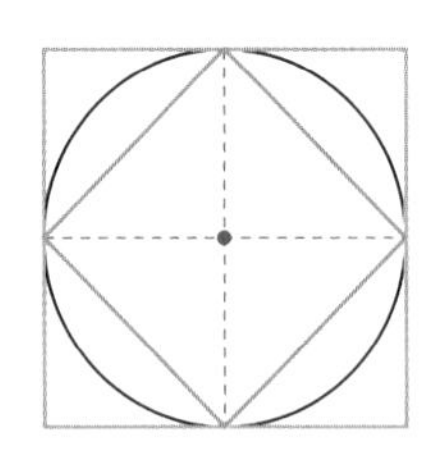

빨간색 정사각형의 넓이는 ▢의 넓이의 □배이고,

초록색 정사각형의 넓이는 ▢의 넓이의 □배입니다.

따라서 원의 넓이는 ▢의 넓이의 □배보다 크고,

□배보다 작습니다.

2 원 안의 정사각형과 원 밖의 정사각형으로 원의 넓이를 어림하려고 합니다. □ 안에 알맞은 수를 써넣으세요.

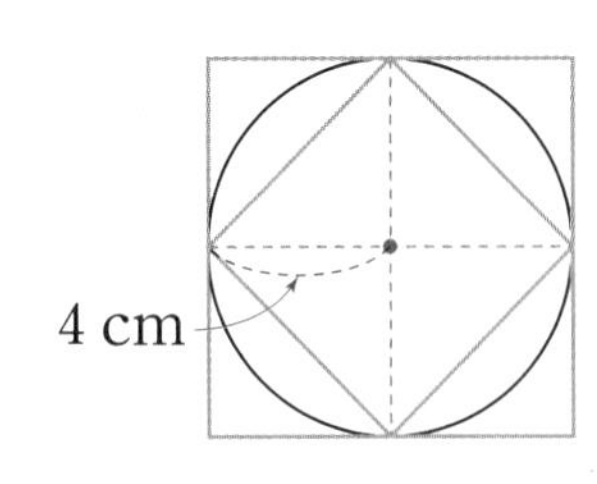

(원 안의 정사각형의 넓이) = □ (cm^2)

(원 밖의 정사각형의 넓이) = □ (cm^2)

□ cm^2 < (원의 넓이)

(원의 넓이) < □ cm^2

3 모눈종이를 이용하여 우리 주변에서 볼 수 있는 원의 넓이를 어림하려고 합니다. □ 안에 알맞은 수를 써넣으세요.

▶ 모눈의 수를 세어 볼까?

(1)

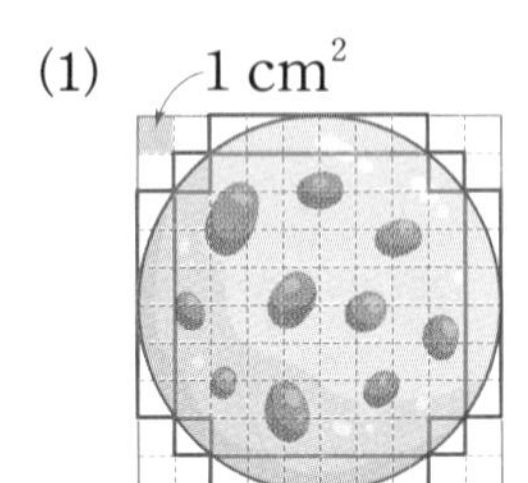

□ cm^2 < (원의 넓이)

(원의 넓이) < □ cm^2

(2)

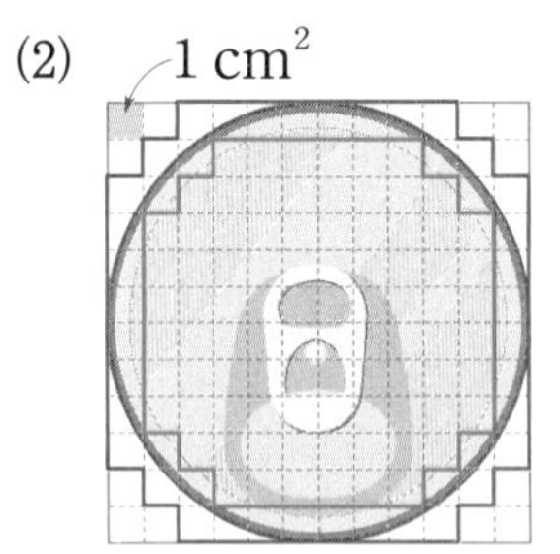

□ cm^2 < (원의 넓이)

(원의 넓이) < □ cm^2

4 **원 안의 정육각형의 넓이와 원 밖의 정육각형의 넓이를 이용하여 원의 넓이를 어림하려고 합니다. 물음에 답하세요.**

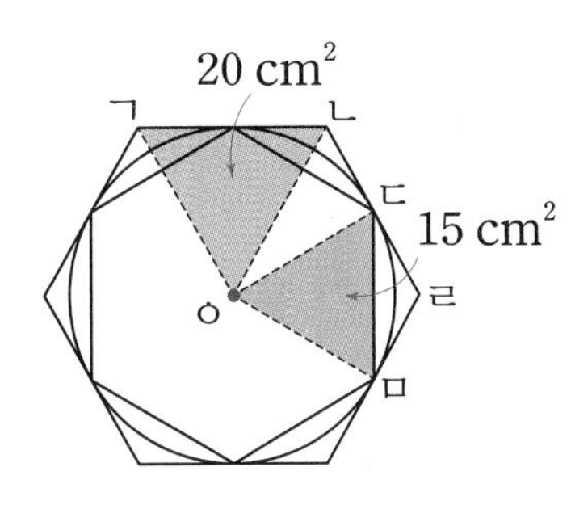

(1) 삼각형 ㄷㅇㅁ의 넓이가 $15\ cm^2$일 때 원 안의 정육각형의 넓이는 몇 cm^2일까요?

( )

(2) 삼각형 ㄱㅇㄴ의 넓이가 $20\ cm^2$일 때 원 밖의 정육각형의 넓이는 몇 cm^2일까요?

( )

(3) (1)과 (2)를 이용하여 원의 넓이를 어림하여 보세요.

□ cm^2 < (원의 넓이), (원의 넓이) < □ cm^2

▶ (정육각형의 넓이)
= (정삼각형의 넓이) × 6

내가 만드는 문제

5 **원을 자유롭게 그린 다음, 원 안쪽과 바깥쪽에 정사각형을 각각 그리고 정사각형의 넓이를 원의 넓이와 비교해 보세요.**

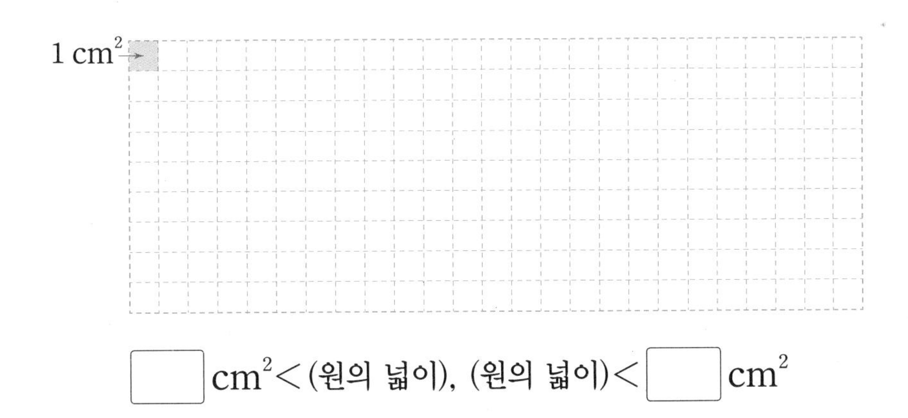

□ cm^2 < (원의 넓이), (원의 넓이) < □ cm^2

▶ 원의 넓이는 원 안과 밖에 있는 정사각형의 넓이를 이용하여 구할 수도 있고, 모눈종이에서 모눈을 세어 구할 수도 있어!

팔각형의 넓이를 이용하여 원의 넓이를 어림할 수 있을까?

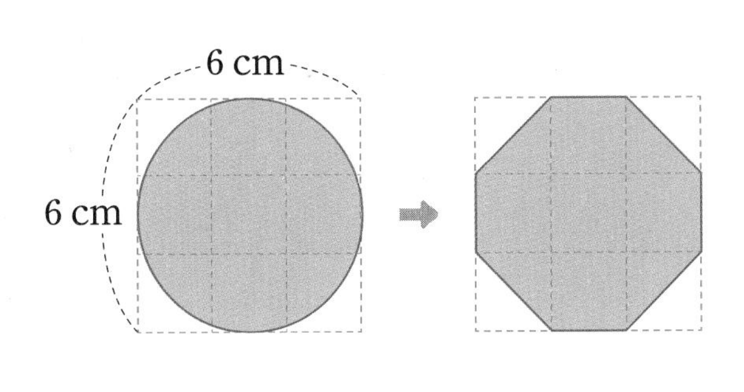

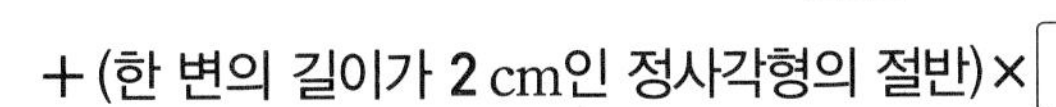

고대 이집트인들은 팔각형의 넓이가 원의 넓이와 매우 비슷하다고 생각했어!

(팔각형의 넓이)
= (한 변의 길이가 2 cm인 정사각형) × □
+ (한 변의 길이가 2 cm인 정사각형의 절반) × □
= (2 × 2) × □ + (2 × 2 ÷ 2) × □
= □ + □ = □ (cm^2)

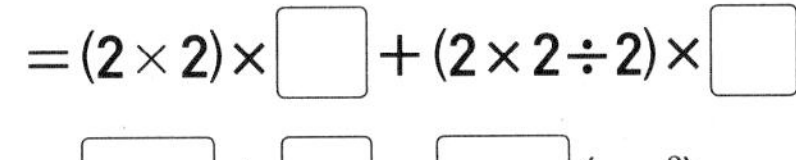

➡ 원주율을 3으로 계산하면 원의 넓이는 □ cm^2이므로 원의 넓이와 팔각형의 넓이는 비슷합니다.

4 원의 넓이 구하기

6 원을 한없이 잘라 이어 붙여 직사각형을 만들었습니다. □ 안에 알맞은 수를 써넣고 직사각형의 넓이를 이용하여 원의 넓이를 구해 보세요.

(원주율: 3.1)

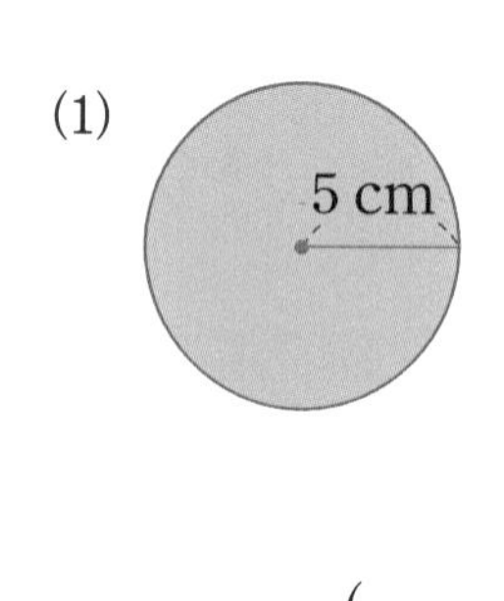

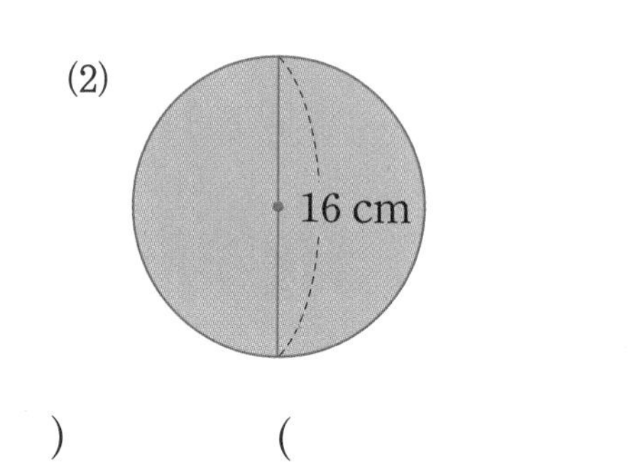

(   )

▶ (직사각형의 넓이) = (가로) × (세로)

7 원의 넓이를 구해 보세요. (원주율: 3.14)

(1)

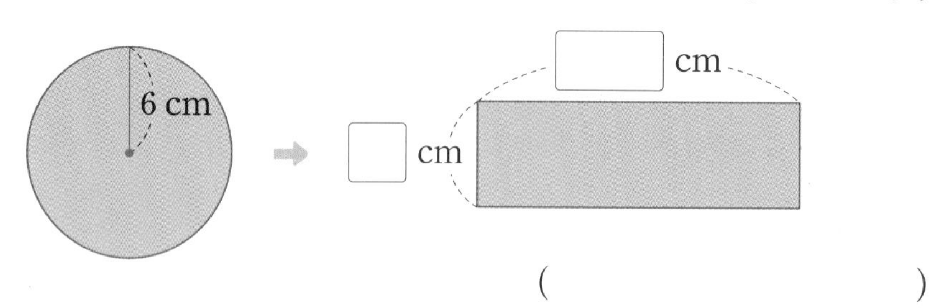

(2)

(   )　　(   )

▶ (원의 넓이) = (반지름) × (반지름) × (원주율)

➕ 반지름이 3 cm인 원의 넓이를 구하려고 합니다. □ 안에 알맞은 수를 써넣으세요.

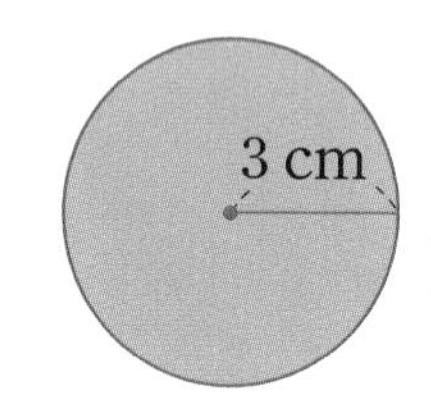

(원의 넓이) = □ × □ × π

= □ × π (cm^2)

원의 넓이 구하기

반지름을 r라고 하면
(원의 넓이)
= (반지름) × (반지름) × (원주율)
= $r \times r \times \pi$

8 색칠한 부분의 넓이를 구해 보세요. (원주율: 3.1)

(1)

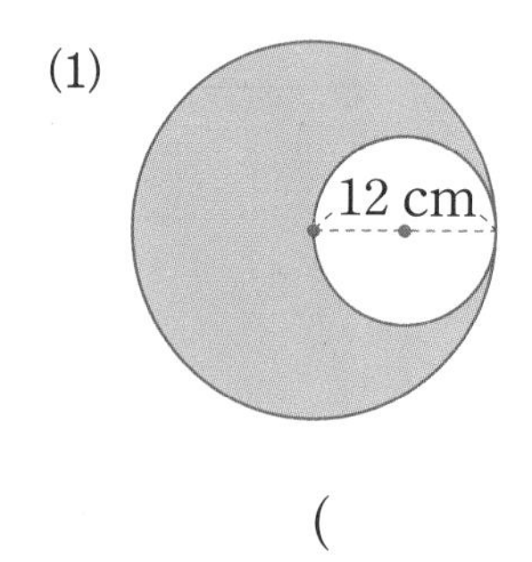

(2)

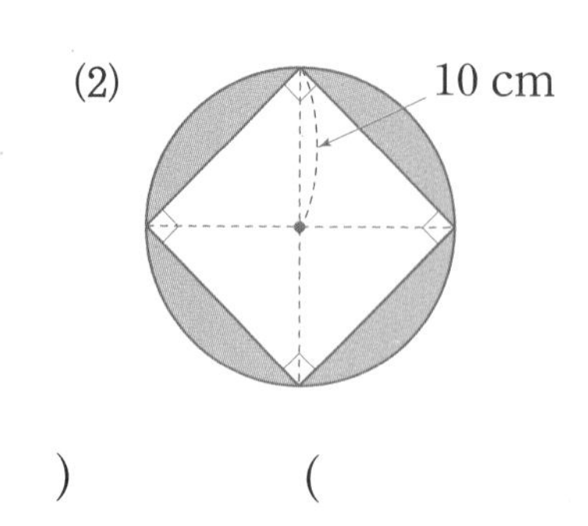

(   )　　(   )

▶ 큰 원의 넓이에서 색칠이 안된 부분의 넓이를 빼 보자!

9 잔디밭의 넓이를 구해 보세요. (원주율: 3.1)

15 m

30 m

(   )

▶ 반원을 나누어 옮겨볼까?

내가 만드는 문제

10 피자의 반지름이 보기 와 같을 때, 보기 에서 수를 자유롭게 선택하여 ○표 하고 피자의 넓이를 구해 보세요. (원주율: 3)

보기			
11 cm	15 cm	18 cm	23 cm

(   )

반지름과 원주, 반지름과 원의 넓이 사이에는 어떤 관계가 있을까?

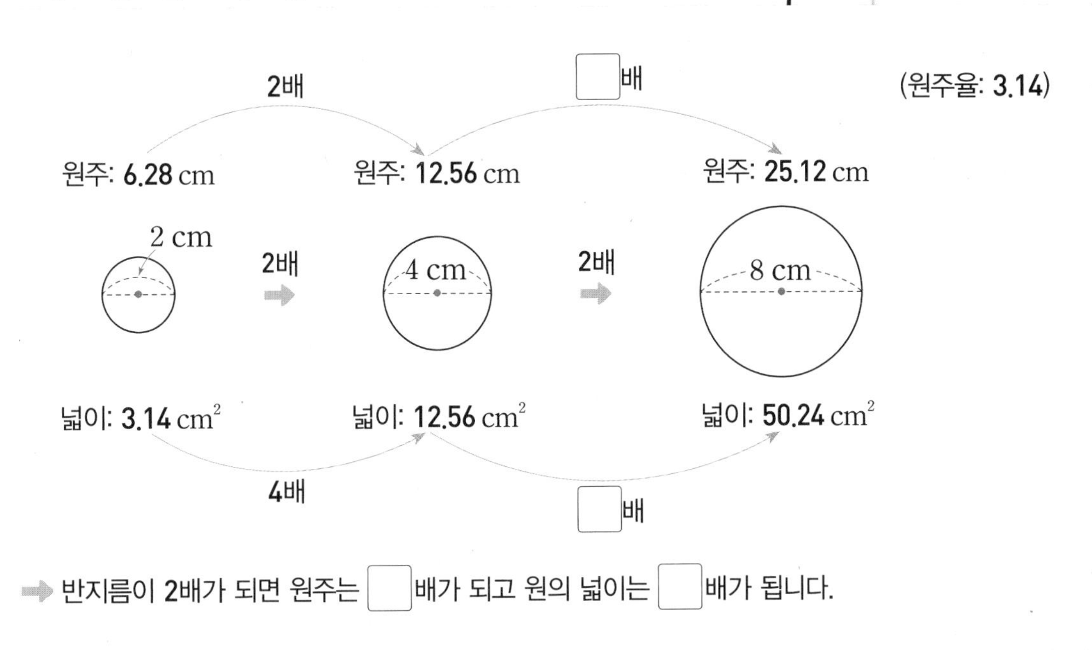

개념 완성

발전 문제

1 원주와 지름의 관계

1 준비

길이가 6 cm, 9 cm, 12 cm인 철사를 각각 겹치지 않게 붙여서 원을 만들었을 때 만든 원주와 지름을 구해 보세요. (단, 지름은 소수 둘째 자리에서 반올림하여 나타내고, 원주율은 3.14입니다.)

철사의 길이(cm)	6	9	12
원주(cm)			
지름(cm)			

2 확인

큰 바퀴의 둘레는 50.24 cm이고 큰 바퀴의 지름은 작은 바퀴의 지름의 2배입니다. 작은 바퀴의 둘레를 구해 보세요. (원주율: 3.14)

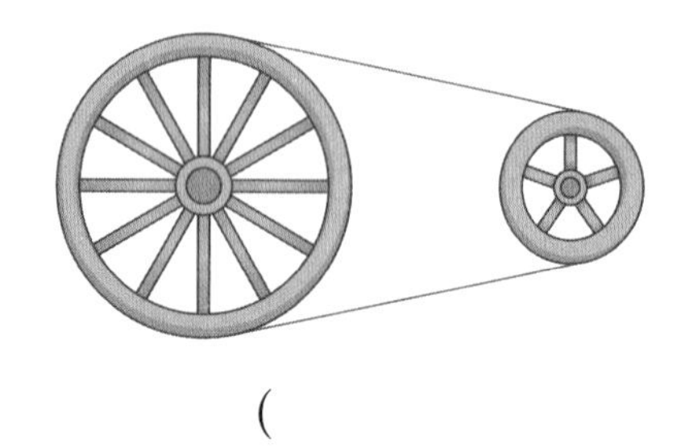

(　　　　　　　　)

3 완성

어느 자전거 뒷바퀴의 원주는 260.4 cm입니다. 이 자전거 뒷바퀴의 원주가 앞바퀴의 원주의 1.5배일 때 앞바퀴의 반지름은 몇 cm인지 구해 보세요. (원주율: 3.1)

(　　　　　　　　)

2 원주를 이용하여 둘레의 길이 구하기

[4~5] 원을 한없이 잘라 이어 붙여서 점점 직사각형에 가까워지는 도형을 만들었습니다. 물음에 답하세요. (원주율: 3.1)

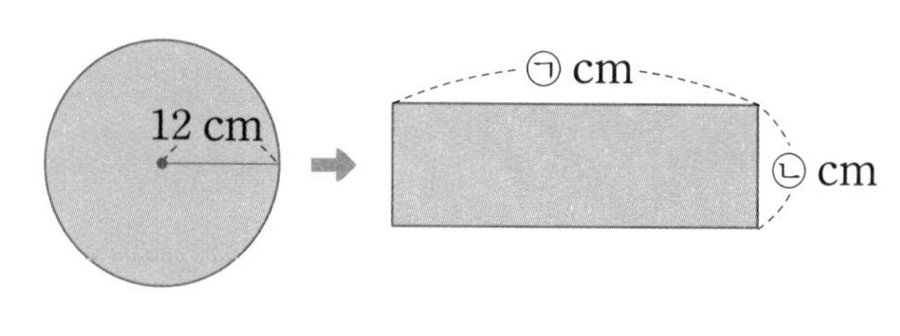

4 준비

㉠과 ㉡의 합을 구해 보세요.

(　　　　　　　　)

5 확인

직사각형의 둘레를 구해 보세요.

(　　　　　　　　)

6 완성

반지름이 10 cm인 캔 4개를 그림과 같이 굵은 끈으로 겹치지 않게 묶으려고 합니다. 매듭의 길이는 생각하지 않을 때 필요한 끈은 적어도 몇 cm인지 구해 보세요. (원주율: 3.14)

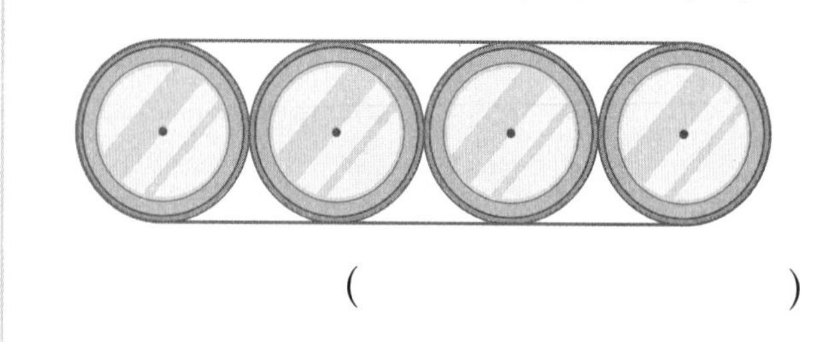

(　　　　　　　　)

3 원으로 만든 도형의 둘레 구하기

7 준비

초록색 선의 길이는 몇 cm인지 구해 보세요. (원주율: 3.14)

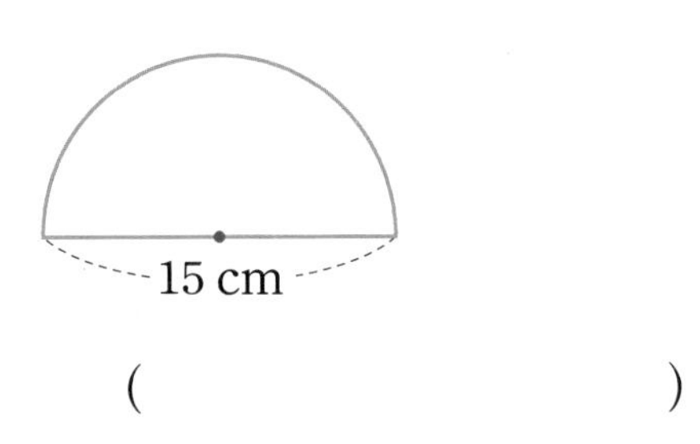

(　　　　　　　　)

8 확인

색칠한 부분의 둘레는 몇 cm인지 구해 보세요. (원주율: 3.1)

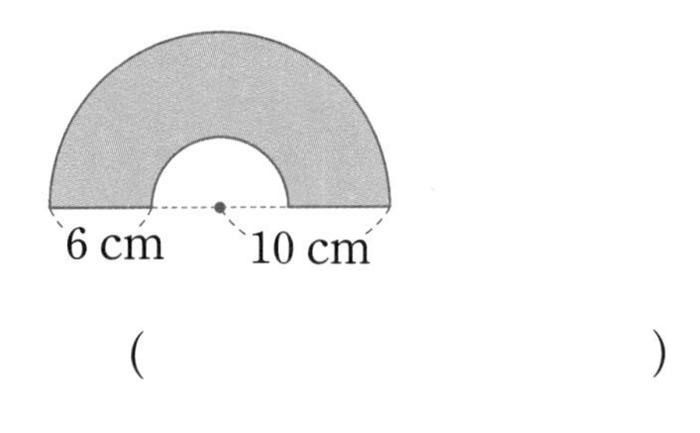

(　　　　　　　　)

9 완성

색칠한 부분의 둘레는 몇 cm인지 구해 보세요. (원주율: 3)

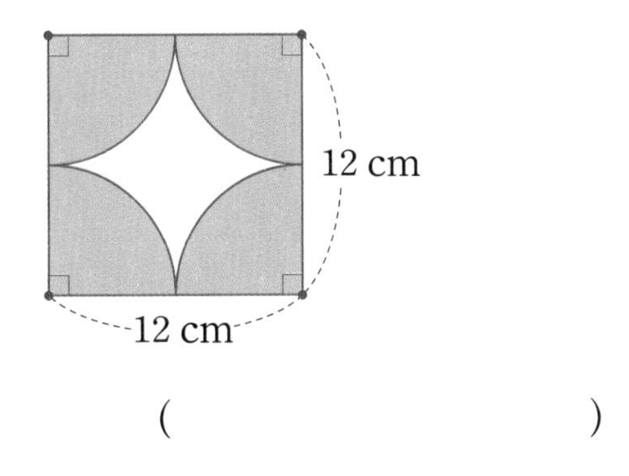

(　　　　　　　　)

4 원의 넓이 비교하기

10 준비

원주가 68.2 cm인 원의 넓이는 몇 cm^2인지 구해 보세요. (원주율: 3.1)

(　　　　　　　　)

11 확인

넓이가 넓은 원부터 차례로 기호를 써 보세요. (원주율: 3.14)

㉠ 넓이가 50.24 cm^2인 원
㉡ 원주가 37.68 cm인 원
㉢ 지름이 14 cm인 원
㉣ 반지름이 5 cm인 원

(　　　　　　　　)

12 완성

조건 을 보고 □ 안에 알맞은 수를 써넣고 원에 알맞게 색칠해 보세요. (원주율: 3)

조건
㉠ 원주가 48 cm인 원에는 노란색을 색칠합니다.
㉡ 넓이가 147 cm^2인 원에는 빨간색을 색칠합니다.
㉢ 지름이 18 cm인 원에는 파란색을 색칠합니다.

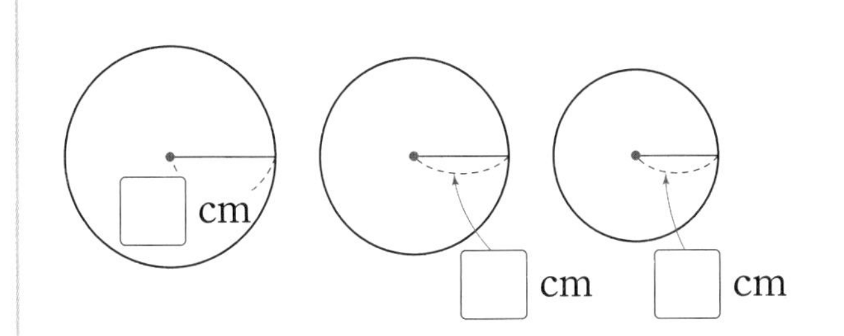

5 과녁의 넓이

13 준비

색 도화지를 오려서 과녁을 만들었습니다. 가장 작은 원의 지름은 8 cm이고 반지름이 4 cm씩 길어지도록 과녁판을 만들었습니다. 파란색 원의 지름은 몇 cm일까요?

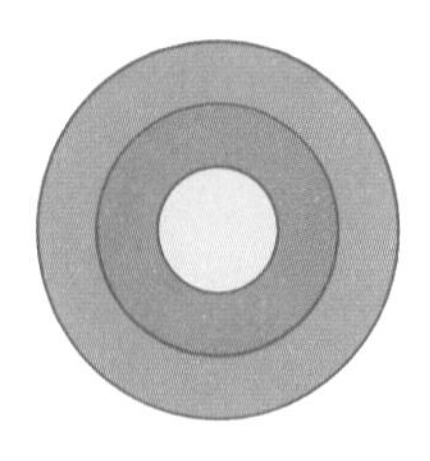

( )

14 확인

과녁에서 가장 작은 원의 지름은 6 cm이고 반지름이 3 cm씩 길어지도록 과녁판을 만들었습니다. 과녁판에서 보이는 빨간색 부분의 넓이는 몇 cm^2일까요? (원주율: 3.1)

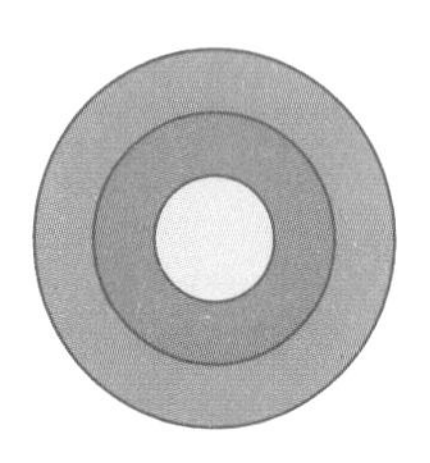

( )

15 완성

과녁에서 가장 큰 원의 지름은 12 cm이고 반지름이 2 cm씩 짧아지도록 과녁판을 만들었습니다. 과녁판에서 1점을 얻을 수 있는 부분의 넓이는 5점을 얻을 수 있는 부분의 넓이의 몇 배인지 구해 보세요. (원주율: 3)

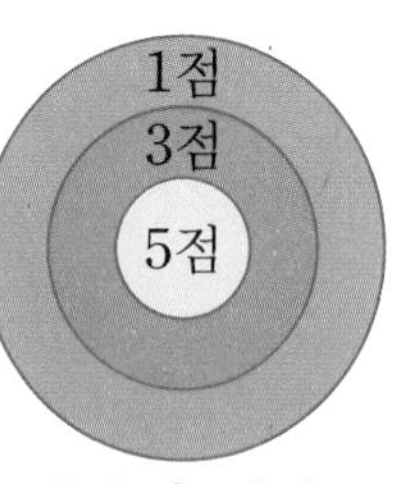

( )

6 원의 일부분의 넓이 구하기

16 준비

수호는 반지름이 10 cm인 원 모양의 빵을 똑같이 4조각으로 나누어 그중 1조각을 먹었습니다. 남은 부분의 넓이는 몇 cm^2인지 구해 보세요. (원주율: 3)

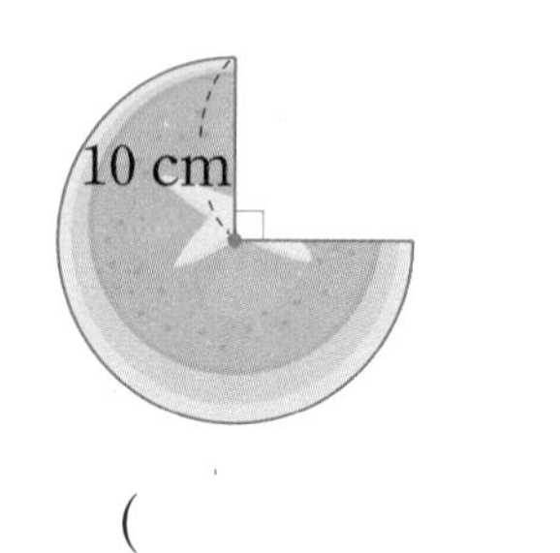

( )

17 확인

지름이 10 cm인 원 모양의 종이가 있습니다. 이 종이를 똑같이 5로 나누어 그중 3만큼 잘라서 고깔모자를 만들었습니다. 고깔모자를 만드는 데 사용한 종이의 넓이는 몇 cm^2인지 구해 보세요. (원주율: 3.14)

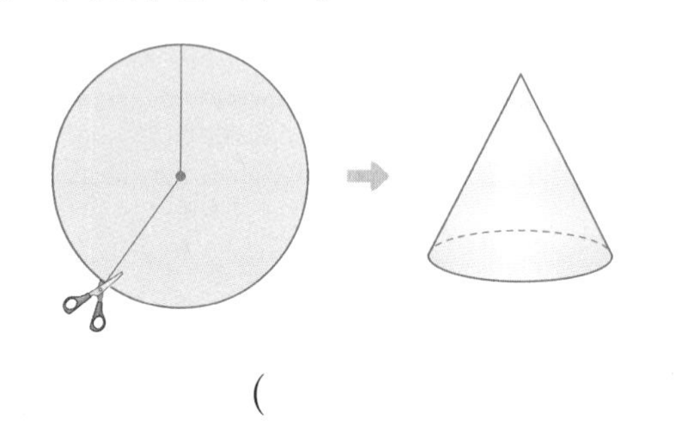

( )

18 완성

색칠한 부분의 넓이를 구해 보세요. (원주율: 3)

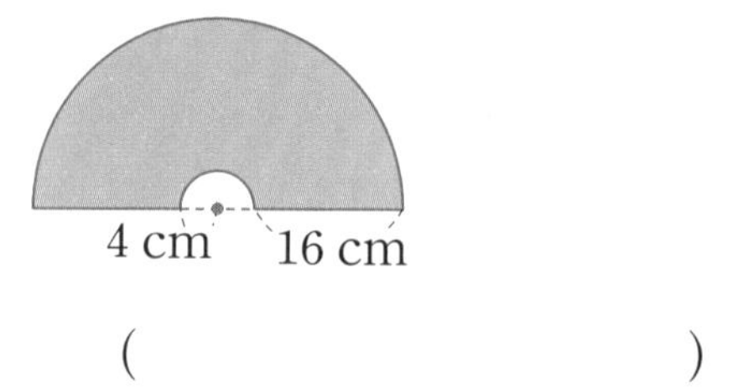

( )

단원 평가

점수 | 확인

1 □ 안에 알맞은 말은 어느 것일까요?(　　　　)

> 원의 둘레를 □라고 합니다.

① 원주율　② 반지름　③ 지름
④ 원주　⑤ 호

2 원주와 지름의 관계를 나타낸 표입니다. 빈칸에 알맞은 수를 써넣으세요.

	원주(cm)	지름(cm)	원주율
훌라후프	125.6	40	
접시	69.08	22	

3 원주를 구하려고 합니다. □ 안에 알맞은 수를 써넣으세요. (원주율: 3.1)

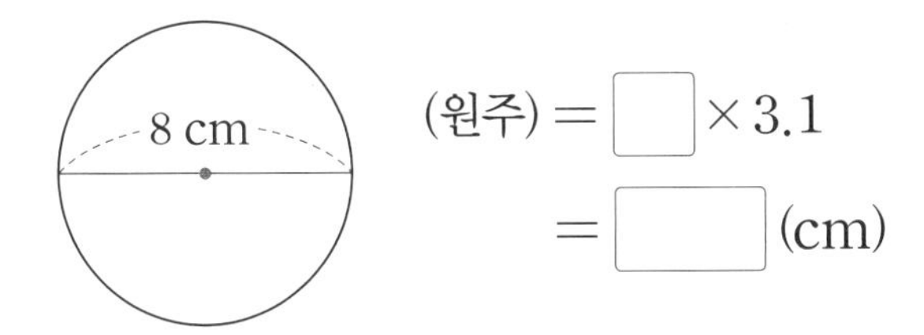

(원주) = □ × 3.1
= □ (cm)

4 원주가 72 cm일 때, ㉠과 ㉡은 각각 몇 cm일까요?
(원주율: 3)

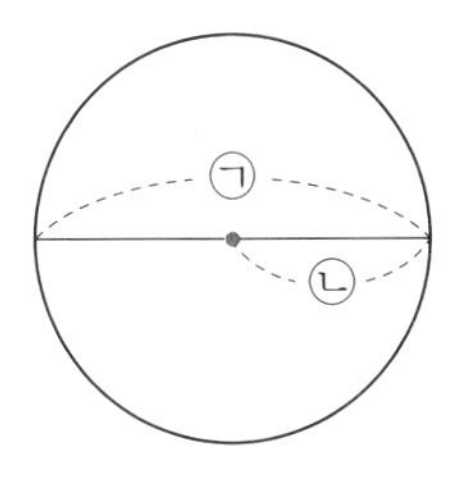

㉠ (　　　　　　　　)
㉡ (　　　　　　　　)

5 반지름이 9 cm인 원을 한없이 잘라 이어 붙여서 직사각형에 가까워지는 도형을 만들었습니다. □ 안에 알맞은 수를 써넣으세요.
(원주율: 3.1)

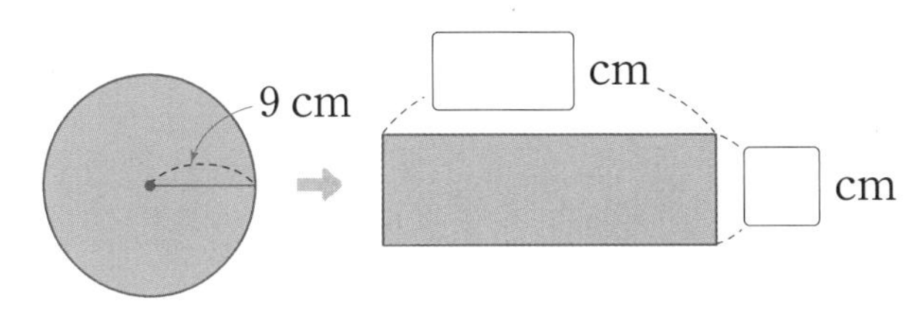

6 지름이 30 cm인 바퀴를 2바퀴 굴렸습니다. 바퀴가 굴러간 거리는 몇 cm일까요?
(원주율: 3.1)

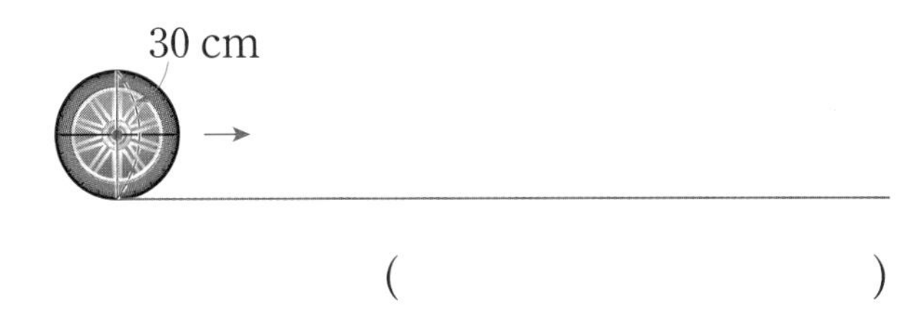

(　　　　　　　　)

7 반지름이 9 cm인 원주와 원의 넓이를 각각 구해 보세요. (원주율: 3.14)

원주 (　　　　　　　　)
넓이 (　　　　　　　　)

8 두 원의 넓이의 합을 구해 보세요. (원주율: 3)

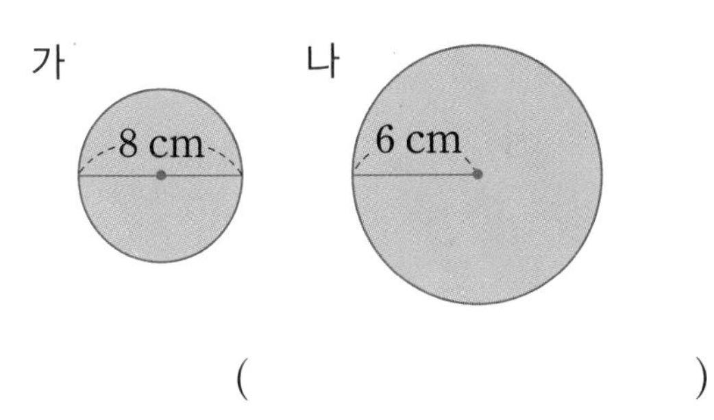

(　　　　　　　　)

[9~10] 정사각형 ㅁㅂㅅㅇ과 정사각형 ㄱㄴㄷㄹ의 넓이로 원의 넓이를 어림하려고 합니다. 물음에 답하세요.

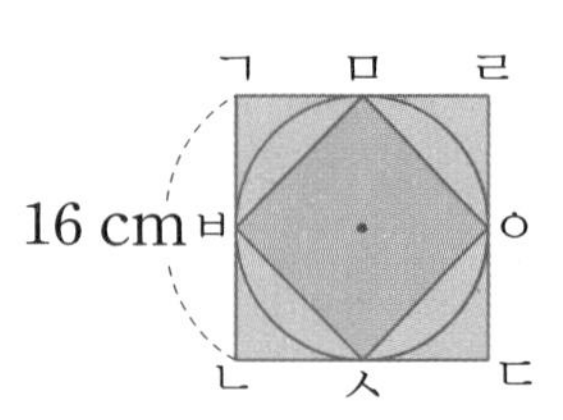

9 정사각형 ㅁㅂㅅㅇ과 정사각형 ㄱㄴㄷㄹ의 넓이를 각각 구해 보세요.

정사각형 ㅁㅂㅅㅇ (　　　　　　)
정사각형 ㄱㄴㄷㄹ (　　　　　　)

10 원의 넓이를 어림하여 보세요.

☐ cm^2 < (원의 넓이)
(원의 넓이) < ☐ cm^2

11 넓이가 큰 원부터 차례로 기호를 써 보세요. (원주율: 3.1)

㉠ 반지름이 5 cm인 원
㉡ 지름이 22 cm인 원
㉢ 원주가 43.4 cm인 원
㉣ 넓이가 251.1 cm^2인 원

(　　　　　　)

12 원 가의 지름은 4 cm, 원 나의 지름은 12 cm입니다. 원 나의 넓이는 원 가의 넓이의 몇 배인지 구해 보세요. (원주율: 3.1)

(　　　　　　)

13 넓이가 28.26 m^2인 원 모양의 판자를 만들려고 합니다. 판자의 반지름을 몇 m로 해야 할까요? (원주율: 3.14)

(　　　　　　)

14 반지름이 20 m인 원 모양의 땅에 폭이 2 m인 길 안쪽으로 원 모양의 호수를 만들었습니다. 호수의 넓이는 몇 m^2일까요? (원주율: 3)

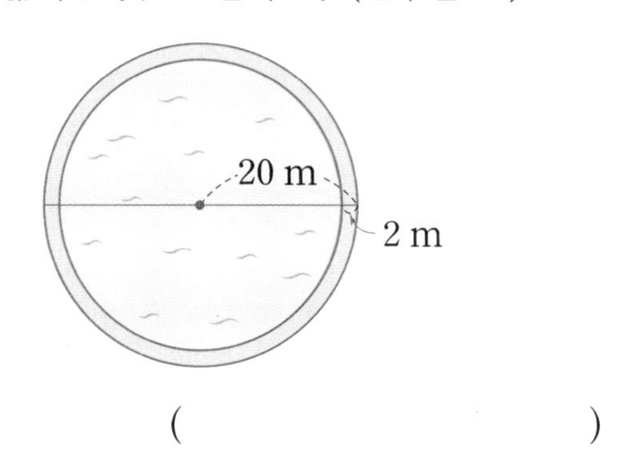

(　　　　　　)

15 색칠한 부분의 둘레는 몇 cm일까요? (원주율: 3.1)

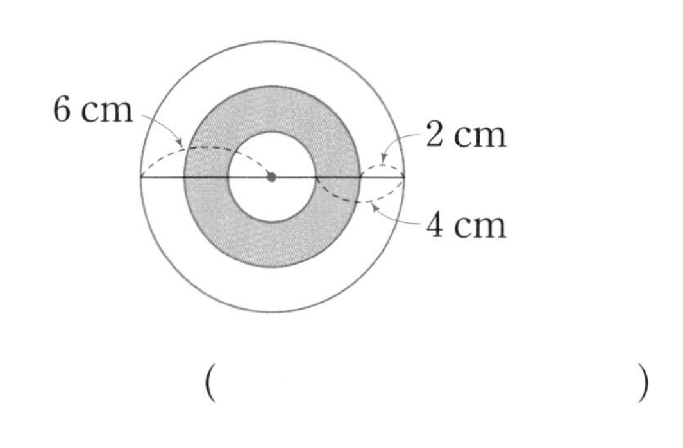

(　　　　　　)

정답과 풀이 34쪽

16 위와 아래에 있는 면이 원 모양이고 합동인 기둥의 둘레가 다음과 같을 때, 이 기둥의 지름은 몇 cm일까요? (단, 자의 큰 눈금 한 칸은 1 cm이고, 원주율은 3.14입니다.)

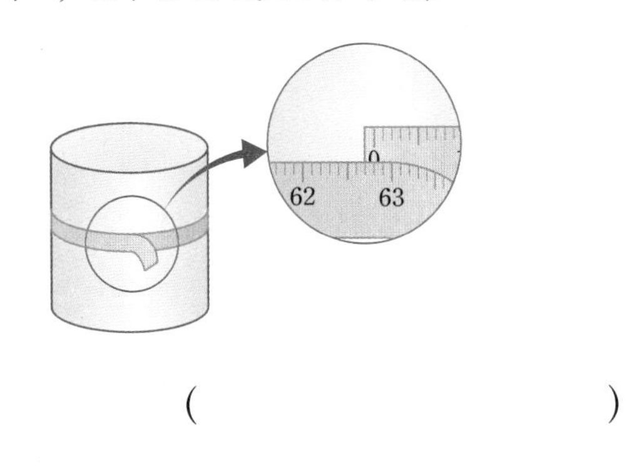

(　　　　　　　　)

17 한 변의 길이가 16 cm인 정사각형 안에 그릴 수 있는 가장 큰 원을 그린 것입니다. 색칠한 부분의 넓이는 몇 cm^2일까요? (원주율: 3.1)

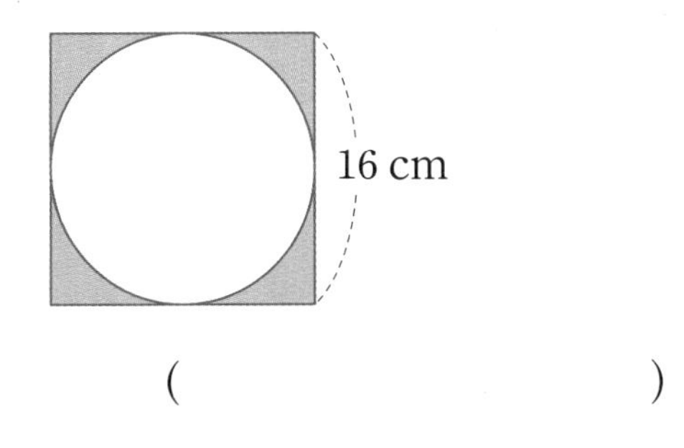

(　　　　　　　　)

18 색칠한 부분의 넓이는 몇 cm^2일까요?

(원주율: 3)

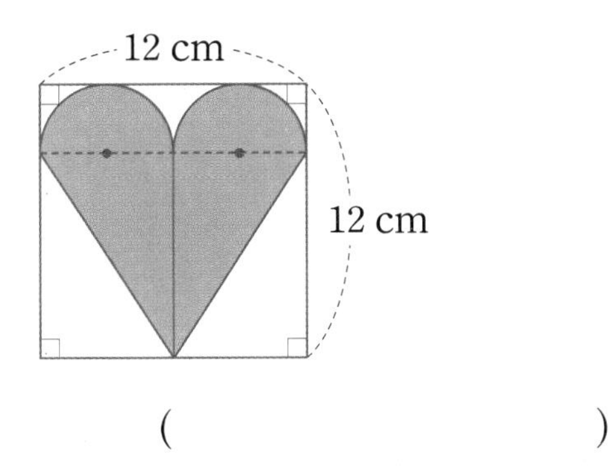

(　　　　　　　　)

술술 서술형

19 민정이는 지름이 0.6 m인 원 모양의 바퀴 자를 사용하여 집에서 놀이터까지의 거리를 알아보려고 합니다. 바퀴가 50바퀴 돌았다면 집에서 놀이터까지의 거리는 몇 m인지 풀이 과정을 쓰고 답을 구해 보세요. (원주율: 3.1)

풀이

답

20 두 원의 넓이의 차는 몇 cm^2인지 풀이 과정을 쓰고 답을 구해 보세요. (원주율: 3.14)

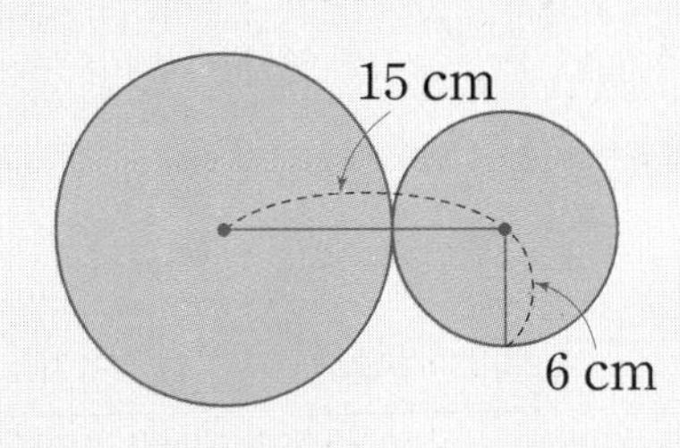

풀이

답

5

6 원기둥, 원뿔, 구

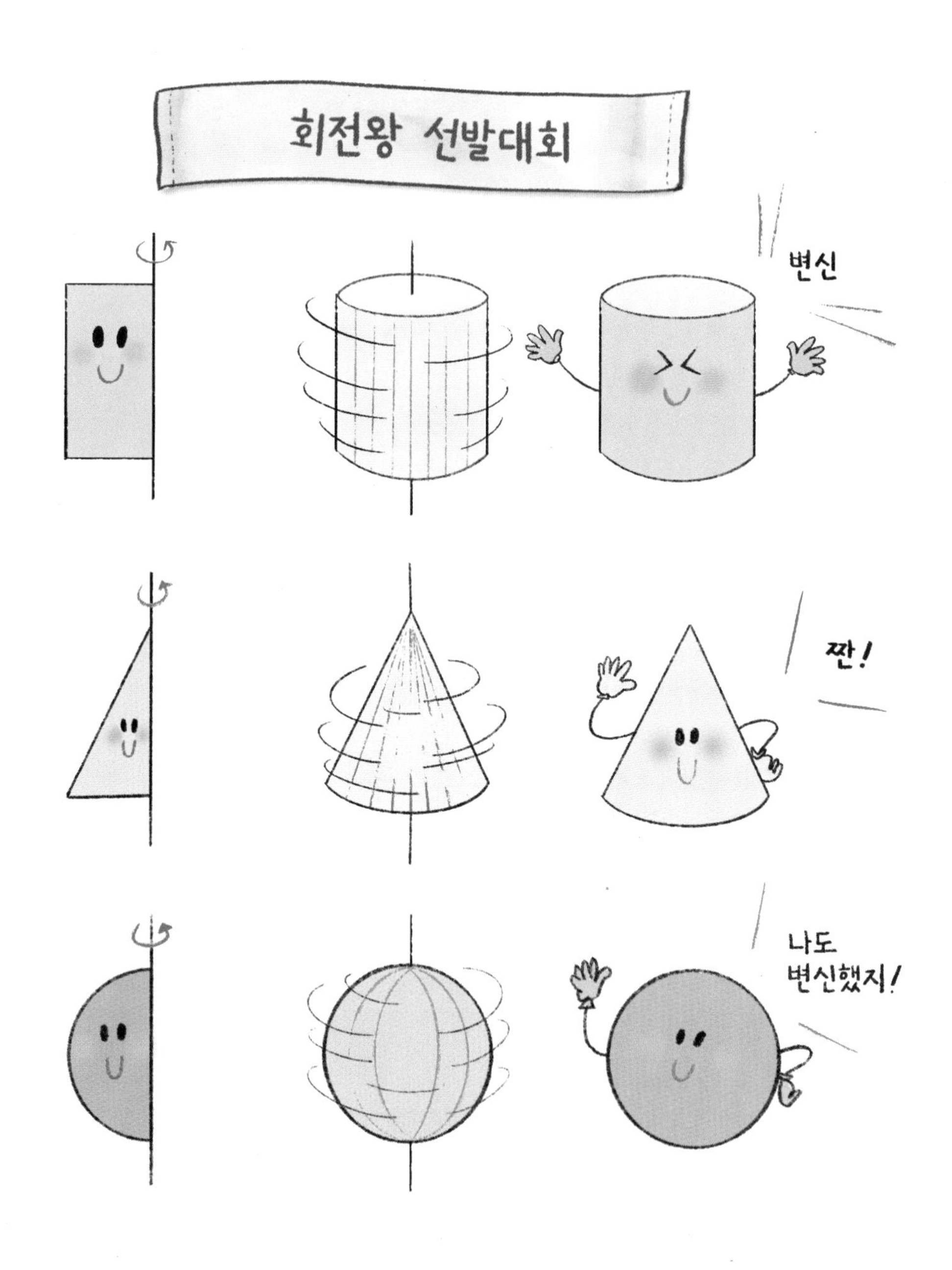

직사각형, 직각삼각형, 반원을 돌려!

	원기둥	원뿔	구
	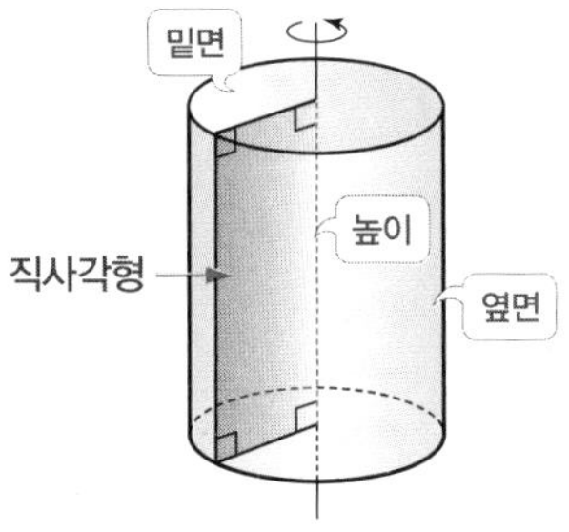 밑면, 직사각형, 높이, 옆면	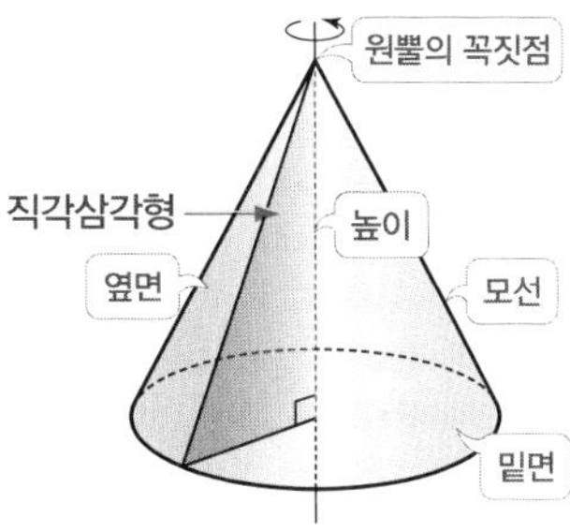 원뿔의 꼭짓점, 직각삼각형, 높이, 옆면, 모선, 밑면	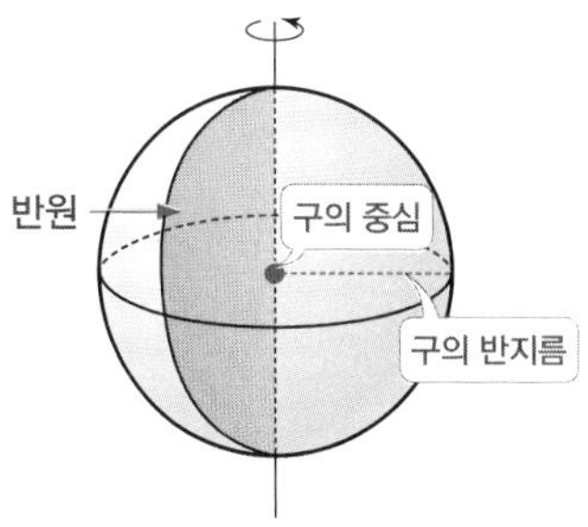 반원, 구의 중심, 구의 반지름
위에서 본 모양			
앞에서 본 모양		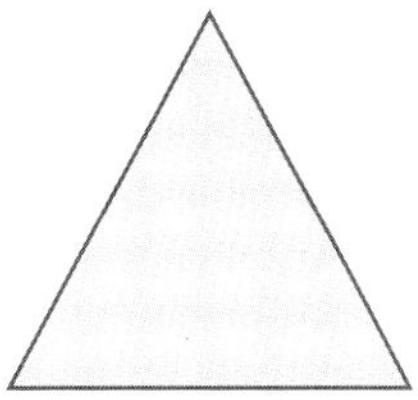	
옆에서 본 모양		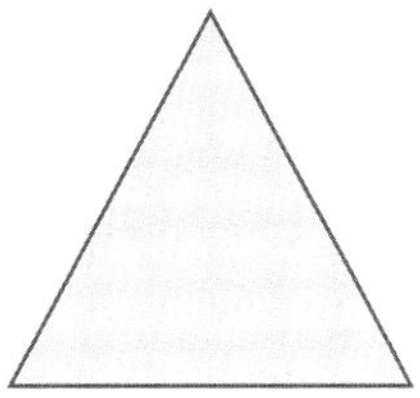	

1 직사각형의 한 변을 기준으로 돌렸을 때 만들어지는 입체도형은?

- **원기둥**: 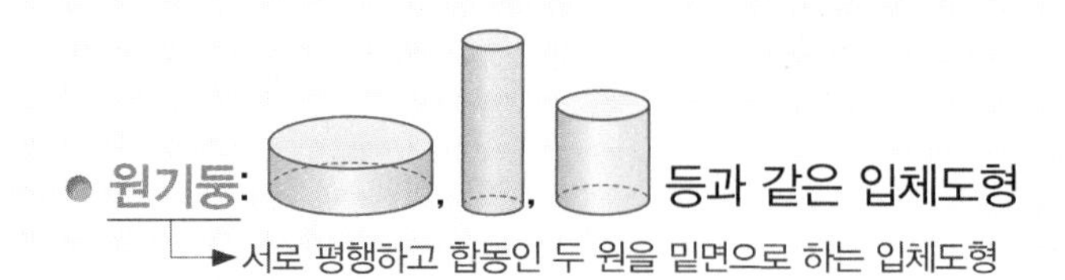 등과 같은 입체도형

  → 서로 평행하고 합동인 두 원을 밑면으로 하는 입체도형

원기둥	각기둥
원, 굽은 면, 평행, 합동	다각형, 직사각형, 평행, 합동

- **원기둥의 구성 요소**

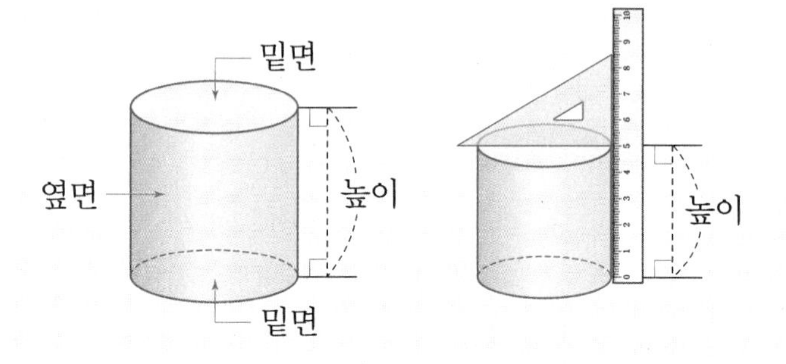

  • 밑면: 서로 평행하고 합동인 두 면
  • 옆면: 두 밑면과 만나는 면으로 굽은 면
  • 높이: 두 밑면에 수직인 선분의 길이

- **한 변을 기준으로 직사각형 모양의 종이를 돌려서 원기둥 만들기**

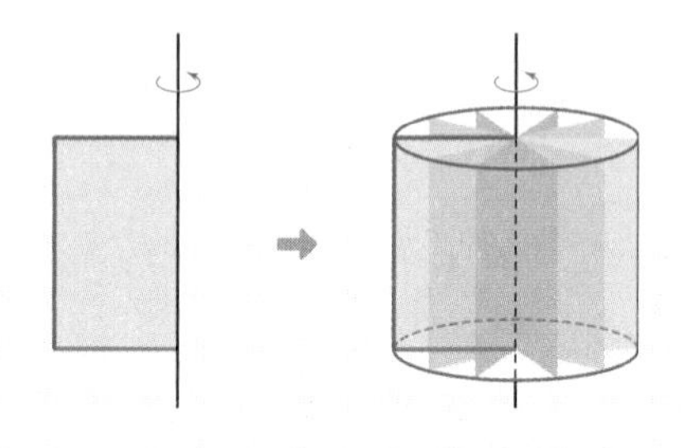

(직사각형의 가로의 길이)=(원기둥의 밑면의 반지름)
(직사각형의 세로의 길이)=(원기둥의 높이)

1 원기둥을 모두 찾아 기호를 써 보세요.

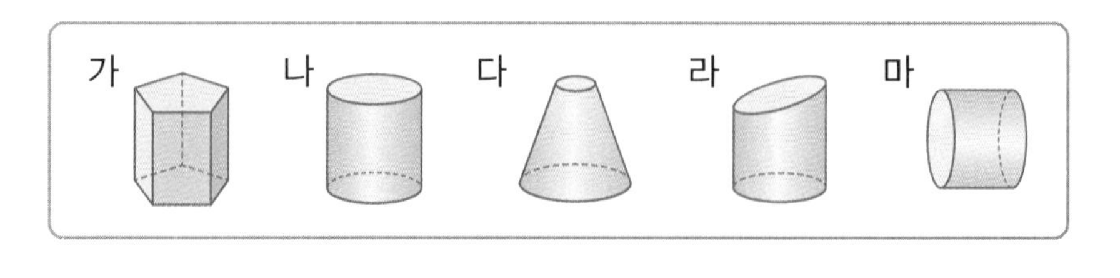

( )

2 원기둥을 보고 □ 안에 알맞은 수나 말을 써넣으세요.

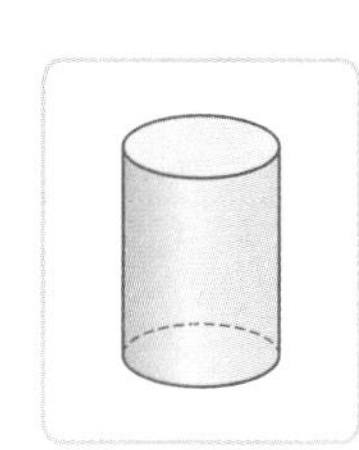

(1) 서로 평행하고 합동인 두 면을 □(이)라고 합니다.

(2) 두 밑면과 만나는 면을 □(이)라고 합니다.

(3) 밑면은 □개이고, 옆면은 □개입니다.

3 보기 에서 알맞은 말을 찾아 □ 안에 써넣으세요.

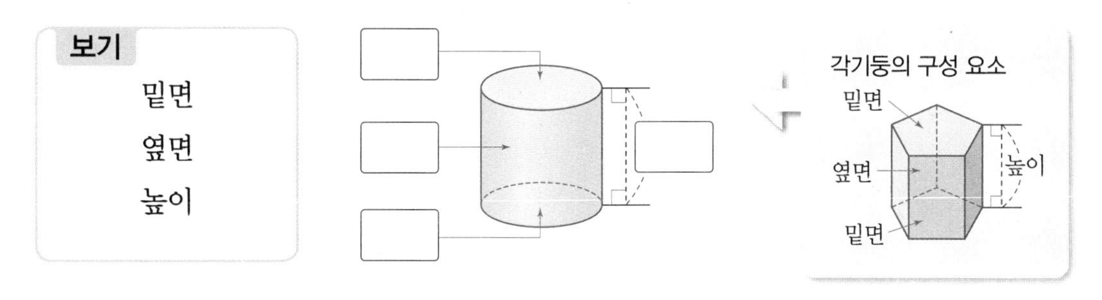

4 원기둥의 높이를 구해 보세요.

(1)

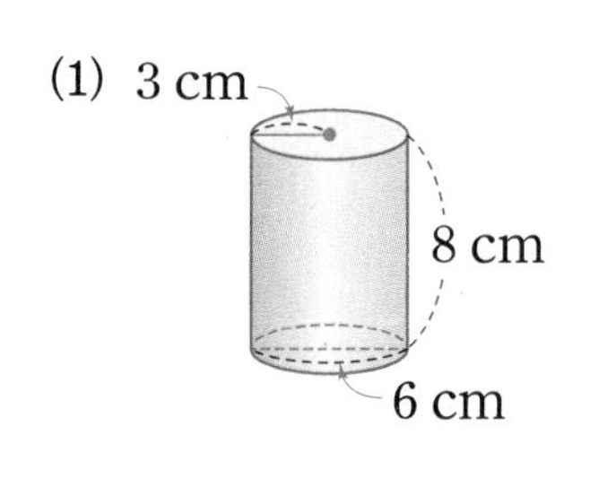

(　　　　　　　　)

(2)

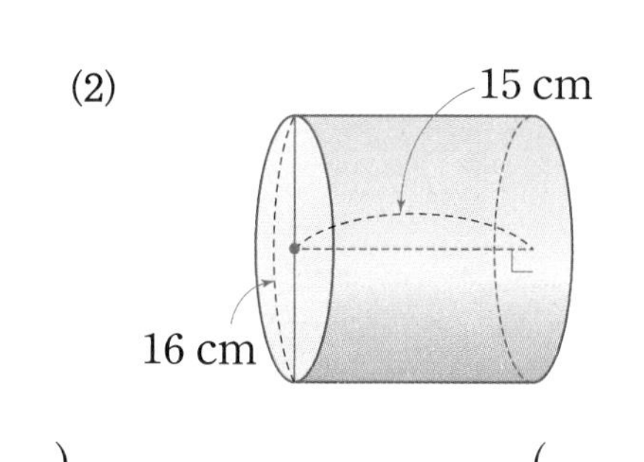

(　　　　　　　　)

5 한 변을 기준으로 직사각형 모양의 종이를 돌렸습니다. 물음에 답하세요.

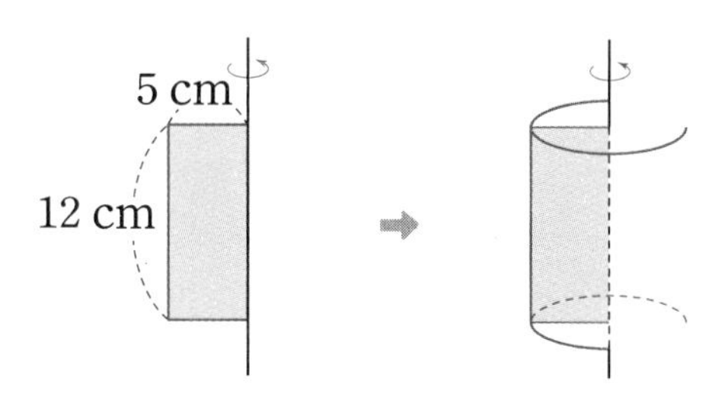

(1) 만들어지는 입체도형의 겨냥도를 그림에 완성해 보세요.

(2) 직사각형 모양의 종이를 돌렸을 때 만들어지는 입체도형에 ○표 하세요.

원기둥　　삼각기둥　　십각뿔

(3) 만들어지는 입체도형의 높이와 밑면의 지름을 각각 구해 보세요.

높이: □ cm, 밑면의 지름: □ cm

2 원기둥을 자르면 전개도가 만들어져.

● 원기둥의 전개도

→ 원기둥을 잘라서 펼쳐 놓은 그림

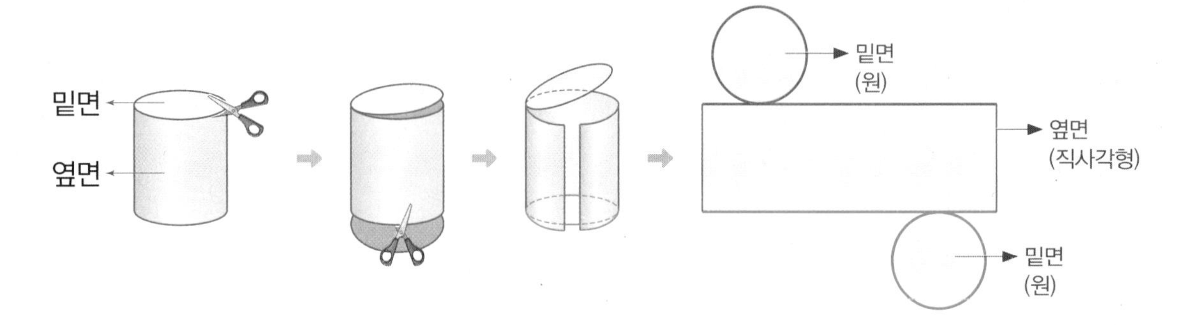

● 원기둥의 전개도 알아보기

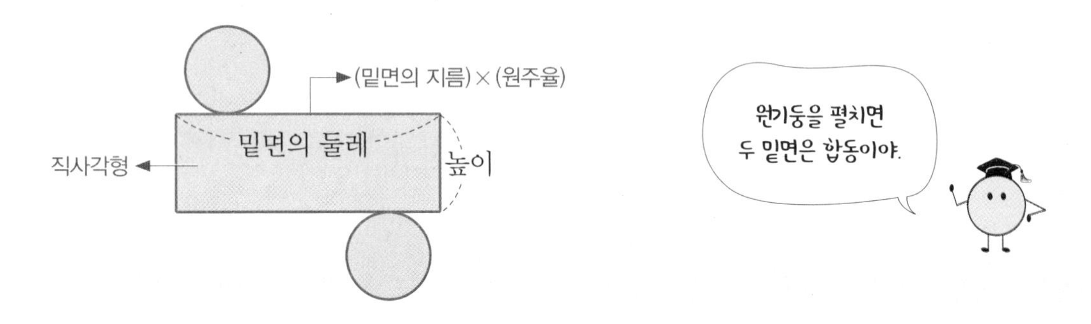

(전개도에서 옆면의 가로)=(밑면의 둘레)=(밑면의 지름)×(원주율)
(전개도에서 옆면의 세로)=(원기둥의 높이)

1 원기둥을 만들 수 있는 전개도를 찾아 ○표 하세요.

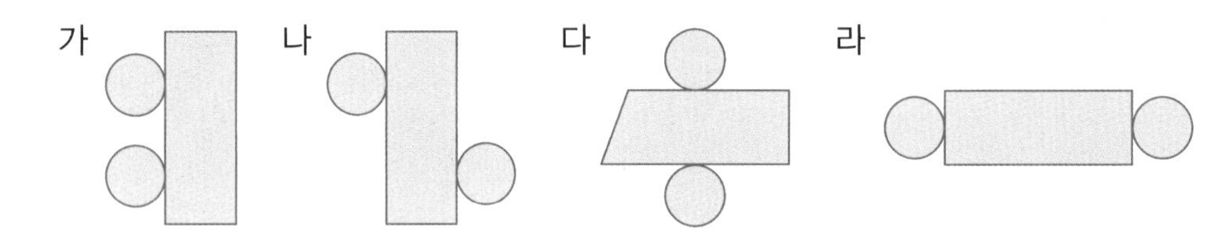

2 원기둥의 전개도입니다. □ 안에 각 부분의 이름을 써넣으세요.

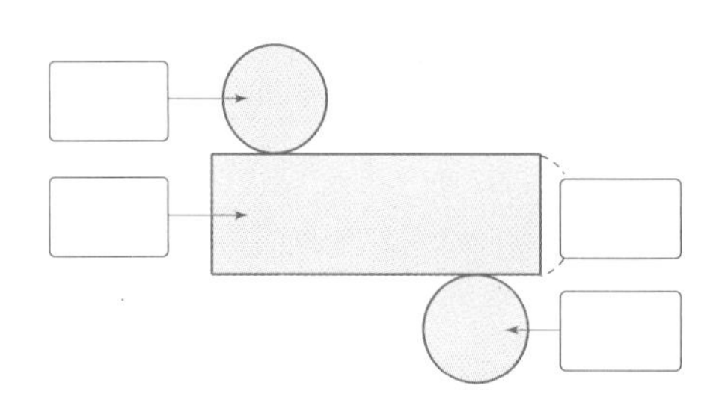

3 원기둥의 전개도를 보고 물음에 답하세요.

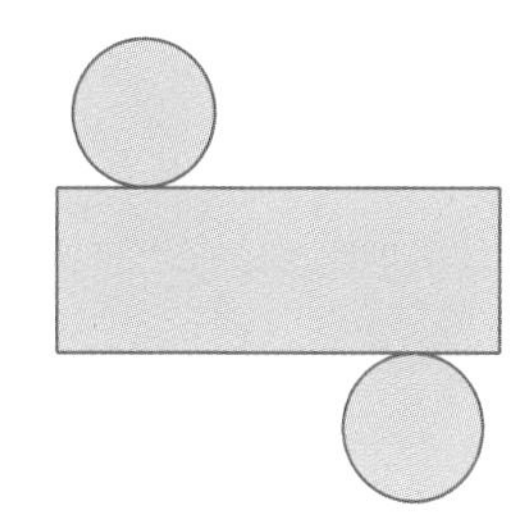

(1) 두 밑면의 모양은 ☐이고, 옆면의 모양은 ☐입니다.

(2) 밑면의 둘레와 길이가 같은 선분을 전개도에 파란색으로 표시해 보세요.

(3) 원기둥의 높이와 길이가 같은 선분을 전개도에 빨간색으로 표시해 보세요.

4 원기둥의 전개도를 그리고, ☐ 안에 알맞은 수나 말을 써넣으세요. (원주율: 3)

(밑면의 반지름) = ☐ cm

(옆면의 세로) = (원기둥의 ☐) = ☐ cm

(옆면의 가로) = (밑면의 ☐)

= (반지름이 ☐ cm인 원의 ☐)

= ☐ × 2 × 3 = ☐ (cm)

(원주)
= (지름) × (원주율)
= (반지름) × 2 × (원주율)

5 원기둥의 전개도가 다음과 같을 때, 옆면의 넓이를 구하려고 합니다. ☐ 안에 알맞은 수를 써넣으세요. (원주율: 3)

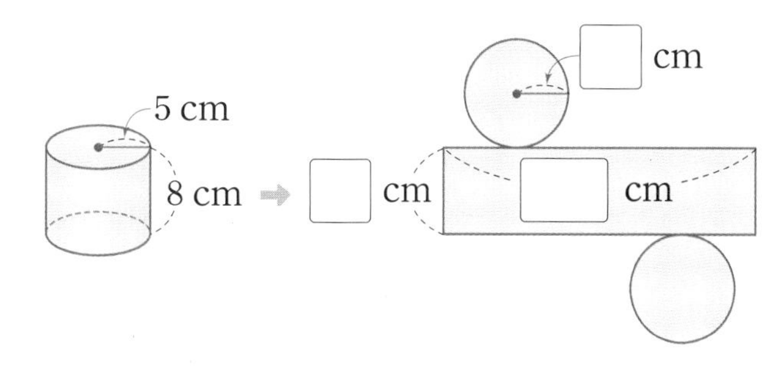

(옆면의 넓이) = (가로) × (세로)

= 2 × 5 × 3 × ☐ = ☐ (cm^2)

3 직각삼각형의 한 변을 기준으로 돌렸을 때 만들어지는 입체도형은?

- **원뿔**: 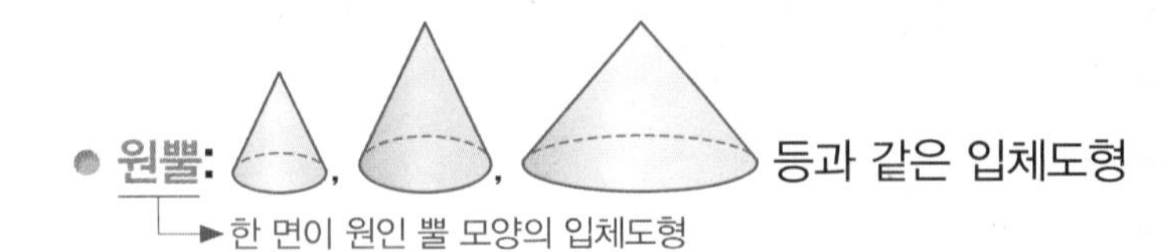 등과 같은 입체도형
  - → 한 면이 원인 뿔 모양의 입체도형

원뿔	각뿔
꼭짓점, 굽은 면, 원	꼭짓점, 평평한 면, 다각형

- **원뿔의 구성 요소**
  - 밑면: 평평한 면
  - 옆면: 옆을 둘러싼 굽은 면
  - 원뿔의 꼭짓점: 뾰족한 부분의 점
  - 모선: 원뿔의 꼭짓점과 밑면인 원의 둘레의 한 점을 이은 선분
  - 높이: 원뿔의 꼭짓점에서 밑면에 수직인 선분의 길이

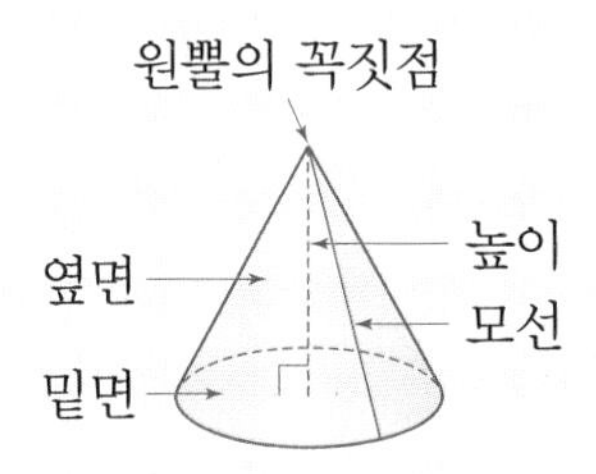

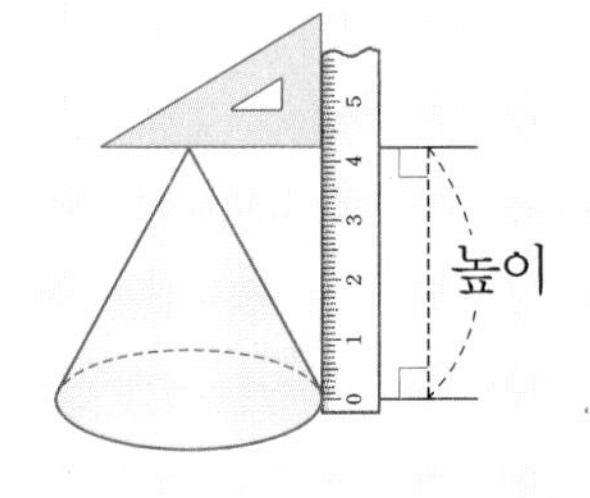

- **한 변을 기준으로 직각삼각형 모양의 종이를 돌려서 원뿔 만들기**

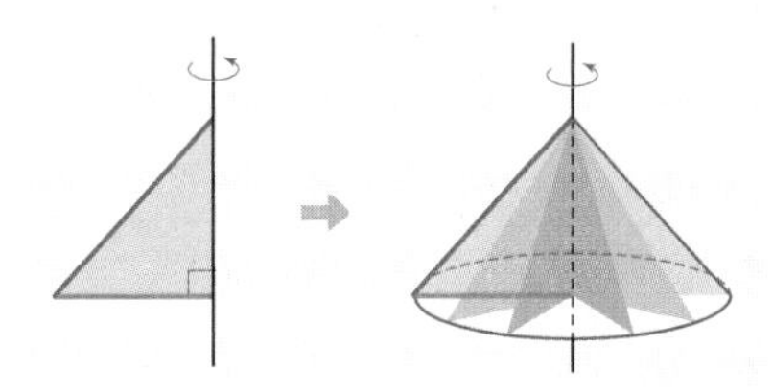

(직각삼각형의 밑변의 길이)=(원뿔의 밑면의 반지름)
(직각삼각형의 높이)=(원뿔의 높이)

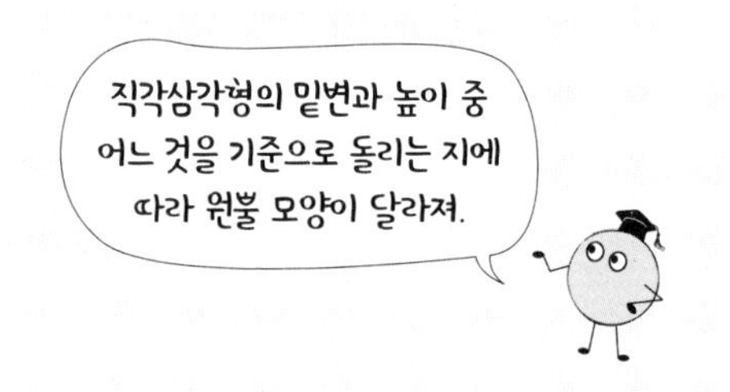

1 원뿔을 모두 찾아 기호를 써 보세요.

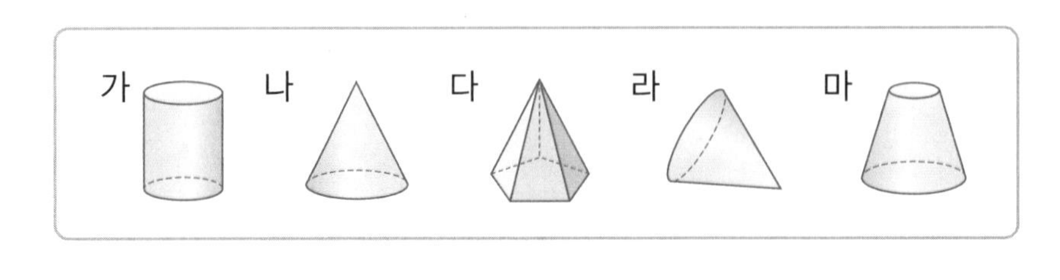

( )

2 보기 에서 알맞은 말을 찾아 □ 안에 써넣으세요.

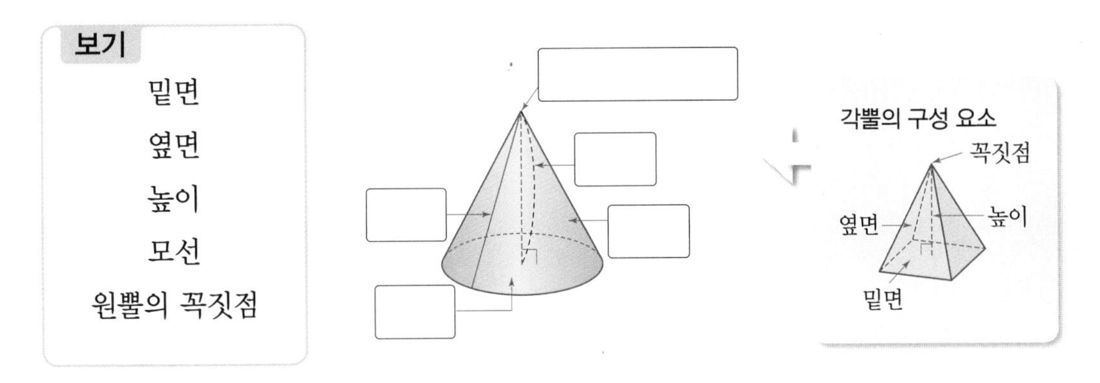

3 원뿔을 보고 □ 안에 알맞은 수를 써넣으세요.

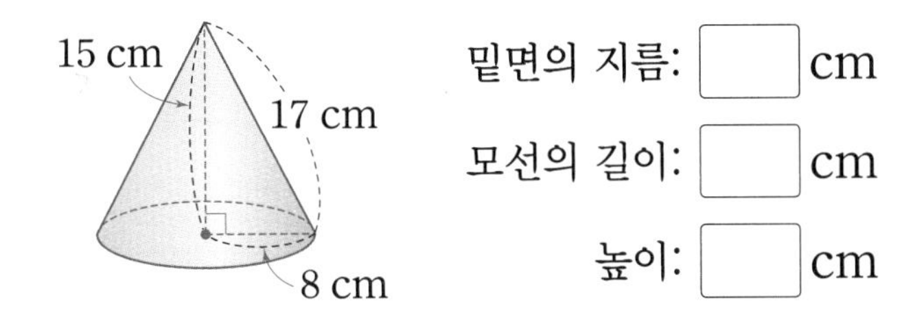

밑면의 지름: □ cm

모선의 길이: □ cm

높이: □ cm

4 원뿔에서 무엇의 길이를 재는 방법인지 알맞게 이어 보세요.

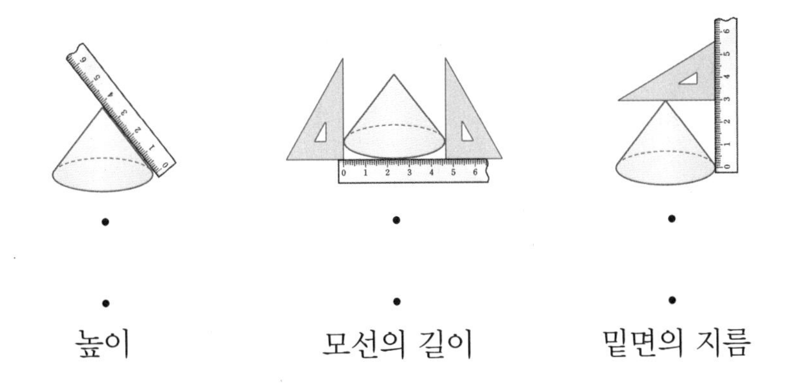

높이　　모선의 길이　　밑면의 지름

5 한 변을 기준으로 직각삼각형 모양의 종이를 돌려서 원뿔을 만들었습니다. 만들어지는 입체도형의 겨냥도를 그림에 완성해 보고 원뿔의 높이, 밑면의 지름을 각각 구해 보세요.

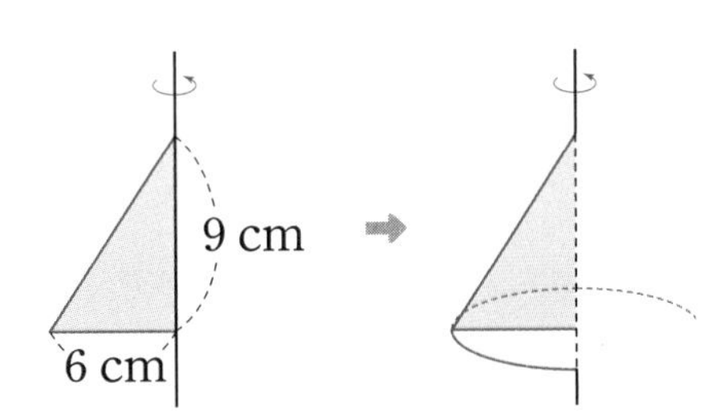

높이: □ cm, 밑면의 지름: □ cm

4 반원의 지름을 기준으로 돌렸을 때 만들어지는 입체도형은?

● 구: 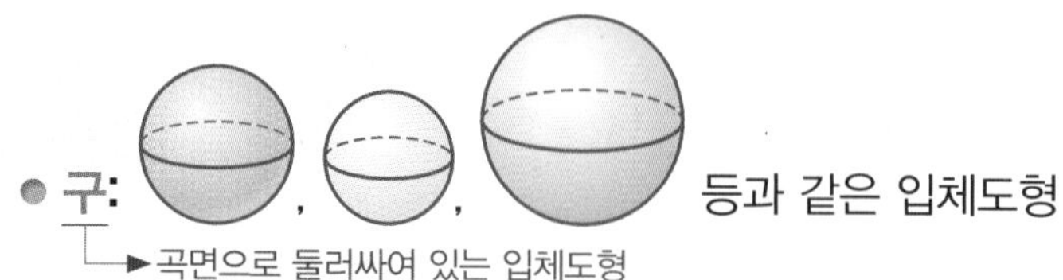 등과 같은 입체도형

└▶곡면으로 둘러싸여 있는 입체도형

● **구의 구성 요소**

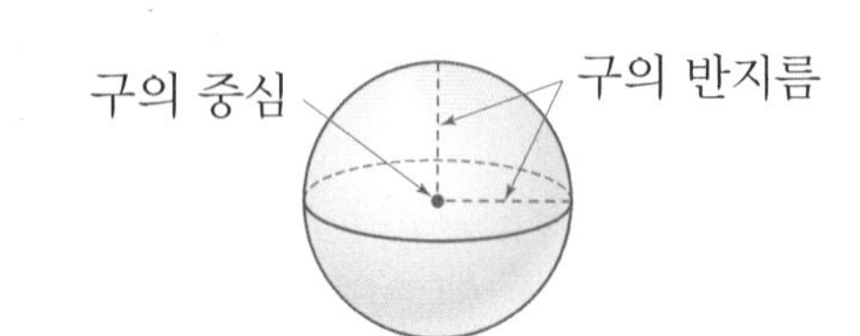

- 구의 중심: 가장 안쪽에 있는 점
- 구의 반지름: 구의 중심에서 구의 겉면의 한 점을 이은 선분

  └▶구의 반지름은 모두 같고, 셀 수 없이 많습니다.

● **지름을 기준으로 반원 모양의 종이를 돌려서 구 만들기**

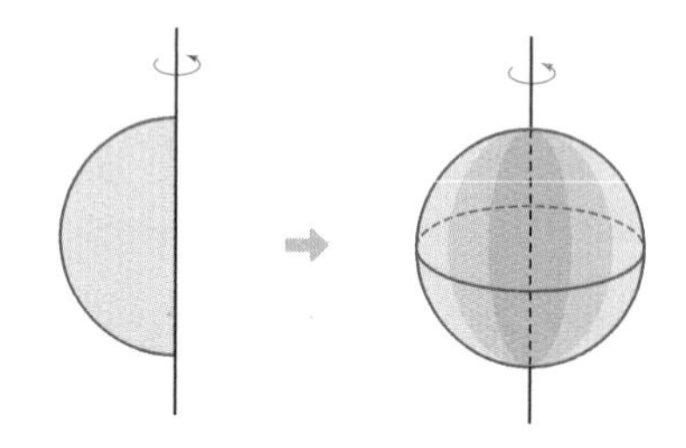

● **위, 앞, 옆에서 본 모양 알아보기**

입체도형			
위에서 본 모양	원	원	원
앞에서 본 모양	직사각형	삼각형	원
옆에서 본 모양	직사각형	삼각형	원

1 구를 모두 찾아 기호를 써 보세요.

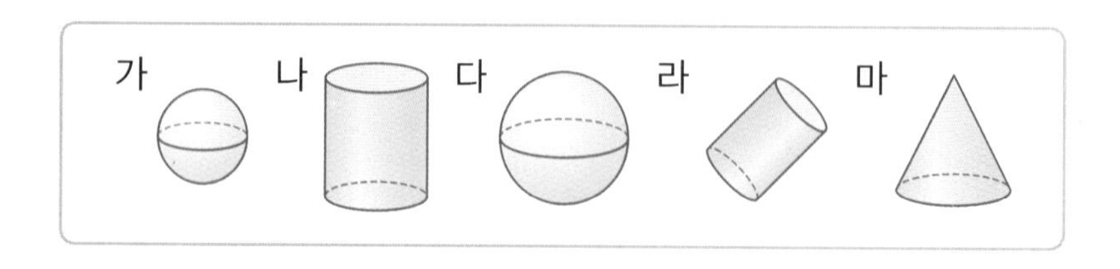

( )

2 □ 안에 알맞은 말을 써넣으세요.

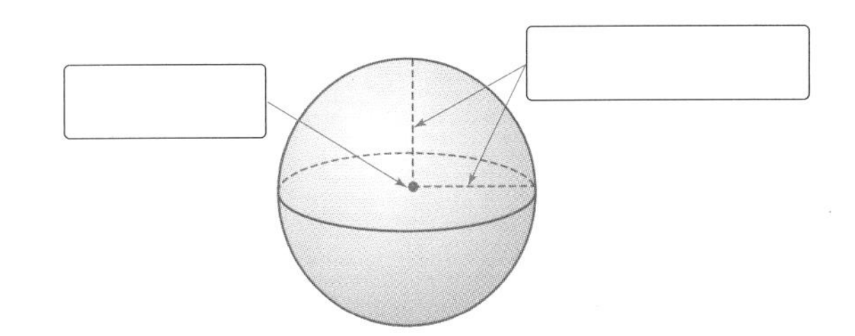

3 구의 중심을 찾아 기호를 써 보세요.

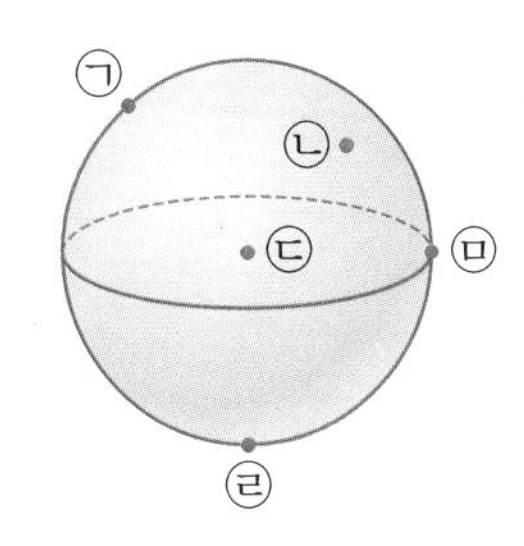

(　　　　　　　　　　)

4 구를 보고 □ 안에 알맞은 수를 써넣으세요.

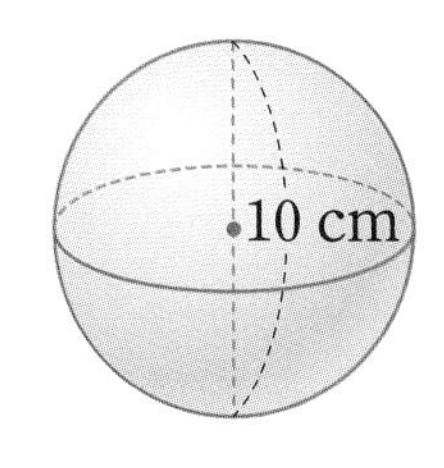

(1) 구의 반지름은 □ cm입니다.

(2) 구의 중심은 □ 개입니다.

5 지름을 기준으로 반원 모양의 종이를 돌렸습니다. 물음에 답하세요.

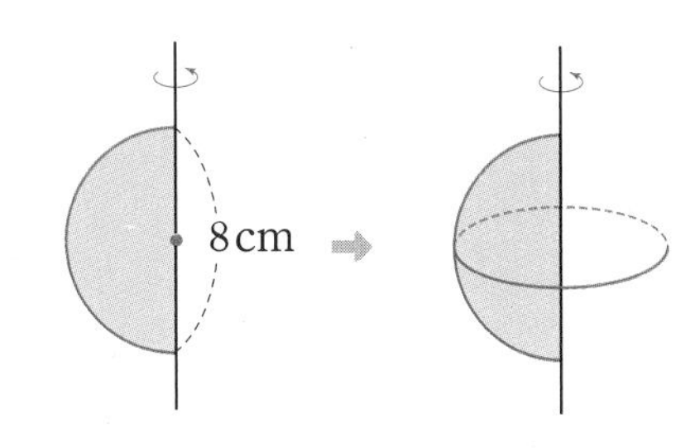

(1) 만들어지는 입체도형의 겨냥도를 그림에 완성해 보세요.

(2) 반원 모양의 종이를 돌렸을 때 만들어지는 입체도형에 ○표 하세요.

원기둥	원뿔	구

(3) 만들어지는 입체도형의 반지름을 구해 보세요.

(　　　　　　　　　　)

1 원기둥

1 **입체도형을 보고 물음에 답하세요.**

> 서로 평행하고 합동인 두 원으로 이루어진 입체도형은 원기둥이야.

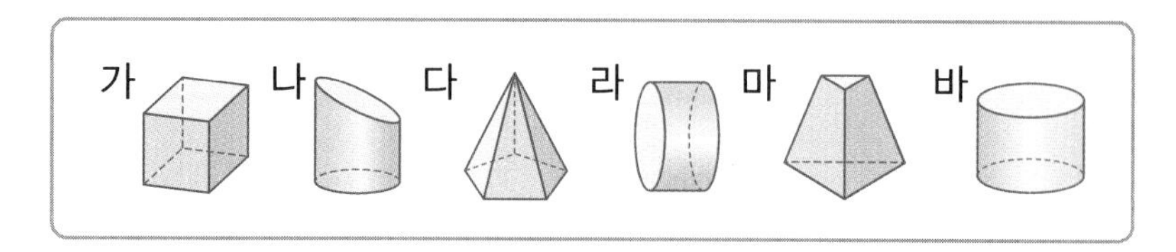

(1) 서로 평행하고 합동인 두 원으로 이루어진 입체도형을 모두 찾아 기호를 써 보세요.

( )

(2) (1)과 같은 입체도형을 무엇이라고 할까요?

( )

2 **원기둥을 위, 앞, 옆에서 본 모양을 보기 에서 골라 □ 안에 써넣으세요.**

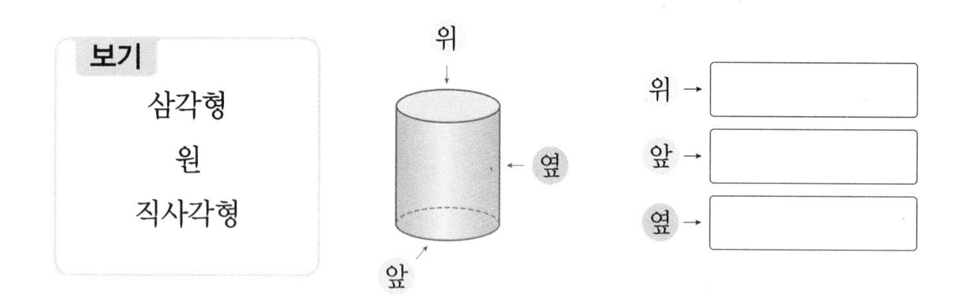

3 **원기둥을 보고 설명이 맞으면 ○표, 틀리면 ×표 하세요.**

(1) 원기둥의 옆면은 평평한 면입니다. ( )

(2) 두 밑면은 서로 평행하고 합동입니다. ( )

(3) 두 밑면과 옆면은 수직으로 만납니다. ( )

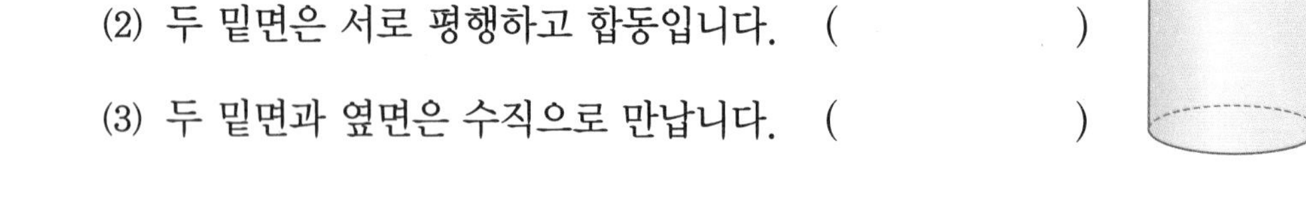

4 **한 변을 기준으로 직사각형 모양의 종이를 돌려서 만든 입체도형의 높이는 몇 cm인지 구해 보세요.**

> 두 밑면에 수직인 선분을 찾아봐.

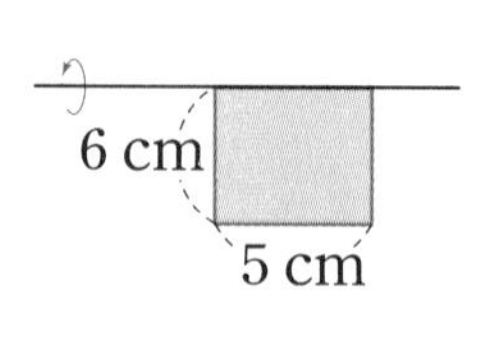

( )

5 원기둥과 각기둥을 살펴보고 표를 완성해 보세요.

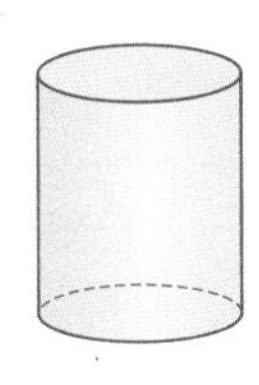
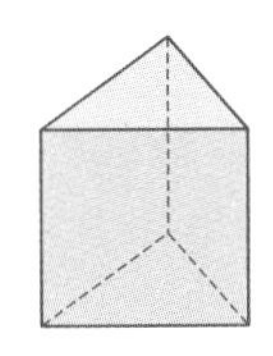

도형	밑면의 모양	밑면의 개수(개)	옆면의 모양	옆면의 개수(개)
원기둥			굽은 면	
삼각기둥	삼각형			

6 입체도형을 보고 바르게 말한 사람의 이름을 써 보세요.

▶ 원기둥의 두 밑면은 원 모양이고 서로 평행해.

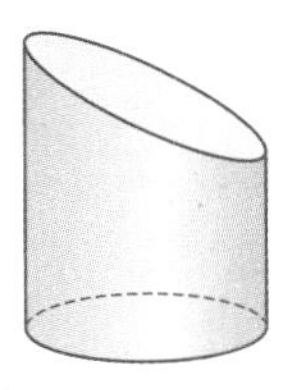

(　　　　　　　　　　)

7 한 직선에 맞닿게 직사각형을 그린 후 그 직선을 기준으로 돌렸을 때 만들어지는 입체도형을 그려 보세요.

▶ 직사각형의 가로와 세로 중 어느 것을 기준으로 돌리는지에 따라 원기둥의 모양이 달라져.

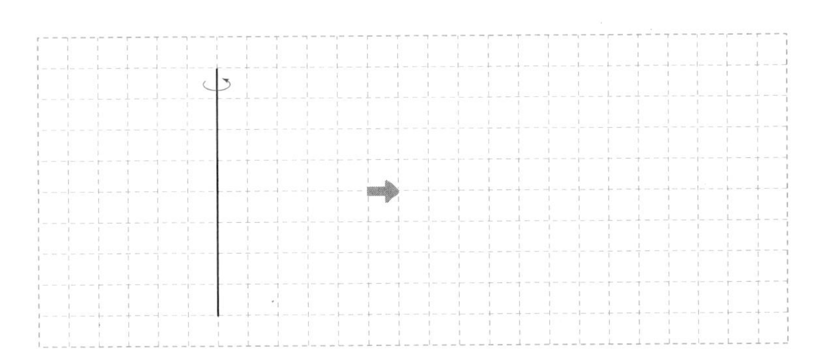

원기둥에 모서리와 꼭짓점이 있을까?

모서리는 면과 면이 만나는 선분이고, 꼭짓점은 모서리와 모서리가 만나는 점입니다.

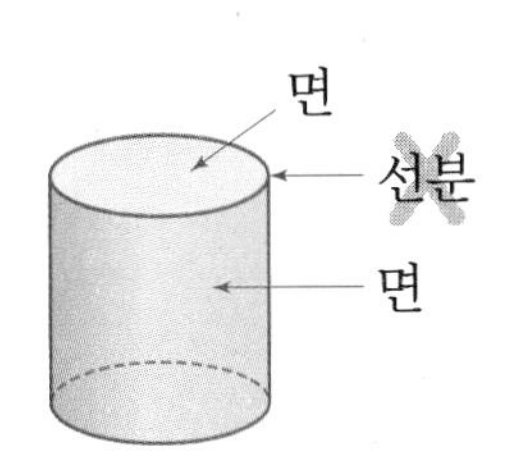

원기둥에는 면과 면이 만나는 부분이 있지만 선분이 아니므로 모서리가 없습니다.

따라서 원기둥에서 모서리의 개수는 ☐개,

꼭짓점의 개수는 ☐개입니다.

8 원기둥의 전개도를 보고 물음에 답하세요.

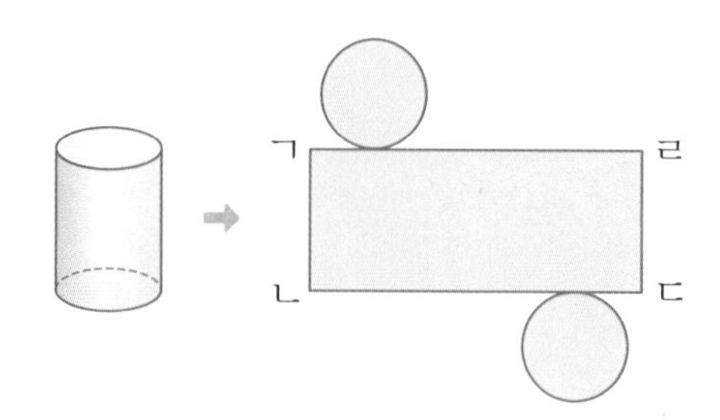

(1) 원기둥의 전개도에서 밑면은 어떤 모양일까요?

( )

(2) 원기둥의 전개도에서 옆면은 어떤 모양일까요?

( )

(3) 원기둥의 밑면의 둘레와 길이가 같은 선분을 전개도에서 모두 찾아 써 보세요.

( )

(4) 원기둥의 높이와 길이가 같은 선분을 전개도에서 모두 찾아 써 보세요.

( )

9 원기둥과 전개도를 보고 □ 안에 알맞은 수를 써넣으세요. (원주율: 3.1)

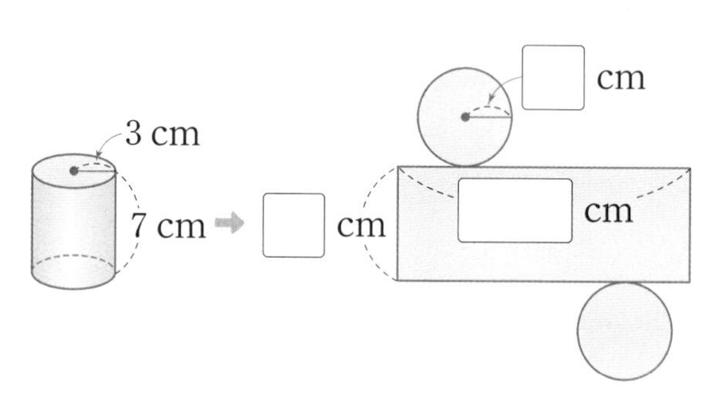

▶ (옆면의 가로)
=(밑면의 둘레)
$=2\times$(밑면의 반지름)
$\times$(원주율)

10 오른쪽 원기둥의 옆면의 넓이는 몇 cm^2인지 구해 보세요. (원주율 3.1)

5 cm
9 cm

( )

▶ (옆면의 넓이)
=(직사각형의 넓이)
=(가로)$\times$(세로)
=(밑면의 둘레)
$\times$(원기둥의 높이)

11 원기둥의 전개도에서 옆면의 가로의 길이가 24.8 cm일 때, 밑면의 반지름의 길이를 구해 보세요. (원주율: 3.1)

( )

12 원기둥 모양의 과자 상자를 잘라 펼쳤습니다. 전개도를 보고 원기둥의 높이와 밑면의 반지름을 각각 구해 보세요. (원주율 3.1)

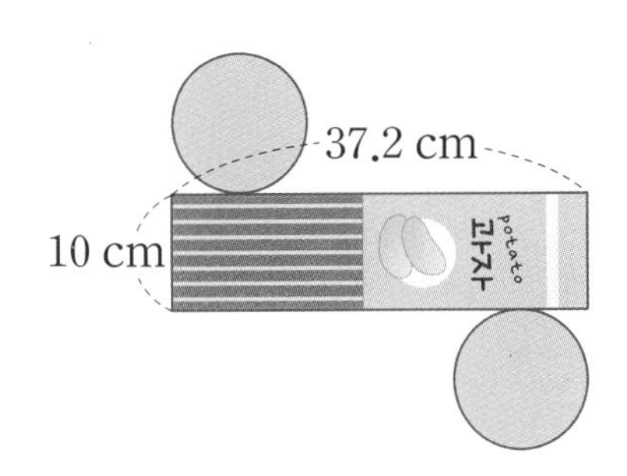

원기둥의 높이: ☐ cm, 밑면의 반지름: ☐ cm

▶ (지름) = (원주) ÷ (원주율)

내가 만드는 문제

13 표에서 밑면의 반지름과 높이를 정하여 ○표 하고, 그 길이에 맞게 원기둥의 전개도를 그려 보세요. (원주율: 3)

밑면의 반지름(cm)	높이(cm)
1　2　3	3　4

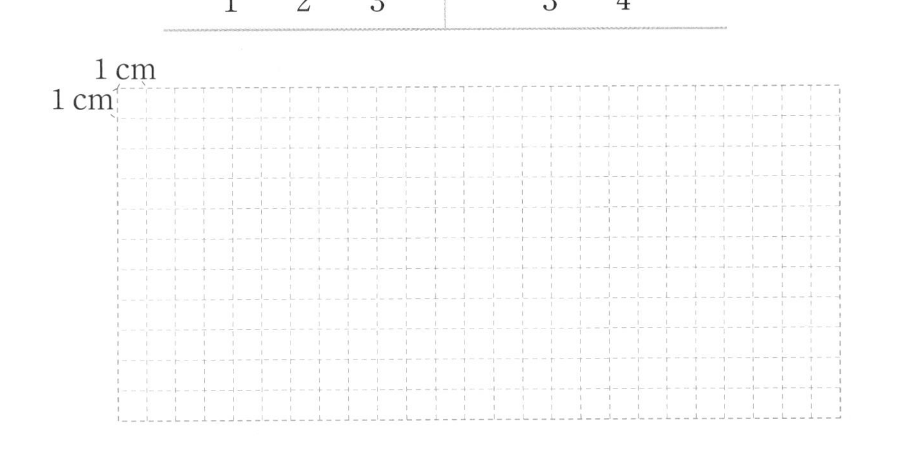

▶ 옆면인 직사각형의 가로를 구한 후 옆면과 두 밑면을 그려.

원기둥의 옆면의 모양은 반드시 직사각형일까?

원기둥의 옆면을 자르는 방법에 따라서 옆면의 모양이 달라집니다.

밑면에 수직으로 자른 경우 / 밑면에 비스듬하게 자른 경우 / 굽은 선으로 자른 경우

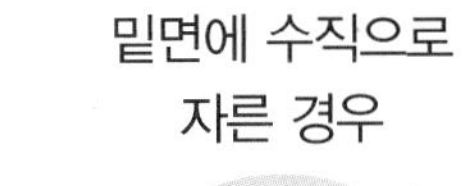

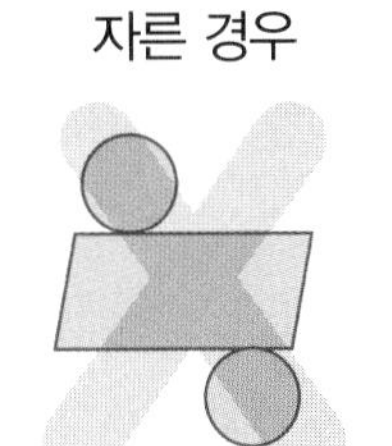

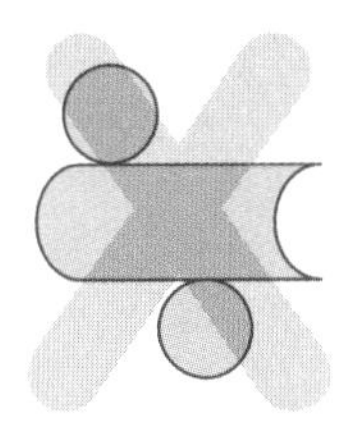

원기둥의 옆면은 반드시 직사각형이야.

원기둥의 옆면이 직사각형이 되는 경우만 원기둥의 전개도입니다.

14 **입체도형을 보고 물음에 답하세요.**

▶ 한 면이 원인 뿔 모양의 입체도형은 원뿔이야.

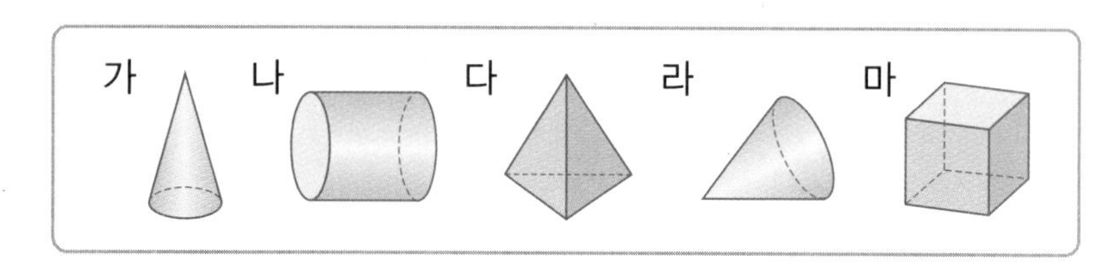

(1) 한 면이 원인 뿔 모양의 입체도형을 모두 찾아 기호를 써 보세요.

( )

(2) (1)과 같은 입체도형을 무엇이라고 할까요?

( )

15 **원뿔을 보고 설명이 맞으면 ○표, 틀리면 ×표 하세요.**

▶ 한 원뿔에서 모선의 길이는 높이보다 길어.

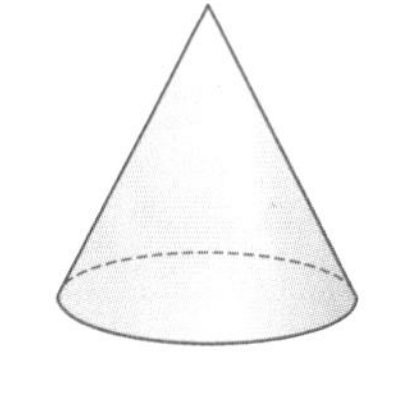

(1) 원뿔의 옆면은 굽은 면입니다. ( )

(2) 한 원뿔에서 높이는 모선의 길이보다 짧습니다.

( )

(3) 원뿔의 밑면과 옆면은 수직으로 만납니다. ( )

16 **한 변을 기준으로 어떤 평면도형을 돌려서 만든 입체도형입니다. 돌리기 전의 평면도형의 넓이는 몇 cm^2인지 구해 보세요.**

▶ 한 변을 기준으로 돌려 원뿔이 나오는 평면도형은 직각삼각형이야.

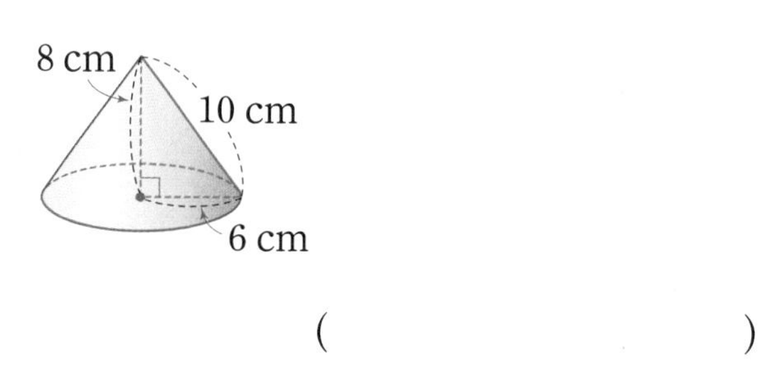

( )

17 **원뿔과 원기둥에 대한 설명으로 옳은 것을 찾아 기호를 써 보세요.**

㉠ 밑면의 모양이 원뿔과 원기둥 모두 원입니다.
㉡ 옆면의 모양이 원뿔은 삼각형이고, 원기둥은 직사각형입니다.
㉢ 원뿔은 밑면이 1개이고, 원기둥은 밑면이 2개입니다.
㉣ 원기둥과 원뿔 모두 모서리와 꼭짓점이 없습니다.

( )

18 입체도형을 보고 표를 완성해 보세요.

입체도형	(원뿔 그림)	(사각뿔 그림)
이름		사각뿔
밑면의 모양		
밑면의 수(개)		1
옆면의 모양	굽은 면	
옆면의 수(개)		

내가 만드는 문제

19 보기 에서 삼각형을 자유롭게 선택하여 밑변 또는 높이를 기준으로 돌린 입체도형을 그려 보세요.

▶ 직각삼각형의 밑변과 높이 중 어느 것을 기준으로 돌리는 지에 따라 원뿔 모양이 달라져.

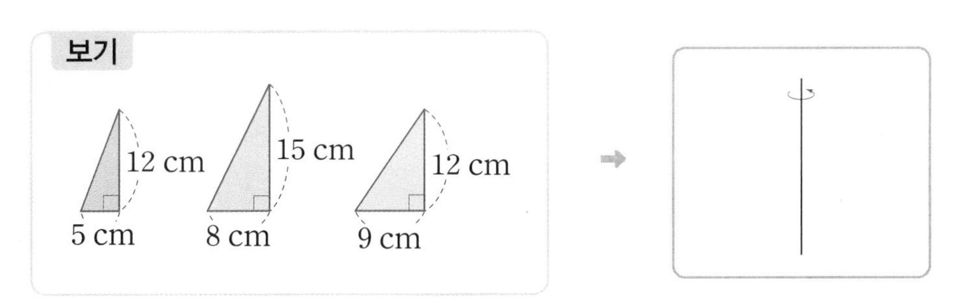

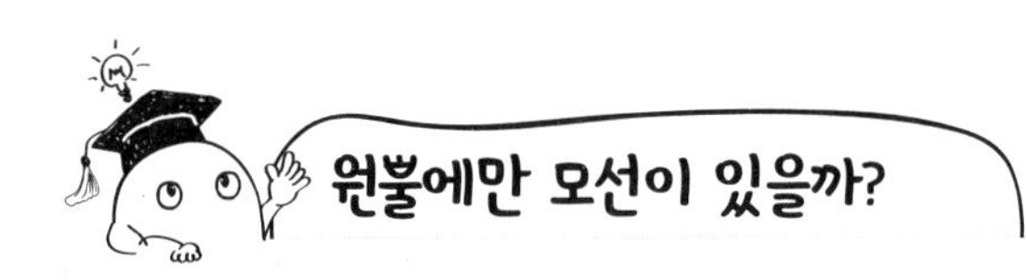

모선은 한 평면도형을 한 변을 기준으로 돌렸을 때 옆면을 만드는 선분입니다.

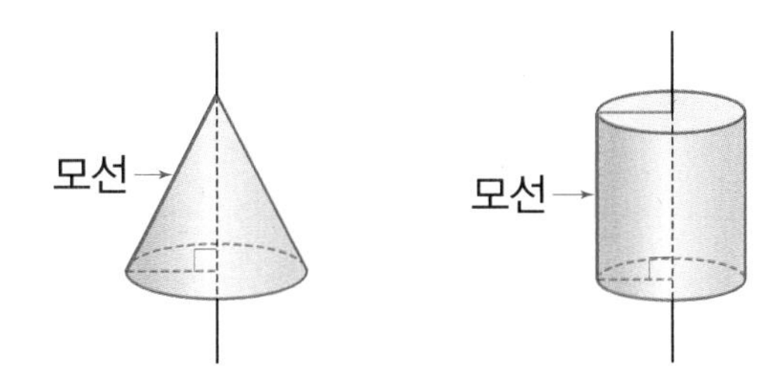

옆면을 만드는 선분은 원기둥에도 있습니다.
따라서 모선이 있는 입체도형은 (사각기둥 , 원기둥 , 삼각뿔 , 원뿔)입니다.

20 입체도형을 보고 물음에 답하세요.

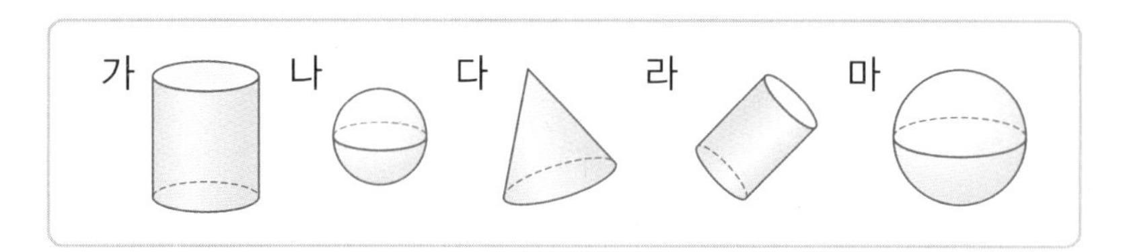

(1) 공 모양의 입체도형을 모두 찾아 기호를 써 보세요.

( )

(2) (1)과 같은 입체도형을 무엇이라고 할까요?

( )

21 구의 반지름은 몇 cm인지 구해 보세요.

▶ 구의 중심에서 구의 겉면의 한 점을 이은 선분을 구의 반지름이라고 해.

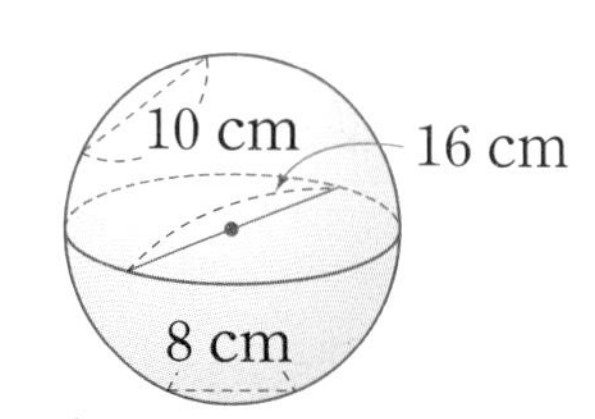

( )

22 구에 대해 잘못 설명한 친구의 이름을 써 보세요.

▶ 구의 중심에서 구의 겉면에 있는 어느 점까지 이르는 거리가 모두 같으므로 구의 반지름은 무수히 많고 그 길이가 모두 같아.

( )

23 지름을 기준으로 반원 모양의 종이를 돌려서 만든 입체도형의 반지름은 몇 cm인지 구해 보세요.

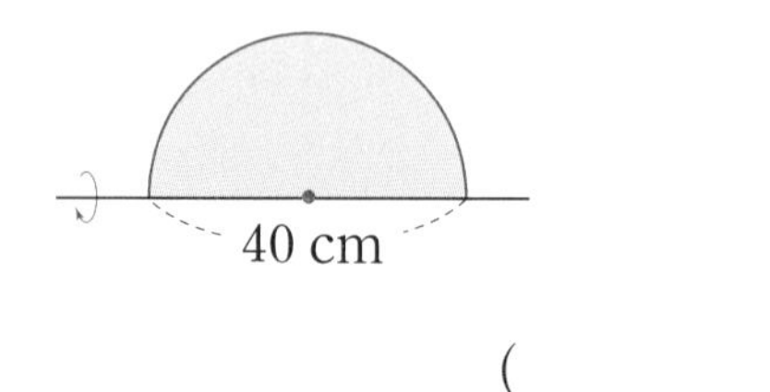

( )

24 **입체도형을 보고 물음에 답하세요.**

▶ 구는 어느 방향에서 보아도 원 모양으로 보여.

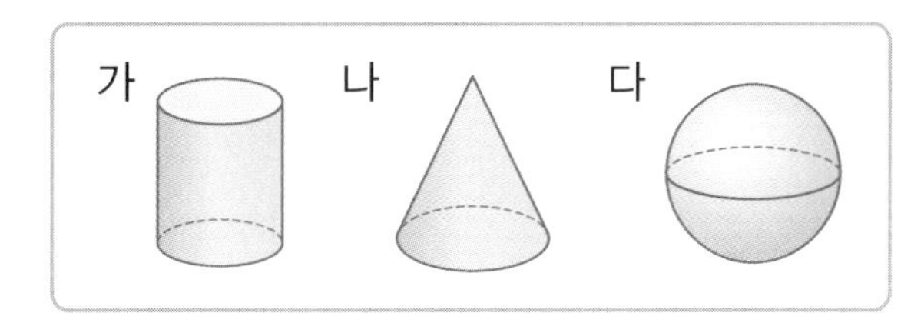

(1) 밑면의 모양이 원인 입체도형을 모두 찾아 기호를 써 보세요.

( )

(2) 굽은 면으로 둘러싸인 입체도형을 모두 찾아 기호를 써 보세요.

( )

(3) 어느 방향에서 보아도 모양이 같은 입체도형을 찾아 기호를 써 보세요.

( )

내가 만드는 문제

25 **원기둥, 원뿔, 구 중에서 1개 이상을 사용하여 주변에서 볼 수 있는 물건의 이름을 쓰고 그 물건을 간단하게 그려 보세요.**

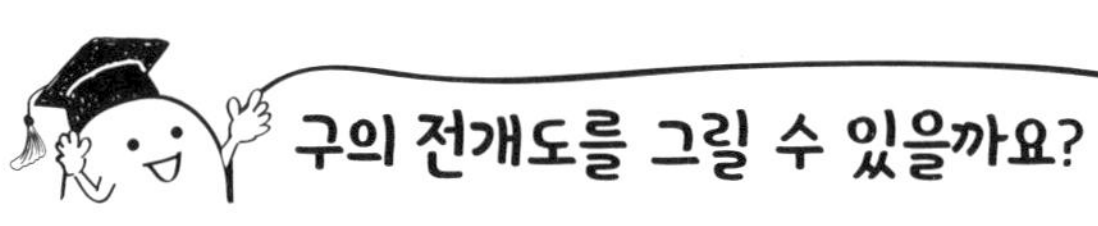

전개도는 입체도형을 한 평면 위에 펼쳐 놓은 그림인데 구의 곡면을 평면으로 펼쳐서 나타낼 수 없기 때문에 구의 전개도는 그릴 수 (있습니다 , 없습니다).

그래서 구 모양인 지구를 평면 위에 나타낸 지도는 실제 지구와 일치하지 않아 다음과 같은 모양으로 세계 지도를 나타내기도 합니다.

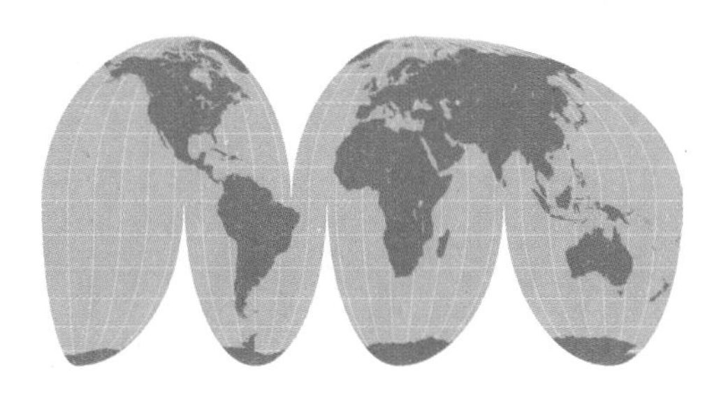
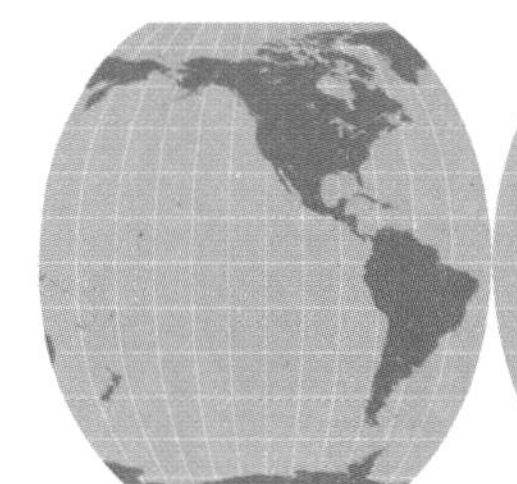

개념 완성

발전 문제

1 원기둥의 밑면의 반지름 구하기

1 준비

원기둥의 전개도를 보고 옆면의 가로의 길이는 몇 cm인지 구해 보세요. (원주율: 3.1)

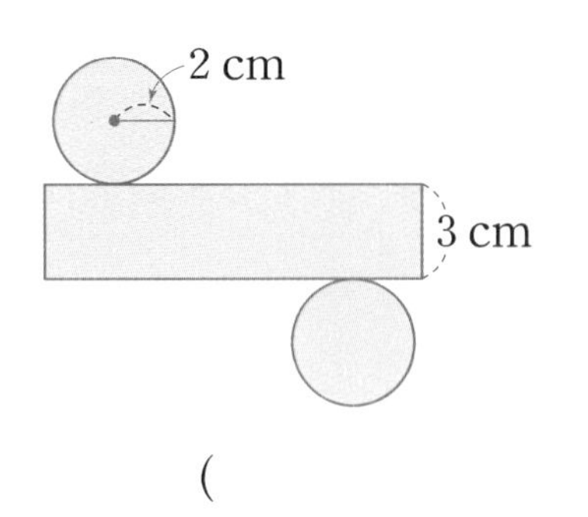

( )

2 확인

원기둥의 전개도를 보고 밑면의 반지름은 몇 cm인지 구해 보세요. (원주율: 3.1)

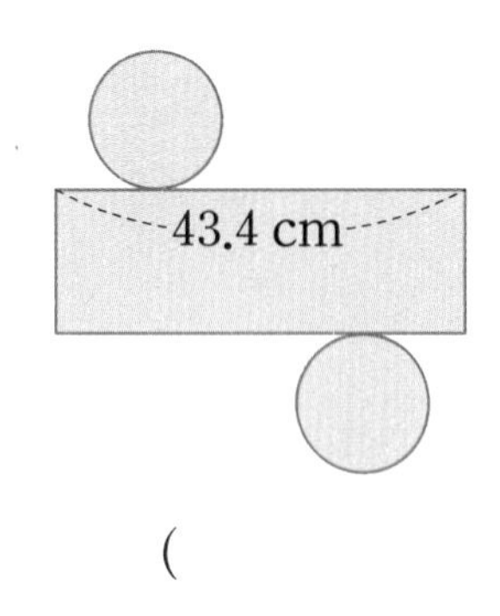

( )

3 완성

원기둥의 전개도에서 옆면의 넓이가 $376.8\,cm^2$일 때 밑면의 반지름은 몇 cm인지 구해 보세요. (원주율: 3.14)

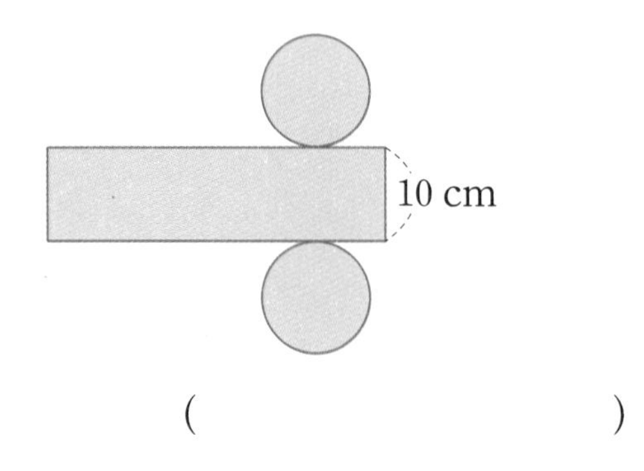

( )

2 원기둥의 옆면의 넓이를 이용하여 높이 구하기

4 준비

원기둥의 전개도를 보고 옆면의 넓이를 구해 보세요. (원주율: 3.1)

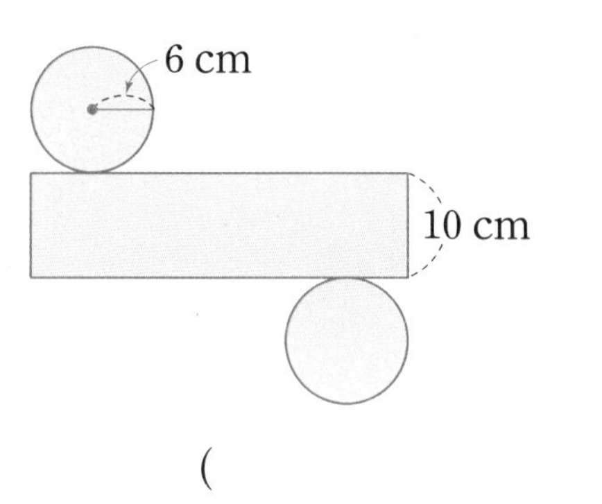

( )

5 확인

원기둥의 전개도에서 옆면의 넓이가 $173.6\,cm^2$일 때 원기둥의 높이는 몇 cm인지 구해 보세요. (원주율: 3.1)

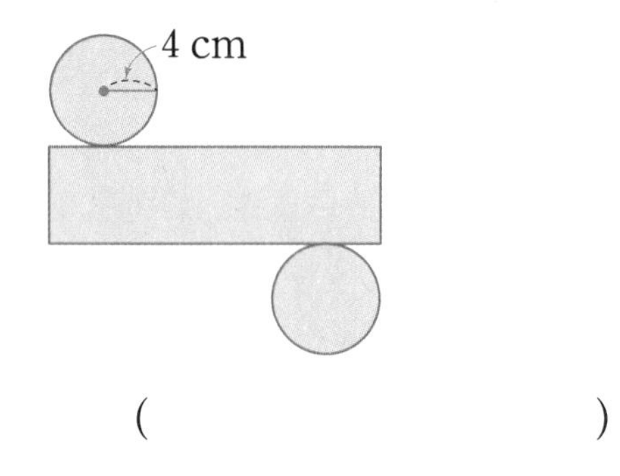

( )

6 완성

직육면체의 옆면의 넓이의 합과 원기둥의 옆면의 넓이가 같습니다. 원기둥의 높이는 몇 cm인지 구해 보세요. (원주율: 3.14)

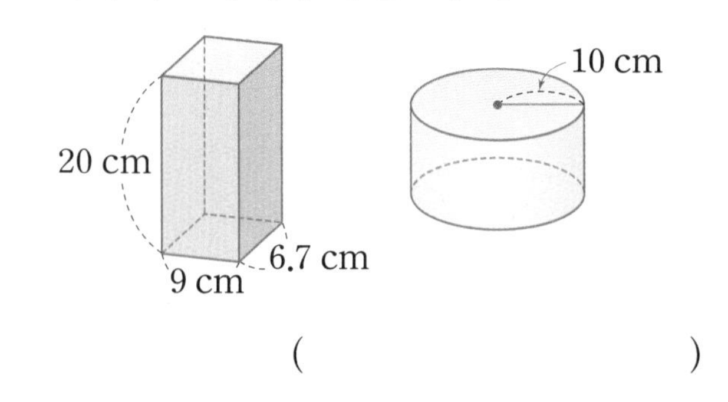

( )

3 원기둥을 만들어 각 부분의 넓이 구하기

7 준비

그림과 같이 직사각형 모양의 종이를 한 변을 기준으로 돌려서 만든 원기둥의 한 밑면의 넓이는 몇 cm^2인지 구해 보세요. (원주율: 3.1)

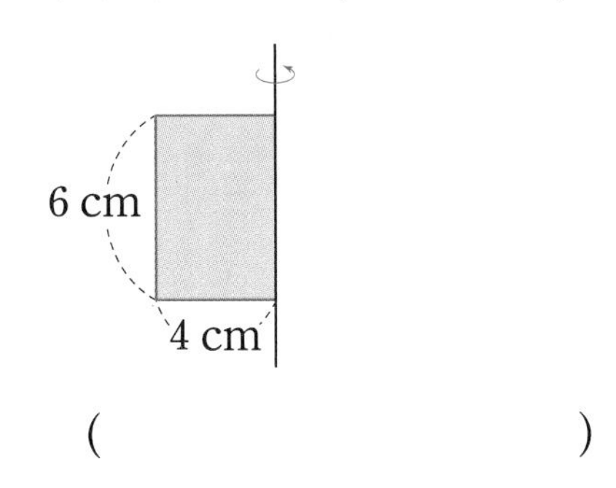

( )

8 확인

그림과 같이 직사각형 모양의 종이를 한 변을 기준으로 돌려서 만든 원기둥의 전개도에서 옆면의 넓이는 몇 cm^2인지 구해 보세요.

(원주율: 3.14)

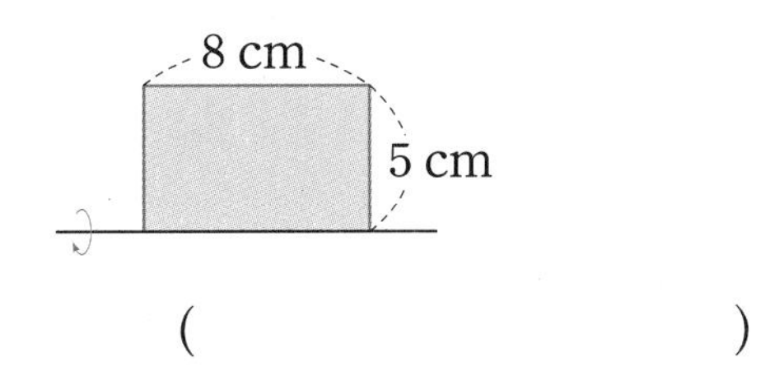

( )

9 완성

직사각형 모양의 종이를 가로와 세로를 기준으로 각각 돌려 입체도형을 만들었습니다. 만들어진 두 입체도형의 밑면의 넓이의 차를 구해 보세요. (원주율: 3.14)

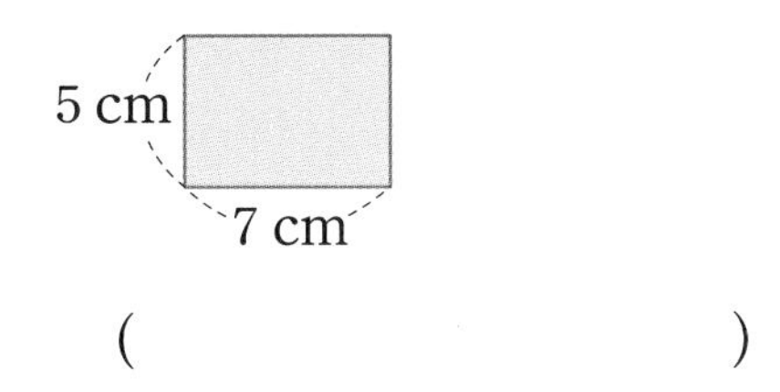

( )

4 원뿔을 여러 방향에서 본 모양

10 준비

원뿔을 앞에서 본 모양의 둘레를 구해 보세요.

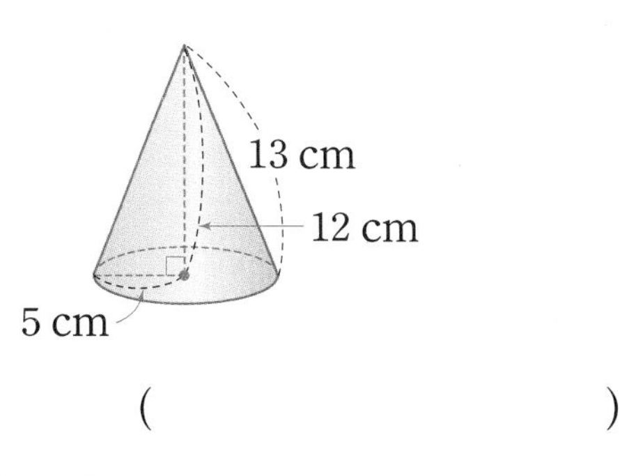

( )

11 확인

원뿔을 위와 앞에서 본 모양의 넓이를 각각 구해 보세요. (원주율: 3.1)

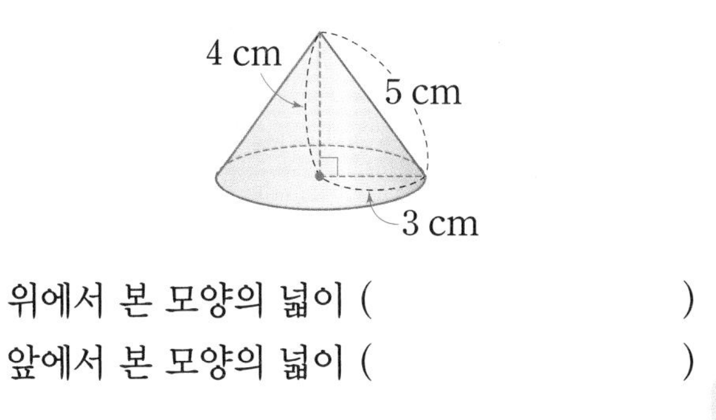

위에서 본 모양의 넓이 ( )

앞에서 본 모양의 넓이 ( )

12 완성

원뿔을 위와 앞에서 본 모양의 넓이의 차를 구해 보세요. (원주율: 3.1)

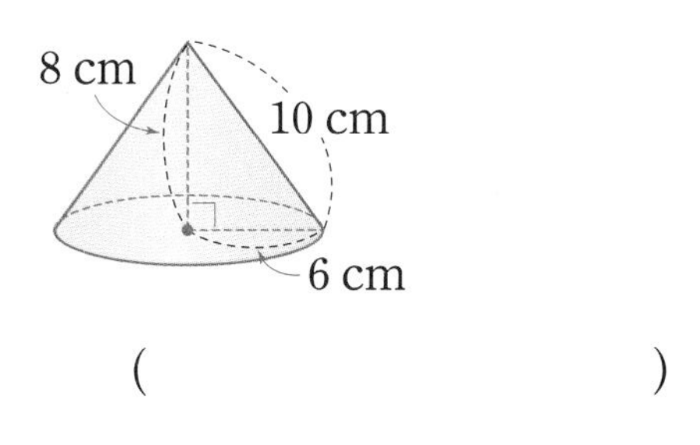

( )

단원 평가

점수 | 확인

1 도형을 보고 빈칸에 알맞은 기호를 모두 써넣으세요.

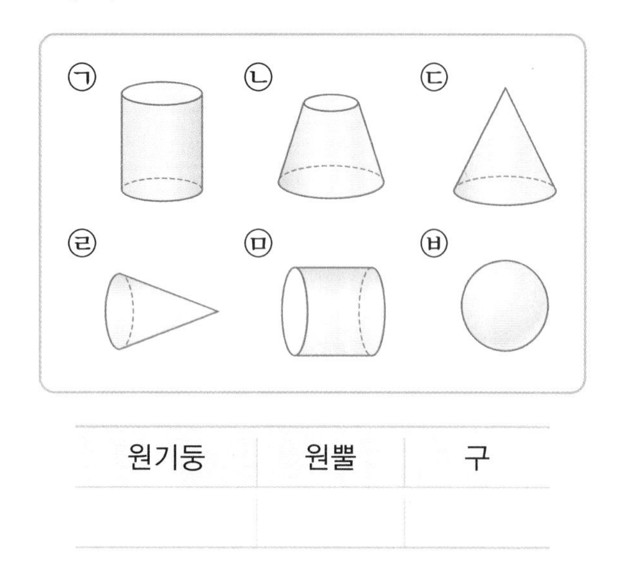

원기둥	원뿔	구

2 원기둥의 높이는 몇 cm일까요?

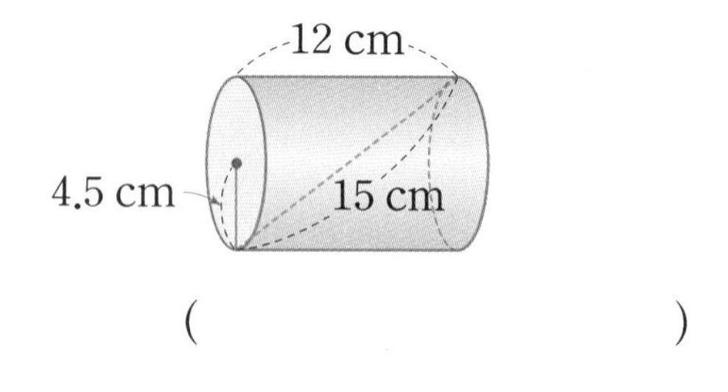

(　　　　　　　　)

3 원기둥을 위와 앞에서 본 모양의 이름을 각각 써 보세요.

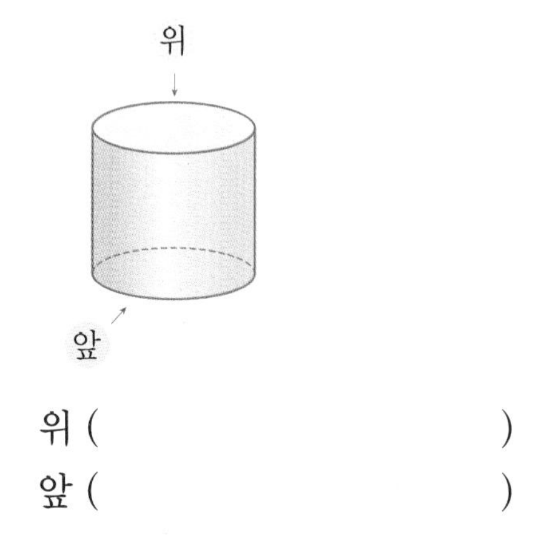

위 (　　　　　　　　)
앞 (　　　　　　　　)

4 원기둥과 각기둥의 공통점을 찾아 기호를 써 보세요.

㉠ 밑면의 모양은 원입니다.
㉡ 밑면은 2개입니다.
㉢ 옆면은 1개입니다.

(　　　　　　　　)

5 원기둥에 대한 설명이 잘못된 것은 어느 것일까요? (　　　)

① 밑면은 2개입니다.
② 옆면은 평평한 면입니다.
③ 두 밑면의 모양은 원입니다.
④ 앞에서 본 모양은 직사각형입니다.
⑤ 꼭짓점이 없습니다.

6 원기둥을 만들 수 있는 전개도가 아닌 것을 찾아 기호를 써 보세요.

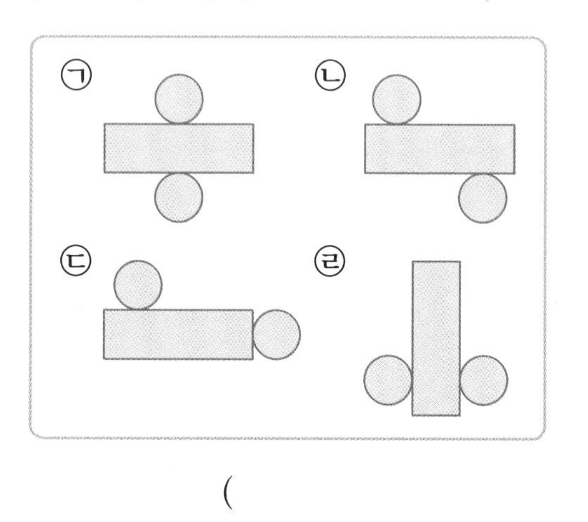

(　　　　　　　　)

7 원기둥의 전개도에서 원기둥의 밑면의 둘레와 길이가 같은 선분을 모두 찾아 써 보세요.

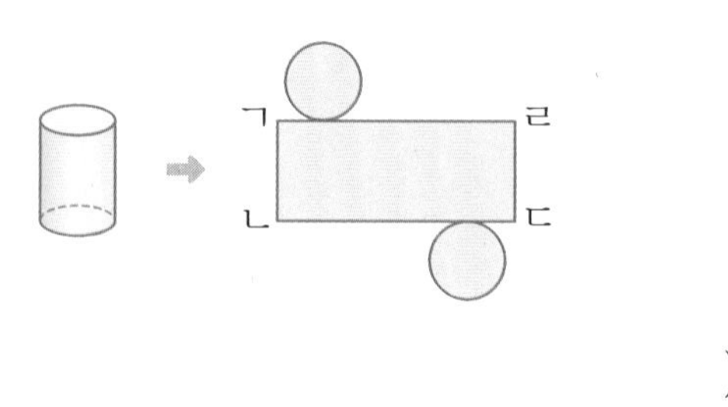

(　　　　　　　　)

8 원기둥의 전개도에 대한 설명으로 잘못된 것을 찾아 기호를 써 보세요.

> ㉠ 밑면은 2개이고 서로 합동인 원입니다.
> ㉡ 옆면의 모양은 직사각형입니다.
> ㉢ 옆면의 세로의 길이는 원기둥의 밑면의 둘레와 같습니다.

(　　　　　　　　　　)

9 원기둥과 전개도를 보고 □ 안에 알맞은 수를 써넣으세요. (원주율: 3.14)

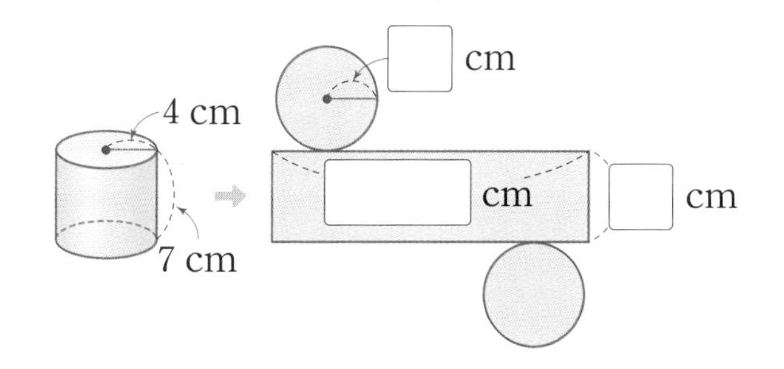

10 원기둥의 옆면의 넓이는 $90\,\text{cm}^2$입니다. 이 원기둥의 높이를 구해 보세요. (원주율: 3)

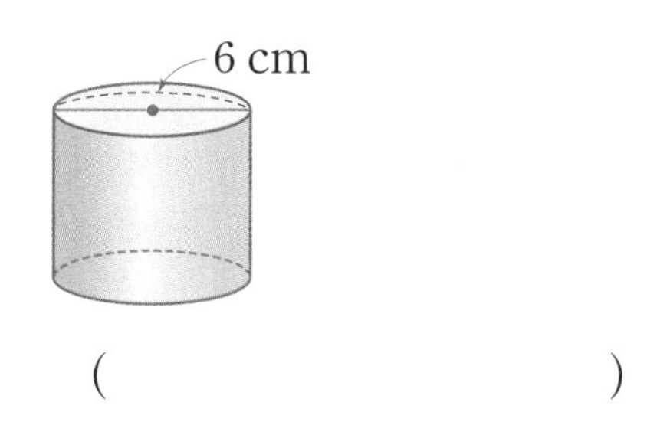

(　　　　　　　　　　)

11 도형을 보고 □ 안에 알맞은 말을 써넣으세요.

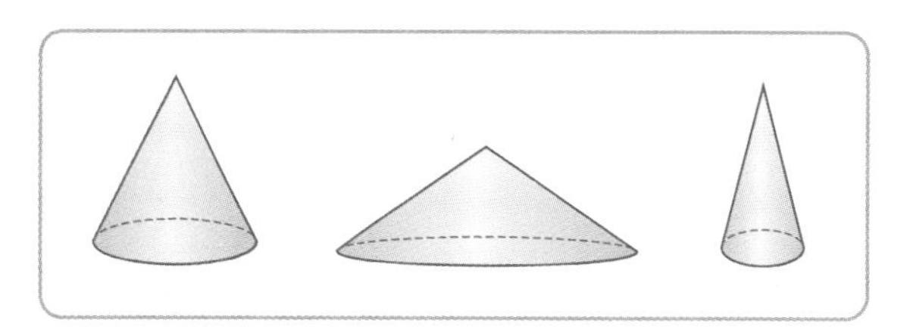

(1) 위와 같은 도형을 □(이)라고 합니다.

(2) 위에서 본 모양은 □입니다.

(3) 옆에서 본 모양은 □입니다.

12 원뿔에서 무엇의 길이를 재는 것일까요?

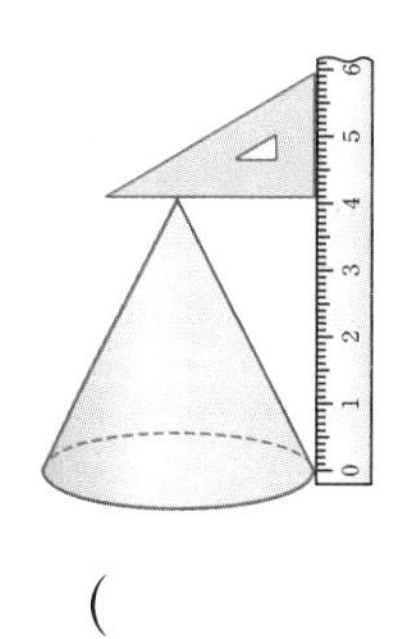

(　　　　　　　　　　)

13 보기 에서 원뿔의 모선은 모두 몇 개일까요?

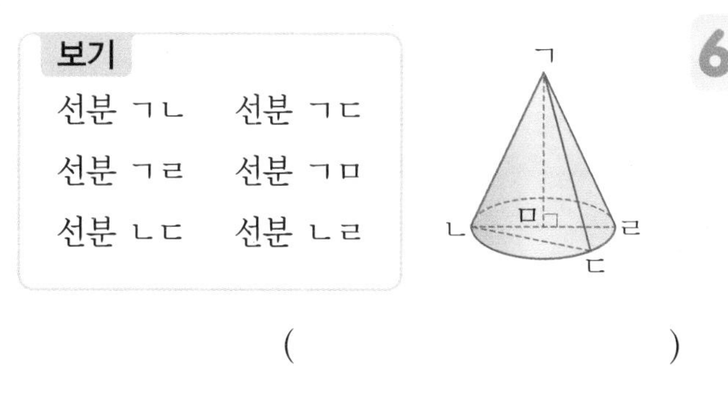

보기

선분 ㄱㄴ	선분 ㄱㄷ
선분 ㄱㄹ	선분 ㄱㅁ
선분 ㄴㄷ	선분 ㄴㄹ

(　　　　　　　　　　)

14 원뿔에서 모선의 길이와 밑면의 지름의 차는 몇 cm일까요?

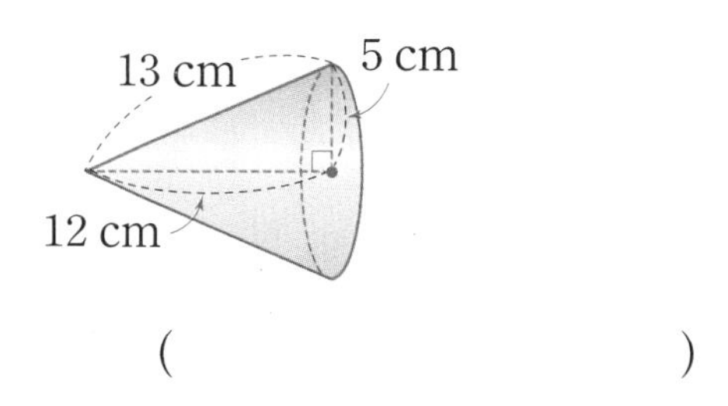

(　　　　　　　　　　)

6

정답과 풀이 40쪽 술술 서술형

15 두 입체도형의 높이의 합은 몇 cm인지 구해 보세요.

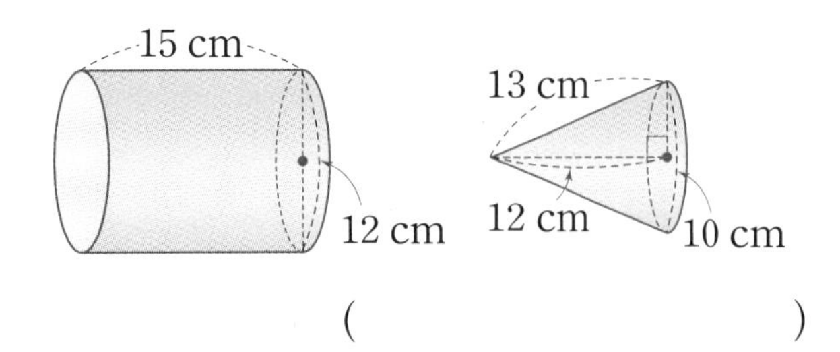

( )

16 반지름이 7 cm인 반원 모양의 종이를 지름을 기준으로 돌려서 구를 만들었습니다. 만들어진 구의 지름은 몇 cm일까요?

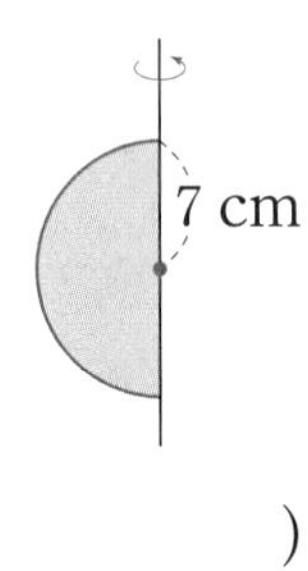

( )

17 구에 대해 바르게 설명한 것은 어느 것일까요? ( )

① 밑면의 모양은 원입니다.
② 옆에서 본 모양은 삼각형입니다.
③ 높이가 있습니다.
④ 뾰족한 부분이 있습니다.
⑤ 어느 방향에서 보아도 모양이 같습니다.

18 반원 모양의 종이를 지름을 기준으로 돌려서 만든 입체도형입니다. 돌리기 전의 종이의 넓이는 몇 cm^2일까요? (원주율: 3.1)

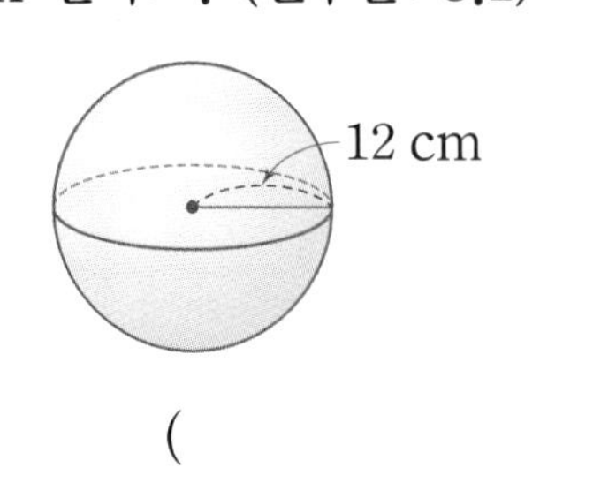

( )

19 원기둥과 전개도입니다. 원기둥의 옆면인 직사각형의 둘레는 몇 cm인지 풀이 과정을 쓰고 답을 구해 보세요. (원주율: 3.1)

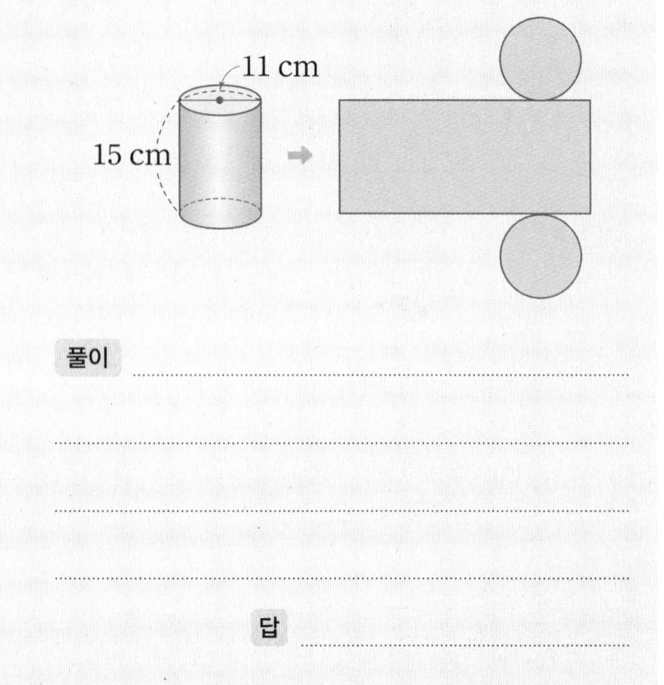

풀이

답

20 인우와 민호는 각각 다음과 같은 크기의 반원 모양의 종이를 지름을 기준으로 돌려서 구를 만들었습니다. 더 작은 구를 만든 사람은 누구인지 풀이 과정을 쓰고 답을 구해 보세요.

- 인우: 지름이 20 cm인 반원
- 민호: 반지름이 12 cm인 반원

풀이

답

수학 좀 한다면

기본탄탄북

6-2

차례

수학 좀 한다면

초등수학

기본탄탄북

6-2

• **개념 적용 복습** | 진도책의 개념 적용에서 틀리기 쉽거나 중요한 문제들을 다시 한번 풀어 보세요.

• **서술형 문제** | 쓰기 쉬운 서술형 문제로 수학적 의사표현 능력을 키워 보세요.

• **수행 평가** | 수시평가를 대비하여 꼭 한번 풀어 보세요. 시험에 대한 자신감이 생길 거예요.

• **총괄 평가** | 최종적으로 모든 단원의 문제를 풀어 보면서 실력을 점검해 보세요.

⊕ 개념 적용

1 다음 조건 을 모두 만족하는 분수의 나눗셈식을 모두 써 보세요.

진도책 13쪽 5번 문제

조건
- $7 \div 5$와 계산 결과가 같습니다.
- 분모가 10보다 작은 진분수끼리의 나눗셈입니다.
- 두 분수의 분모는 같습니다.

어떻게 풀었니?

분모가 같은 분수의 나눗셈을 계산하는 방법을 알아보자!

세 번째 조건에서 두 분수의 분모가 같다고 했으니까

두 분수를 $\frac{▲}{■}$, $\frac{●}{■}$로 놓을 수 있어.

분모가 같은 분수의 나눗셈은 분자끼리 계산하면 되니까

$\frac{▲}{■} \div \frac{●}{■} = ▲ \div$ □로 계산할 수 있지.

첫 번째 조건에서 $7 \div 5$와 계산 결과가 같다고 했으니까 ▲ = □, ● = □(이)야.

두 번째 조건에서 분모가 10보다 작은 진분수끼리의 나눗셈이라고 했으니까

■는 ▲와 ●보다 크고 10보다 작아야 하지.

즉, ■가 될 수 있는 수는 □, □(이)야.

아~ 조건을 모두 만족하는 분수의 나눗셈식을 모두 쓰면 $\frac{□}{□} \div \frac{□}{□}$, $\frac{□}{□} \div \frac{□}{□}$(이)구나!

2 다음 조건 을 모두 만족하는 분수의 나눗셈식을 써 보세요.

조건
- $5 \div 3$과 계산 결과가 같습니다.
- 분모가 8보다 작은 진분수끼리의 나눗셈입니다.
- 두 분수는 분모가 같은 기약분수입니다.

식 ....

3 **계산 결과가 가장 큰 것을 찾아 기호를 써 보세요. (단, ★은 같은 수입니다.)**

진도책 23쪽
6번 문제

㉠ $★ \div \frac{1}{9}$ ㉡ $★ \div \frac{1}{8}$ ㉢ $★ \div \frac{1}{14}$

주어진 식에서 나누어지는 수가 얼마인지 모르는데 계산 결과의 크기를 어떻게 비교할 수 있을까? 나누어지는 수가 같을 때 나누는 수에 따라 계산 결과가 어떻게 달라지는지 알아보자!

귤 12개를 똑같이 나누어 줄 때, 나누어 주려는 사람 수가 적을수록 한 명이 가지게 되는 귤이 많아지겠지?
즉, 나누어지는 수가 같을 때 나누는 수가 (작을수록 , 클수록) 계산 결과가 커진다는 걸 알 수 있어.
분수의 나눗셈도 마찬가지야.
세 식 ㉠, ㉡, ㉢에서 나누어지는 수는 ★로 같으니까 나누는 분수의 크기를 비교하면 돼.
$\frac{1}{9}$, $\frac{1}{8}$, $\frac{1}{14}$은 모두 단위분수이고, 단위분수는 분모가 (클수록 , 작을수록) 더 큰 분수이니까
$\frac{1}{14}$ ◯ $\frac{1}{9}$ ◯ $\frac{1}{8}$이 되지.
아~ 계산 결과가 가장 큰 것은 ☐이구나!

4 계산 결과가 가장 작은 것을 찾아 기호를 써 보세요. (단, ●는 같은 수입니다.)

㉠ $● \div \frac{1}{5}$ ㉡ $● \div \frac{1}{13}$ ㉢ $● \div \frac{1}{11}$

( )

5 계산 결과가 큰 것부터 차례로 기호를 써 보세요. (단, ♣는 같은 수입니다.)

㉠ $♣ \div \frac{2}{7}$ ㉡ $♣ \div \frac{2}{3}$ ㉢ $♣ \div \frac{2}{9}$

( )

6

진도책 25쪽 12번 문제

빵 한 개를 만드는 데 소금 $\frac{3}{10}$컵이 필요합니다. 소금 $\frac{3}{4}$컵으로 빵을 몇 개까지 만들 수 있는지 구해 보세요.

분수의 나눗셈식을 세워서 계산해 보자!

만들 수 있는 빵의 수는 (전체 소금의 양)÷(빵 한 개를 만드는 데 필요한 소금의 양)으로 구할 수 있으니까 $\frac{3}{4}\div\frac{3}{10}$을 계산하면 돼.

(분수)÷(분수)는 나누는 분수의 분모와 분자를 바꾸어 곱하면 되니까

$$\frac{3}{4}\div\frac{3}{10}=\frac{\overset{1}{\cancel{3}}}{\underset{2}{\cancel{4}}}\times\frac{\overset{\square}{\boxed{}}}{\underset{\square}{\boxed{}}}=\frac{\boxed{}}{2}=\boxed{}\frac{\boxed{}}{\boxed{}}$$

이/가 되지.

이때 만들 수 있는 빵의 개수는 자연수가 되어야 한다는 것에 주의해야 해. 즉, 한 개보다 적은 분수 부분은 (올림 , 버림)의 방법을 이용해야 해.

아~ 소금 $\frac{3}{4}$컵으로 빵을 $\boxed{}$개까지 만들 수 있구나!

7

쿠키 한 개를 만드는 데 설탕 $\frac{2}{11}$컵이 필요합니다. 설탕 $\frac{2}{3}$컵으로 쿠키를 몇 개까지 만들 수 있는지 구해 보세요.

( )

8

한 병에 $\frac{2}{5}$L씩 들어 있는 주스가 2병 있습니다. 한 명에게 $\frac{1}{6}$L씩 준다면 주스를 몇 명까지 줄 수 있는지 구해 보세요.

( )

9 가분수를 진분수로 나눈 몫을 구해 보세요.

진도책 27쪽 19번 문제

$4\frac{1}{7}$ $\frac{5}{12}$ $\frac{17}{6}$

어떻게 풀었니?

나누어지는 수와 나누는 수를 찾아서 계산해 보자!

문제에서 '가분수'를 '진분수'로 나눈 몫을 구하라고 했으니까
먼저 가분수와 진분수를 찾아야 해.

가분수는 분자가 분모와 같거나 분모보다 (작은 , 큰) 수이니까 □이고,

진분수는 분자가 분모보다 (작은 , 큰) 수이니까 □(이)야.

(가분수)÷(진분수)는 두 가지 방법으로 계산할 수 있어.

방법 1 통분하여 계산하기

$$\frac{17}{6}\div\frac{5}{12}=\frac{\square}{12}\div\frac{5}{12}=\square\div5=\frac{\square}{\square}=\square\frac{\square}{\square}$$

방법 2 분수의 곱셈으로 나타내어 계산하기

$$\frac{17}{6}\div\frac{5}{12}=\frac{17}{\not{6}_{1}}\times\frac{\overset{\square}{\not{\square}}}{\square}=\frac{\square}{5}=\square\frac{\square}{\square}$$

아~ 가분수를 진분수로 나눈 몫은 □(이)구나!

10 대분수를 진분수로 나눈 몫을 구해 보세요.

$\frac{3}{4}$ $\frac{29}{23}$ $2\frac{3}{8}$

( )

쓰기 쉬운 서술형

1 잘못된 곳을 찾아 바르게 계산하기

계산이 잘못된 곳을 찾아 이유를 쓰고 바르게 계산해 보세요.

$$2\frac{1}{15} \div \frac{2}{5} = 2\frac{1}{\cancel{15}_{3}} \times \frac{\cancel{5}^{1}}{2} = 2\frac{1}{6}$$

(대분수)÷(분수)를 계산하는 방법은?

무엇을 쓸까? ❶ 잘못 계산한 이유 쓰기
❷ 바르게 계산하기

이유 예 대분수를 (　　　)로 바꾼 다음 약분하여 계산해야 합니다. --- ❶

바른 계산 예 $2\frac{1}{15} \div \frac{2}{5} = \frac{(\quad)}{15} \div \frac{2}{5} = \frac{(\quad)}{15} \times (\quad)$

$= \frac{(\quad)}{6} = (\quad)$ --- ❷

1-1

계산이 잘못된 곳을 찾아 이유를 쓰고 바르게 계산해 보세요.

$$\frac{7}{24} \div \frac{5}{16} = \frac{\cancel{24}^{3}}{7} \times \frac{5}{\cancel{16}_{2}} = \frac{15}{14} = 1\frac{1}{14}$$

무엇을 쓸까? ❶ 잘못 계산한 이유 쓰기
❷ 바르게 계산하기

이유

바른 계산

2 □ 안에 들어갈 수 있는 자연수 구하기

□ 안에 들어갈 수 있는 자연수를 모두 구하려고 합니다. 풀이 과정을 쓰고 답을 구해 보세요.

$$3\div\frac{1}{4}<\square<4\frac{4}{5}\div\frac{1}{3}$$

$3\div\frac{1}{4}$보다 크고 $4\frac{4}{5}\div\frac{1}{3}$보다 작은 자연수는?

무엇을 쓸까?
❶ $3\div\frac{1}{4}$, $4\frac{4}{5}\div\frac{1}{3}$을 계산하여 □의 범위 구하기
❷ □ 안에 들어갈 수 있는 자연수 모두 구하기

풀이 예 $3\div\frac{1}{4}=3\times(\quad)=(\quad)$,

$4\frac{4}{5}\div\frac{1}{3}=\frac{(\quad)}{5}\times(\quad)=\frac{(\quad)}{5}=\left(\quad\right)$이므로

$(\quad)<\square<\left(\quad\right)$입니다. --- ❶

따라서 □ 안에 들어갈 수 있는 자연수는 (　　), (　　)입니다. --- ❷

답

2-1

□ 안에 들어갈 수 있는 자연수는 모두 몇 개인지 풀이 과정을 쓰고 답을 구해 보세요.

$$4\div\frac{2}{7}<\square<8\frac{2}{3}\div\frac{4}{9}$$

무엇을 쓸까?
❶ $4\div\frac{2}{7}$, $8\frac{2}{3}\div\frac{4}{9}$를 계산하여 □의 범위 구하기
❷ □ 안에 들어갈 수 있는 자연수의 개수 구하기

풀이

답

3 분수의 나눗셈의 활용

감자 4 kg을 한 봉지에 $\frac{2}{5}$ kg씩 담으려고 합니다. 필요한 봉지는 몇 개인지 풀이 과정을 쓰고 답을 구해 보세요.

전체 감자의 양을 한 봉지에 담을 감자의 양으로 나누면?

나누는 분수의 분모와 분자를 바꿔서 곱해.

무엇을 쓸까? ❶ 필요한 봉지 수를 구하는 과정 쓰기
❷ 필요한 봉지 수 구하기

풀이 예 (필요한 봉지 수) = (　　) ÷ $\left(\quad\right)$ --- ❶

= (　　) × $\left(\quad\right)$ = (　　)(개)

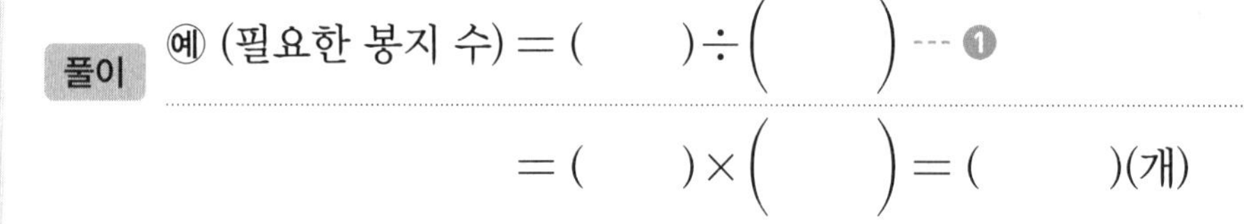

따라서 필요한 봉지는 (　　)개입니다. --- ❷

답 ______

3-1

굵기가 일정한 철사 $\frac{11}{13}$ m의 무게가 $\frac{3}{13}$ kg입니다. 이 철사 1 m의 무게는 몇 kg인지 풀이 과정을 쓰고 답을 구해 보세요.

무엇을 쓸까? ❶ 철사 1 m의 무게를 구하는 과정 쓰기
❷ 철사 1 m의 무게 구하기

풀이 ______

답 ______

3-2

길이가 $11\frac{1}{4}$ m인 리본 끈을 $\frac{5}{8}$ m씩 잘랐습니다. 자른 리본 끈은 모두 몇 도막인지 풀이 과정을 쓰고 답을 구해 보세요.

무엇을 쓸까? ❶ 자른 리본 끈의 도막 수를 구하는 과정 쓰기
❷ 자른 리본 끈의 도막 수 구하기

풀이

답

3-3

들이가 $3\frac{3}{5}$ L인 물통이 있습니다. 이 물통에 물을 가득 채우려면 들이가 $\frac{3}{4}$ L인 그릇으로 물을 적어도 몇 번 부어야 하는지 풀이 과정을 쓰고 답을 구해 보세요.

무엇을 쓸까? ❶ 물을 적어도 몇 번 부어야 하는지 구하는 과정 쓰기
❷ 물을 적어도 몇 번 부어야 하는지 구하기

풀이

답

4 어떤 분수 구하기

어떤 분수에 $\frac{8}{15}$을 곱했더니 $\frac{2}{3}$가 되었습니다. 어떤 분수는 얼마인지 풀이 과정을 쓰고 답을 구해 보세요.

$\square\times\frac{8}{15}=\frac{2}{3}$일 때 □는?

■×▲=●
⟺ ■=●÷▲

무엇을 쓸까? ❶ 어떤 분수를 □라고 하여 식 세우기
❷ 어떤 분수 구하기

풀이 예 어떤 분수를 □라고 하면 $\square\times(\qquad)=\frac{2}{3}$입니다. --- ❶

따라서 $\square=\frac{2}{3}\div(\qquad)=\frac{2}{3}\times(\qquad)=(\qquad)=(\qquad)$입니다. --- ❷

답

4-1

$\frac{12}{13}$에 어떤 분수를 곱했더니 8이 되었습니다. 어떤 분수는 얼마인지 풀이 과정을 쓰고 답을 구해 보세요.

무엇을 쓸까? ❶ 어떤 분수를 □라고 하여 식 세우기
❷ 어떤 분수 구하기

풀이

답

4-2

$\frac{4}{9}$를 어떤 분수로 나누었더니 $\frac{2}{15}$가 되었습니다. 어떤 분수를 $\frac{5}{7}$로 나눈 몫은 얼마인지 풀이 과정을 쓰고 답을 구해 보세요.

무엇을 쓸까? ❶ 어떤 분수 구하기
❷ 어떤 분수를 $\frac{5}{7}$로 나눈 몫 구하기

풀이

답

4-3

어떤 분수를 $\frac{6}{7}$으로 나누어야 할 것을 잘못하여 곱했더니 $1\frac{1}{11}$이 되었습니다. 바르게 계산하면 얼마인지 풀이 과정을 쓰고 답을 구해 보세요.

무엇을 쓸까? ❶ 어떤 분수 구하기
❷ 바르게 계산한 값 구하기

풀이

답

수행 평가

1 □ 안에 알맞은 수를 써넣으세요.

$$\frac{7}{9} \div \frac{2}{5} = \frac{\square}{45} \div \frac{\square}{45}$$
$$= \square \div \square$$
$$= \frac{\square}{\square} = \square$$

2 보기 와 같은 방법으로 계산해 보세요.

보기

$$6 \div \frac{3}{7} = (6 \div 3) \times 7 = 14$$

$12 \div \frac{4}{9}$ ....

3 계산 결과가 자연수인 것을 찾아 기호를 써 보세요.

㉠ $\frac{3}{8} \div \frac{7}{8}$ ㉡ $\frac{5}{13} \div \frac{2}{13}$

㉢ $\frac{9}{17} \div \frac{3}{17}$ ㉣ $\frac{4}{15} \div \frac{8}{15}$

(　　　　　　　　)

4 계산이 잘못된 곳을 찾아 바르게 계산해 보세요.

$$\frac{9}{8} \div \frac{3}{11} = \frac{8}{\cancel{9}_{3}} \times \frac{\cancel{3}^{1}}{11} = \frac{8}{33}$$

$\frac{9}{8} \div \frac{3}{11}$ ....

5 가장 큰 수를 가장 작은 수로 나눈 몫을 구해 보세요.

$7\frac{1}{5}$ $2\frac{4}{7}$ $5\frac{3}{4}$

(　　　　　　　　)

6 계산 결과가 큰 것부터 차례로 기호를 써 보세요.

㉠ $3 \div \frac{5}{7}$ ㉡ $\frac{18}{5} \div \frac{8}{15}$ ㉢ $4\frac{1}{3} \div \frac{1}{2}$

( )

7 1분에 $5\frac{5}{6}$ L의 물이 나오는 수도꼭지가 있습니다. 이 수도꼭지로 $9\frac{4}{5}$ L의 물을 받으려면 몇 분이 걸릴까요?

( )

8 □ 안에 들어갈 수 있는 자연수는 모두 몇 개일까요?

$27 \div \frac{9}{\square} < 15$

( )

9 어떤 분수를 $\frac{5}{14}$로 나누어야 할 것을 잘못하여 곱했더니 $\frac{10}{49}$이 되었습니다. 바르게 계산하면 얼마인지 구해 보세요.

( )

서술형 문제

10 민호네 가족은 쌀을 하루에 $\frac{5}{8}$ kg씩 먹습니다. 쌀 $10\frac{1}{4}$ kg을 모두 먹으려면 적어도 며칠 걸리는지 풀이 과정을 쓰고 답을 구해 보세요.

풀이

답

➕ 개념 적용

1

진도책 47쪽 13번 문제

넓이가 $9.72\ \mathrm{km}^2$인 직사각형 모양의 공원이 있습니다. 공원의 가로가 $2.7\ \mathrm{km}$일 때, 세로는 몇 km인지 식을 쓰고 답을 구해 보세요.

식 ....

답 ....

직사각형의 넓이를 이용하여 세로의 길이를 구해 보자!

직사각형의 넓이와 가로를 알 때, 곱셈과 나눗셈의 관계를 이용하여 세로를 구할 수 있어.

(직사각형의 넓이) $=$ (가로) $\times$ (세로) ↔ (세로) $=$ (직사각형의 넓이) $\div$ (가로)

넓이가 $9.72\ \mathrm{km}^2$이고, 가로가 $2.7\ \mathrm{km}$이니까 세로는 $9.72 \div 2.7$을 계산하면 돼.

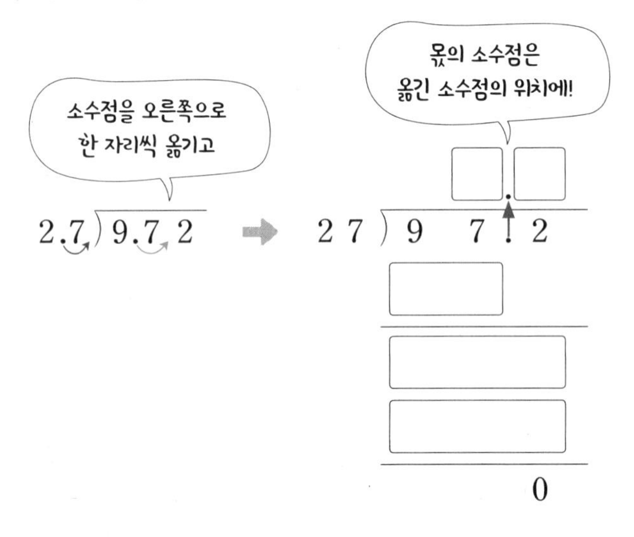

아~ 세로는 몇 km인지 식을 쓰고 답을 구하면

식 .... 답 ....(이)구나!

2

넓이가 $8.96\ \mathrm{km}^2$인 직사각형 모양의 땅이 있습니다. 땅의 세로가 $3.2\ \mathrm{km}$일 때, 가로는 몇 km인지 식을 쓰고 답을 구해 보세요.

식 ....

답 ....

3

설명을 보고 바르게 설명한 친구의 이름을 써 보세요.

진도책 48쪽
17번 문제

어떻게 풀었니?

나누어지는 수와 나누는 수, 몫의 관계를 알아보자!

지수

나누어지는 수가 같고 나누는 수가 10배, 100배가 되면 몫은 어떻게 변할까?

$48 \div 0.02 = \square$

(나누는 수 10배 ↓, 몫 ↑ 10배)

$48 \div 0.2 = \square$

(나누는 수 10배 ↓, 몫 ↑ 10배)

$48 \div 2 = \square$

➡ 몫은 □배, □배가 돼.

은경

나누는 수가 같고 나누어지는 수가 10배, 100배가 되면 몫은 어떻게 변할까?

$0.48 \div 0.02 = \square$

(나누어지는 수 10배 ↓, 몫 ↓ 10배)

$4.8 \div 0.02 = \square$

(나누어지는 수 10배 ↓, 몫 ↓ 10배)

$48 \div 0.02 = \square$

➡ 몫은 □배, □배가 돼.

아~ 바르게 설명한 친구는 □(이)구나!

4

설명이 옳은 것을 찾아 기호를 써 보세요.

㉠ 나누는 수가 같을 때 나누어지는 수가 $\frac{1}{10}$배, $\frac{1}{100}$배가 되면 몫도 $\frac{1}{10}$배, $\frac{1}{100}$배가 됩니다.

㉡ 나누어지는 수가 같을 때 나누는 수가 $\frac{1}{10}$배, $\frac{1}{100}$배가 되면 몫도 $\frac{1}{10}$배, $\frac{1}{100}$배가 됩니다.

(　　　　　　)

5

진도책 50쪽 25번 문제

몫을 반올림하여 소수 첫째 자리까지 나타낸 값과 반올림하여 소수 둘째 자리까지 나타낸 값의 차를 구해 보세요.

$5.08 \div 6$

어떻게 풀었니?

몫을 반올림하여 나타내는 방법을 알아보자!

반올림은 구하려는 자리 바로 아래 자리의 숫자가 0, 1, 2, 3, 4이면 (버리고 , 올리고), 5, 6, 7, 8, 9이면 (버리는 , 올리는) 방법이야.

반올림하여 소수 첫째 자리, 소수 둘째 자리까지 나타내려면 몫을 소수 둘째 자리, 소수 셋째 자리까지 계산해 봐야겠지?

6) 5 . 0 8 0

$5.08 \div 6 =$ □.□□ …이니까

몫을 반올림하여 소수 첫째 자리까지 나타내면 □이고,

$5.08 \div 6 =$ □.□□□ …이니까

몫을 반올림하여 소수 둘째 자리까지 나타내면 □(이)야.

반올림한 두 몫의 차를 구하면

□ − □ = □ 이/가 되지.

아~ 몫을 반올림하여 소수 첫째 자리까지 나타낸 값과 반올림하여 소수 둘째 자리까지 나타낸 값의 차는 □(이)구나!

6

$9.68 \div 7$의 몫을 다음과 같이 구했을 때, 두 친구가 구한 몫의 차를 구해 보세요.

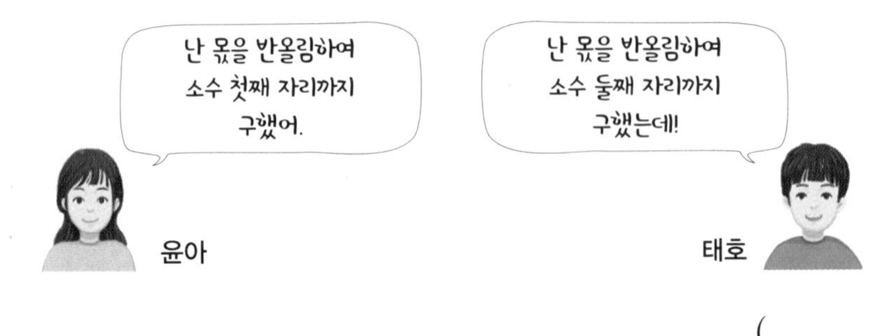

(　　　　　　　　)

7

진도책 52쪽
32번 문제

페인트 35.1 L를 한 명에게 4 L씩 나누어 주려고 합니다. 나누어 줄 수 있는 사람 수와 남는 페인트는 몇 L인지 구해 보세요.

나누어 줄 수 있는 사람: ☐명

남는 페인트의 양: ☐L

소수의 나눗셈에서 몫과 나머지를 구해 보자!

페인트 35.1 L를 한 명에게 4 L씩 나누어 줄 때 나누어 줄 수 있는 사람 수는 $35.1 \div 4$로 구할 수 있어. 이때 사람 수는 자연수이니까 몫을 자연수 부분까지만 구하면 돼.

$35.1 \div 4$의 몫과 나머지를 뺄셈식으로 알아보면

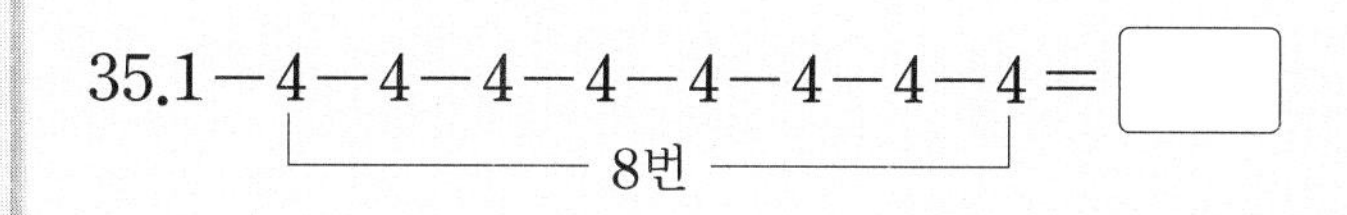

➡ 35.1에서 4를 ☐번 뺄 수 있고 ☐이/가 남아.

$35.1 \div 4$의 몫과 나눗셈식으로 알아보면

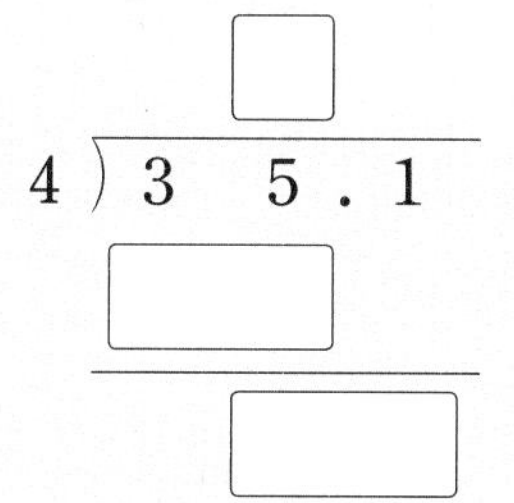

➡ 몫은 ☐이/가 되고 ☐이/가 남아.

몫을 자연수 부분까지 구하고 남는 수의 소수점은 나누어지는 수의 소수점과 같은 위치에 찍으면 된다는 걸 알 수 있지.

아~ 나누어 줄 수 있는 사람은 ☐명이고, 남는 페인트의 양은 ☐L구나!

8

털실 47.2 m를 한 명에게 6 m씩 나누어 주려고 합니다. 나누어 줄 수 있는 사람 수와 남는 털실은 몇 m인지 구해 보세요.

나누어 줄 수 있는 사람: ☐명

남는 털실의 길이: ☐m

1 □ 안에 들어갈 수 있는 수 구하기

1부터 9까지의 자연수 중에서 □ 안에 들어갈 수 있는 수를 모두 구하려고 합니다. 풀이 과정을 쓰고 답을 구해 보세요.

$25.8 \div 4.3 < \square$

25.8÷4.3보다 큰 자연수는?

무엇을 쓸까? ❶ 25.8÷4.3을 계산하여 □의 범위 구하기
❷ □ 안에 들어갈 수 있는 자연수 모두 구하기

풀이 예 $25.8 \div 4.3 = 258 \div (\quad) = (\quad)$이므로 ( )<□입니다. --- ❶

따라서 □ 안에 들어갈 수 있는 자연수는 ( ), ( ), ( )입니다. --- ❷

답

1-1

1부터 9까지의 자연수 중에서 □ 안에 들어갈 수 있는 수는 모두 몇 개인지 풀이 과정을 쓰고 답을 구해 보세요.

$9.62 \div 2.6 < \square < 11.34 \div 2.1$

무엇을 쓸까? ❶ 9.62÷2.6, 11.34÷2.1을 계산하여 □의 범위 구하기
❷ □ 안에 들어갈 수 있는 자연수의 개수 구하기

풀이

답

2 소수의 나눗셈의 활용

강아지의 무게는 3.84 kg이고 고양이의 무게는 3.2 kg입니다. 강아지의 무게는 고양이의 무게의 몇 배인지 풀이 과정을 쓰고 답을 구해 보세요.

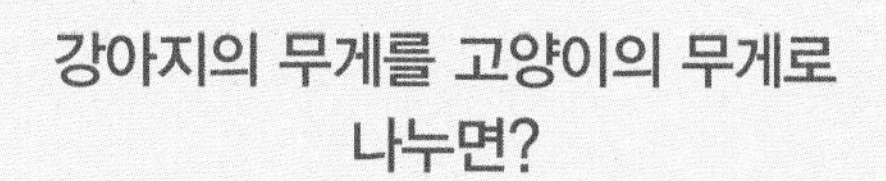

무엇을 쓸까? ❶ 강아지의 무게는 고양이의 무게의 몇 배인지 구하는 과정 쓰기
❷ 강아지의 무게는 고양이의 무게의 몇 배인지 구하기

풀이 예 (강아지의 무게)÷(고양이의 무게)=(　　　)÷(　　　) --- ❶

=(　　　)(배)

따라서 강아지의 무게는 고양이의 무게의 (　　　)배입니다. --- ❷

답 ________

2-1

학교에서 서점까지의 거리는 3.22 km이고 학교에서 은행까지의 거리는 1.4 km입니다. 학교에서 서점까지의 거리는 학교에서 은행까지의 거리의 몇 배인지 풀이 과정을 쓰고 답을 구해 보세요.

무엇을 쓸까? ❶ (학교~서점)은 (학교~은행)의 몇 배인지 구하는 과정 쓰기
❷ (학교~서점)은 (학교~은행)의 몇 배인지 구하기

풀이

답 ________

2-2

도윤이가 자전거를 타고 일정한 빠르기로 13.6 km를 가는 데 8.5분이 걸렸습니다. 도윤이가 1분 동안 간 거리는 몇 km인지 풀이 과정을 쓰고 답을 구해 보세요.

무엇을 쓸까? ❶ 도윤이가 1분 동안 간 거리를 구하는 과정 쓰기
❷ 도윤이가 1분 동안 간 거리 구하기

풀이

답

2-3

상자 한 개를 포장하는 데 끈 1.4 m가 필요합니다. 끈 7.98 m로는 상자를 몇 개까지 포장할 수 있는지 풀이 과정을 쓰고 답을 구해 보세요.

무엇을 쓸까? ❶ 포장할 수 있는 상자 수를 구하는 과정 쓰기
❷ 포장할 수 있는 상자 수 구하기

풀이

답

3 수 카드로 나눗셈식 만들기

3장의 수 카드 2, 4, 6 을 한 번씩만 사용하여 오른쪽과 같은 나눗셈식을 만들려고 합니다. 몫이 가장 작을 때의 몫은 얼마인지 풀이 과정을 쓰고 답을 구해 보세요.

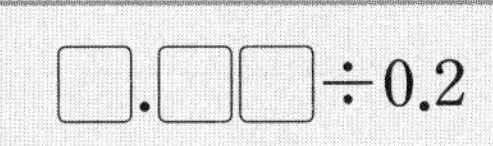

가장 작은 소수 두 자리 수를
0.2로 나누면?

나누어지는 수가
작을수록 몫이 작아.

무엇을 쓸까? ❶ 몫이 가장 작을 때 나누어지는 수 구하기
❷ 몫이 가장 작을 때의 몫 구하기

풀이 예 나누는 수가 같을 때 나누어지는 수가 (작을수록 , 클수록) 몫이 작으므로

나누어지는 수는 가장 (작은 , 큰) 소수 두 자리 수가 되어야 합니다.

➡ 나누어지는 수: (   ) --- ❶

따라서 몫이 가장 작을 때의 몫은 (   )÷0.2=(   )입니다. --- ❷

답

2

3-1

3장의 수 카드 3, 6, 9 를 한 번씩만 사용하여 오른쪽과 같은 나눗셈식을 만들려고 합니다. 몫이 가장 클 때의 몫은 얼마인지 풀이 과정을 쓰고 답을 구해 보세요.

□.□□÷0.3

무엇을 쓸까? ❶ 몫이 가장 클 때 나누어지는 수 구하기
❷ 몫이 가장 클 때의 몫 구하기

풀이

답

3-2

4장의 수 카드 3, 4, 5, 9 를 한 번씩만 사용하여 다음과 같은 나눗셈식을 만들려고 합니다. 몫이 가장 클 때의 몫은 얼마인지 풀이 과정을 쓰고 답을 구해 보세요.

□□.□÷0.□

무엇을 쓸까? ❶ 몫이 가장 클 때 나누어지는 수, 나누는 수 구하기
❷ 몫이 가장 클 때의 몫 구하기

풀이

답

3-3

5장의 수 카드 0, 2, 4, 6, 9 를 한 번씩만 사용하여 (두 자리 수)÷(소수 두 자리 수)의 나눗셈식을 만들려고 합니다. 몫이 가장 클 때의 몫은 얼마인지 풀이 과정을 쓰고 답을 구해 보세요.

무엇을 쓸까? ❶ 몫이 가장 클 때 나누어지는 수, 나누는 수 구하기
❷ 몫이 가장 클 때의 몫 구하기

풀이

답

4 몫의 소수 몇째 자리 숫자 구하기

다음 나눗셈의 몫을 구할 때 몫의 소수 20째 자리 숫자는 얼마인지 풀이 과정을 쓰고 답을 구해 보세요.

$13 \div 6$

$13 \div 6$의 몫의 소수점 아래 숫자의 규칙을 찾으면?

무엇을 쓸까? ❶ $13 \div 6$의 몫의 규칙 찾기
❷ 몫의 소수 20째 자리 숫자 구하기

풀이 예 $13 \div 6$의 몫을 소수 넷째 자리까지 구해 보면 $13 \div 6 =$ (   )…이므로

몫의 소수 (   ) 자리부터 숫자 (   )이 반복됩니다. --- ❶

따라서 몫의 소수 20째 자리 숫자는 (   )입니다. --- ❷

답

2

4-1

다음 나눗셈의 몫을 구할 때 몫의 소수 17째 자리 숫자는 얼마인지 풀이 과정을 쓰고 답을 구해 보세요.

$23 \div 3.3$

무엇을 쓸까? ❶ $23 \div 3.3$의 몫의 규칙 찾기
❷ 몫의 소수 17째 자리 숫자 구하기

풀이

답

수행 평가

1 □ 안에 알맞은 수를 써넣으세요.

(1) $8.4 \div 1.4 = \frac{\square}{10} \div \frac{\square}{10}$

$= \square \div \square = \square$

(2) $6.34 \div 3.17 = \frac{\square}{100} \div \frac{\square}{100}$

$= \square \div \square$

$= \square$

2 계산해 보세요.

(1) $2.7 \overline{)4.05}$

(2) $12.5 \overline{)40}$

3 나눗셈의 몫을 비교하여 ○ 안에 >, =, < 를 알맞게 써넣으세요.

$7.04 \div 1.6$ ○ $19.61 \div 5.3$

4 우유 5.2 L를 한 명에게 0.4 L씩 나누어 주려고 합니다. 몇 명에게 나누어 줄 수 있는지 식을 쓰고 답을 구해 보세요.

식 ....

답 ....

5 몫을 반올림하여 주어진 자리까지 나타내어 보세요.

$15.6 \div 7$

(1) 소수 첫째 자리

( )

(2) 소수 둘째 자리

( )

6 □ 안에 알맞은 수를 써넣으세요.

$$20.5 \div \square = 8.2$$

7 1부터 9까지의 자연수 중에서 □ 안에 들어갈 수 있는 수는 모두 몇 개인지 구해 보세요.

$$10.64 \div 1.9 > \square.8$$

( )

8 다음 나눗셈의 몫을 구할 때 몫의 소수 15째 자리 숫자는 얼마인지 구해 보세요.

$$29 \div 12$$

( )

9 4장의 수 카드 2, 5, 7, 8 을 한 번씩만 사용하여 다음과 같은 나눗셈식을 만들려고 합니다. 몫이 가장 클 때의 몫은 얼마인지 구해 보세요.

$$\square\square \div \square.\square$$

( )

서술형 문제

10 설탕 2 kg을 한 봉지에 0.35 kg씩 담으려고 합니다. 봉지 몇 개에 담을 수 있고, 남는 설탕은 몇 kg인지 풀이 과정을 쓰고 답을 구해 보세요.

풀이

답

⊕ 개념 적용

1 **쌓기나무로 쌓은 모양과 위에서 본 모양입니다. 똑같은 모양으로 쌓는 데 필요한 쌓기나무의 개수를 모두 구해 보세요.**

진도책 67쪽
4번 문제

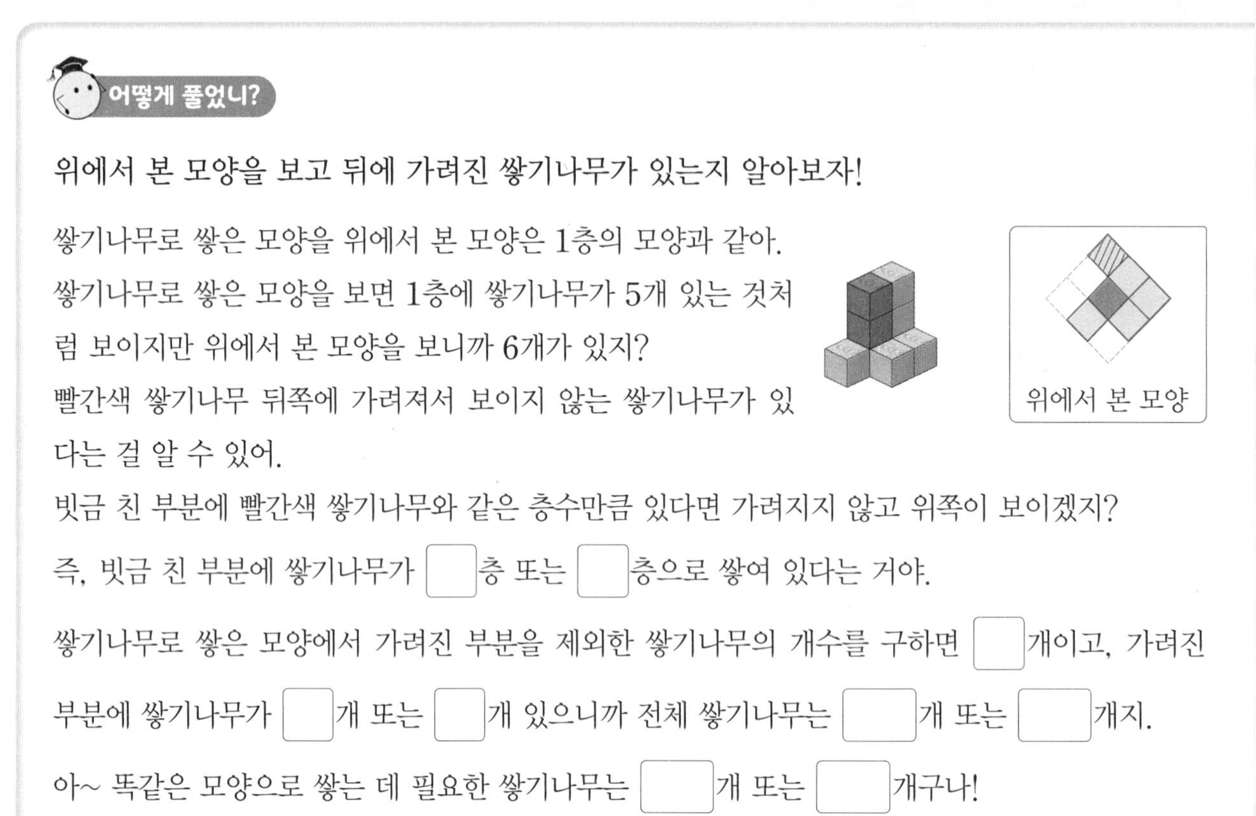

어떻게 풀었니?

위에서 본 모양을 보고 뒤에 가려진 쌓기나무가 있는지 알아보자!

쌓기나무로 쌓은 모양을 위에서 본 모양은 1층의 모양과 같아.
쌓기나무로 쌓은 모양을 보면 1층에 쌓기나무가 5개 있는 것처럼 보이지만 위에서 본 모양을 보니까 6개가 있지?
빨간색 쌓기나무 뒤쪽에 가려져서 보이지 않는 쌓기나무가 있다는 걸 알 수 있어.

위에서 본 모양

빗금 친 부분에 빨간색 쌓기나무와 같은 층수만큼 있다면 가려지지 않고 위쪽이 보이겠지?
즉, 빗금 친 부분에 쌓기나무가 □층 또는 □층으로 쌓여 있다는 거야.

쌓기나무로 쌓은 모양에서 가려진 부분을 제외한 쌓기나무의 개수를 구하면 □개이고, 가려진 부분에 쌓기나무가 □개 또는 □개 있으니까 전체 쌓기나무는 □개 또는 □개지.

아~ 똑같은 모양으로 쌓는 데 필요한 쌓기나무는 □개 또는 □개구나!

2 쌓기나무로 쌓은 모양과 위에서 본 모양입니다. 똑같은 모양으로 쌓는 데 필요한 쌓기나무의 개수를 모두 구해 보세요.

(   )

3

진도책 77쪽
4번 문제

쌓기나무로 쌓은 모양을 위, 앞, 옆에서 본 모양입니다. 가장 많은 쌓기나무를 사용하여 쌓았다면 사용한 쌓기나무는 몇 개인지 구해 보세요.

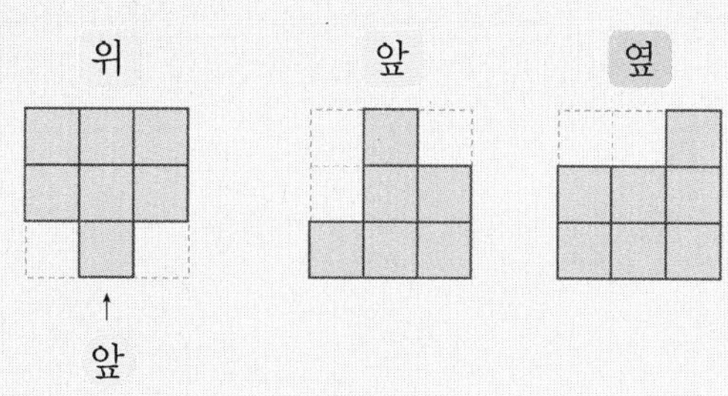

어떻게 풀었니?

위에서 본 모양의 각 자리에 쌓은 쌓기나무의 개수를 써서 구해 보자!

가장 많은 쌓기나무를 사용했다고 했으니까 각 자리에 최대한 많은 쌓기나무를 쌓아야 해.
앞과 옆에서 봤을 때 각 줄의 가장 높은 층수를 위에서 본 모양의 각 줄에 각각 써 보면
빨간색 부분의 쌓기나무는 ☐개씩이고, 파란색 부분의 쌓기나무는 ☐개야.

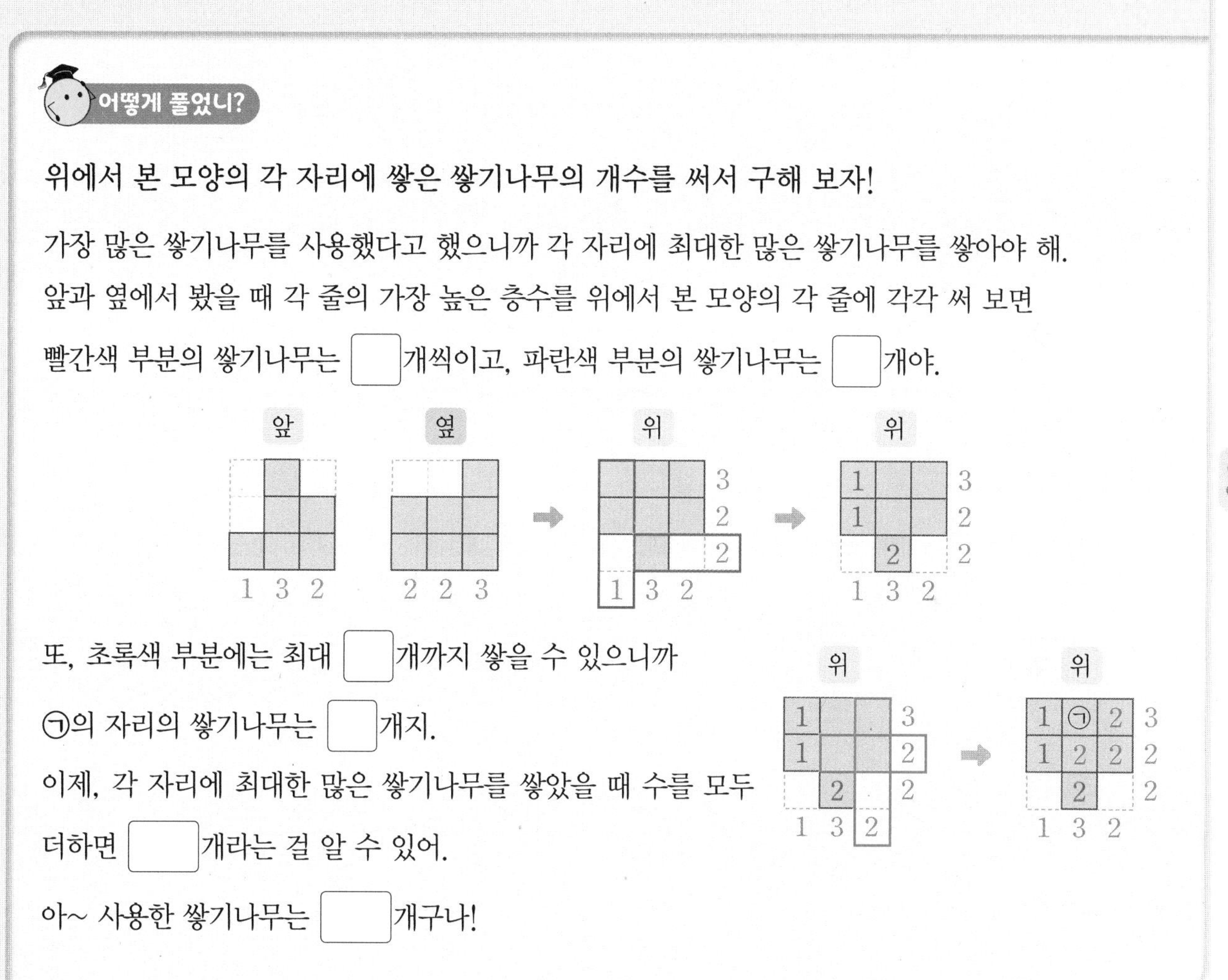

또, 초록색 부분에는 최대 ☐개까지 쌓을 수 있으니까
㉠의 자리의 쌓기나무는 ☐개지.
이제, 각 자리에 최대한 많은 쌓기나무를 쌓았을 때 수를 모두 더하면 ☐개라는 걸 알 수 있어.
아~ 사용한 쌓기나무는 ☐개구나!

4

쌓기나무로 쌓은 모양을 위, 앞, 옆에서 본 모양입니다. 가장 많은 쌓기나무를 사용하여 쌓았다면 사용한 쌓기나무는 몇 개인지 구해 보세요.

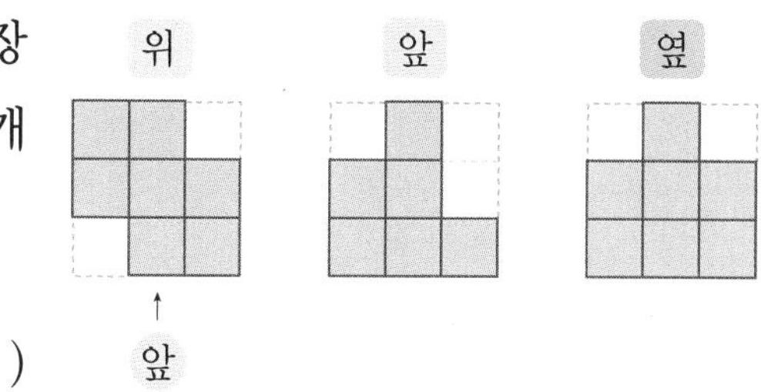

(   )

5

진도책 79쪽
9번 문제

쌓기나무로 쌓은 모양을 층별로 나타낸 모양을 보고 위, 앞, 옆에서 본 모양을 그려 보세요.

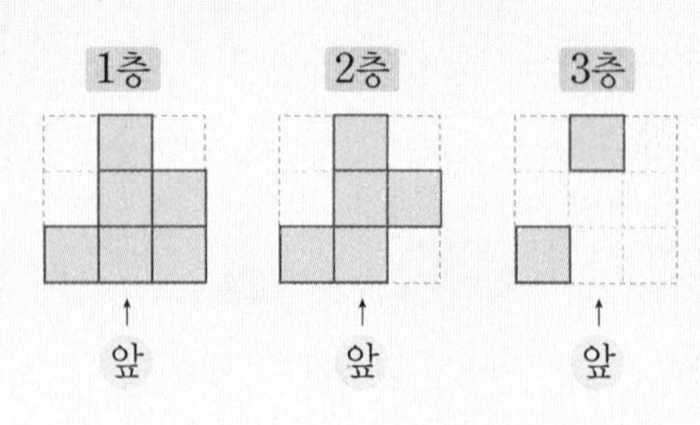

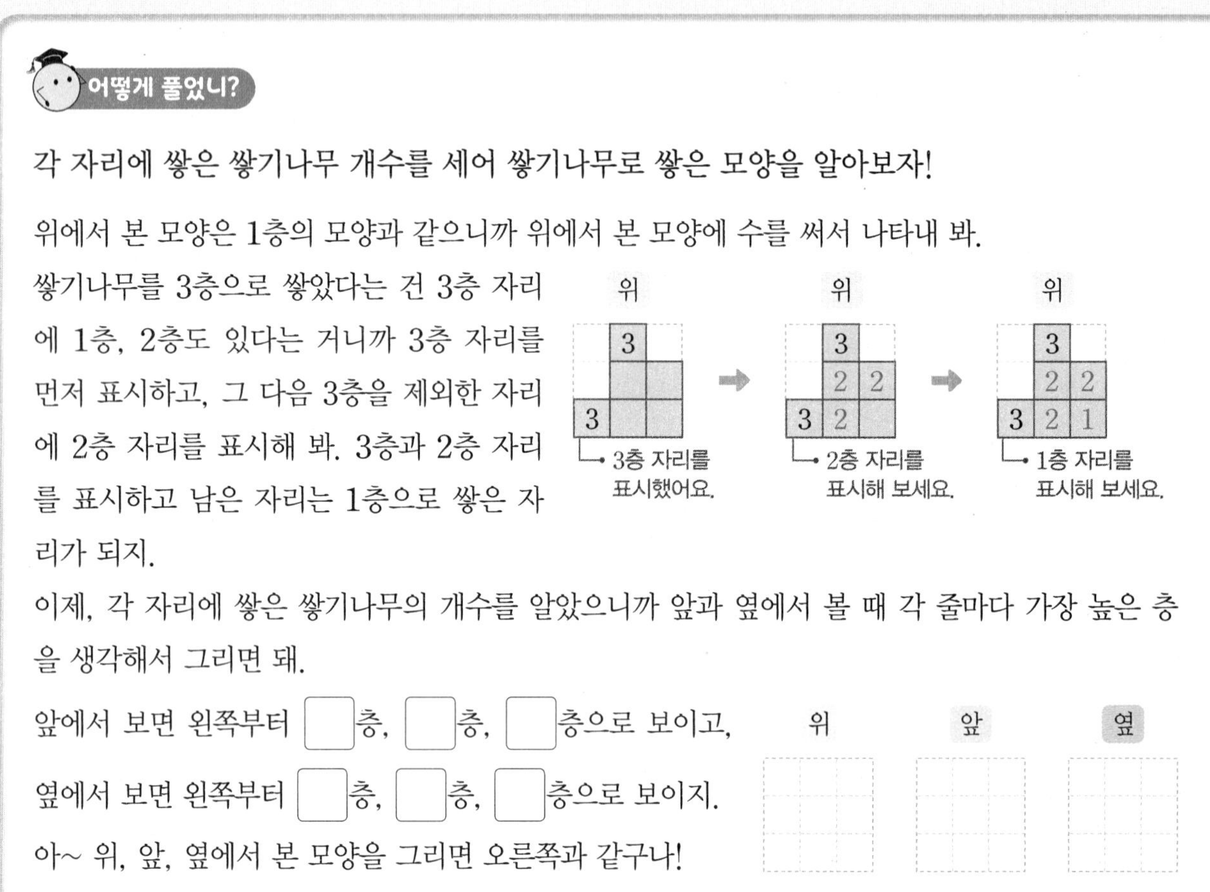

어떻게 풀었니?

각 자리에 쌓은 쌓기나무 개수를 세어 쌓기나무로 쌓은 모양을 알아보자!

위에서 본 모양은 1층의 모양과 같으니까 위에서 본 모양에 수를 써서 나타내 봐.

쌓기나무를 3층으로 쌓았다는 건 3층 자리에 1층, 2층도 있다는 거니까 3층 자리를 먼저 표시하고, 그 다음 3층을 제외한 자리에 2층 자리를 표시해 봐. 3층과 2층 자리를 표시하고 남은 자리는 1층으로 쌓은 자리가 되지.

이제, 각 자리에 쌓은 쌓기나무의 개수를 알았으니까 앞과 옆에서 볼 때 각 줄마다 가장 높은 층을 생각해서 그리면 돼.

앞에서 보면 왼쪽부터 ☐층, ☐층, ☐층으로 보이고,

옆에서 보면 왼쪽부터 ☐층, ☐층, ☐층으로 보이지.

아~ 위, 앞, 옆에서 본 모양을 그리면 오른쪽과 같구나!

6

쌓기나무로 쌓은 모양을 층별로 나타낸 모양을 보고 위, 앞, 옆에서 본 모양을 그려 보세요.

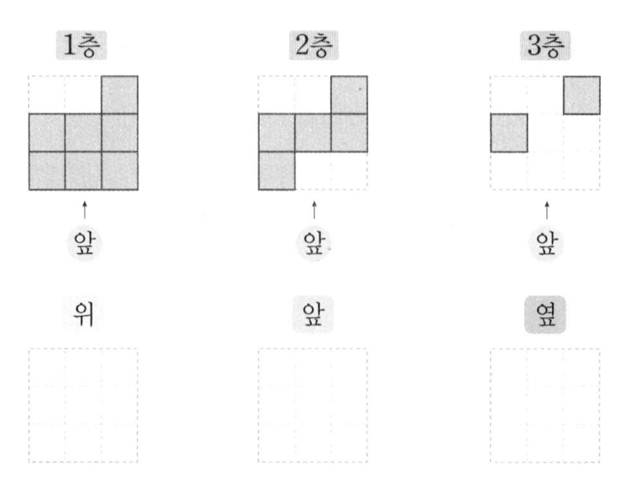

7

진도책 80쪽 14번 문제

쌓기나무 6개를 사용하여 조건 을 만족하도록 쌓았을 때 모두 몇 가지 모양을 만들 수 있는지 구해 보세요.

조건
- 2층짜리 모양입니다.
- 위에서 본 모양은 ☐☐☐☐ 입니다.

어떻게 풀었니?

조건을 만족하는 모양은 어떤 모양이 있는지 알아보자!

위에서 본 모양은 1층의 모양과 같으니까 1층에 사용한 쌓기나무는 ☐개야.

쌓기나무 6개를 사용해서 2층짜리 모양으로 쌓았다고 했으니까 2층에 사용한 쌓기나무는 ☐개지.

2층에 쌓기나무 ☐개를 쌓는 경우를 1층의 모양 위에 표시해 봐. 이때, 모양을 돌렸을 때 같은 모양은 제외해야 해.

아~ 조건을 만족하도록 쌓았을 때 모두 ☐가지 모양을 만들 수 있구나!

8

쌓기나무 7개를 사용하여 조건 을 만족하도록 쌓았을 때 모두 몇 가지 모양을 만들 수 있는지 구해 보세요.

조건
- 2층짜리 모양입니다.
- 위에서 본 모양은 ☐☐☐☐☐ 입니다.

(　　　　　　　　)

9

쌓기나무 7개를 사용하여 조건 을 만족하도록 쌓았을 때 모두 몇 가지 모양을 만들 수 있는지 구해 보세요.

조건
- 3층짜리 모양입니다.
- 위에서 본 모양은 ☐☐☐☐ 입니다.

(　　　　　　　　)

1 쌓기나무의 개수 구하기

주어진 모양과 똑같이 쌓는 데 필요한 쌓기나무는 몇 개인지 풀이 과정을 쓰고 답을 구해 보세요.

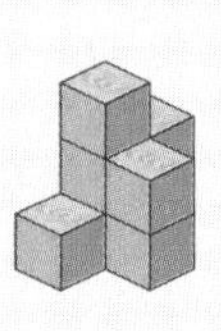
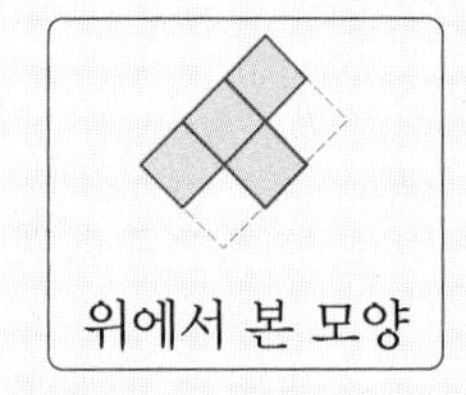

각 층별 쌓은 쌓기나무의 개수의 합은?

무엇을 쓸까? ❶ 각 층별 쌓은 쌓기나무의 개수 구하기
❷ 똑같이 쌓는 데 필요한 쌓기나무의 개수 구하기

풀이 예) 각 층별 쌓은 쌓기나무의 개수를 구해 보면

1층에 (   )개, 2층에 (   )개, 3층에 (   )개입니다. --- ❶

따라서 주어진 모양과 똑같이 쌓는 데 필요한 쌓기나무는

(   )+(   )+(   )=(   )(개)입니다. --- ❷

답

1-1

주어진 모양과 똑같이 쌓는 데 필요한 쌓기나무는 몇 개인지 풀이 과정을 쓰고 답을 구해 보세요.

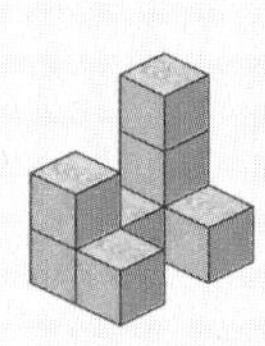
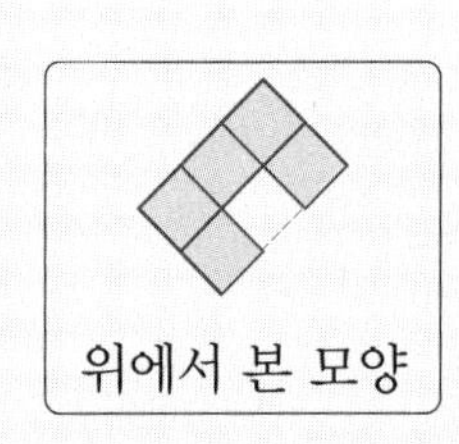

무엇을 쓸까? ❶ 각 층별 쌓은 쌓기나무의 개수 구하기
❷ 똑같이 쌓는 데 필요한 쌓기나무의 개수 구하기

풀이

답

1-2

주하는 쌓기나무 20개를 가지고 있습니다. 다음과 똑같이 쌓고 남은 쌓기나무는 몇 개인지 풀이 과정을 쓰고 답을 구해 보세요.

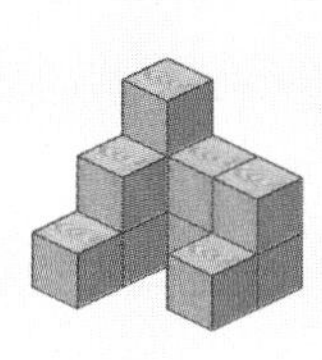

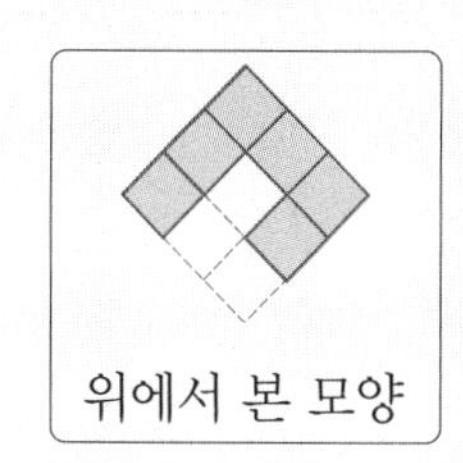

위에서 본 모양

무엇을 쓸까? ❶ 똑같이 쌓는 데 사용한 쌓기나무의 개수 구하기
❷ 남은 쌓기나무의 개수 구하기

풀이

답

1-3

진아는 쌓기나무 10개를 가지고 있습니다. 다음과 똑같이 쌓으려면 쌓기나무는 몇 개 더 필요한지 풀이 과정을 쓰고 답을 구해 보세요.

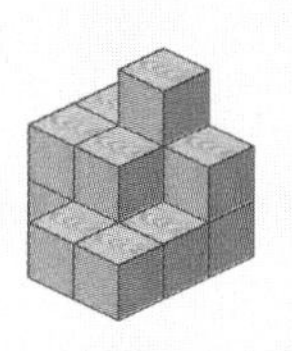

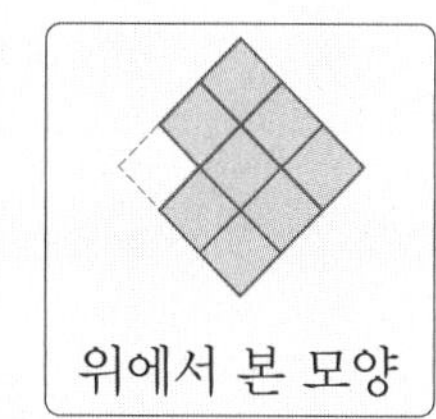

위에서 본 모양

무엇을 쓸까? ❶ 똑같이 쌓는 데 필요한 쌓기나무의 개수 구하기
❷ 더 필요한 쌓기나무의 개수 구하기

풀이

답

2 위, 앞, 옆에서 본 모양을 보고 쌓기나무 개수 구하기

쌓기나무로 쌓은 모양을 위, 앞, 옆에서 본 모양입니다. 똑같은 모양으로 쌓는 데 필요한 쌓기나무는 몇 개인지 풀이 과정을 쓰고 답을 구해 보세요.

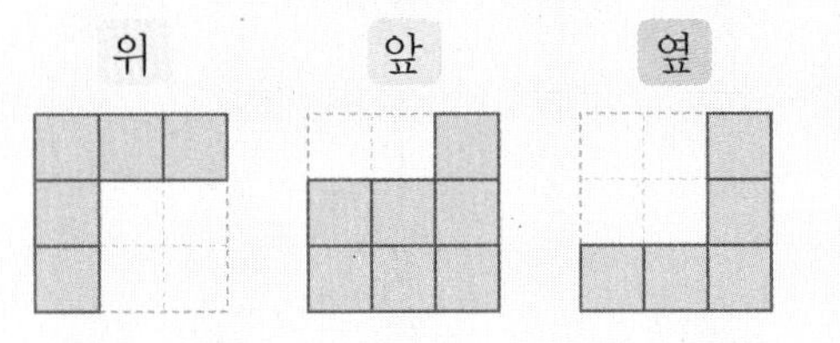

각 자리별 쌓은 쌓기나무의 개수의 합은?

앞, 옆에서 본 모양은 각 방향에서 가장 높은 층의 모양과 같아.

무엇을 쓸까? ❶ 각 자리별 쌓은 쌓기나무의 개수 구하기
❷ 똑같은 모양으로 쌓는 데 필요한 쌓기나무의 개수 구하기

풀이 예 위에서 본 모양에 각 자리별 쌓은 쌓기나무의 수를 쓰면 오른쪽과 같습니다. --- ❶

위

2	2	3
1		
1		

따라서 똑같은 모양으로 쌓는 데 필요한 쌓기나무는

(　　)+(　　)+(　　)+(　　)+(　　)=(　　)(개)입니다. --- ❷

답

2-1

쌓기나무로 쌓은 모양을 위, 앞, 옆에서 본 모양입니다. 똑같은 모양으로 쌓는 데 필요한 쌓기나무는 몇 개인지 풀이 과정을 쓰고 답을 구해 보세요.

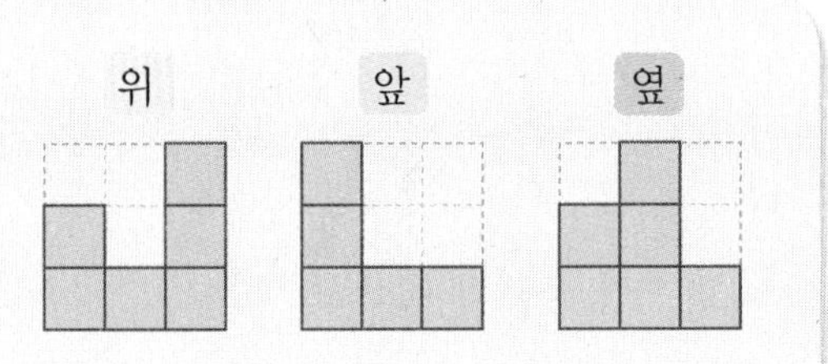

무엇을 쓸까? ❶ 각 자리별 쌓은 쌓기나무의 개수 구하기
❷ 똑같은 모양으로 쌓는 데 필요한 쌓기나무의 개수 구하기

풀이

답

3 쌓기나무가 가장 많은 경우의 개수 구하기

주어진 모양과 똑같이 쌓는 데 필요한 쌓기나무가 가장 많은 경우의 쌓기나무는 몇 개인지 풀이 과정을 쓰고 답을 구해 보세요.

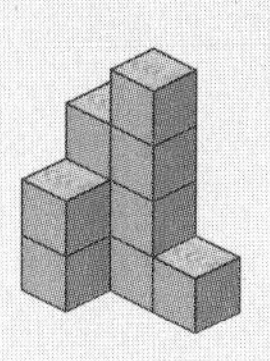

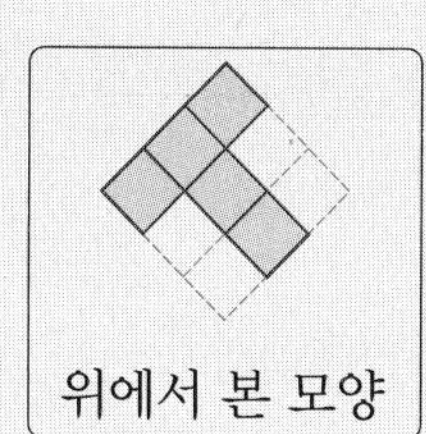

가려서 보이지 않는 부분의 쌓기나무의 최대 개수는?

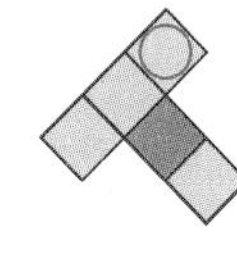

무엇을 쓸까? ❶ 가려서 보이지 않는 쌓기나무의 최대 개수 구하기
❷ 필요한 쌓기나무가 가장 많은 경우의 쌓기나무의 개수 구하기

풀이 ㊐ 위에서 본 모양에서 빨간색 부분에 있는 쌓기나무가 (　　)개이므로 ○표 한 부분에는 쌓기나무가 최대 (　　)개 있을 수 있습니다. --- ❶

따라서 필요한 쌓기나무가 가장 많은 경우의 쌓기나무는 (　　)개입니다. --- ❷

답 ________

3-1

주어진 모양과 똑같이 쌓는 데 필요한 쌓기나무가 가장 많은 경우의 쌓기나무는 몇 개인지 풀이 과정을 쓰고 답을 구해 보세요.

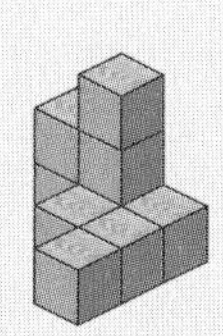

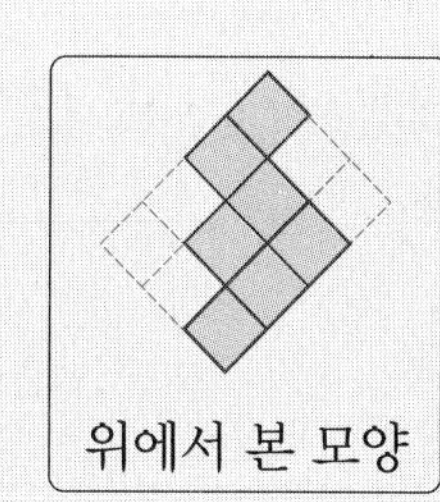

무엇을 쓸까? ❶ 가려서 보이지 않는 쌓기나무의 최대 개수 구하기
❷ 필요한 쌓기나무가 가장 많은 경우의 쌓기나무의 개수 구하기

풀이 ________

답 ________

4 쌓기나무로 정육면체/직육면체 만들기

오른쪽과 같이 쌓기나무로 쌓은 모양에 쌓기나무를 더 쌓아서 가장 작은 정육면체를 만들려고 합니다. 쌓기나무가 몇 개 더 있어야 하는지 풀이 과정을 쓰고 답을 구해 보세요.

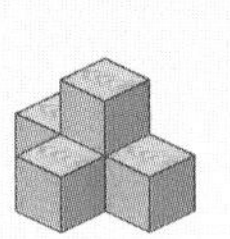

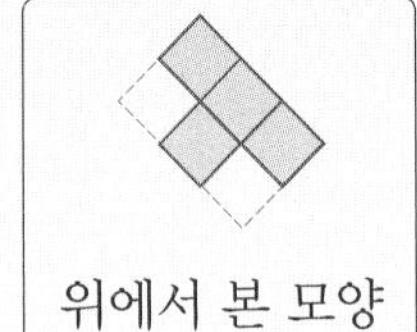

위에서 본 모양

(가장 작은 정육면체의 쌓기나무 개수)
−(주어진 모양의 쌓기나무 개수)는?

정육면체는 가로, 세로, 높이가 모두 같아.

무엇을 쓸까? ❶ 가장 작은 정육면체를 만드는 데 필요한 쌓기나무의 개수 구하기
❷ 더 필요한 쌓기나무의 개수 구하기

풀이 예 만들 수 있는 가장 작은 정육면체는 가로로 (　　)줄, 세로로 (　　)줄씩 (　　)층으로 쌓아야 하므로 필요한 쌓기나무는 (　　)개입니다. --- ❶

따라서 주어진 모양의 쌓기나무는 (　　)개이므로 더 필요한 쌓기나무는 (　　)−(　　)=(　　)(개)입니다. --- ❷

답

4-1

오른쪽과 같이 쌓기나무로 쌓은 모양에 쌓기나무를 더 쌓아서 가장 작은 정육면체를 만들려고 합니다. 쌓기나무가 몇 개 더 있어야 하는지 풀이 과정을 쓰고 답을 구해 보세요.

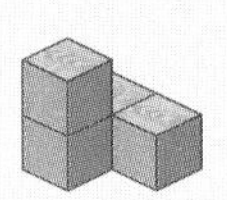

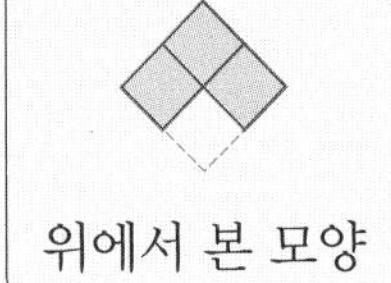

위에서 본 모양

무엇을 쓸까? ❶ 가장 작은 정육면체를 만드는 데 필요한 쌓기나무의 개수 구하기
❷ 더 필요한 쌓기나무의 개수 구하기

풀이

답

4-2

오른쪽과 같이 쌓기나무로 쌓은 모양에 쌓기나무를 더 쌓아서 가장 작은 정육면체를 만들려고 합니다. 쌓기나무가 몇 개 더 있어야 하는지 풀이 과정을 쓰고 답을 구해 보세요.

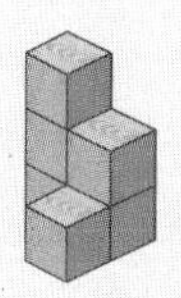

위에서 본 모양

무엇을 쓸까? ❶ 가장 작은 정육면체를 만드는 데 필요한 쌓기나무의 개수 구하기
❷ 더 필요한 쌓기나무의 개수 구하기

풀이

답

3

4-3

오른쪽과 같이 쌓기나무로 쌓은 모양에 쌓기나무를 더 쌓아서 가장 작은 직육면체를 만들려고 합니다. 쌓기나무가 몇 개 더 있어야 하는지 풀이 과정을 쓰고 답을 구해 보세요.

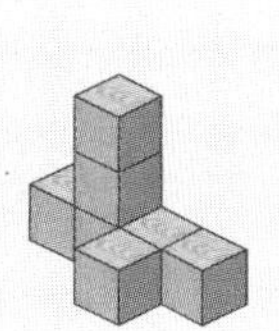

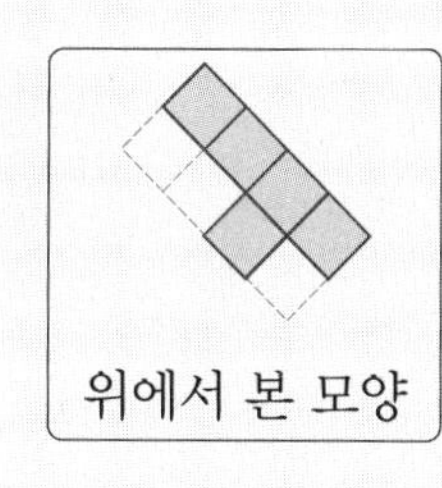

위에서 본 모양

무엇을 쓸까? ❶ 가장 작은 직육면체를 만드는 데 필요한 쌓기나무의 개수 구하기
❷ 더 필요한 쌓기나무의 개수 구하기

풀이

답

수행 평가

1 쌓기나무로 쌓은 모양을 보고 □ 안에 알맞은 수를 써넣으세요.

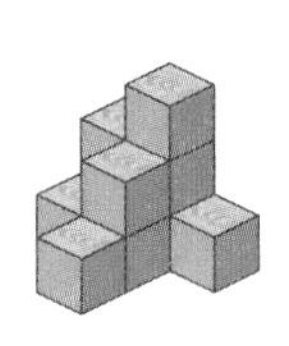

각 층별 쌓은 쌓기나무의 개수를 알아보면 1층에 □개, 2층에 □개, 3층에 □개이므로 모두 □개로 쌓았습니다.

2 쌓기나무로 쌓은 모양을 보고 위에서 본 모양에 수를 써넣으세요.

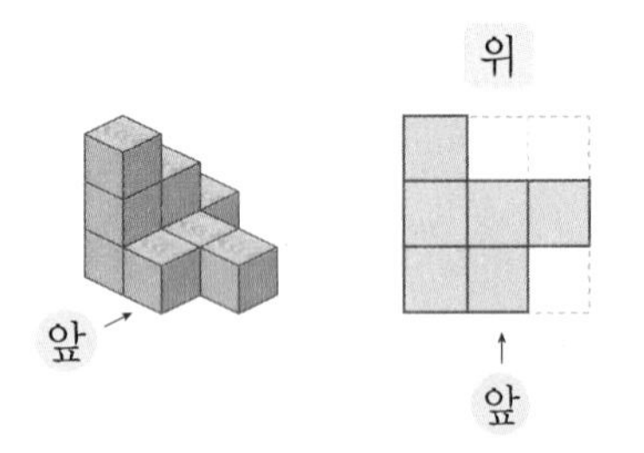

3 주어진 모양에 쌓기나무 1개를 붙여서 만들 수 <u>없는</u> 모양에 ×표 하세요.

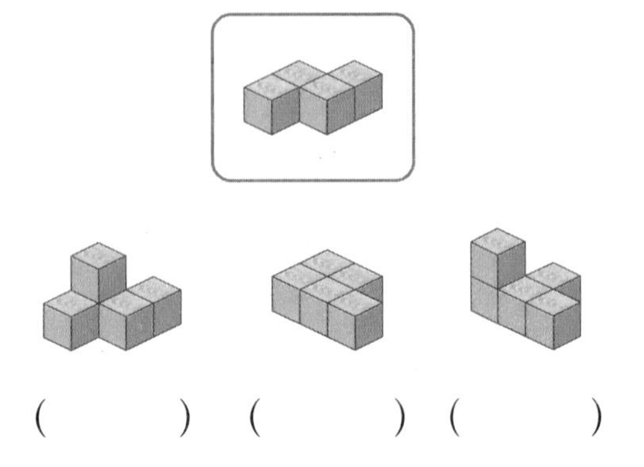

( ) ( ) ( )

4 쌓기나무 10개로 만든 모양입니다. 위, 앞, 옆에서 본 모양을 각각 그려 보세요.

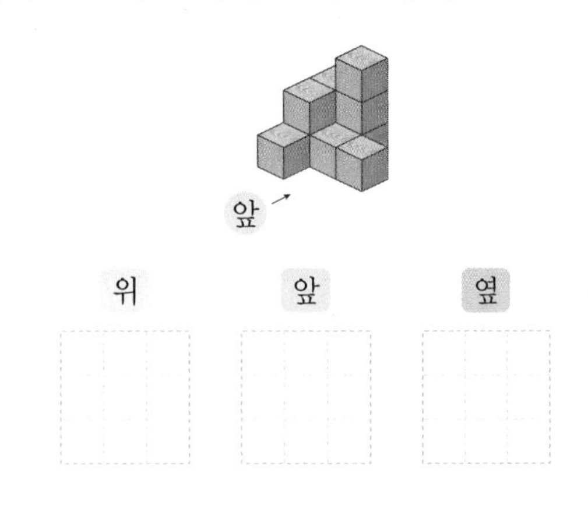

5 쌓기나무로 쌓은 모양을 보고 위에서 본 모양을 나타낸 것입니다. 똑같이 쌓는 데 필요한 쌓기나무는 몇 개일까요?

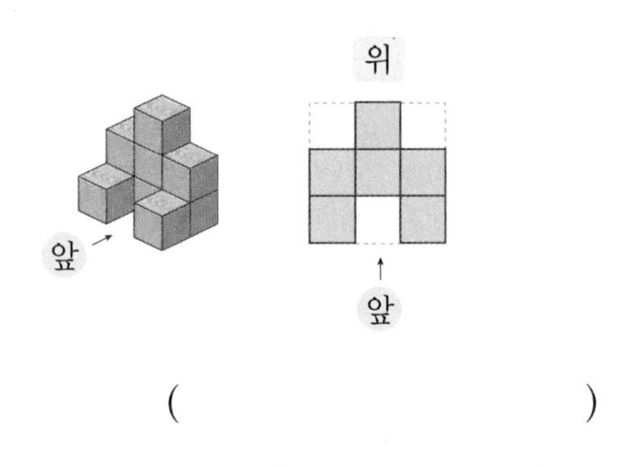

( )

6 두 가지 모양을 연결하여 새로운 모양을 만든 것입니다. 연결한 두 모양을 찾아 기호를 써 보세요.

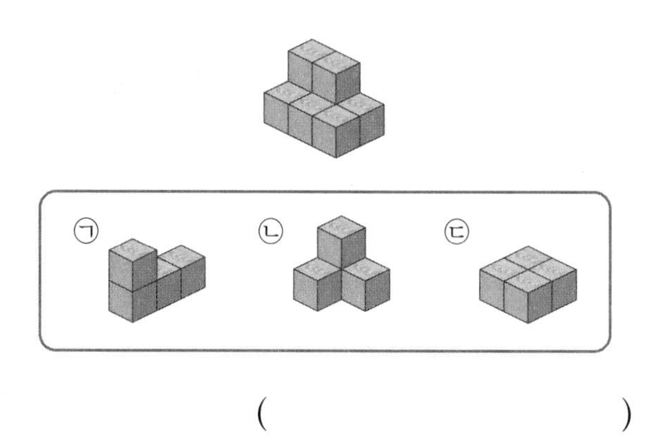

( )

[7~8] 쌓기나무로 쌓은 모양을 층별로 나타낸 모양을 보고 물음에 답하세요.

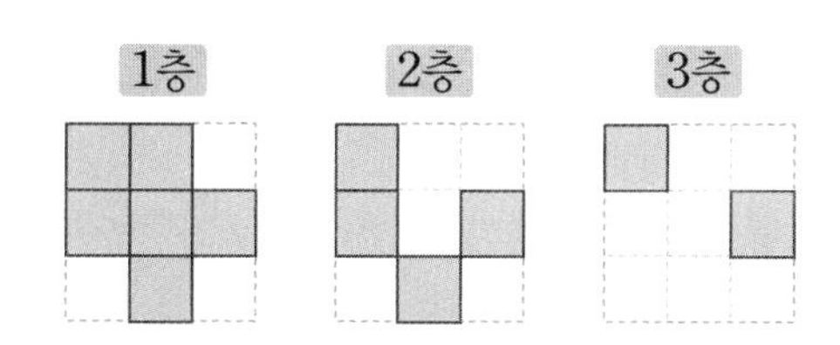

7 똑같은 모양으로 쌓는 데 필요한 쌓기나무는 몇 개일까요?

( )

8 쌓기나무로 쌓은 모양을 앞에서 본 모양을 그려 보세요.

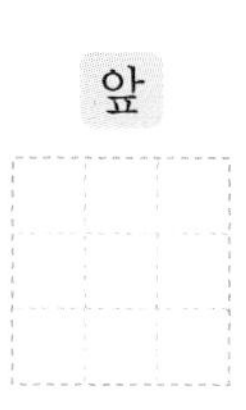

9 쌓기나무로 쌓은 모양을 위, 앞, 옆에서 본 모양입니다. 가장 적은 쌓기나무를 사용하여 쌓았다면 사용한 쌓기나무는 몇 개일까요?

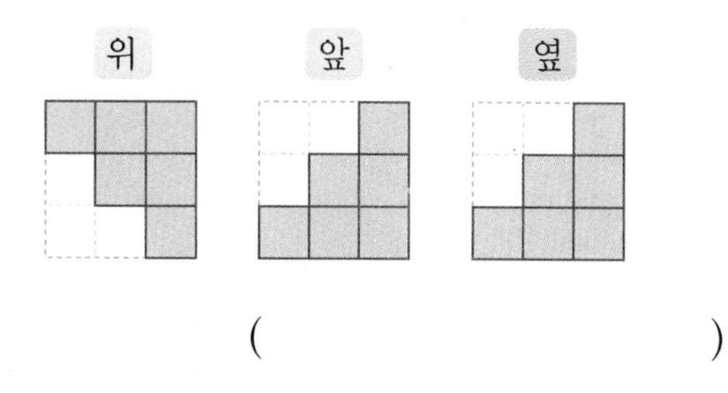

( )

서술형 문제

10 왼쪽의 정육면체 모양에서 쌓기나무를 몇 개 빼냈더니 오른쪽과 같은 모양이 되었습니다. 빼낸 쌓기나무는 몇 개인지 풀이 과정을 쓰고 답을 구해 보세요.

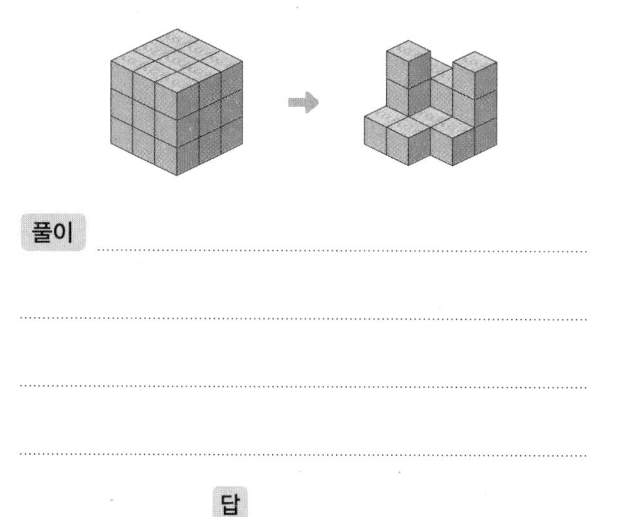

풀이

답

⊕ 개념 적용

1 **수 카드 2장을 골라 3 : 8과 같은 비를 찾아 써 보세요.**

진도책 99쪽 5번 문제

6 12 18 24 32 40

□ : □

비의 성질을 이용해서 3 : 8과 비율이 같은 비를 만들어 보자!

3 : 8과 비율이 같은 비를 구하려면 3 : 8의 전항과 후항에 0이 아닌 같은 수를 곱해 보면 돼.

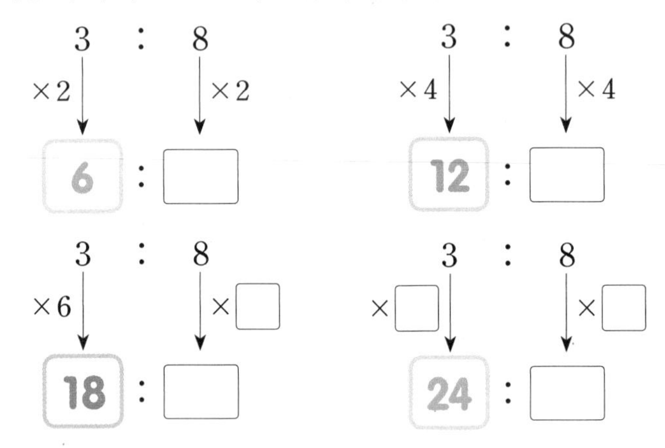

이 중에서 수 카드의 수로 만들 수 있는 비는 □ : □(이)야.

아~ 수 카드 2장을 골라 3 : 8과 같은 비를 찾아 쓰면 □ : □(이)구나!

2 수 카드 2장을 골라 주어진 비와 같은 비를 찾아 써 보세요.

(1) 2 : 7

6 8 14 35 49 56

□ : □

(2) 30 : 12

15 10 8 5 4 1

□ : □

3

진도책 103쪽 20번 문제

각 비의 비율이 $\frac{2}{3}$가 되도록 □ 안에 알맞은 수를 써넣으세요.

$$4 : \square = \square : 18$$

어떻게 풀었니?

비례식에서 각 비의 비율을 구해 보자!

비율이 같은 두 비를 기호 '='를 사용해서 나타낸 식을 비례식이라고 해.

문제에서 두 비의 비율이 $\frac{2}{3}$로 같다고 했으니까

4 : ㉠ = ㉡ : 18이라고 하면 4 : ㉠의 비율과 ㉡ : 18의 비율은 모두 $\frac{2}{3}$야.

▲ : ■의 비율은 $\frac{▲}{■}$이니까 4 : ㉠의 비율은 $\frac{\square}{㉠}$, ㉡ : 18의 비율은 $\frac{㉡}{\square}$으로 나타낼 수 있어.

그럼 $\frac{\square}{㉠} = \frac{2}{3}$에서 2 × ㉠ = □ × 3, 2 × ㉠ = □, ㉠ = □(이)고,

$\frac{㉡}{\square} = \frac{2}{3}$에서 ㉡ × 3 = 2 × □, ㉡ × 3 = □, ㉡ = □이/가 되지.

아~ 각 비의 비율이 $\frac{2}{3}$가 되도록 □ 안에 알맞은 수를 써넣으면

4 : □ = □ : 18이구나!

4

각 비의 비율이 $\frac{3}{5}$이 되도록 □ 안에 알맞은 수를 써넣으세요.

$$\square : 15 = 15 : \square$$

5

각 비의 비율이 같을 때 □ 안에 알맞은 수를 써넣으세요.

$$8 : 14 = \square : 35$$

6

진도책 105쪽
26번 문제

맞물려 돌아가는 두 톱니바퀴 가, 나가 있습니다. 톱니바퀴 가가 3번 도는 동안 톱니바퀴 나는 4번 돕니다. 톱니바퀴 나가 28번 도는 동안 톱니바퀴 가는 몇 번 도는지 구해 보세요.

어떻게 풀었니?

비례식의 성질을 이용하여 톱니바퀴 가가 도는 횟수를 구해 보자!

톱니바퀴 가가 3번 도는 동안 톱니바퀴 나는 4번 돈다고 했으니까
톱니바퀴 가와 톱니바퀴 나의 도는 횟수의 비는 ☐ : ☐(이)야.

① 구하려는 것을 ■라고 놓기
톱니바퀴 가가 도는 횟수: ■번

② 비례식 세우기
(톱니바퀴 가가 도는 횟수) : (톱니바퀴 나가 도는 횟수)
➡ ☐ : ☐ = ■ : ☐

③ 비례식의 성질을 이용하기 ⟶ (외항의 곱) = (내항의 곱)

외항의 곱

☐ : ☐ = ■ : ☐ ➡ ☐ × ☐ = ☐ × ■, ☐ × ■ = ☐, ■ = ☐

내항의 곱

아~ 톱니바퀴 나가 28번 도는 동안 톱니바퀴 가는 ☐번 도는구나!

7

맞물려 돌아가는 두 톱니바퀴 가, 나가 있습니다. 톱니바퀴 가가 5번 도는 동안 톱니바퀴 나는 7번 돕니다. 톱니바퀴 가가 30번 도는 동안 톱니바퀴 나는 몇 번 도는지 구해 보세요.

( )

8

맞물려 돌아가는 두 톱니바퀴 가, 나가 있습니다. 톱니바퀴 가가 11번 도는 동안 톱니바퀴 나는 8번 돕니다. 톱니바퀴 나가 40번 도는 동안 톱니바퀴 가는 몇 번 도는지 구해 보세요.

( )

9

진도책 107쪽
32번 문제

진수와 소은이는 승관이의 생일 선물을 사기 위해 10000원을 모으려고 합니다. 진수와 소은이가 12 : 13으로 돈을 낸다면 진수와 소은이는 각각 얼마를 내야 하는지 구해 보세요.

진수 (　　　　　　　　)
소은 (　　　　　　　　)

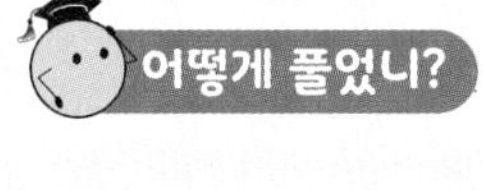

비례배분을 이용하여 진수와 소은이가 내야 하는 돈을 구해 보자!

전체를 주어진 비로 배분하는 것을 비례배분이라고 해.
진수와 소은이가 10000원을 12 : 13으로 낸다고 했으니까 그림을 그려 알아보면 다음과 같아.

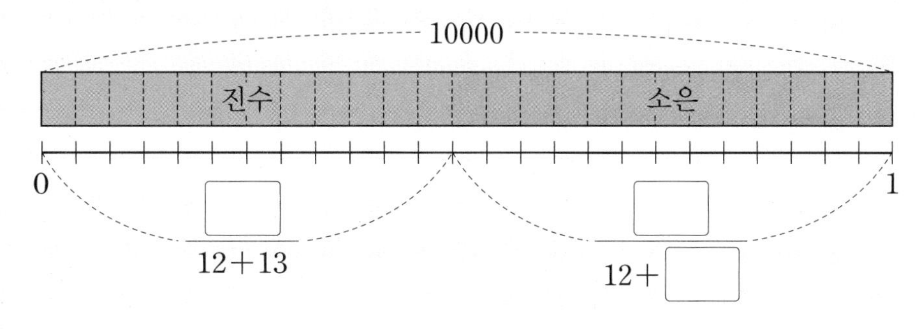

진수는 전체의 $\frac{\square}{\square}$만큼, 즉 $10000 \times \frac{\square}{\square} = \square$(원)을 내야 하고,

소은이는 전체의 $\frac{\square}{\square}$만큼, 즉 $10000 \times \frac{\square}{\square} = \square$(원)을 내야 해.

10000−(진수가 내야 하는 돈)으로 구할 수도 있습니다.

아~ 진수는 $\square$원, 소은이는 $\square$원을 내야 하는구나!

10 윤아와 선우는 색종이 60장을 나누어 가지려고 합니다. 윤아와 선우가 7 : 5로 나누어 가진다면 윤아와 선우는 각각 몇 장을 가져야 할까요?

윤아 (　　　　　　　　)
선우 (　　　　　　　　)

11 은지와 현서는 쿠키 68개를 나누어 먹으려고 합니다. 은지와 현서가 9 : 8로 나누어 먹는다면 은지는 현서보다 몇 개를 더 먹을 수 있을까요?

(　　　　　　　　)

1 간단한 자연수의 비로 나타내기

주어진 비를 간단한 자연수의 비로 나타내려고 합니다. 풀이 과정을 쓰고 답을 구해 보세요.

$$\frac{5}{6} : 0.7$$

전항과 후항에 곱해야 하는 수는?

분수와 소수가 섞여 있으면 한 가지 형태로 바꿔.

무엇을 쓸까? ❶ 소수를 분수로 바꾸기
❷ 간단한 자연수의 비로 나타내기

풀이 예 0.7을 분수로 바꾸면 ( ) 입니다. --- ❶

$\frac{5}{6}$: ( ) 의 전항과 후항에 두 분모 6과 ( )의 최소공배수인 ( )을/를 곱하면 ( ) : ( )이 됩니다. --- ❷

답

1-1

주어진 비를 간단한 자연수의 비로 나타내려고 합니다. 풀이 과정을 쓰고 답을 구해 보세요.

$$1.5 : \frac{4}{5}$$

무엇을 쓸까? ❶ 분수를 소수로 바꾸기
❷ 간단한 자연수의 비로 나타내기

풀이

답

2 비례식인지 아닌지 알아보기

다음 식이 비례식인지 아닌지 쓰고 이유를 설명하세요.

$3:7=6:10$

비례식의 성질을 만족하는지 알아보면?

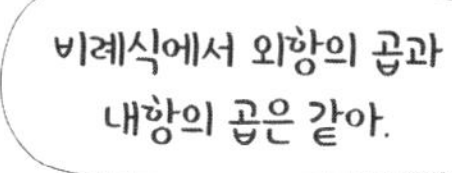

무엇을 쓸까? ❶ 비례식인지 아닌지 쓰기
❷ 이유를 설명하기

답 비례식이 (맞습니다 , 아닙니다). --- ❶

이유 예 (외항의 곱) = (　　) × (　　) = (　　),

(내항의 곱) = (　　) × (　　) = (　　)

→ 외항의 곱과 내항의 곱이 (같습니다 , 다릅니다). --- ❷

2-1

다음 식이 비례식인지 아닌지 쓰고 이유를 설명하세요.

$27:12=9:4$

무엇을 쓸까? ❶ 비례식인지 아닌지 쓰기
❷ 이유를 설명하기

답

이유

3 비례식의 활용

파란색 페인트와 흰색 페인트를 3 : 4로 섞어서 하늘색 페인트를 만들려고 합니다. 파란색 페인트 4.5 L에 흰색 페인트를 몇 L 넣어야 하는지 풀이 과정을 쓰고 답을 구해 보세요.

흰색 페인트의 양을 □L라고 하여
비례식을 세우면?

비례식을 세운 다음
비례식의 성질을 이용해.

무엇을 쓸까? ❶ 비례식 세우기
❷ 넣어야 하는 흰색 페인트의 양 구하기

풀이 예 넣어야 하는 흰색 페인트의 양을 □L라고 하면

3 : 4 = (　　　) : □입니다. --- ❶

3 : 4 = (　　　) : □ ➡ 3 × □ = 4 × (　　　), 3 × □ = (　　　), □ = (　　　)

따라서 흰색 페인트를 (　　　) L 넣어야 합니다. --- ❷

답

3-1

미나와 연우가 한 달 동안 받은 붙임 딱지 수의 비는 4 : 7입니다. 미나가 붙임 딱지를 24장 받았다면 연우가 받은 붙임 딱지는 몇 장인지 풀이 과정을 쓰고 답을 구해 보세요.

무엇을 쓸까? ❶ 비례식 세우기
❷ 연우가 받은 붙임 딱지 수 구하기

풀이

답

3-2

주하가 사용하는 책상의 가로와 세로의 비는 $7 : 3$입니다. 책상의 세로가 60 cm라면 가로는 몇 cm인지 풀이 과정을 쓰고 답을 구해 보세요.

무엇을 쓸까? ❶ 비례식 세우기
❷ 책상의 가로의 길이 구하기

풀이

답

3-3

성아와 유나가 만두를 빚고 있습니다. 만두를 성아가 9개 빚는 동안 유나는 10개 빚습니다. 각각 일정한 빠르기로 만두를 빚는다고 할 때, 만두를 성아가 63개 빚었다면 유나가 빚은 만두는 몇 개인지 풀이 과정을 쓰고 답을 구해 보세요.

무엇을 쓸까? ❶ 비례식 세우기
❷ 유나가 빚은 만두 수 구하기

풀이

답

4 비례배분의 활용

소금과 물의 양을 2 : 5로 하여 소금물을 만들려고 합니다. 소금물 280 g을 만들려면 필요한 소금은 몇 g인지 풀이 과정을 쓰고 답을 구해 보세요.

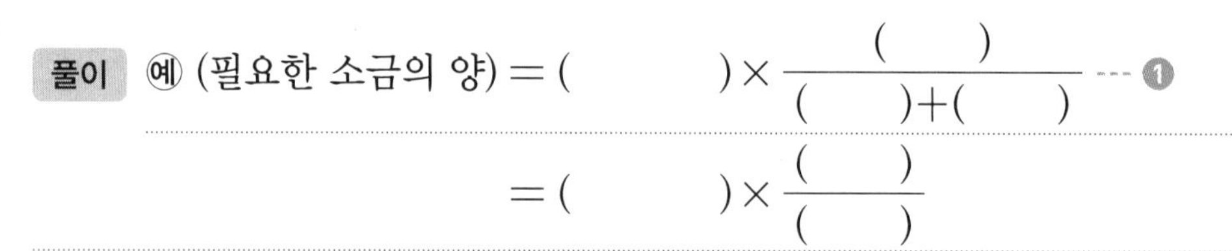

●를 ▲:■로 비례배분
➡ ●를 (▲+■)로 등분

무엇을 쓸까? ❶ 필요한 소금의 양을 구하는 과정 쓰기
❷ 필요한 소금의 양 구하기

풀이 예 (필요한 소금의 양) $=(\quad)\times\frac{(\quad)}{(\quad)+(\quad)}$ --- ❶

$=(\quad)\times\frac{(\quad)}{(\quad)}$

$=(\quad)$(g)

따라서 필요한 소금은 (　　) g입니다. --- ❷

답

4-1

구슬 63개를 현우와 민지가 5 : 4로 나누어 가지려고 합니다. 민지가 가져야 하는 구슬은 몇 개인지 풀이 과정을 쓰고 답을 구해 보세요.

무엇을 쓸까? ❶ 민지가 가져야 하는 구슬 수를 구하는 과정 쓰기
❷ 민지가 가져야 하는 구슬 수 구하기

풀이

답

4-2

민하와 현주는 각각 40만 원, 60만 원을 투자하여 15만 원의 이익금을 받았습니다. 투자한 금액의 비로 이익금을 나누어 받는다면 민하는 얼마를 받을 수 있는지 풀이 과정을 쓰고 답을 구해 보세요.

무엇을 쓸까? ❶ 민하와 현주가 투자한 금액의 비를 간단한 자연수의 비로 나타내기
❷ 민하가 받을 수 있는 금액 구하기

풀이

답

4-3

초콜릿을 은우와 해인이가 8 : 7로 나누었더니 해인이가 35개를 가지게 되었습니다. 처음에 있던 초콜릿은 몇 개인지 풀이 과정을 쓰고 답을 구해 보세요.

무엇을 쓸까? ❶ 처음에 있던 초콜릿의 수를 □라고 하여 식 세우기
❷ 처음에 있던 초콜릿의 수 구하기

풀이

답

수행 평가

1 두 비의 비율이 같도록 □ 안에 알맞은 수를 써넣으세요.

7 : 15　　□ : 60

2 간단한 자연수의 비로 나타내어 보세요.

(1) 0.6 : 1.4 ➡ (　　　　　　)

(2) $\frac{5}{9}$: $\frac{3}{8}$ ➡ (　　　　　　)

3 6 : 10과 비율이 같은 비를 모두 찾아 기호를 써 보세요.

㉠ $\frac{1}{3}$: $\frac{1}{5}$　　㉡ 3 : 5

㉢ 1.8 : 0.3　　㉣ $4\frac{1}{5}$: 7

(　　　　　　)

4 비례식에서 외항과 내항을 각각 찾아 써 보세요.

45 : 20 = 9 : 4

외항 (　　　　　　)

내항 (　　　　　　)

5 비례식을 모두 찾아 기호를 써 보세요.

㉠ $\frac{1}{8}$: $\frac{1}{7}$ = 7 : 8

㉡ 9 : 11 = 2 : $\frac{11}{9}$

㉢ 2.5 : 4 = $7\frac{1}{2}$: 12

㉣ 16 : 10 = 4 : 3

(　　　　　　)

6 비례식에서 내항의 곱이 72일 때, □ 안에 알맞은 수를 써넣으세요.

□ : 8 = □ : 24

7 조건을 만족하는 비를 구해 보세요.

- 후항이 63입니다.
- 7 : 9와 비율이 같습니다.

□ : □

8 맞물려 돌아가는 두 톱니바퀴 가, 나가 있습니다. 톱니바퀴 가가 12번 도는 동안 톱니바퀴 나는 20번 돕니다. 톱니바퀴 나가 50번 도는 동안 톱니바퀴 가는 몇 번 도는지 구해 보세요.

( )

9 주하의 방에 걸려 있는 액자의 가로와 세로의 비는 3 : 2입니다. 액자의 둘레가 60 cm일 때 가로는 몇 cm일까요?

( )

서술형 문제

10 은채와 서하는 각각 5만 원, 2만 원을 투자하여 28000원의 이익금을 받았습니다. 투자한 금액의 비로 이익금을 나누어 받는다면 은채와 서하는 각각 얼마를 받을 수 있는지 풀이 과정을 쓰고 답을 구해 보세요.

풀이

답

➕ 개념 적용

1

진도책 122쪽 10번 문제

길이가 94.2 cm인 종이 띠를 겹치지 않게 붙여서 원을 만들었습니다. 만들어진 원의 지름을 구해 보세요. (원주율: 3.14)

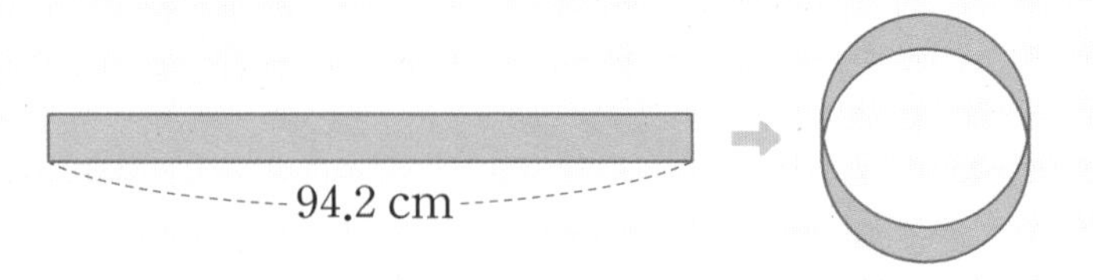

원주를 이용해서 지름을 구하는 방법을 알아보자!

원의 둘레를 원주, 원의 지름에 대한 원주의 비율을 원주율이라고 해.

원주는 (지름)×(원주율)이니까 곱셈과 나눗셈의 관계를 이용하면

(원주)=(지름)×(원주율)

➡ (지름)=(□)÷(□)

로 구할 수 있어.

만들어진 원에서 원주는 종이 띠의 길이와 같고, 원주율은 3.14라고 했으니까

지름은 □÷□=□(cm)야.

아~ 만들어진 원의 지름은 □ cm구나!

2

길이가 62 cm인 종이 띠를 겹치지 않게 붙여서 원을 만들었습니다. 만들어진 원의 지름을 구해 보세요. (원주율: 3.1)

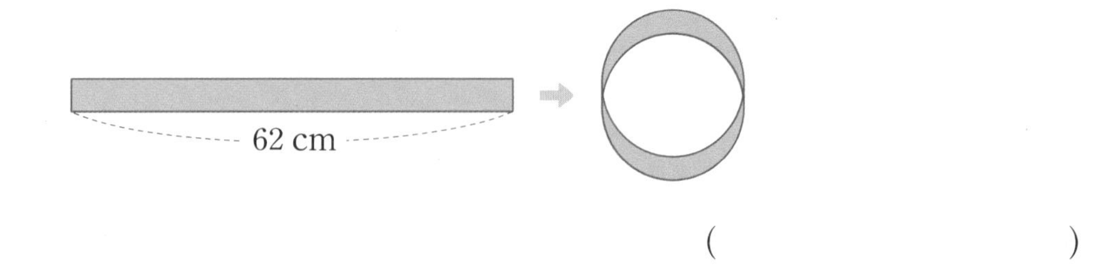

(　　　　　　　)

3

길이가 102 cm인 종이 띠를 겹치지 않게 붙여서 원을 만들었습니다. 만들어진 원의 반지름을 구해 보세요. (원주율: 3)

(　　　　　　　)

정답과 풀이 54쪽

4

진도책 123쪽
12번 문제

바퀴의 지름이 20 m인 원 모양의 대관람차에 4 m 간격으로 관람차가 매달려 있습니다. 모두 몇 대의 관람차가 매달려 있는지 구해 보세요.

(원주율: 3)

어떻게 풀었니?

대관람차의 둘레를 구해서 관람차가 몇 대인지 구해 보자!

대관람차의 둘레에 관람차가 4 m 간격으로 매달려 있으니까 먼저 대관람차의 둘레를 알아야 해.
대관람차는 바퀴의 지름이 20 m인 원 모양이니까

(원주) = (지름) × (원주율)

로 대관람차의 둘레를 구할 수 있어.

(대관람차의 원주) = ☐ × ☐ = ☐ (m)

원주가 ☐ m인 원 둘레를 4 m 간격으로 나누면 간격 수는

☐ ÷ 4 = ☐ (군데)가 되지.

아~ 대관람차에 매달려 있는 관람차는 모두 ☐ 대구나!

4 m

5

5 지름이 90 cm인 원 모양의 체중관리용 훌라후프 안쪽에 2 cm 간격으로 돌기가 달려 있습니다. 모두 몇 개의 돌기가 달려 있는지 구해 보세요. (원주율: 3)

( )

6 반지름이 30 cm인 원 둘레에 일정한 간격으로 점을 찍으려고 합니다. 모두 62개의 점을 찍는다면 점과 점 사이의 간격은 몇 cm인지 구해 보세요. (원주율: 3.1)

( )

7

진도책 130쪽 8번 문제

색칠한 부분의 넓이를 구해 보세요. (원주율: 3.1)

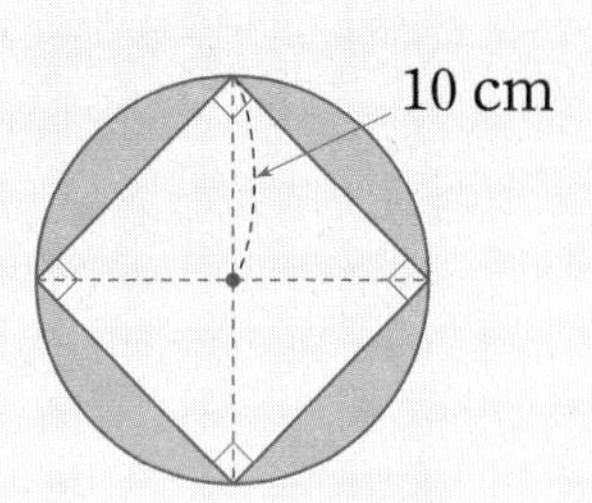

어떻게 풀었니?

전체 넓이에서 색칠하지 않은 부분의 넓이를 빼서 구해 보자!

색칠한 부분의 넓이는 큰 원의 넓이에서 정사각형의 넓이를 빼면 돼.

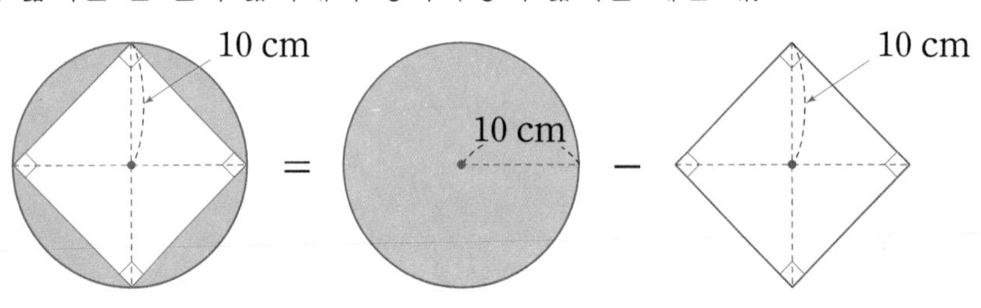

큰 원은 반지름이 10 cm인 원이니까 넓이는 ☐ × ☐ × 3.1 = ☐ (cm^2)이고,

정사각형은 한 변의 길이를 알 수 없으니까 두 대각선의 길이가 각각 ☐ cm인 마름모의 넓이로 구하면 ☐ × ☐ ÷ 2 = ☐ (cm^2)야.

(색칠한 부분의 넓이) = (큰 원의 넓이) − (정사각형의 넓이)

= ☐ − ☐ = ☐ (cm^2)

아~ 색칠한 부분의 넓이는 ☐ cm^2구나!

8

색칠한 부분의 넓이를 구해 보세요. (원주율: 3.14)

(1)

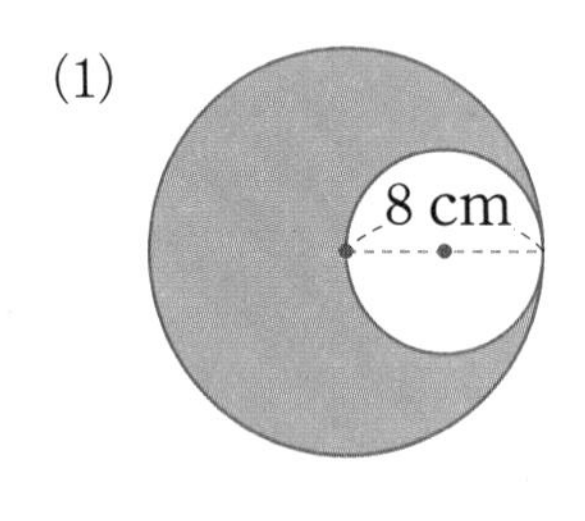

(　　　　　　　　)

(2)

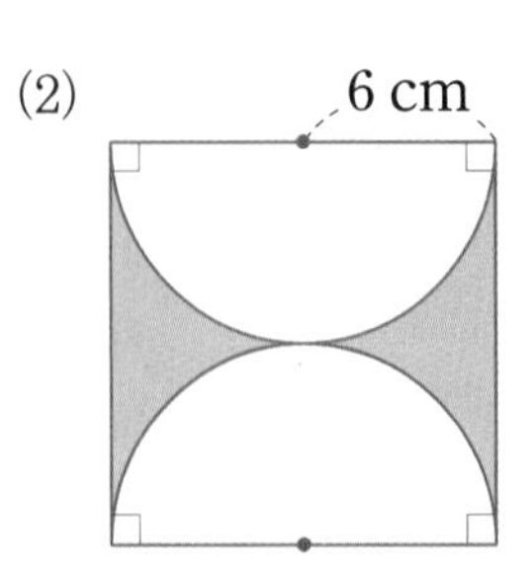

(　　　　　　　　)

9

진도책 131쪽
9번 문제

잔디밭의 넓이를 구해 보세요. (원주율: 3.1)

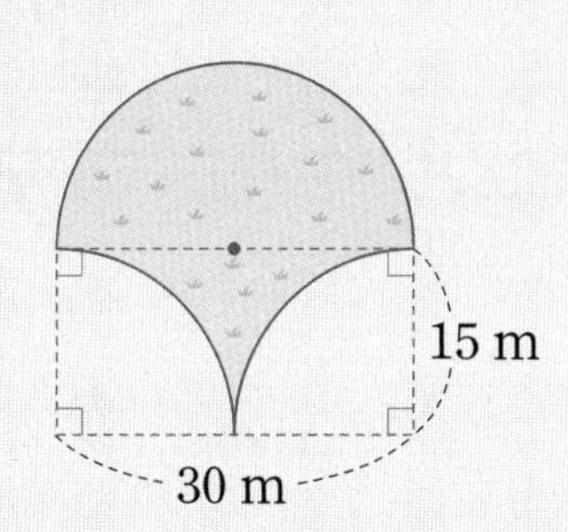

도형을 나누어 옮겨서 간단한 도형으로 바꿔 보자!

앞에서 풀었던 문제처럼 전체 넓이에서 색칠이 안 된 부분의 넓이를 빼서 구할 수도 있지만,
도형을 옮기면 간단하게 구할 수 있는 경우도 있어.
그림에서 아래쪽의 색칠이 안 된 두 부분을 합치면 위쪽의 반원과 크기가 같지?
즉, 위쪽의 반원을 반으로 나눠서 아래쪽 색칠이 안 된 부분으로 옮기면 꼭 맞게 겹쳐져.

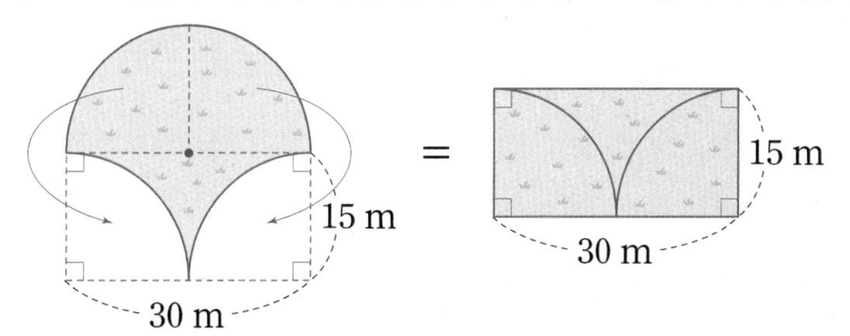

(잔디밭의 넓이) = (직사각형의 넓이)이니까 ☐ × ☐ = ☐ (m^2)가 되지.

아~ 잔디밭의 넓이는 ☐ (m^2)구나!

10

색칠한 부분의 넓이를 구해 보세요. (원주율: 3.1)

(1)

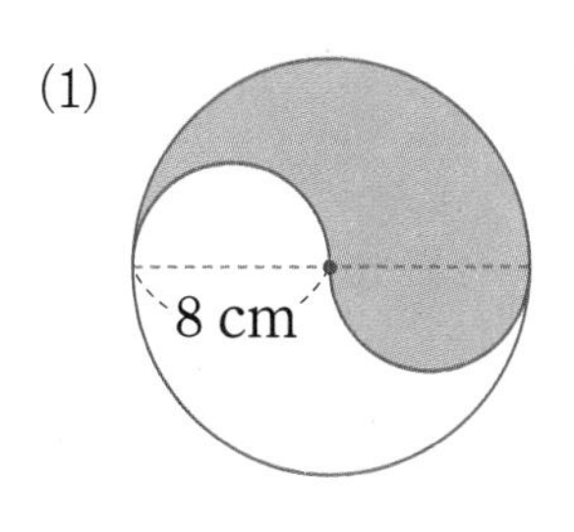

(　　　　　　　　)

(2)

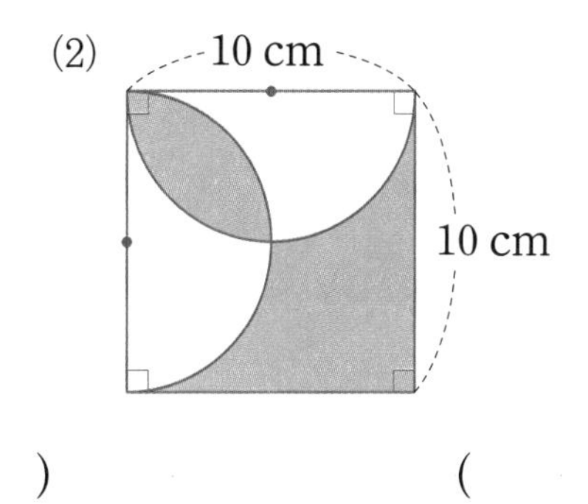

(　　　　　　　　)

쓰기 쉬운 서술형

1 원주 구하기

두 원 가와 나의 원주의 합은 몇 cm인지 풀이 과정을 쓰고 답을 구해 보세요. (원주율: 3.14)

가
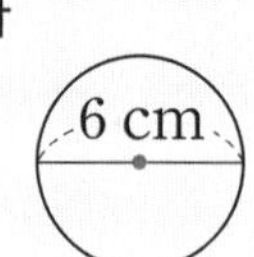

나
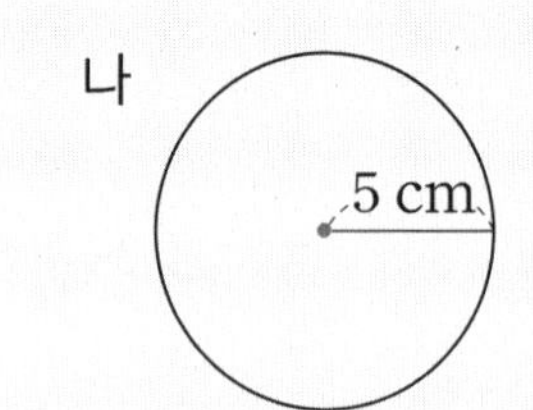

두 원의 (지름)×(원주율)의 합은?

(원주)
=(지름)×(원주율)
=(반지름)×2×(원주율)

무엇을 쓸까? ❶ 두 원 가, 나의 원주 각각 구하기
❷ 두 원 가, 나의 원주의 합 구하기

풀이 예 (원 가의 원주) = (   ) × 3.14 = (   ) (cm),

(원 나의 원주) = (   ) × 2 × 3.14 = (   ) (cm) --- ❶

따라서 두 원의 원주의 합은 (   ) + (   ) = (   ) (cm)입니다. --- ❷

답

1-1

두 원 가와 나의 원주의 차는 몇 cm인지 풀이 과정을 쓰고 답을 구해 보세요. (원주율: 3.1)

가
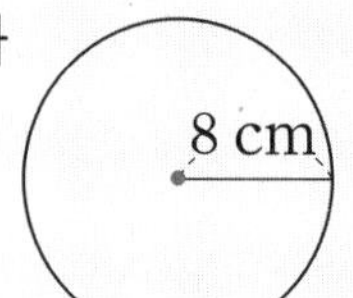

나
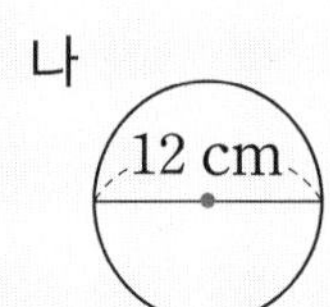

무엇을 쓸까? ❶ 두 원 가, 나의 원주 각각 구하기
❷ 두 원 가, 나의 원주의 차 구하기

풀이

답

2 원의 넓이 구하기

오른쪽 정사각형 안에 가장 큰 원을 그렸습니다. 그린 원의 넓이는 몇 cm^2인지 풀이 과정을 쓰고 답을 구해 보세요. (원주율: 3.1)

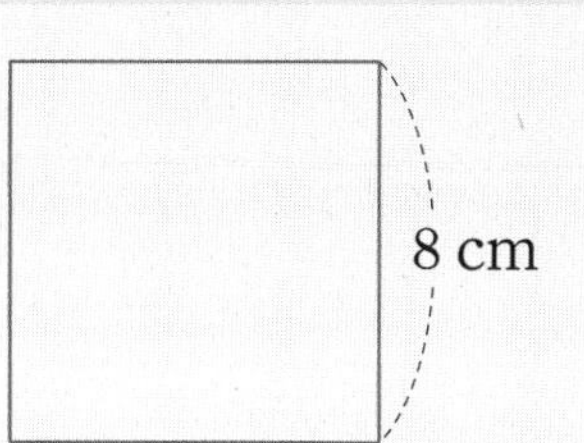

그린 원의
(반지름)×(반지름)×(원주율)은?

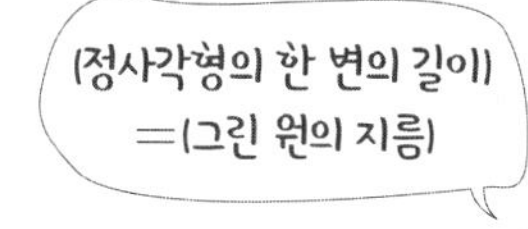

무엇을 쓸까? ❶ 정사각형 안에 그린 원의 반지름 구하기
❷ 정사각형 안에 그린 원의 넓이 구하기

풀이 예 정사각형 안에 그릴 수 있는 가장 큰 원의 지름은 (　　) cm이므로

그린 원의 반지름은 (　　) cm입니다. ··· ❶

따라서 그린 원의 넓이는 (　　)×(　　)×(　　)=(　　) (cm^2)입니다. ··· ❷

답 ______

5

2-1

오른쪽 직사각형 안에 가장 큰 원을 그렸습니다. 그린 원의 넓이는 몇 cm^2인지 풀이 과정을 쓰고 답을 구해 보세요. (원주율: 3.14)

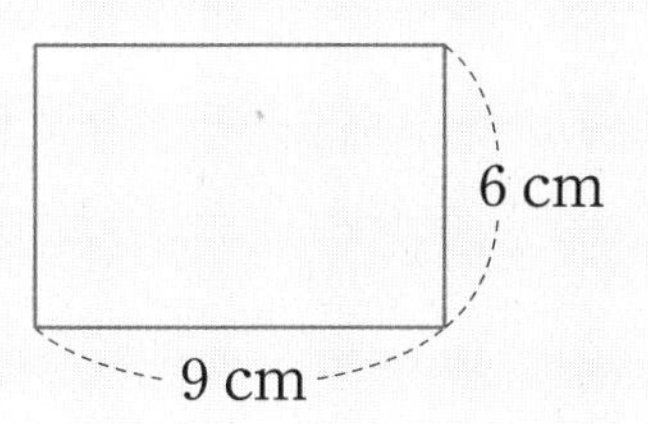

무엇을 쓸까? ❶ 직사각형 안에 그린 원의 반지름 구하기
❷ 직사각형 안에 그린 원의 넓이 구하기

풀이

답 ______

3 원의 지름, 반지름 구하기

원주가 12.56 cm인 원의 지름은 몇 cm인지 풀이 과정을 쓰고 답을 구해 보세요.

(원주율: 3.14)

(원주)÷(원주율)은?

(원의 지름)
=(원주)÷(원주율)
(원의 반지름)
=(원주)÷(원주율)÷2

무엇을 쓸까? ❶ 원의 지름을 구하는 과정 쓰기
❷ 원의 지름 구하기

풀이 예 (원의 지름) = (원주) ÷ (원주율)

= (　　　　) ÷ (　　　　) ··· ❶

= (　　) (cm)

따라서 원의 지름은 (　　) cm입니다. ··· ❷

답

3-1

원주가 43.4 cm인 원의 반지름은 몇 cm인지 풀이 과정을 쓰고 답을 구해 보세요.

(원주율: 3.1)

무엇을 쓸까? ❶ 원의 반지름을 구하는 과정 쓰기
❷ 원의 반지름 구하기

풀이

답

3-2

넓이가 77.5 cm^2인 원의 반지름은 몇 cm인지 풀이 과정을 쓰고 답을 구해 보세요. (원주율: 3.1)

무엇을 쓸까? ❶ 원의 반지름을 구하는 과정 쓰기
❷ 원의 반지름 구하기

풀이

답

3-3

넓이가 108 cm^2인 원의 지름은 몇 cm인지 풀이 과정을 쓰고 답을 구해 보세요. (원주율: 3)

무엇을 쓸까? ❶ 원의 반지름 구하기
❷ 원의 지름 구하기

풀이

답

4 색칠한 부분의 둘레, 넓이 구하기

색칠한 부분의 둘레는 몇 cm인지 풀이 과정을 쓰고 답을 구해 보세요. (원주율: 3.14)

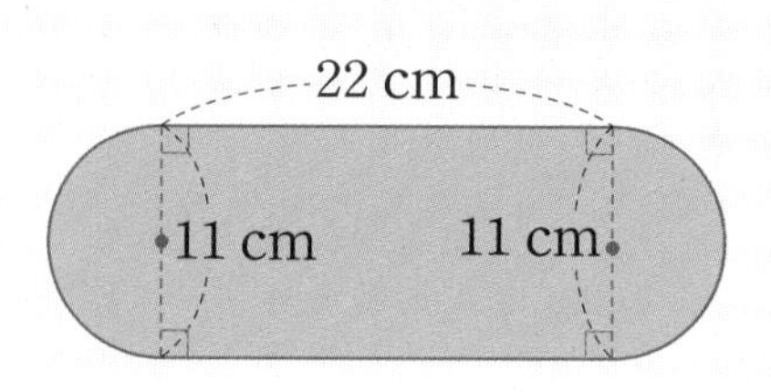

직선 부분의 합과
곡선 부분의 합을 더하면?

무엇을 쓸까? ❶ 직선 부분의 합과 곡선 부분의 합 각각 구하기
❷ 색칠한 부분의 둘레 구하기

풀이 예 (직선 부분의 합) = (　　　) × 2 = (　　　) (cm),

(곡선 부분의 합) = (지름이 11 cm인 원의 둘레)

= (　　　) × 3.14 = (　　　) (cm) --- ❶

따라서 (색칠한 부분의 둘레) = (　　　) + (　　　) = (　　　) (cm)입니다. --- ❷

답

4-1

색칠한 부분의 둘레는 몇 cm인지 풀이 과정을 쓰고 답을 구해 보세요. (원주율: 3.1)

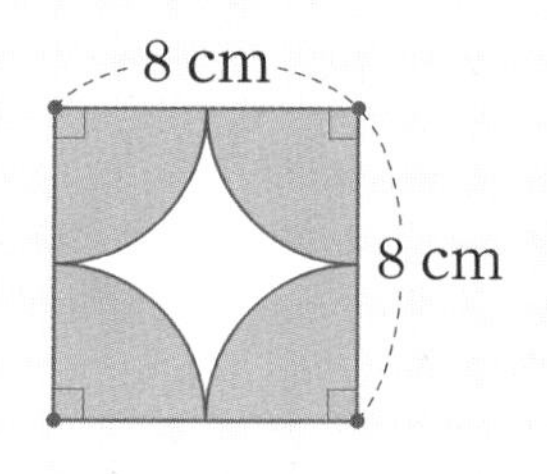

무엇을 쓸까? ❶ 직선 부분의 합과 곡선 부분의 합 각각 구하기
❷ 색칠한 부분의 둘레 구하기

풀이

답

4-2

색칠한 부분의 넓이는 몇 cm^2인지 풀이 과정을 쓰고 답을 구해 보세요. (원주율: 3.14)

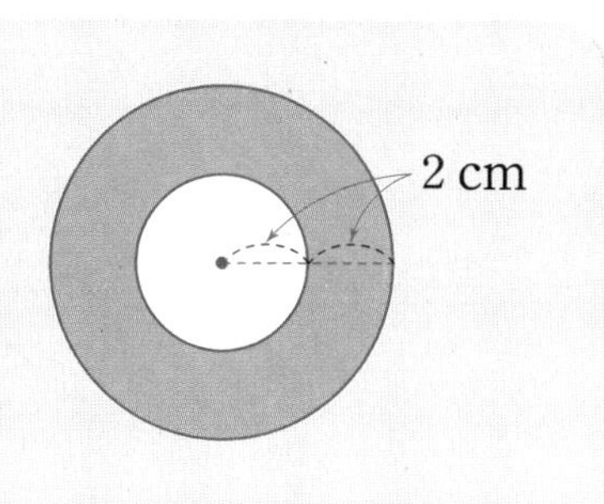

무엇을 쓸까? ❶ 큰 원과 작은 원의 넓이 각각 구하기
❷ 색칠한 부분의 넓이 구하기

풀이

답

4-3

색칠한 부분의 넓이는 몇 cm^2인지 풀이 과정을 쓰고 답을 구해 보세요. (원주율: 3.1)

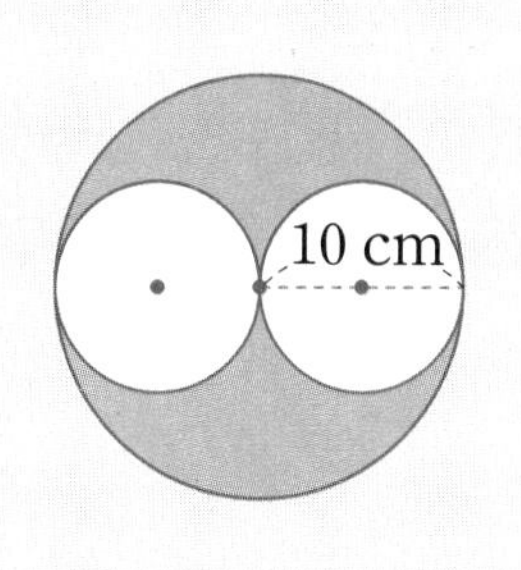

5

무엇을 쓸까? ❶ 큰 원과 작은 원의 넓이 각각 구하기
❷ 색칠한 부분의 넓이 구하기

풀이

답

수행 평가

1 원 모양 물건의 원주율을 각각 구하고, □ 안에 알맞은 말을 써넣으세요.

	원주(cm)	지름(cm)	원주율
접시	31.4	10	
시계	75.36	24	

원의 크기와 관계없이 □에 대한 □의 비율은 일정합니다.

2 원주를 구하려고 합니다. □ 안에 알맞은 수를 써넣으세요. (원주율: 3.1)

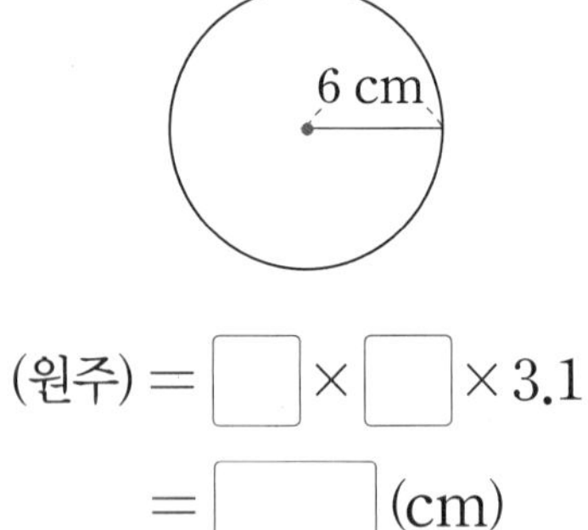

(원주) = □ × □ × 3.1
= □ (cm)

3 반지름이 4 cm인 원의 넓이를 어림하려고 합니다. □ 안에 알맞은 수를 써넣으세요.

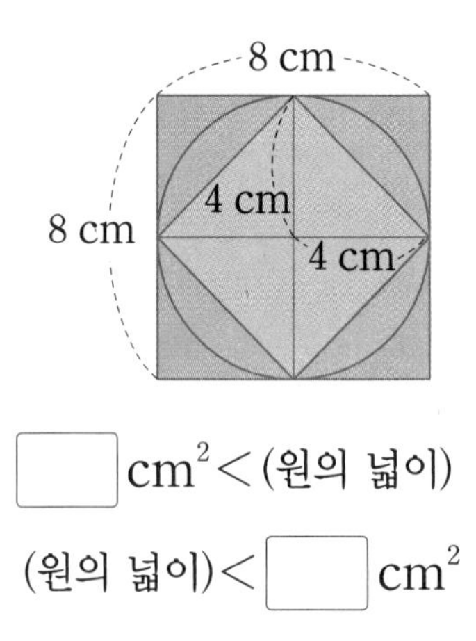

□ cm^2 < (원의 넓이)

(원의 넓이) < □ cm^2

4 지름이 10 cm인 원의 넓이는 몇 cm^2일까요?
(원주율: 3.14)

(　　　　　　　　)

5 지름이 40 cm인 바퀴를 3바퀴 굴렸습니다. 바퀴가 굴러간 거리는 몇 cm일까요?
(원주율: 3.1)

(　　　　　　　　)

6 두 원 가와 나 중 어느 원의 넓이가 몇 cm^2 더 넓을까요? (원주율: 3.1)

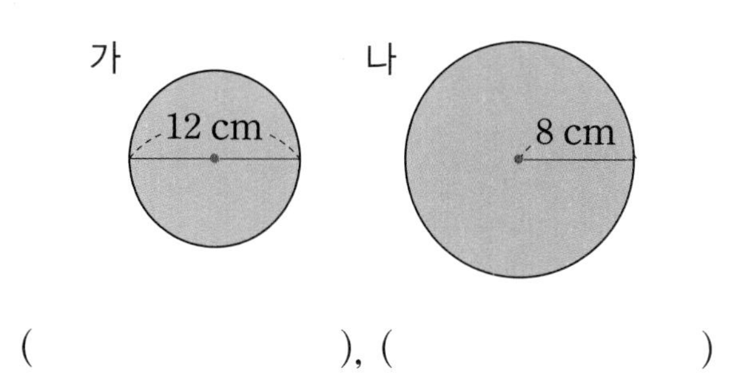

( ), ( )

7 넓이가 27.9 cm^2인 원의 원주는 몇 cm일까요? (원주율: 3.1)

( )

8 크기가 큰 원부터 차례로 기호를 써 보세요. (원주율: 3)

㉠ 반지름이 8 cm인 원
㉡ 원주가 54 cm인 원
㉢ 넓이가 147 cm^2인 원

( )

9 색칠한 부분의 둘레는 몇 cm일까요? (원주율: 3.14)

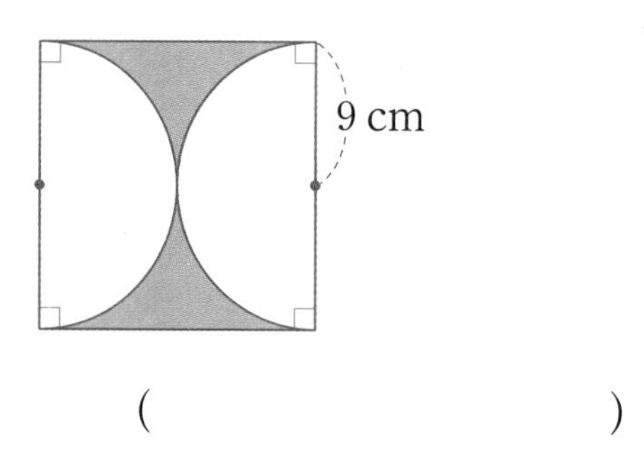

( )

서술형 문제

10 색칠한 부분의 넓이는 몇 cm^2인지 풀이 과정을 쓰고 답을 구해 보세요. (원주율: 3)

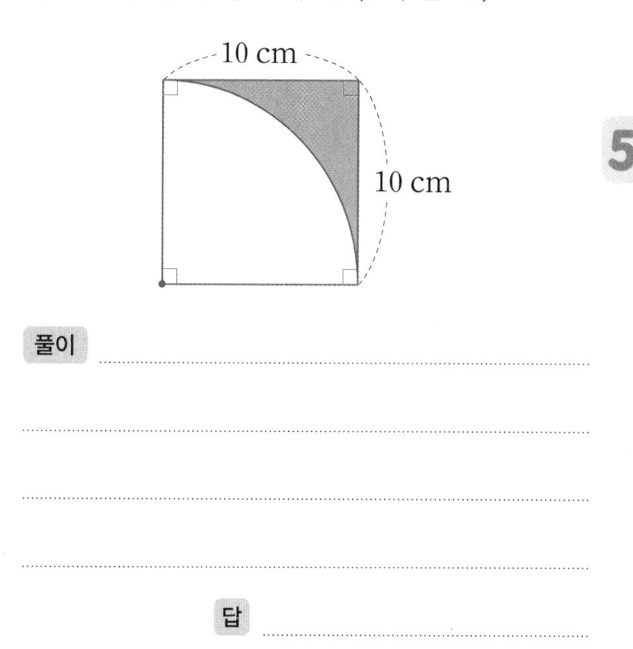

풀이

답

개념 적용

1 진도책 148쪽 4번 문제

한 변을 기준으로 직사각형 모양의 종이를 돌려 만든 입체도형의 높이는 몇 cm인지 구해 보세요.

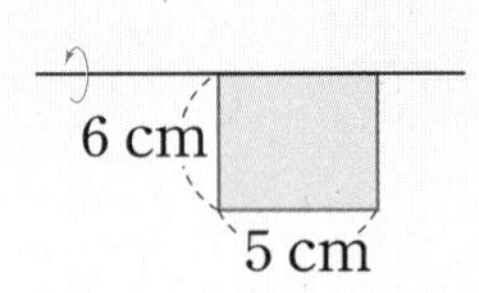

원기둥의 높이에 대해 알아보자!

원기둥에서 서로 평행하고 합동인 두 면을 밑면이라 하고, 두 밑면에 (수직인 , 평행한) 선분의 길이를 높이라고 해.

그림과 같이 한 변을 기준으로 직사각형 모양의 종이를 돌리면 원기둥이 만들어져.

이때 원기둥의 높이가 항상 ↕ 방향이라고 생각하면 안 돼.

원기둥의 밑면의 모양은 원이니까 두 원에 수직인 선분을 찾아서 표시해 봐.

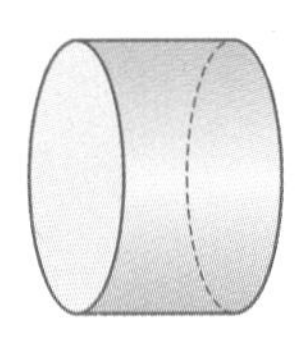

원기둥의 높이는 직사각형 모양 종이의 (가로 , 세로)와 같다는 걸 알 수 있지.

아~ 직사각형 모양의 종이를 돌려 만든 입체도형의 높이는 ☐ cm구나!

2 한 변을 기준으로 직사각형 모양의 종이를 돌려 입체도형을 만들었습니다. 만들어진 입체도형의 밑면의 지름과 높이의 차는 몇 cm인지 구해 보세요.

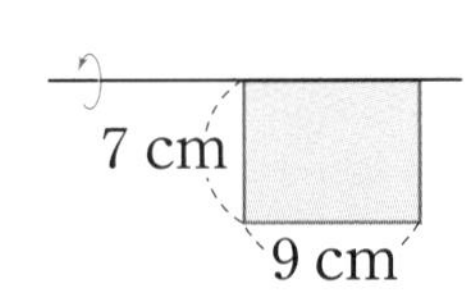

( )

3

진도책 151쪽
12번 문제

원기둥 모양의 과자 상자를 잘라 펼쳤습니다. 전개도를 보고 원기둥의 높이와 밑면의 반지름을 각각 구해 보세요. (원주율 3.1)

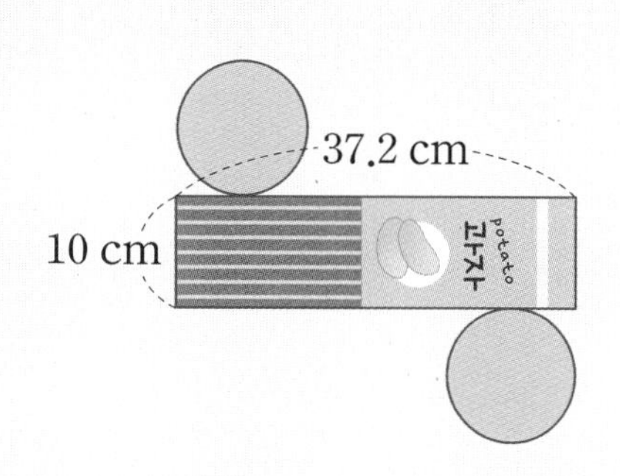

어떻게 풀었니?

원기둥의 전개도에서 길이를 알아보자!

원기둥을 잘라서 펼쳐 놓은 그림을 원기둥의 전개도라고 해. 원기둥의 전개도를 접으면 다시 원기둥이 되지. 그림을 보면 원기둥의 전개도에서 옆면의 세로는 원기둥의 높이와 같고, 옆면의 가로는 원기둥의 밑면의 둘레와 같다는 걸 알 수 있어.

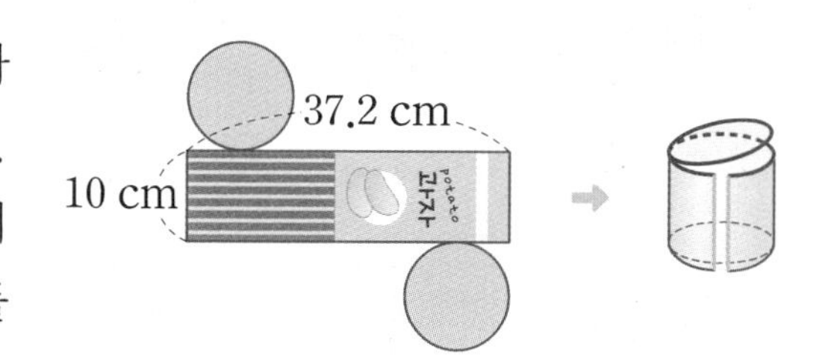

(원기둥의 높이) = (옆면의 세로) = ☐ cm

(원기둥의 밑면의 지름) = (원기둥의 밑면의 둘레) ÷ (원주율)

= (옆면의 가로) ÷ (원주율)

= ☐ ÷ 3.1 = ☐ (cm)

➡ (원기둥의 밑면의 반지름) = ☐ ÷ 2 = ☐ (cm)

아~ 원기둥의 높이는 ☐ cm, 밑면의 반지름은 ☐ cm구나!

4

원기둥 모양의 상자를 잘라 펼쳤습니다. 전개도를 보고 원기둥의 높이와 밑면의 반지름을 각각 구해 보세요. (원주율: 3.14)

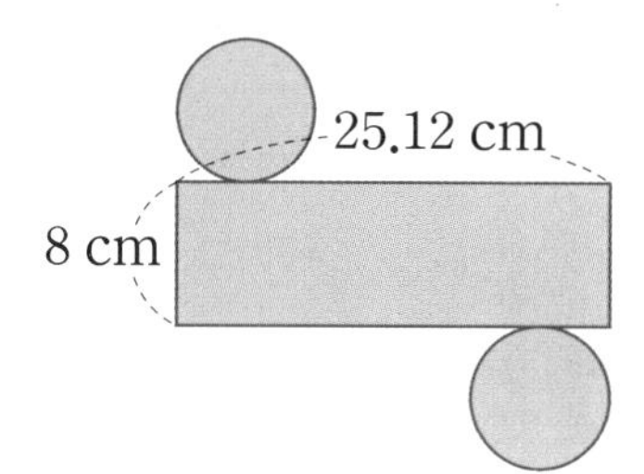

원기둥의 높이: ☐ cm, 밑면의 반지름: ☐ cm

5

진도책 152쪽
16번 문제

한 변을 기준으로 어떤 평면도형을 돌려서 만든 입체도형입니다. 돌리기 전의 평면도형의 넓이는 몇 cm^2인지 구해 보세요.

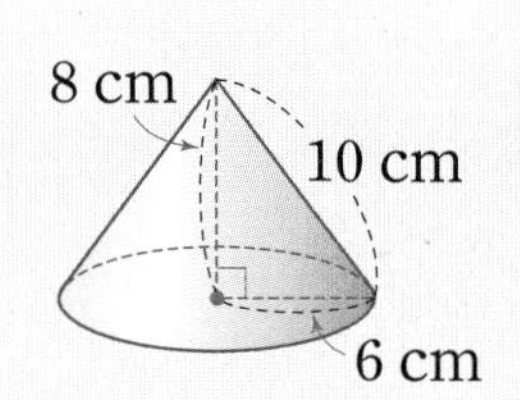

어떤 평면도형을 돌려서 만든 입체도형인지 알아보자!

주어진 입체도형은 원뿔이고, 한 변을 기준으로 돌려서 원뿔이 나오는 평면도형은 (직각삼각형 , 직사각형 , 원)이야.

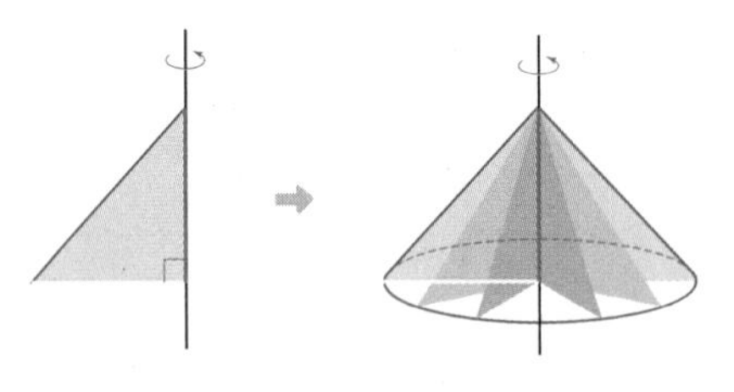

그림을 보면 돌리기 전 평면도형의 밑변의 길이는 원뿔의 밑면의 반지름과 같고, 평면도형의 높이는 원뿔의 높이와 같다는 걸 알 수 있어.

즉, 직각삼각형의 밑변의 길이는 □ cm, 높이는 □ cm이니까

넓이는 □ × □ ÷ □ = □ (cm^2)야.

아~ 돌리기 전의 평면도형의 넓이는 □ cm^2구나!

6

한 변을 기준으로 어떤 평면도형을 돌려서 만든 입체도형입니다. 돌리기 전의 평면도형의 넓이는 몇 cm^2인지 구해 보세요.

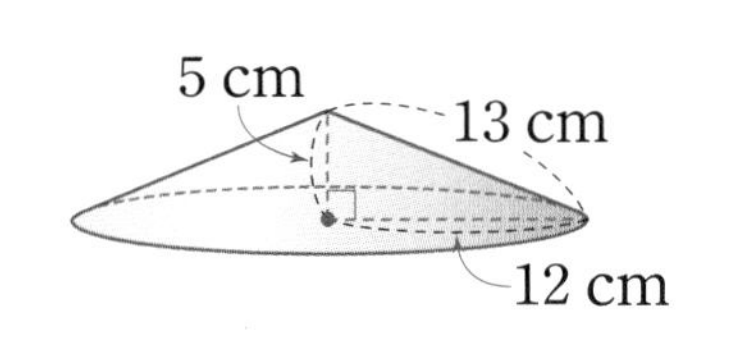

(   )

7

한 변을 기준으로 직각삼각형 모양의 종이를 돌려 입체도형을 만들었습니다. 만들어진 입체도형의 밑면의 넓이는 몇 cm^2인지 구해 보세요. (원주율: 3)

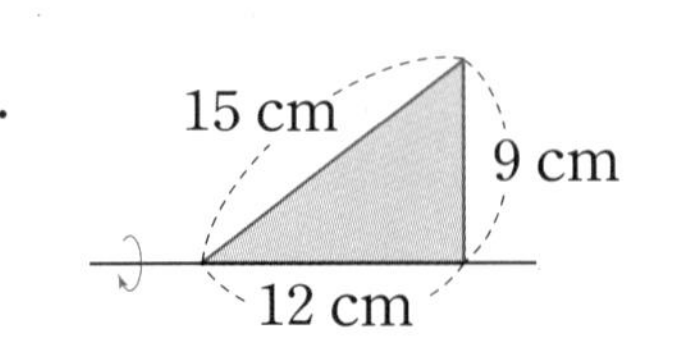

(   )

8 지름을 기준으로 반원 모양의 종이를 돌려 만든 입체도형의 반지름은 몇 cm인지 구해 보세요.

진도책 154쪽 23번 문제

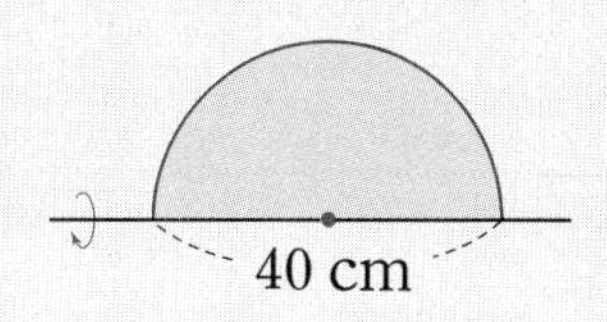

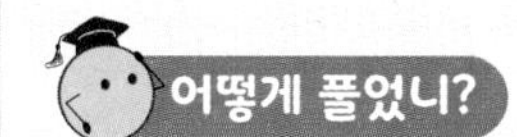

만들어진 입체도형은 무엇인지 알아보자!

다음과 같이 지름을 기준으로 반원 모양의 종이를 돌리면 구가 돼.

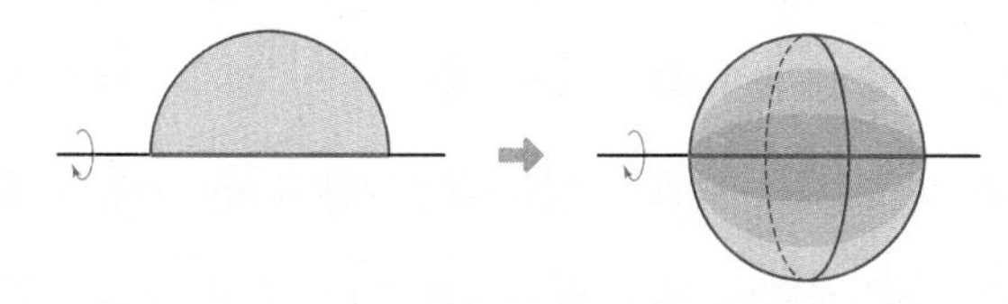

그림을 보면 돌리기 전 반원의 지름과 구의 지름이 같다는 걸 알 수 있지.

즉, 반원의 지름이 40 cm이니까 구의 지름도 ☐ cm이고,

구의 반지름은 ☐ $\div 2 =$ ☐ (cm)가 되지.

아~ 지름을 기준으로 반원 모양의 종이를 돌려 만든 입체도형의 반지름은 ☐ cm구나!

9 지름을 기준으로 반원 모양의 종이를 돌려 만든 입체도형의 지름은 몇 cm인지 구해 보세요.

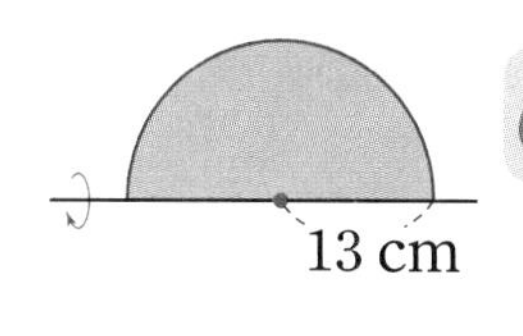

(　　　　　　　　)

10 지름을 기준으로 반원 모양의 종이를 돌려 만든 입체도형입니다. 돌리기 전의 반원의 넓이는 몇 cm^2인지 구해 보세요. (원주율: 3.1)

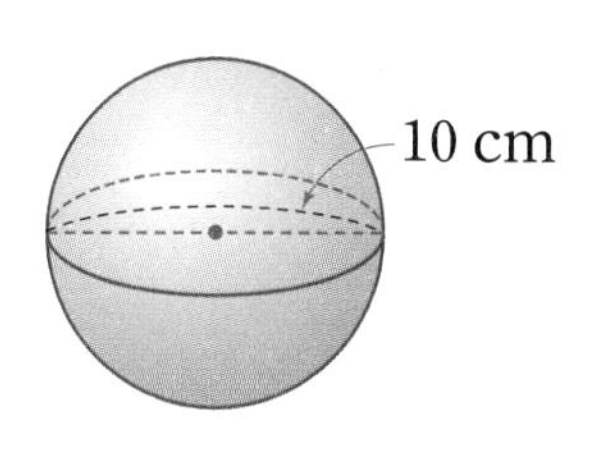

(　　　　　　　　)

쓰기 쉬운 서술형

1 입체도형의 높이

두 입체도형의 높이의 차는 몇 cm인지 풀이 과정을 쓰고 답을 구해 보세요.

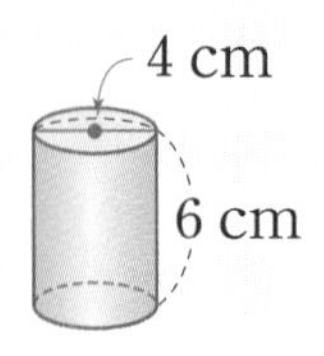

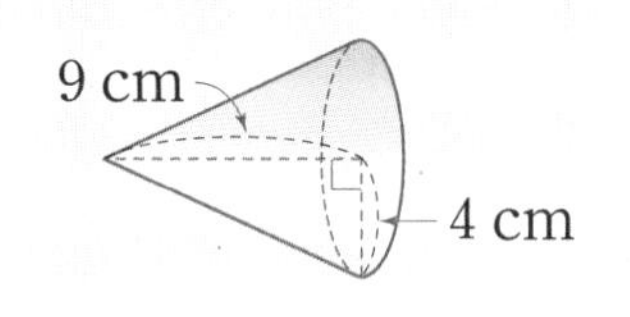

(원뿔의 높이) − (원기둥의 높이)는?

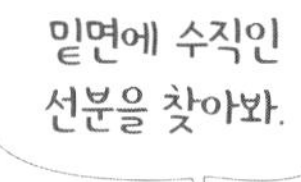

무엇을 쓸까? ❶ 원기둥과 원뿔의 높이 각각 구하기
❷ 원기둥과 원뿔의 높이의 차 구하기

풀이 예 원기둥의 높이는 두 밑면에 수직인 선분의 길이이므로 (   ) cm이고, 원뿔의 높이는 원뿔의 꼭짓점에서 밑면에 수직인 선분의 길이이므로 (   ) cm입니다. --- ❶

따라서 원기둥과 원뿔의 높이의 차는 (   ) − (   ) = (   ) (cm)입니다. --- ❷

답

1-1

두 입체도형의 높이의 차는 몇 cm인지 풀이 과정을 쓰고 답을 구해 보세요.

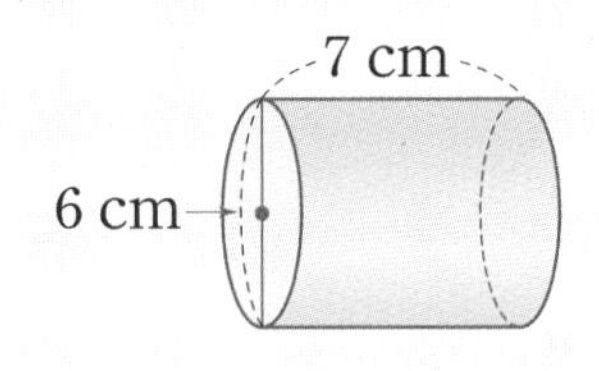

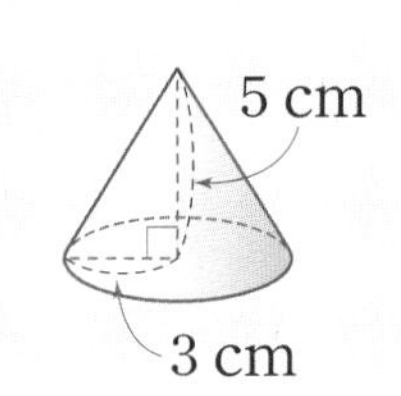

무엇을 쓸까? ❶ 원기둥과 원뿔의 높이 각각 구하기
❷ 원기둥과 원뿔의 높이의 차 구하기

풀이

답

2 평면도형을 돌려서 만든 입체도형

한 변을 기준으로 직사각형 모양의 종이를 돌려 만든 입체도형의 밑면의 지름은 몇 cm인지 구해 보세요.

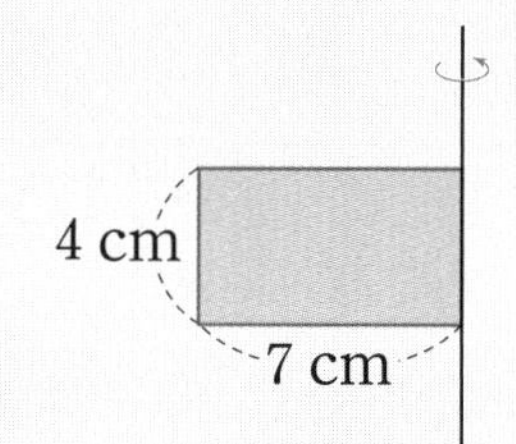

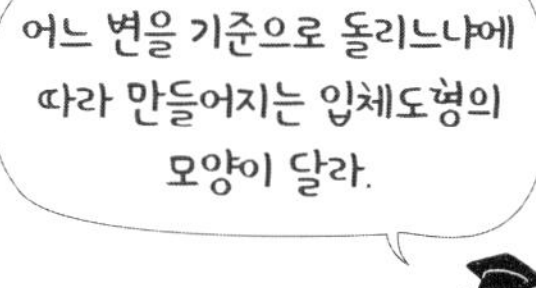

무엇을 쓸까? ❶ 입체도형의 밑면의 반지름 구하기
❷ 입체도형의 밑면의 지름 구하기

풀이 예 한 변을 기준으로 직사각형 모양의 종이를 돌려 만든 입체도형은 (원기둥 , 원뿔 , 구)이고, 밑면의 반지름은 직사각형의 (가로 , 세로)와 같으므로 (   ) cm입니다. --- ❶

따라서 입체도형의 밑면의 지름은 (   ) × (   ) = (   ) (cm)입니다. --- ❷

답 ____________

2-1

한 변을 기준으로 직각삼각형 모양의 종이를 돌려 만든 입체도형의 밑면의 지름은 몇 cm인지 구해 보세요.

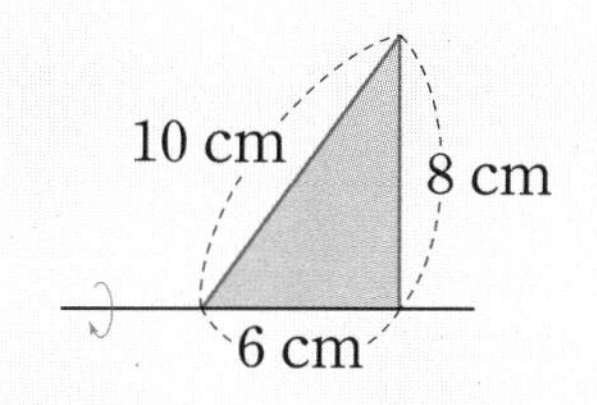

무엇을 쓸까? ❶ 입체도형의 밑면의 반지름 구하기
❷ 입체도형의 밑면의 지름 구하기

풀이 ____________

답 ____________

3 입체도형을 위, 앞에서 본 모양

원기둥을 앞에서 본 모양의 둘레는 몇 cm인지 풀이 과정을 쓰고 답을 구해 보세요.

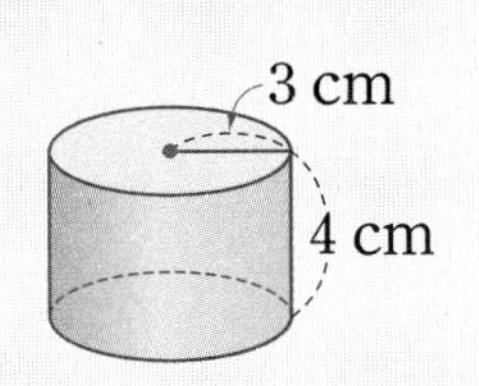

원기둥을 앞에서 본 모양의
각 변의 길이를 모두 더하면?

원기둥은 직사각형을 돌려서 만든 입체도형이야.

무엇을 쓸까? ❶ 원기둥을 앞에서 본 모양 알아보기
❷ 원기둥을 앞에서 본 모양의 둘레 구하기

풀이 예 원기둥을 앞에서 본 모양은 오른쪽과 같은 직사각형입니다. --- ❶

□ cm
□ cm

따라서 원기둥을 앞에서 본 모양의 둘레는

(   )+(   )+(   )+(   )=(   )(cm)입니다. --- ❷

답 ________

3-1

원뿔을 앞에서 본 모양의 둘레는 몇 cm인지 풀이 과정을 쓰고 답을 구해 보세요.

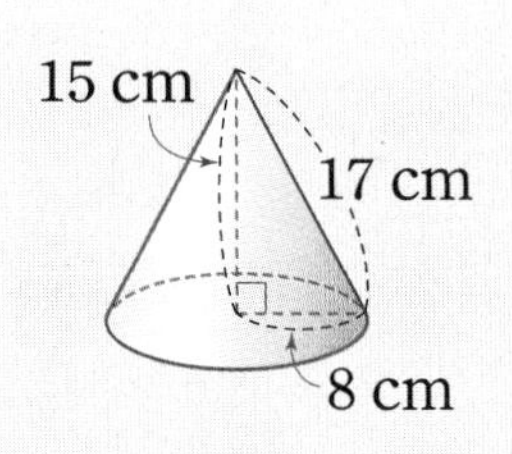

무엇을 쓸까? ❶ 원뿔을 앞에서 본 모양 알아보기
❷ 원뿔을 앞에서 본 모양의 둘레 구하기

풀이 ________

답 ________

3-2

구를 위에서 본 모양의 넓이는 몇 cm^2인지 풀이 과정을 쓰고 답을 구해 보세요. (원주율: 3.1)

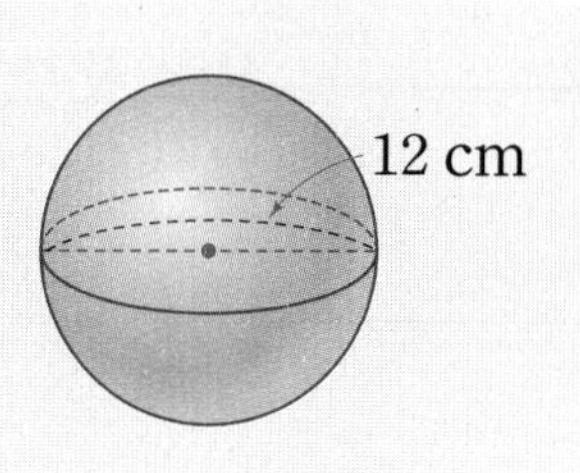

무엇을 쓸까? ❶ 구를 위에서 본 모양 알아보기
❷ 구를 위에서 본 모양의 넓이 구하기

풀이

답

3-3

원기둥을 위에서 본 모양과 앞에서 본 모양의 넓이의 차는 몇 cm^2인지 풀이 과정을 쓰고 답을 구해 보세요. (원주율: 3)

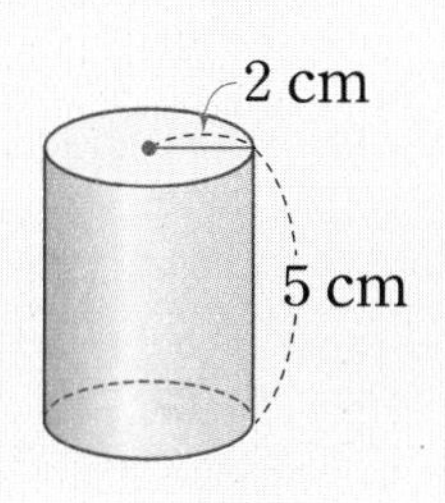

무엇을 쓸까? ❶ 원기둥을 위에서 본 모양과 앞에서 본 모양 알아보기
❷ 원기둥을 위에서 본 모양과 앞에서 본 모양의 넓이 각각 구하기
❸ 원기둥을 위에서 본 모양과 앞에서 본 모양의 넓이의 차 구하기

풀이

답

4 원기둥의 전개도에서 길이, 넓이 구하기

원기둥의 전개도에서 옆면의 가로는 몇 cm인지 풀이 과정을 쓰고 답을 구해 보세요. (원주율: 3.1)

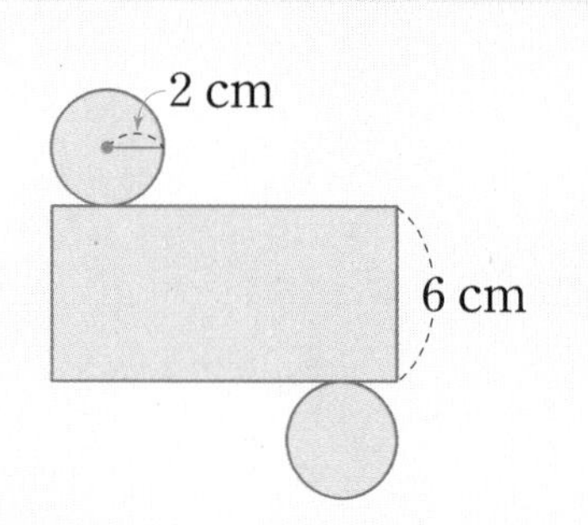

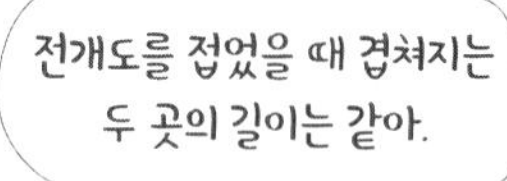

무엇을 쓸까? ❶ 옆면의 가로와 길이가 같은 부분 찾기
❷ 옆면의 가로 구하기

풀이 예 원기둥의 전개도에서 옆면의 가로는 (밑면의 둘레 , 높이)와 같습니다. --- ❶

따라서 옆면의 가로는 ( )×( )×( )=( ) (cm)입니다. --- ❷

답

4-1

원기둥의 전개도에서 옆면의 둘레는 몇 cm인지 풀이 과정을 쓰고 답을 구해 보세요. (원주율: 3.14)

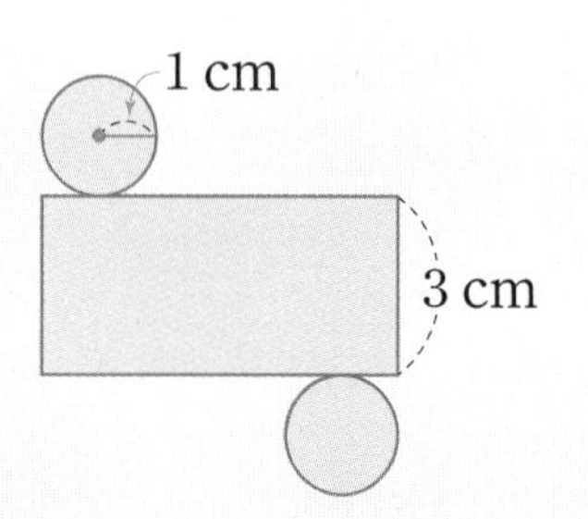

무엇을 쓸까? ❶ 한 밑면의 둘레 구하기
❷ 옆면의 둘레 구하기

풀이

답

4-2

원기둥의 전개도에서 옆면의 넓이는 몇 cm^2인지 풀이 과정을 쓰고 답을 구해 보세요. (원주율: 3.1)

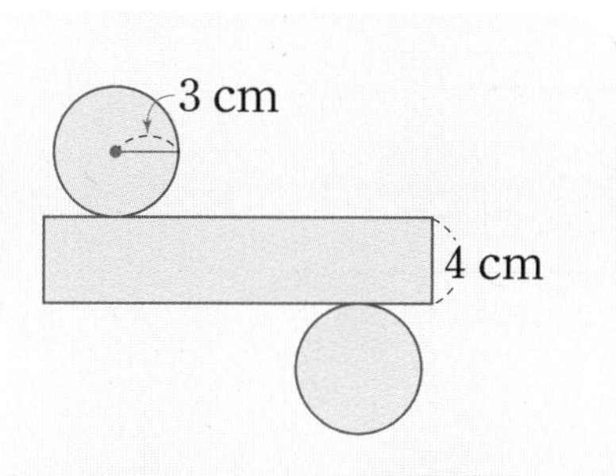

무엇을 쓸까? ❶ 옆면의 가로 구하기
❷ 옆면의 넓이 구하기

풀이

답

4-3

원기둥의 전개도에서 밑면의 반지름은 몇 cm인지 풀이 과정을 쓰고 답을 구해 보세요. (원주율: 3.14)

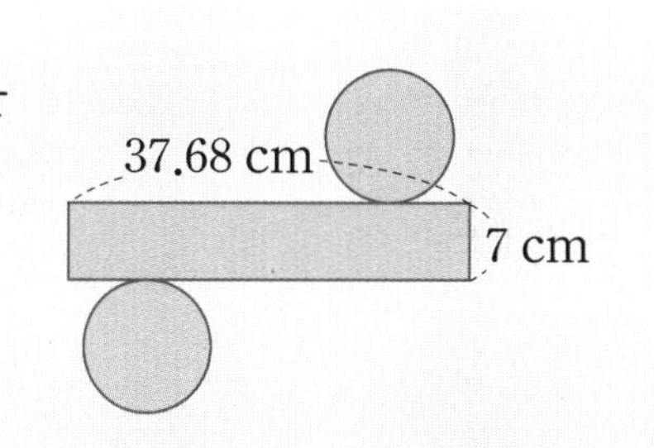

무엇을 쓸까? ❶ 밑면의 둘레 구하기
❷ 밑면의 반지름 구하기

풀이

답

수행 평가

1 도형을 보고 물음에 답하세요.

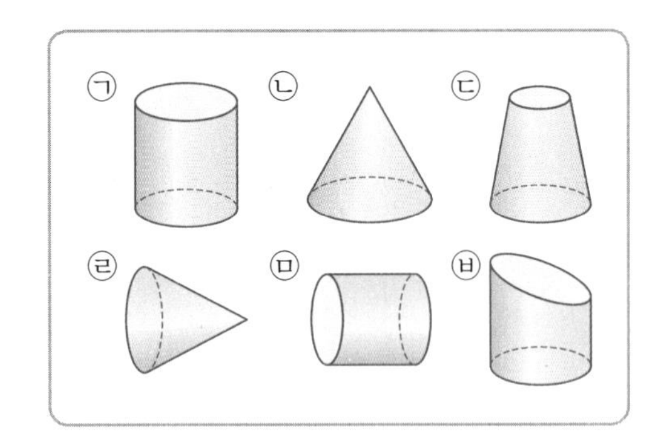

(1) 원기둥을 모두 찾아 기호를 써 보세요.

( )

(2) 원뿔을 모두 찾아 기호를 써 보세요.

( )

2 원기둥의 높이는 몇 cm일까요?

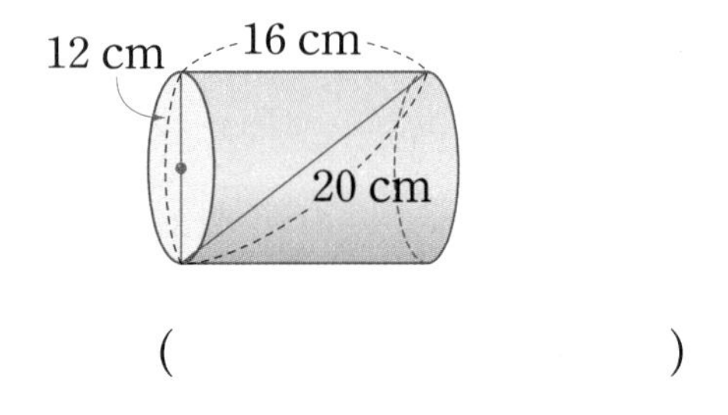

( )

3 다음은 원뿔의 무엇을 재는 그림일까요?

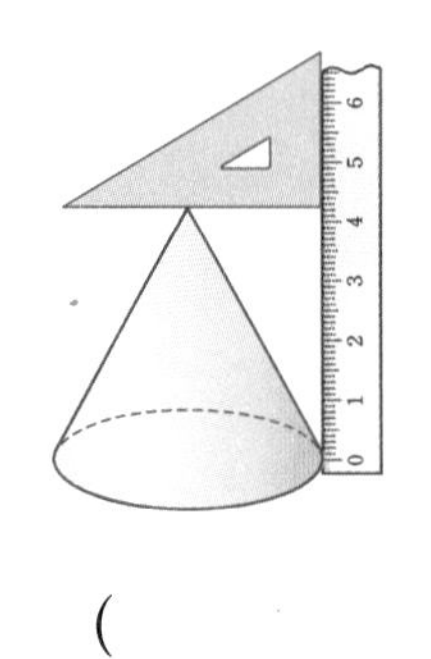

( )

4 원기둥의 전개도가 아닌 것을 모두 찾아 기호를 써 보세요.

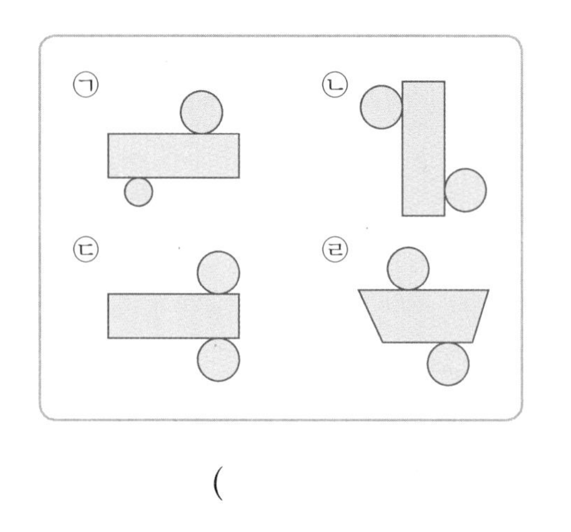

( )

5 그림과 같이 직각삼각형 모양의 종이를 한 변을 기준으로 돌려 입체도형을 만들었습니다. 만든 입체도형에서 밑면의 지름과 모선의 길이의 합은 몇 cm일까요?

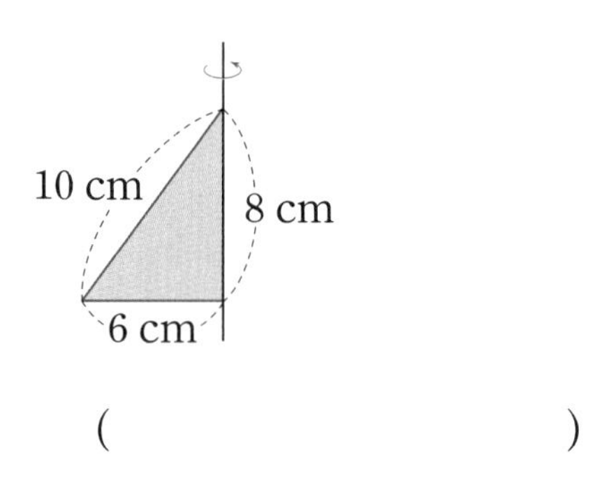

( )

6 어느 방향에서 보아도 모양이 같은 입체도형을 찾아 기호를 써 보세요.

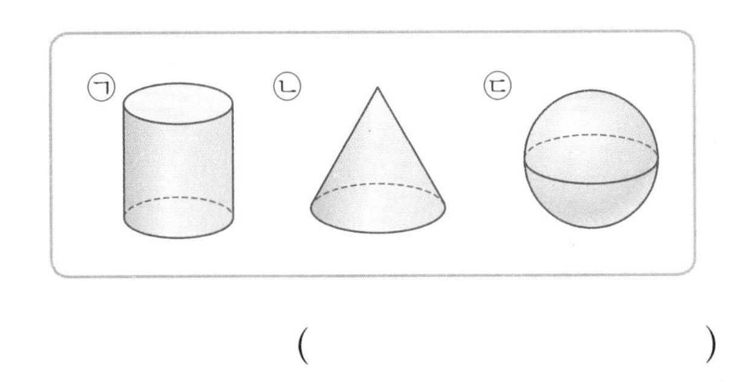

(　　　　　　　　　　)

7 원기둥과 원뿔의 공통점을 모두 고르세요.

(　　　　)

① 밑면은 2개입니다.
② 옆면은 1개입니다.
③ 꼭짓점이 있습니다.
④ 밑면의 모양은 원입니다.
⑤ 옆에서 본 모양은 직사각형입니다.

8 지름을 기준으로 반원 모양의 종이를 돌려 만든 입체도형의 반지름은 몇 cm일까요?

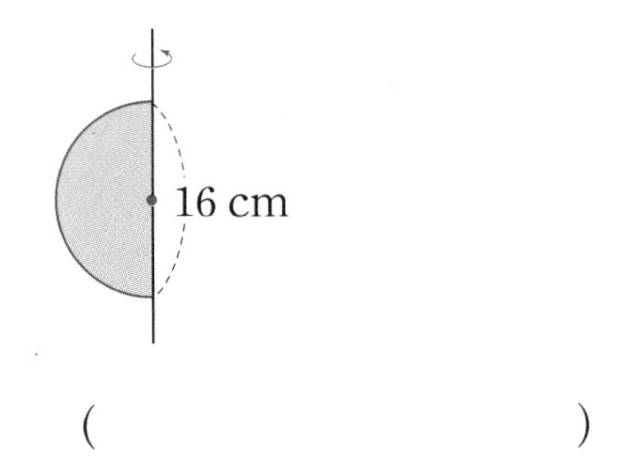

(　　　　　　　　　　)

9 원기둥의 전개도에서 옆면의 넓이가 $60\ cm^2$일 때 원기둥의 높이는 몇 cm일까요?

(원주율: 3)

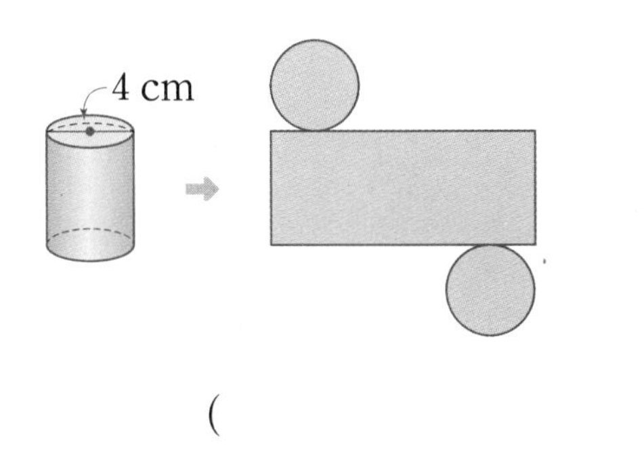

(　　　　　　　　　　)

서술형 문제

10 원기둥의 전개도에서 옆면의 둘레는 몇 cm인지 풀이 과정을 쓰고 답을 구해 보세요.

(원주율: 3.1)

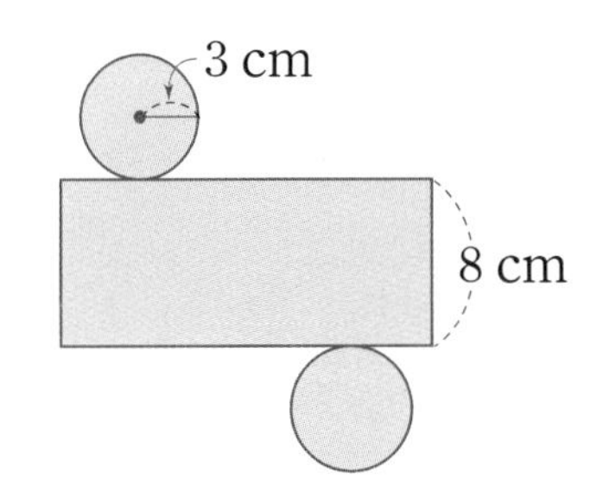

풀이

답

총괄 평가

1 지름을 기준으로 반원 모양의 종이를 한 바퀴 돌려 만든 입체도형입니다. □ 안에 알맞은 수를 써넣으세요.

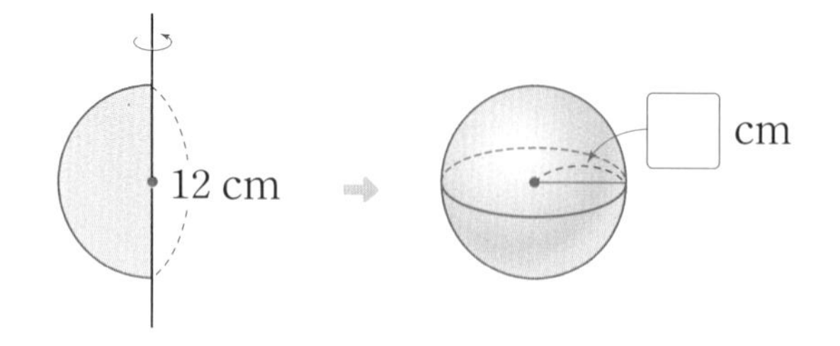

2 계산해 보세요.

(1) $\frac{5}{7} \div \frac{7}{8}$

(2) $\frac{9}{11} \div \frac{3}{14}$

3 간단한 자연수의 비로 나타낸 것을 찾아 이어 보세요.

$\frac{3}{8} : \frac{5}{6}$ •　　　　• 7 : 9

1.2 : 2.1 •　　　　• 9 : 20

$0.5 : \frac{9}{14}$ •　　　　• 4 : 7

4 몫을 반올림하여 소수 둘째 자리까지 나타내어 보세요.

$7\overline{)12.85}$

(　　　　　　　　)

5 쌓기나무로 쌓은 모양을 보고 위에서 본 모양을 나타낸 것입니다. 똑같이 쌓는 데 필요한 쌓기나무는 몇 개일까요?

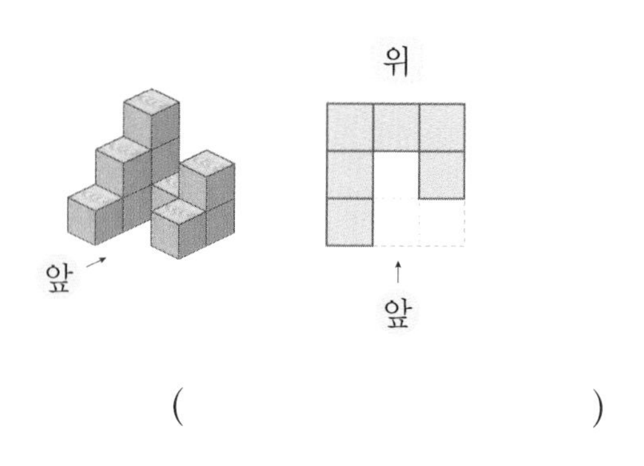

(　　　　　　　　)

6 계산 결과를 비교하여 ○ 안에 $>$, $=$, $<$를 알맞게 써넣으세요.

$8.64 \div 3.6$	○	$7.83 \div 2.9$

7 쌓기나무 11개로 만든 모양입니다. 위, 앞, 옆에서 본 모양을 각각 그려 보세요.

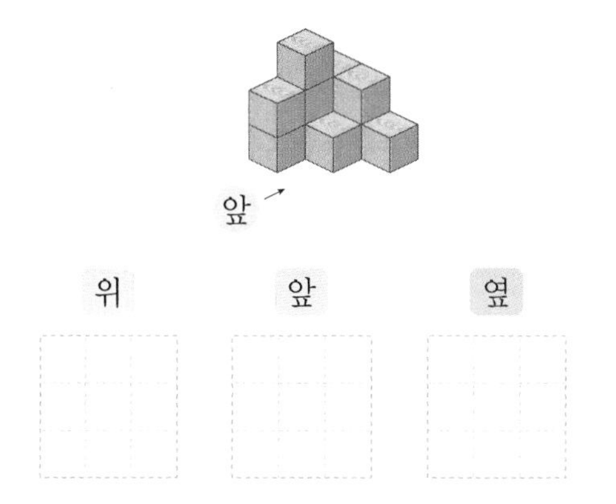

8 원주와 원의 넓이를 각각 구해 보세요.

(원주율 : 3.14)

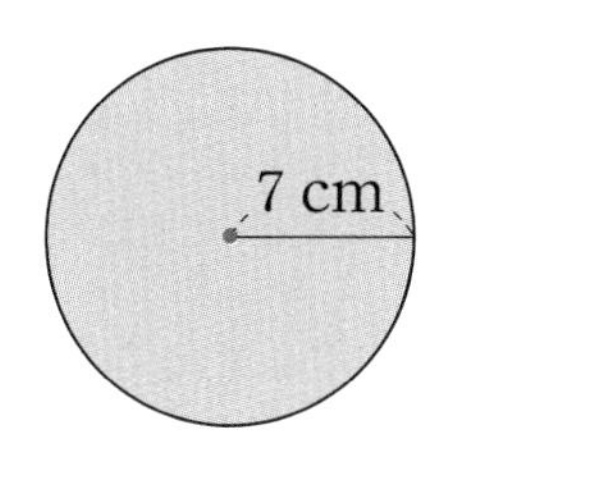

원주 (　　　　　　　　　)

원의 넓이 (　　　　　　　　　)

9 그림과 같이 직각삼각형 모양의 종이를 한 변을 기준으로 한 바퀴 돌려 입체도형을 만들었습니다. 만든 입체도형에서 밑면의 둘레는 몇 cm일까요? (원주율: 3.14)

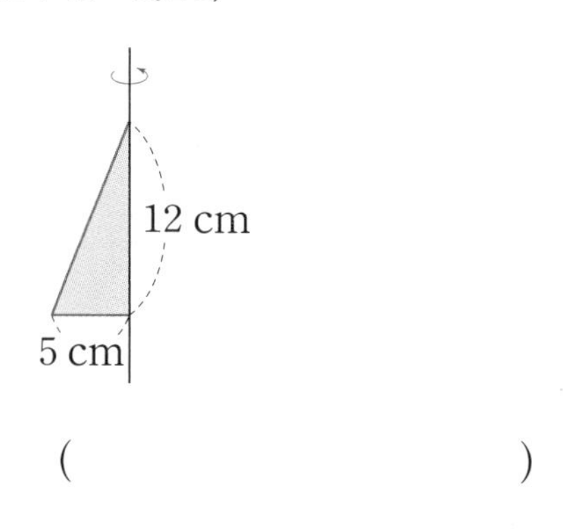

(　　　　　　　　　)

10 밑변의 길이가 $2\frac{3}{4}$ cm인 평행사변형의 넓이가 $7\frac{1}{3}$ cm^2입니다. 이 평행사변형의 높이는 몇 cm일까요?

넓이: $7\frac{1}{3}$ cm^2

$2\frac{3}{4}$ cm

(　　　　　　　　　)

11 맞물려 돌아가는 두 톱니바퀴 가, 나가 있습니다. 톱니바퀴 가가 14번 도는 동안 톱니바퀴 나는 8번 돕니다. 톱니바퀴 가가 63번 도는 동안 톱니바퀴 나는 몇 번 도는지 구해 보세요.

(　　　　　　　　)

12 크기가 큰 원부터 차례로 기호를 써 보세요.

(원주율: 3.14)

㉠ 반지름이 6 cm인 원
㉡ 지름이 15 cm인 원
㉢ 원주가 40.82 cm인 원

(　　　　　　　　)

13 원주가 55.8 cm인 원의 넓이는 몇 cm^2일까요? (원주율: 3.1)

(　　　　　　　　)

14 민주는 9시간, 세호는 6시간 동안 일을 하고 모두 105000원을 받았습니다. 일한 시간의 비로 받은 돈을 나눈다면 민주와 세호는 각각 얼마를 받을 수 있는지 구해 보세요.

민주 (　　　　　　　　)
세호 (　　　　　　　　)

15 어떤 수를 0.4로 나누어야 할 것을 잘못하여 곱하였더니 1.04가 되었습니다. 바르게 계산한 값을 구해 보세요.

(　　　　　　　　)

16 원기둥과 원기둥의 전개도입니다. 전개도의 옆면의 둘레는 몇 cm일까요? (원주율: 3.1)

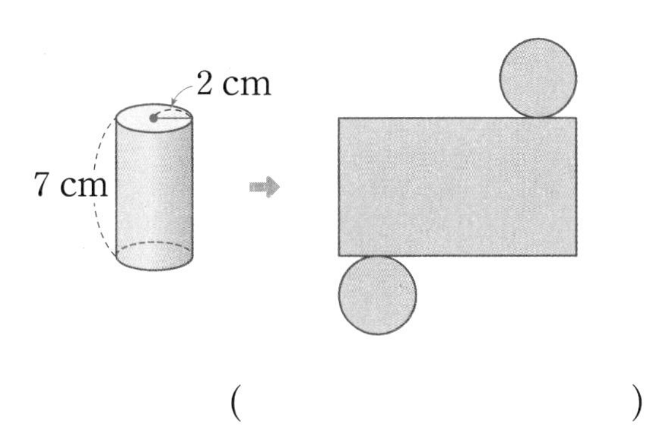

( )

17 길이가 14 km인 도로의 한쪽에 처음부터 끝까지 $\frac{7}{25}$ km 간격으로 가로등을 세우려고 합니다. 가로등은 몇 개 필요할까요? (단, 가로등의 두께는 생각하지 않습니다.)

( )

18 쌓기나무로 쌓은 모양을 위, 앞, 옆에서 본 모양입니다. 쌓기나무가 가장 많은 경우와 가장 적은 경우의 쌓기나무 수의 차는 몇 개일까요?

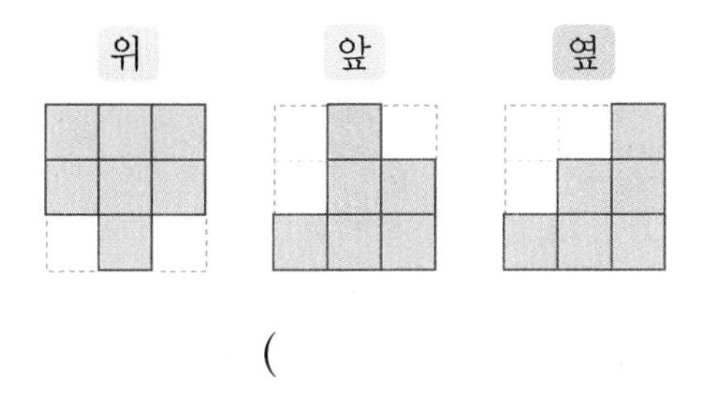

( )

서술형 문제

19 상자 한 개를 포장하는 데 끈이 3 m 필요합니다. 끈 22.45 m로는 상자를 몇 개 포장할 수 있고, 남는 끈은 몇 m인지 풀이 과정을 쓰고 답을 구해 보세요.

풀이

답 ,

서술형 문제

20 색칠한 부분의 넓이는 몇 cm^2인지 풀이 과정을 쓰고 답을 구해 보세요. (원주율: 3.1)

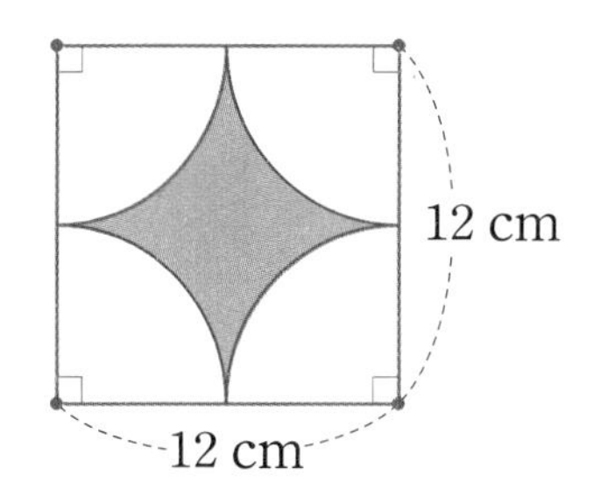

풀이

답

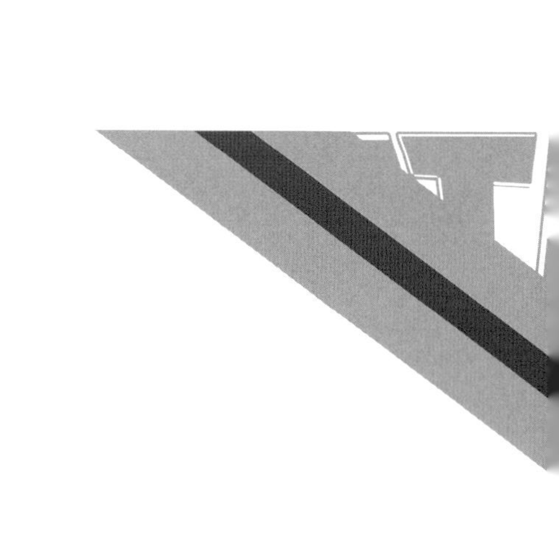

한걸음 한걸음 디딤돌을 걷다 보면 수학이 완성됩니다.

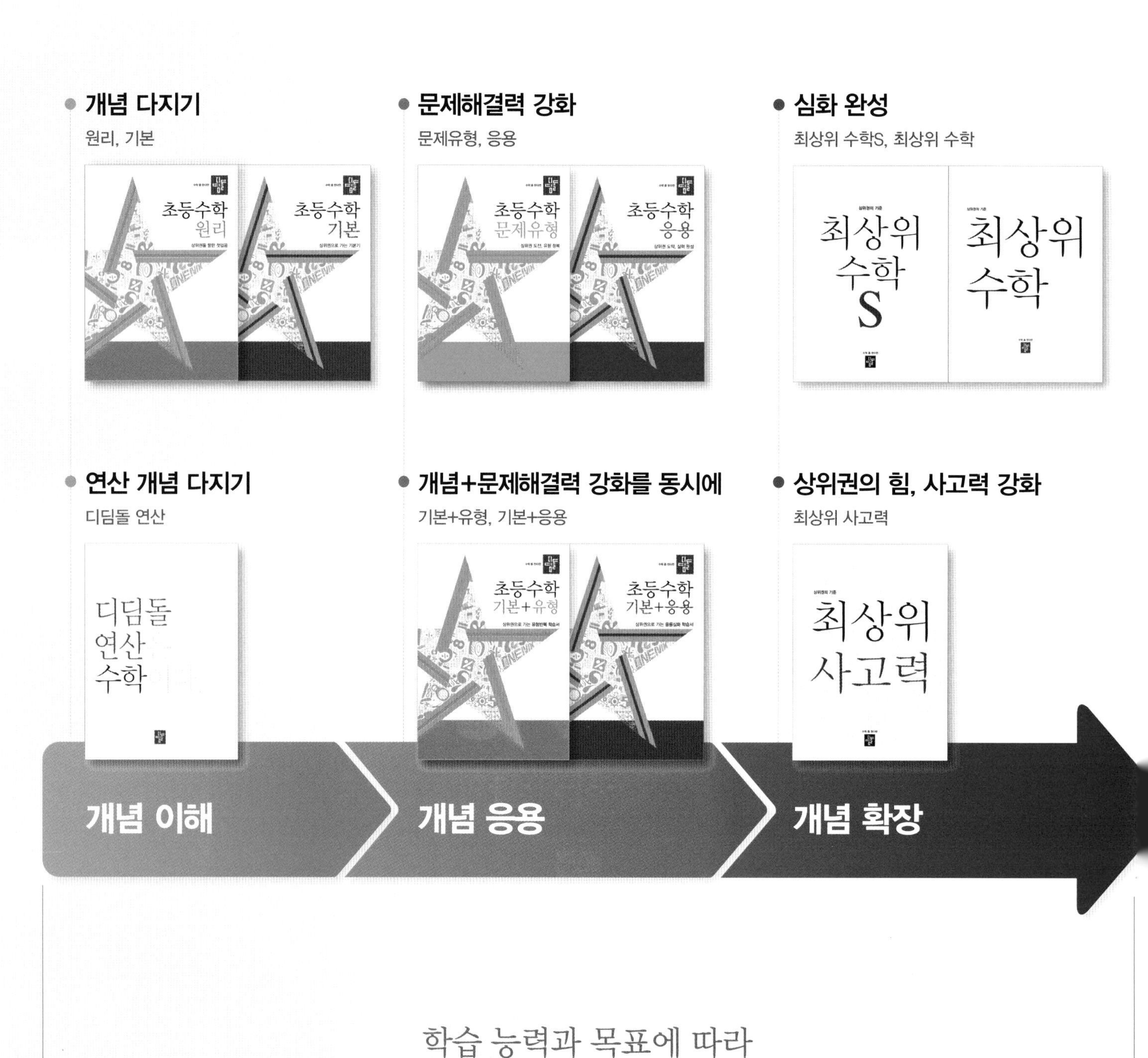

학습 능력과 목표에 따라
맞춤형이 가능한 디딤돌 초등 수학

수능까지 연결되는 독해 로드맵

디딤돌 독해력은 수능까지 연결되는 체계적인 라인업을 통하여
수능에서 요구하는 핵심 독해 원리에 대한 이해는 물론,
단계 별로 심화되며 연결되는 학습의 과정을 통해
깊이 있고 종합적인 독해 사고의 능력까지 기를 수 있도록 도와줍니다.

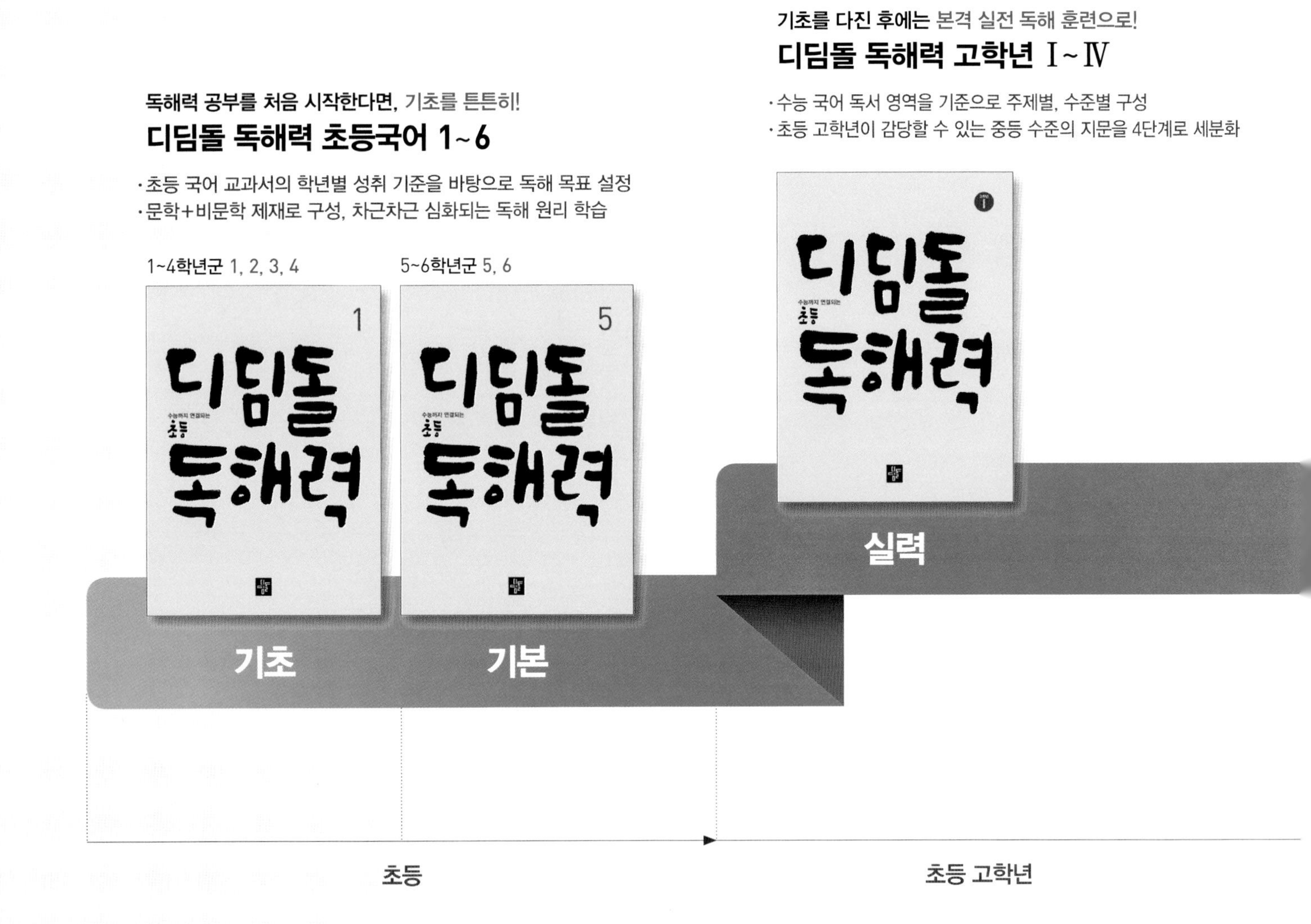

기본 | 정답과 풀이

6-2

수학 좀 한다면

디딤돌

진도책 정답과 풀이

1 분수의 나눗셈

일상생활에서 분수의 나눗셈이 필요한 경우가 흔하지 않지만, 분수의 나눗셈은 초등학교에서 학습하는 소수의 나눗셈과 중학교 이후에 학습하는 유리수, 유리수의 계산, 문자와 식 등을 학습하는 데 토대가 되는 매우 중요한 내용입니다. 이 단원에서는 동분모 분수의 나눗셈을 먼저 다룹니다. 분모가 같을 때에는 분자의 나눗셈으로 생각할 수 있고, 이는 두 자연수의 나눗셈이 되기 때문입니다. 다음에 이분모 분수의 나눗셈을 단위 비율 결정 상황에서 도입하고, 이를 통해 분수의 나눗셈을 분수의 곱셈으로 나타낼 수 있는 원리를 지도하고 있습니다. 분수의 나눗셈이 분수의 곱셈만큼 간단한 방법으로 해결되기 위해서는 분수의 나눗셈 지도의 각 단계에서 나눗셈의 의미와 분수의 개념, 그리고 자연수 나눗셈의 의미를 바탕으로 충분히 비형식적으로 계산하는 과정이 필요합니다. 이런 비형식적인 계산 방법이 수학화된 것이 분수의 나눗셈 방법이기 때문입니다.

교과서 개념 이해 1 분모가 같은 (분수)÷(분수)는 분자끼리 나누면 돼. 8~9쪽

1. 5, 5
2. 7, 7, $3\frac{1}{2}$
3. 8, 4, 8, 4, 2
4. (1) 8, 2, 4 (2) 15, 5, 3 (3) 4, 20, $\frac{4}{20}\left(=\frac{1}{5}\right)$
   (4) 7, 3, $\frac{7}{3}$, $2\frac{1}{3}$
5. (1) $\frac{9}{14}\div\frac{11}{14}=9\div11=\frac{9}{11}$
   (2) $\frac{7}{15}\div\frac{8}{15}=7\div8=\frac{7}{8}$
6. 

2 $\frac{7}{9}$을 $\frac{2}{9}$씩 묶으면 3묶음과 $\frac{1}{2}$묶음이므로 $3\frac{1}{2}$입니다.

4 분모가 같은 분수의 나눗셈은 분자끼리 나누어 계산합니다.

6 $\frac{13}{17}\div\frac{6}{17}=13\div6=\frac{13}{6}=2\frac{1}{6}$,
$\frac{13}{15}\div\frac{7}{15}=13\div7=\frac{13}{7}=1\frac{6}{7}$

교과서 개념 이해 2 분모가 다른 (분수)÷(분수)는 통분한 후 분자끼리 나누면 돼. 10~11쪽

1. 6 / 6, 3, 6, 3, 2
2. 8, 7, 8, 7, $\frac{8}{7}$, $1\frac{1}{7}$
3. (1) 12, 3, 12, 3, 4
   (2) 10, 2, 10, 2, 5
   (3) 8, 21, 8, 21, $\frac{8}{21}$
   (4) 35, 18, 35, 18, $\frac{35}{18}$, $1\frac{17}{18}$
4. ㉠: 10 ㉡: 10 ㉢: 2
5. (1) $\frac{3}{8}\div\frac{4}{5}=\frac{15}{40}\div\frac{32}{40}=15\div32=\frac{15}{32}$
   (2) $\frac{2}{5}\div\frac{5}{6}=\frac{12}{30}\div\frac{25}{30}=12\div25=\frac{12}{25}$
6. ○ ◎

2 두 분수를 통분한 후 분자끼리 나누어 계산합니다.

4 $\frac{5}{7}\div\frac{5}{14}=\frac{10}{14}\div\frac{5}{14}=10\div5=2$
➡ ㉠ = 10, ㉡ = 10, ㉢ = 2

6 $\frac{5}{9}\div\frac{1}{7}=\frac{35}{63}\div\frac{9}{63}=35\div9=\frac{35}{9}=3\frac{8}{9}$
$\frac{5}{6}\div\frac{4}{5}=\frac{25}{30}\div\frac{24}{30}=25\div24=\frac{25}{24}=1\frac{1}{24}$

개념 적용 1 분모가 같은 (분수)÷(분수) 12~13쪽

1 (1) $1\frac{1}{5}$ (2) $\frac{5}{11}$ ➕ 45, 9, 45, 9, 5

2 (1) > (2) >

3 ㉡

4 $\frac{9}{20}\div\frac{3}{20}=3$ / 3명

5 $\frac{7}{8} \div \frac{5}{8}$, $\frac{7}{9} \div \frac{5}{9}$

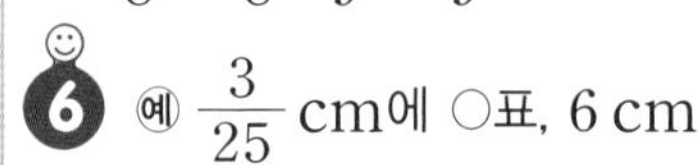

6 예 $\frac{3}{25}$ cm에 ○표, 6 cm

4, 4

1 (1) $\frac{6}{7} \div \frac{5}{7} = 6 \div 5 = \frac{6}{5} = 1\frac{1}{5}$

(2) $\frac{5}{12} \div \frac{11}{12} = 5 \div 11 = \frac{5}{11}$

2 (1) $\frac{10}{11} \div \frac{2}{11} = 10 \div 2 = 5$, $\frac{21}{26} \div \frac{7}{26} = 21 \div 7 = 3$ → $5 > 3$

(2) $\frac{8}{9} \div \frac{7}{9} = 8 \div 7 = \frac{8}{7} = 1\frac{1}{7}$, $\frac{13}{23} \div \frac{14}{23} = 13 \div 14 = \frac{13}{14}$ → $1\frac{1}{7} > \frac{13}{14}$

3 ㉠ $\frac{6}{7} \div \frac{2}{7} = 6 \div 2 = 3$

㉡ $\frac{10}{11} \div \frac{5}{11} = 10 \div 5 = 2$

㉢ $\frac{12}{19} \div \frac{4}{19} = 12 \div 4 = 3$

따라서 계산 결과가 다른 것은 ㉡입니다.

4 (나누어 줄 수 있는 사람 수)

= (전체 물의 양) ÷ (한 사람에게 주는 물의 양)

$= \frac{9}{20} \div \frac{3}{20} = 9 \div 3 = 3$(명)

5 두 분수의 분모가 같고 7÷5를 이용하여 계산할 수 있는 분수의 분자는 각각 7, 5입니다. 분모가 10보다 작으므로 분자가 7이 되는 진분수는 $\frac{7}{8}$, $\frac{7}{9}$이고 분자가 5가 되는 진분수는 $\frac{5}{6}$, $\frac{5}{7}$, $\frac{5}{8}$, $\frac{5}{9}$입니다.

따라서 분모가 같은 나눗셈식은 $\frac{7}{8} \div \frac{5}{8}$, $\frac{7}{9} \div \frac{5}{9}$입니다.

내가 만드는 문제

6 직사각형의 넓이가 $\frac{18}{25}$ cm^{2}이고

(세로) = (직사각형의 넓이) ÷ (가로)입니다.

• 가로가 $\frac{3}{25}$ cm일 때

세로는 $\frac{18}{25} \div \frac{3}{25} = 18 \div 3 = 6$ (cm)입니다.

• 가로가 $\frac{6}{25}$ cm일 때

세로는 $\frac{18}{25} \div \frac{6}{25} = 18 \div 6 = 3$ (cm)입니다.

• 가로가 $\frac{9}{25}$ cm일 때

세로는 $\frac{18}{25} \div \frac{9}{25} = 18 \div 9 = 2$ (cm)입니다.

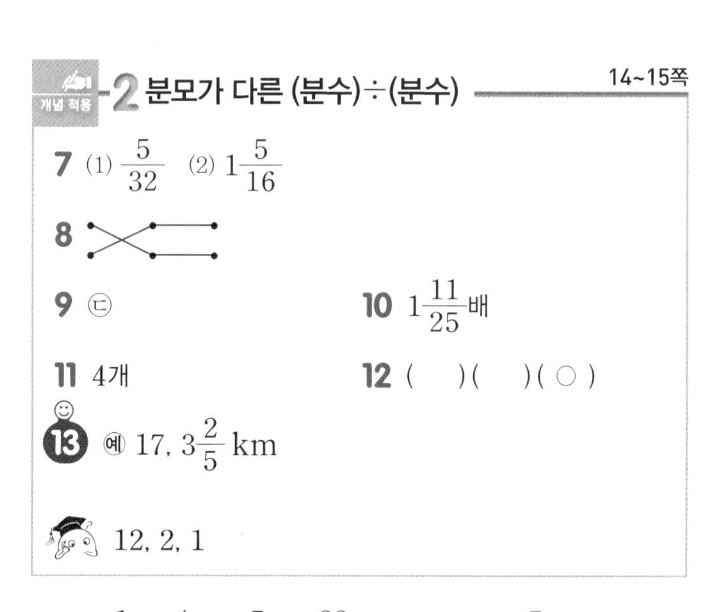

개념 적용 -2 분모가 다른 (분수)÷(분수)

14~15쪽

7 (1) $\frac{5}{32}$ (2) $1\frac{5}{16}$

8

9 ㉢

10 $1\frac{11}{25}$배

11 4개

12 ( )( )(○)

13 예 17, $3\frac{2}{5}$ km

12, 2, 1

7 (1) $\frac{1}{8} \div \frac{4}{5} = \frac{5}{40} \div \frac{32}{40} = 5 \div 32 = \frac{5}{32}$

(2) $\frac{3}{4} \div \frac{4}{7} = \frac{21}{28} \div \frac{16}{28} = 21 \div 16 = \frac{21}{16} = 1\frac{5}{16}$

8 $\frac{8}{9} \div \frac{7}{27} = \frac{24}{27} \div \frac{7}{27} = 24 \div 7 = \frac{24}{7} = 3\frac{3}{7}$

$\frac{2}{3} \div \frac{2}{21} = \frac{14}{21} \div \frac{2}{21} = 14 \div 2 = 7$

9 ㉠ $\frac{1}{2} \div \frac{1}{6} = \frac{3}{6} \div \frac{1}{6} = 3 \div 1 = 3$

㉡ $\frac{3}{5} \div \frac{3}{20} = \frac{12}{20} \div \frac{3}{20} = 12 \div 3 = 4$

㉢ $\frac{2}{3} \div \frac{5}{9} = \frac{6}{9} \div \frac{5}{9} = 6 \div 5 = \frac{6}{5} = 1\frac{1}{5}$

따라서 계산 결과가 자연수가 아닌 것은 ㉢입니다.

10 (집~학교) ÷ (집~도서관)

$= \frac{9}{10} \div \frac{5}{8} = \frac{36}{40} \div \frac{25}{40}$

$= 36 \div 25 = \frac{36}{25} = 1\frac{11}{25}$(배)

11 (봉지 수)

$=$(전체 소금의 양)

$\div$(한 봉지에 담는 소금의 양)

$=\frac{5}{6}\div\frac{5}{24}=\frac{20}{24}\div\frac{5}{24}=20\div5=4$(개)

12 $\frac{7}{8}\div\frac{2}{3}=\frac{21}{24}\div\frac{16}{24}=21\div16=\frac{21}{16}=1\frac{5}{16}$,

$\frac{10}{11}\div\frac{9}{22}=\frac{20}{22}\div\frac{9}{22}=20\div9=\frac{20}{9}=2\frac{2}{9}$,

$\frac{3}{10}\div\frac{3}{4}=\frac{6}{20}\div\frac{15}{20}=6\div15=\frac{6}{15}=\frac{2}{5}$

따라서 계산 결과가 가장 작은 식은 $\frac{3}{10}\div\frac{3}{4}$입니다.

내가 만드는 문제

13 예 (윤아가 한 시간 동안 달릴 수 있는 거리)

$=\frac{17}{20}\div\frac{1}{4}=\frac{17}{20}\div\frac{5}{20}$

$=17\div5=\frac{17}{5}=3\frac{2}{5}$ (km)

교과서 개념 이해 3 (자연수)÷(분수)는 자연수를 분자로 나눈 후 분모를 곱해. 16~17쪽

1 3, 4 / 3, 4, 8

2 ( )(○)

3 (1) 9, 3, 27 (2) 6, 7, 42 (3) 8, 2, 5, 20
(4) 16, 8, 9, 18

4 (1) 5×9 (2) $(10\div5)\times6$

5 ㉡

2 자연수를 분자로 나눈 후 분모를 곱해야 합니다.

4 (1) (자연수)÷(단위분수)는 자연수에 단위분수의 분모를 곱해서 계산합니다.
(2) (자연수)÷(분수)는 자연수를 분자로 나눈 후 분모를 곱해서 계산합니다.

5 ㉠ $12\div\frac{2}{3}=(12\div2)\times3=18$

교과서 개념 이해 4 (분수)÷(분수)는 나누는 분수의 분모와 분자를 바꾸어 곱해. 18~19쪽

1 (1) (○)( ) (2) ( )(○)

2 ㉠: 8 ㉡: 3 ㉢: 16

3 (1) $\frac{10}{7}$, $\frac{10}{21}$ (2) $\frac{4}{3}$, $\frac{8}{33}$ (3) $\frac{6}{5}$, $\frac{36}{35}$, $1\frac{1}{35}$
(4) $\frac{7}{4}$, $\frac{35}{24}$, $1\frac{11}{24}$

4

5 (1) $\frac{3}{4}\div\frac{3}{5}=\frac{\cancel{3}^{1}}{4}\times\frac{5}{\cancel{3}_{1}}=\frac{5}{4}=1\frac{1}{4}$

(2) $\frac{5}{8}\div\frac{7}{10}=\frac{5}{\cancel{8}_{4}}\times\frac{\cancel{10}^{5}}{7}=\frac{25}{28}$

2 $\frac{2}{9}\div\frac{3}{8}=\frac{2}{9}\times\frac{8}{3}=\frac{16}{27}$

➡ ㉠ = 8, ㉡ = 3, ㉢ = 16

4 $\frac{5}{9}\div\frac{2}{5}=\frac{5}{9}\times\frac{5}{2}=\frac{25}{18}=1\frac{7}{18}$,

$\frac{7}{10}\div\frac{4}{9}=\frac{7}{10}\times\frac{9}{4}=\frac{63}{40}=1\frac{23}{40}$,

$\frac{3}{8}\div\frac{7}{15}=\frac{3}{8}\times\frac{15}{7}=\frac{45}{56}$

5 계산 과정에서 약분이 되면 약분하여 계산합니다.

교과서 개념 이해 5 (분수)÷(분수)를 계산해 보자. 20~21쪽

1 (1) 8, 8, $\frac{15}{8}$, $1\frac{7}{8}$ (2) 3, $\frac{15}{8}$, $1\frac{7}{8}$

2 (1) 11, 66, 66, 25, $\frac{66}{25}$, $2\frac{16}{25}$

(2) 11, 11, 5, $\frac{66}{25}$, $2\frac{16}{25}$

3 (1) 21, 4, 21, 4, $\frac{21}{4}$, $5\frac{1}{4}$

(2) 4, 4, $\frac{8}{5}$, $\frac{32}{15}$, $2\frac{2}{15}$

4 $\frac{23}{7}\times\frac{4}{7}$에 ○표

5 $\frac{9}{8}\div\frac{4}{5}=1\frac{13}{32}$ / $1\frac{13}{32}$

4 $3\frac{2}{7}\div1\frac{3}{4}=\frac{23}{7}\div\frac{7}{4}=\underline{\frac{23}{7}\times\frac{4}{7}}=\frac{92}{49}=1\frac{43}{49}$

5 $\frac{9}{8}\div\frac{4}{5}=\frac{9}{8}\times\frac{5}{4}=\frac{45}{32}=1\frac{13}{32}$

개념 적용 -3 (자연수)÷(분수) 22~23쪽

1 (1) $13\div\frac{1}{3}=13\times3=39$

(2) $10\div\frac{5}{9}=(10\div5)\times9=18$

2 (1) 15 (2) 48 (3) 36 (4) 14

3 36

4 9

5 40도막

6 ㉢

7 예 $16, \frac{8}{9}, 18$

2, 6

2 (1) $3\div\frac{1}{5}=3\times5=15$

(2) $12\div\frac{1}{4}=12\times4=48$

(3) $8\div\frac{2}{9}=(8\div2)\times9=36$

(4) $12\div\frac{6}{7}=(12\div6)\times7=14$

3 $25\div\frac{5}{7}=(25\div5)\times7=35$

따라서 35<□이므로 □ 안에 들어갈 수 있는 가장 작은 자연수는 36입니다.

4 $9\div\frac{3}{8}=(9\div3)\times8=24$,

$21\div\frac{7}{11}=(21\div7)\times11=33$

따라서 두 나눗셈의 몫의 차는 $33-24=9$입니다.

5 (도막 수)=(전체 철사의 길이)÷(한 도막의 길이)

$=32\div\frac{4}{5}=(32\div4)\times5=40$(도막)

6 나누어지는 수가 같을 때 나누는 수가 작을수록 계산 결과는 더 큽니다.

따라서 나누는 분수의 크기를 비교하면 $\frac{1}{14}<\frac{1}{9}<\frac{1}{8}$이므로 계산 결과가 가장 큰 것은 ㉢입니다.

내가 만드는 문제

7 예 자연수에서 16, 분수에서 $\frac{8}{9}$을 고른 후 (자연수)÷(분수)의 나눗셈식을 만들면 $16\div\frac{8}{9}$입니다.

$16\div\frac{8}{9}=(16\div8)\times9=18$

개념 적용 -4 (분수)÷(분수)를 (분수)×(분수)로 나타내기 24~25쪽

8 (1) $\frac{1}{8}\div\frac{5}{9}=\frac{1}{8}\times\frac{9}{5}=\frac{9}{40}$

(2) $\frac{8}{9}\div\frac{3}{10}=\frac{8}{9}\times\frac{10}{3}=\frac{80}{27}=2\frac{26}{27}$

9 ㉡

10 ㉡

11 ( )( )(○)

12 2개

13 1, 3, 2

14 예 $\frac{7}{10}$, $1\frac{3}{4}$ cm

$\frac{20}{21}$

9 ㉡ $\frac{4}{7}\div\frac{3}{4}=\frac{4}{7}\times\frac{4}{3}=\frac{16}{21}$

10 $\underbrace{\frac{3}{11}\div\frac{5}{6}}_{㉠}=\underbrace{\frac{3}{11}\times\frac{6}{5}}_{㉢}=\underbrace{\frac{18}{55}}_{㉣}$, ㉡ $\frac{11}{3}\times\frac{5}{6}=\frac{55}{18}$

따라서 값이 다른 하나는 ㉡입니다.

11 $\frac{1}{2}\div\frac{7}{8}=\frac{1}{\cancel{2}_1}\times\frac{\cancel{8}^4}{7}=\frac{4}{7}$,

$\frac{8}{9}\div\frac{9}{10}=\frac{8}{9}\times\frac{10}{9}=\frac{80}{81}$,

$\frac{5}{12}\div\frac{1}{6}=\frac{5}{\cancel{12}_2}\times\cancel{6}^1=\frac{5}{2}=2\frac{1}{2}$

12 $\frac{3}{4}\div\frac{3}{10}=\frac{\cancel{3}^1}{\cancel{4}_2}\times\frac{\cancel{10}^5}{\cancel{3}_1}=\frac{5}{2}=2\frac{1}{2}$이므로 빵을 2개까지 만들 수 있습니다.

13 $\frac{7}{8}\div\frac{1}{5}=\frac{7}{8}\times5=\frac{35}{8}=4\frac{3}{8}$,

$\frac{9}{11}\div\frac{3}{5}=\frac{\cancel{9}^3}{11}\times\frac{5}{\cancel{3}_1}=\frac{15}{11}=1\frac{4}{11}$,

$\frac{2}{3}\div\frac{1}{4}=\frac{2}{3}\times4=\frac{8}{3}=2\frac{2}{3}$

➡ $4\frac{3}{8}>2\frac{2}{3}>1\frac{4}{11}$

내가 만드는 문제

14 예 달팽이가 $\frac{2}{5}$분 동안 $\frac{7}{10}$ cm만큼 갔을 때

(달팽이가 1분 동안 기어갈 수 있는 거리)

$$=\frac{7}{10}\div\frac{2}{5}=\frac{\overset{1}{\cancel{7}}}{\underset{2}{\cancel{10}}}\times\frac{\overset{1}{\cancel{5}}}{2}=\frac{7}{4}=1\frac{3}{4}\,(\text{cm})$$

개념 적용 -5 (분수)÷(분수)

26~27쪽

15 (1) $3\frac{1}{2}\div1\frac{1}{7}=\frac{7}{2}\div\frac{8}{7}=\frac{7}{2}\times\frac{7}{8}=\frac{49}{16}=3\frac{1}{16}$

(2) $1\frac{4}{5}\div1\frac{3}{8}=\frac{9}{5}\div\frac{11}{8}=\frac{9}{5}\times\frac{8}{11}=\frac{72}{55}=1\frac{17}{55}$

16 $3\frac{1}{6}\div\frac{2}{3}=\frac{19}{6}\div\frac{2}{3}=\frac{19}{\underset{2}{\cancel{6}}}\times\frac{\overset{1}{\cancel{3}}}{2}=\frac{19}{4}=4\frac{3}{4}$

17 (1) 26 (2) $3\frac{3}{35}$

18 ( )( )(×)

19 $6\frac{4}{5}$

20 $2\frac{2}{21}$배

21 예 $1\frac{1}{8}$L에 ○표, 6번

$\frac{5}{2}$, $\frac{35}{6}$, $5\frac{5}{6}$

16 대분수는 가분수로 나타낸 후 약분하여 계산합니다.

17 (1) $\frac{13}{2}\div\frac{1}{4}=\frac{13}{\underset{1}{\cancel{2}}}\times\overset{2}{\cancel{4}}=26$

(2) $3\frac{3}{5}\div1\frac{1}{6}=\frac{18}{5}\div\frac{7}{6}=\frac{18}{5}\times\frac{6}{7}=\frac{108}{35}=3\frac{3}{35}$

18 $4\frac{2}{3}\div2\frac{3}{5}=\frac{14}{3}\div\frac{13}{5}=\frac{70}{15}\div\frac{39}{15}=\frac{70}{39}=1\frac{31}{39}$

➡ ㉠: 70, ㉡: 39, ㉢: 31

19 가분수: $\frac{17}{6}$, 진분수: $\frac{5}{12}$

➡ $\frac{17}{6}\div\frac{5}{12}=\frac{34}{12}\div\frac{5}{12}=34\div5=\frac{34}{5}=6\frac{4}{5}$

다른 풀이 | 분수의 곱셈으로 바꾸어 계산할 수도 있습니다.

$\frac{17}{6}\div\frac{5}{12}=\frac{17}{\underset{1}{\cancel{6}}}\times\frac{\overset{2}{\cancel{12}}}{5}=\frac{34}{5}=6\frac{4}{5}$

20 $1\frac{5}{6}\div\frac{7}{8}=\frac{11}{6}\div\frac{7}{8}=\frac{11}{\underset{3}{\cancel{6}}}\times\frac{\overset{4}{\cancel{8}}}{7}=\frac{44}{21}=2\frac{2}{21}$(배)

내가 만드는 문제

21 • 들이가 $1\frac{1}{8}$L인 그릇을 선택하면

$6\frac{1}{4}\div1\frac{1}{8}=\frac{25}{4}\div\frac{9}{8}=\frac{50}{8}\div\frac{9}{8}=50\div9=\frac{50}{9}=5\frac{5}{9}$이므로

물을 적어도 6번 부어야 합니다.

• 들이가 $\frac{9}{20}$L인 그릇을 선택하면

$6\frac{1}{4}\div\frac{9}{20}=\frac{25}{4}\div\frac{9}{20}=\frac{125}{20}\div\frac{9}{20}=125\div9=\frac{125}{9}=13\frac{8}{9}$이므로

물을 적어도 14번 부어야 합니다.

• 들이가 $\frac{7}{10}$L인 그릇을 선택하면

$6\frac{1}{4}\div\frac{7}{10}=\frac{25}{4}\div\frac{7}{10}=\frac{125}{20}\div\frac{14}{20}=125\div14=\frac{125}{14}=8\frac{13}{14}$이므로

물을 적어도 9번 부어야 합니다.

발전 문제 28~30쪽

1 $\frac{2}{3}$	2 $1\frac{1}{27}$
3 $4\frac{1}{20}$	4 $\frac{13}{75}$ km
5 72 km	6 3분 36초
7 8, 4 / 10	8 9, $\frac{2}{7}$ / $31\frac{1}{2}$
9 $5\frac{6}{7}$ / $11\frac{5}{7}$	10 27그루
11 23그루	12 32개
13 $1\frac{13}{15}$ m	14 $2\frac{2}{7}$ m
15 $1\frac{7}{8}$ m	16 3개
17 4개	18 1, 2, 4, 8

1 $\frac{2}{5}\div\square=\frac{3}{5}$ ➡ $\square=\frac{2}{5}\div\frac{3}{5}=2\div3=\frac{2}{3}$

2 어떤 수를 □라고 하면 $\frac{4}{9}\div\square=\frac{3}{7}$이므로

$\square=\frac{4}{9}\div\frac{3}{7}=\frac{4}{9}\times\frac{7}{3}=\frac{28}{27}=1\frac{1}{27}$입니다.

3 어떤 수를 □라고 하면 잘못 계산한 식은

$\square\times\frac{2}{3}=1\frac{4}{5}$입니다.

➡ $\square=1\frac{4}{5}\div\frac{2}{3}=\frac{9}{5}\div\frac{2}{3}=\frac{9}{5}\times\frac{3}{2}$

$=\frac{27}{10}=2\frac{7}{10}$

어떤 수는 $2\frac{7}{10}$이므로 바르게 계산하면

$2\frac{7}{10}\div\frac{2}{3}=\frac{27}{10}\div\frac{2}{3}=\frac{27}{10}\times\frac{3}{2}=\frac{81}{20}=4\frac{1}{20}$

입니다.

4 (1분 동안 달린 거리)

$=1\frac{3}{10}\div7\frac{1}{2}=\frac{13}{10}\div\frac{15}{2}=\frac{13}{10}\div\frac{75}{10}$

$=13\div75=\frac{13}{75}$ (km)

5 25분$=\frac{25}{60}$시간$=\frac{5}{12}$시간

(1시간 동안 갈 수 있는 거리)

$=30\div\frac{5}{12}=(30\div5)\times12=72$ (km)

6 45초$=\frac{45}{60}$분$=\frac{3}{4}$분

(물 1 L를 받는 데 걸리는 시간)

$=\frac{3}{4}\div\frac{5}{8}=\frac{3}{\cancel{4}_1}\times\frac{\cancel{8}^2}{5}=\frac{6}{5}=1\frac{1}{5}$(분)

따라서 물 3 L를 받는 데 걸리는 시간은

$1\frac{1}{5}\times3=\frac{6}{5}\times3=\frac{18}{5}=3\frac{3}{5}$(분)이므로

$3\frac{3}{5}$분$=3$분$+\left(\frac{3}{5}\times60\right)$초$=3$분 36초입니다.

7 진분수가 되려면 $\frac{\square}{5}$에서 □ 안에 알맞은 수는 4입니다.

(자연수)÷(진분수)의 몫이 가장 크려면 나누어지는 자연수가 6, 8 중에서 더 큰 수여야 합니다.

➡ $8\div\frac{4}{5}=(8\div4)\times5=10$

8 (자연수)÷(진분수)의 몫이 가장 크려면 나누어지는 자연수가 가장 큰 수여야 합니다.

➡ $9\div\frac{2}{7}=9\times\frac{7}{2}=\frac{63}{2}=31\frac{1}{2}$

참고 | $7\div\frac{2}{9}=7\times\frac{9}{2}=\frac{63}{2}=31\frac{1}{2}$과 같이 식을 세워도 몫은 같습니다.

9 몫이 가장 작으려면 나누어지는 대분수를 가장 작게 만들어야 합니다.

➡ $5\frac{6}{7}\div\frac{1}{2}=\frac{41}{7}\div\frac{1}{2}=\frac{41}{7}\times2=\frac{82}{7}=11\frac{5}{7}$

10 (나무 사이의 간격 수)

$=9\frac{3}{4}\div\frac{3}{8}=\frac{39}{4}\div\frac{3}{8}=\frac{\cancel{39}^{13}}{\cancel{4}_1}\times\frac{\cancel{8}^2}{\cancel{3}_1}=26$(군데)

(필요한 나무 수)$=26+1=27$(그루)

11 (나무 사이의 간격 수)

$=6\frac{3}{5}\div\frac{3}{10}=\frac{33}{5}\div\frac{3}{10}=\frac{\cancel{33}^{11}}{\cancel{5}_1}\times\frac{\cancel{10}^2}{\cancel{3}_1}=22$(군데)

(필요한 나무 수)$=22+1=23$(그루)

12 (가로등 사이의 간격 수)

$=17\frac{1}{2}\div1\frac{1}{6}=\frac{35}{2}\div\frac{7}{6}=\frac{\cancel{35}^5}{\cancel{2}_1}\times\frac{\cancel{6}^3}{\cancel{7}_1}=15$(군데)

(길 한쪽에 필요한 가로등 수)$=15+1=16$(개)

(길 양쪽에 필요한 가로등 수)$=16\times2=32$(개)

13 (직사각형의 가로)

$=\frac{7}{5}\div\frac{3}{4}=\frac{7}{5}\times\frac{4}{3}=\frac{28}{15}=1\frac{13}{15}$ (m)

14 (평행사변형의 밑변의 길이)

$=4\frac{2}{7}\div1\frac{7}{8}=\frac{30}{7}\div\frac{15}{8}=\frac{\overset{2}{\cancel{30}}}{7}\times\frac{8}{\underset{1}{\cancel{15}}}$

$=\frac{16}{7}=2\frac{2}{7}$ (m)

15 (삼각형의 넓이) $=$ (밑변의 길이) $\times$ (높이) $\div$ 2이므로 (높이) $=$ (삼각형의 넓이) $\times 2 \div$ (밑변의 길이)입니다.

(높이) $=\frac{5}{6}\times2\div\frac{8}{9}=\frac{10}{6}\div\frac{8}{9}=\frac{\overset{5}{\cancel{10}}}{\underset{2}{\cancel{6}}}\times\frac{\overset{3}{\cancel{9}}}{\underset{4}{\cancel{8}}}$

$=\frac{15}{8}=1\frac{7}{8}$ (m)

16 $7\div\frac{1}{\square}=7\times\square$이므로 $7\times\square<32$입니다.

따라서 □ 안에 들어갈 수 있는 자연수 중에서 1보다 큰 수는 2, 3, 4로 모두 3개입니다.

17 $8\div\frac{1}{6}=8\times6=48$, $9\div\frac{1}{\square}=9\times\square$이므로 $48>9\times\square$입니다. 따라서 □ 안에 들어갈 수 있는 자연수 중에서 1보다 큰 수는 2, 3, 4, 5로 모두 4개입니다.

18 $\frac{8}{15}\div\frac{●}{15}=8\div●=\frac{8}{●}$입니다.

$\frac{8}{●}$이 자연수가 되려면 ●가 8의 약수여야 되므로 ●에 알맞은 수는 8의 약수인 1, 2, 4, 8입니다.

1단원 단원 평가 31~33쪽

1 5

2 15, 28, 15, 28, $\frac{15}{28}$

3

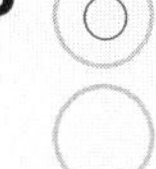

4 $10\div\frac{5}{8}=(10\div5)\times8=16$

5

6 $\frac{8}{9}\div\frac{1}{7}=\frac{8}{9}\times7=\frac{56}{9}=6\frac{2}{9}$

7 $2\frac{4}{5}$, $3\frac{11}{15}$

8 $2\frac{1}{22}$

9 $7\div\frac{1}{4}=28$ / 28개

10 ㉡

11 <

12 (2)(1)(3)

13 1, 2, 3, 4

14 $\frac{8}{9}\div\frac{5}{9}=1\frac{3}{5}$ / $1\frac{3}{5}$

15 42개

16 $6\frac{2}{5}$

17 4개

18 $7\frac{1}{5}$ cm

19 $2\frac{2}{7}$

20 $13\frac{1}{3}$ L

1 $\frac{5}{9}$에는 $\frac{1}{9}$이 5번 들어 있습니다.

2 두 분수를 통분한 후 분자끼리 나누어 계산합니다.

3 (분수) $\div$ (분수)는 나누는 분수의 분모와 분자를 바꾸어 곱합니다.

5 분모가 다른 진분수끼리의 나눗셈은 통분하여 분자끼리 나눕니다.

$\frac{10}{11}\div\frac{5}{11}=10\div5$, $\frac{3}{4}\div\frac{3}{8}=\frac{6}{8}\div\frac{3}{8}=6\div3$

$\frac{4}{5}\div\frac{2}{15}=\frac{12}{15}\div\frac{2}{15}=12\div2$

6 $\div\frac{1}{7}$을 $\times7$로 바꾸어 계산합니다.

7 $2\frac{2}{5}\div\frac{6}{7}=\frac{\overset{2}{\cancel{12}}}{5}\times\frac{7}{\underset{1}{\cancel{6}}}=\frac{14}{5}=2\frac{4}{5}$

$2\frac{4}{5}\div\frac{3}{4}=\frac{14}{5}\times\frac{4}{3}=\frac{56}{15}=3\frac{11}{15}$

8 가장 큰 수: $3\frac{3}{4}$, 가장 작은 수: $1\frac{5}{6}$

➡ $3\frac{3}{4}\div1\frac{5}{6}=\frac{15}{4}\div\frac{11}{6}=\frac{15}{\underset{2}{\cancel{4}}}\times\frac{\overset{3}{\cancel{6}}}{11}$

$=\frac{45}{22}=2\frac{1}{22}$

9 (1시간 동안 빚을 수 있는 송편 수)
$=$(빚은 송편 수)$\div$(걸린 시간)
$=7\div\frac{1}{4}=7\times4=28$(개)

10 ㉠ $\frac{5}{8}\div\frac{3}{8}=5\div3=\frac{5}{3}=1\frac{2}{3}$
㉡ $\frac{4}{11}\div\frac{2}{11}=4\div2=2$
㉢ $\frac{7}{13}\div\frac{8}{13}=7\div8=\frac{7}{8}$
㉣ $\frac{9}{16}\div\frac{5}{16}=9\div5=\frac{9}{5}=1\frac{4}{5}$

11 $1\frac{9}{10}\div\frac{4}{5}=\frac{19}{10}\div\frac{4}{5}=\frac{19}{\cancel{10}_{2}}\times\frac{\cancel{5}^{1}}{4}=\frac{19}{8}=2\frac{3}{8}$

$1\frac{13}{20}\div\frac{2}{5}=\frac{33}{20}\div\frac{2}{5}=\frac{33}{\cancel{20}_{4}}\times\frac{\cancel{5}^{1}}{2}=\frac{33}{8}=4\frac{1}{8}$

➡ $2\frac{3}{8}<4\frac{1}{8}$

12 $6\div\frac{3}{7}=(6\div3)\times7=14$,
$8\div\frac{4}{9}=(8\div4)\times9=18$,
$5\div\frac{2}{5}=5\times\frac{5}{2}=\frac{25}{2}=12\frac{1}{2}$
➡ $18>14>12\frac{1}{2}$

13 $\frac{5}{16}\div\frac{7}{8}=\frac{5}{\cancel{16}_{2}}\times\frac{\cancel{8}^{1}}{7}=\frac{5}{14}$
따라서 $\frac{5}{14}>\frac{\square}{14}$이므로 □ 안에 들어갈 수 있는 자연수는 1, 2, 3, 4입니다.

14 두 분수의 분모가 될 수 있는 수는 2부터 9까지의 수입니다. 그중 $8\div5$를 이용하여 계산할 수 있는 진분수의 나눗셈은 $\frac{8}{9}\div\frac{5}{9}$입니다.
➡ $\frac{8}{9}\div\frac{5}{9}=8\div5=\frac{8}{5}=1\frac{3}{5}$

15 (장난감을 만드는 시간)$=5\times7=35$(시간)
(만들 수 있는 장난감 수)$=35\div\frac{5}{6}$
$=(35\div5)\times6=42$(개)

16 ㉠ $=2\frac{2}{5}\times1\frac{2}{3}=\frac{\cancel{12}^{4}}{\cancel{5}_{1}}\times\frac{\cancel{5}^{1}}{\cancel{3}_{1}}=4$
㉡ $=$ ㉠ $\div\frac{5}{8}=4\div\frac{5}{8}=4\times\frac{8}{5}=\frac{32}{5}=6\frac{2}{5}$

17 $8\div\frac{2}{\square}=(8\div2)\times\square=4\times\square$입니다.
$4\times\square$의 값이 15보다 크고 30보다 작을 때 □ 안에 들어갈 수 있는 자연수는 4, 5, 6, 7로 모두 4개입니다.

18 40분$=\frac{40}{60}$시간$=\frac{2}{3}$시간
$\frac{2}{3}$시간 동안 탄 양초의 길이는
$9\frac{3}{5}-4\frac{4}{5}=4\frac{4}{5}$ (cm)이므로
(1시간 동안 탄 양초의 길이)
$=4\frac{4}{5}\div\frac{2}{3}=\frac{24}{5}\div\frac{2}{3}$
$=\frac{\cancel{24}^{12}}{5}\times\frac{3}{\cancel{2}_{1}}=\frac{36}{5}=7\frac{1}{5}$ (cm)입니다.

서술형
19 예 어떤 수를 □라고 하면 $\square\times\frac{3}{4}=\frac{15}{7}$,
$\square=\frac{15}{7}\div\frac{3}{4}=\frac{\cancel{15}^{5}}{7}\times\frac{4}{\cancel{3}_{1}}=\frac{20}{7}=2\frac{6}{7}$입니다.
따라서 $2\frac{6}{7}\div1\frac{1}{4}=\frac{20}{7}\div\frac{5}{4}=\frac{\cancel{20}^{4}}{7}\times\frac{4}{\cancel{5}_{1}}$
$=\frac{16}{7}=2\frac{2}{7}$입니다.

평가 기준	배점
어떤 수를 구했나요?	2점
어떤 수를 $1\frac{1}{4}$로 나눈 몫을 구했나요?	3점

서술형
20 예 24분$=\frac{24}{60}$시간$=\frac{2}{5}$시간
(1시간 동안 받을 수 있는 물의 양)
$=5\frac{1}{3}\div\frac{2}{5}=\frac{16}{3}\div\frac{2}{5}=\frac{\cancel{16}^{8}}{3}\times\frac{5}{\cancel{2}_{1}}$
$=\frac{40}{3}=13\frac{1}{3}$ (L)

평가 기준	배점
분 단위를 시간의 단위로 바꾸었나요?	2점
1시간 동안 받을 수 있는 물의 양을 구했나요?	3점

2 소수의 나눗셈

소수의 나눗셈의 계산 방법의 핵심은 나누는 수와 나누어지는 수의 소수점 위치를 적절히 이동하여 자연수의 나눗셈의 계산 원리를 적용하는 것입니다. 소수의 표현은 십진법에 따른 위치적 기수법이 확장된 결과이므로 소수의 나눗셈은 자연수의 나눗셈 방법을 이용하여 접근하는 것이 최종 학습 목표이지만 계산 원리의 이해를 위하여 소수를 분수로 바꾸어 분수의 나눗셈을 이용하는 것도 좋은 방법입니다. 이 단원에서는 자연수를 이용하여 소수의 나눗셈의 원리를 터득하고 소수의 나눗셈의 계산 방법은 물론 기본적인 계산 원리를 학습하도록 하였습니다.

교과서 개념 이해 1 자릿수가 같은 (소수)÷(소수)는 자연수의 나눗셈과 같이 계산해! 37쪽

1 (1) 1.8, 0.3

(2)

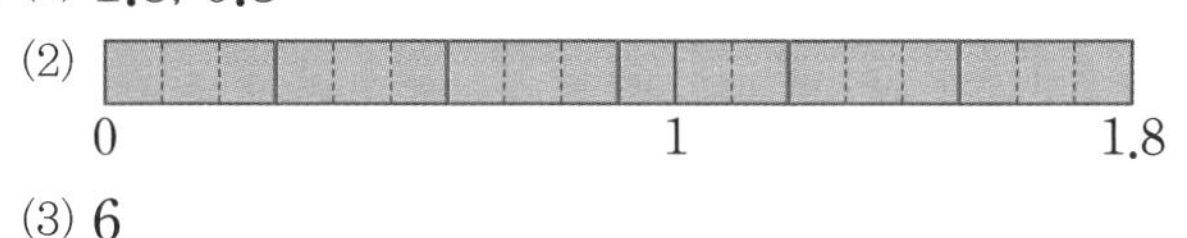

(3) 6

2 10, 10, 39, 39 / 100, 100, 39, 39

3 (1) 185, 5, 185, 5, 37

(2) ① 10, 37, 10, 37 ②

```
     3 7
 5)1 8 5
   1 5
     3 5
     3 5
       0
```

2 $234 \div 6 = 39$이므로
$23.4 \div 0.6 = 39$, $2.34 \div 0.06 = 39$입니다.

교과서 개념 이해 2 자릿수가 다른 (소수)÷(소수)는 나누는 수를 자연수로 바꾸어 계산해. 38~39쪽

1 (1) 10, 10, 7.8, 7.8
(2) 100, 100, 7.8, 7.8

2 (1) 40.2, 6.7 (2) 396, 3.3

3 (1)

```
                          4.3
 2.1)9.0 3   ➡   21)9 0.3
                     8 4
                       6 3
                       6 3
                         0
```

(2)

```
                                2.4
 1.80)4.3 2   ➡   180)4 3 2.0
                        3 6 0
                          7 2 0
                          7 2 0
                              0
```

4 ㉡

2 (1) 4.02와 0.6을 각각 10배 하면 $40.2 \div 6 = 6.7$입니다.
(2) 3.96과 1.2를 각각 100배 하면 $396 \div 120 = 3.3$입니다.

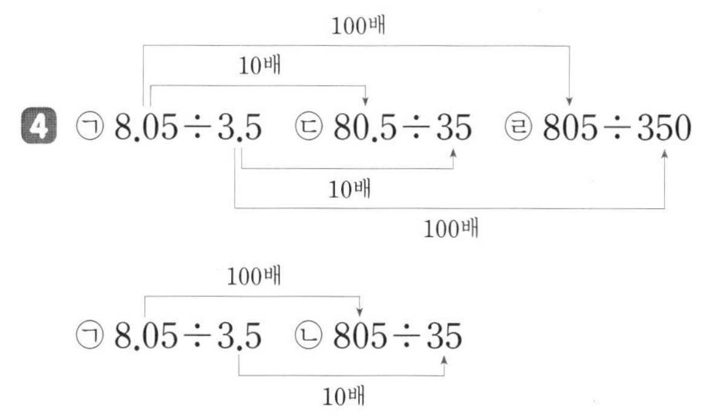

따라서 나눗셈의 몫이 다른 것은 ㉡입니다.

교과서 개념 이해 3 (자연수)÷(소수)는 나누어지는 수와 나누는 수에 똑같이 10, 100을 곱해. 41쪽

1 (1) 180, 12, 180, 12, 15
(2) 10, 10, 15, 15
(3)

```
      1 5
 12)1 8 0
    1 2
      6 0
      6 0
        0
```

2 7, 70, 700 / 22, 220, 2200

3

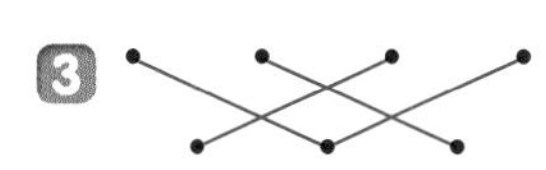

2 나누어지는 수가 같고 나누는 수가 $\frac{1}{10}$배, $\frac{1}{100}$배가 되면 몫은 10배, 100배가 되고, 나누는 수가 같고 나누어지는 수가 10배, 100배가 되면 몫도 10배, 100배가 됩니다.

3 $945 \div 27 = 35 \rightarrow 94.5 \div 2.7 = 35$ (945 → 94.5: $\frac{1}{10}$배, 27 → 2.7: $\frac{1}{10}$배)

$94.5 \div 2.7 = 35 \rightarrow 9.45 \div 2.7 = 3.5$ (94.5 → 9.45: $\frac{1}{10}$배)

$945 \div 27 = 35 \rightarrow 94.5 \div 27 = 3.5$ (945 → 94.5: $\frac{1}{10}$배)

$9.45 \div 27 = 0.35$ (945 → 9.45: $\frac{1}{100}$배)

교과서 개념 이해 4 나누어떨어지지 않는 몫은 반올림을 해. 42쪽

1

```
        3.5 3 8
13 ) 4 6.0 0 0
     3 9
       7 0
       6 5
         5 0
         3 9
         1 1 0
         1 0 4
             6
```

(1) 4 (2) 3.5 (3) 3.54

1 (1) $46 \div 13 = 3.5\cdots$이고, 몫의 소수 첫째 자리 숫자가 5이므로 반올림하여 일의 자리까지 나타내면 4입니다.

(2) $46 \div 13 = 3.53\cdots$이고, 몫의 소수 둘째 자리 숫자가 3이므로 반올림하여 소수 첫째 자리까지 나타내면 3.5입니다.

(3) $46 \div 13 = 3.538\cdots$이고, 몫의 소수 셋째 자리 숫자가 8이므로 반올림하여 소수 둘째 자리까지 나타내면 3.54입니다.

교과서 개념 이해 5 똑같은 양을 나누어 주고 남는 양은 얼마일까? 43쪽

1 방법 1 2, 2, 0.7, 4, 0.7

방법 2

```
     4
2 ) 8.7
    8
    0.7
```

2

```
     3
2 ) 7.3
    6
    1.3
```

, 3, 3, 1.3, 1.3

개념 적용 1 자릿수가 같은 (소수)÷(소수) 44~45쪽

1 (1) $9.6 \div 0.8 = \frac{96}{10} \div \frac{8}{10} = 96 \div 8 = 12$

(2) $2.16 \div 0.27 = \frac{216}{100} \div \frac{27}{100} = 216 \div 27 = 8$

2 $364 \div 28$에 ○표

3 (1) 13 (2) 12

4 100, 168, 7, 168, 7, 24, 24, 24

5 (위에서부터) 16, 49

6 37개

7 예 2, 4, 8 / 3

1 (1) 소수 한 자리 수는 분모가 10인 분수로 바꾸어 계산합니다.

(2) 소수 두 자리 수는 분모가 100인 분수로 바꾸어 계산합니다.

2 $3.64 \div 0.28 = 364 \div 28$ (3.64 → 364: 100배, 0.28 → 28: 100배)

3 (1)

```
        1 3
0.5 ) 6.5
      5
      1 5
      1 5
        0
```

(2)

```
          1 2
0.16 ) 1.9 2
       1 6
         3 2
         3 2
           0
```

5 $19.2 \div 1.2 = \frac{192}{10} \div \frac{12}{10} = 192 \div 12 = 16$

$1.47 \div 0.03 = \frac{147}{100} \div \frac{3}{100} = 147 \div 3 = 49$

6 밀가루 14.8 kg으로 만들 수 있는 식빵은

$14.8 \div 0.4 = \frac{148}{10} \div \frac{4}{10} = 148 \div 4 = 37$(개)입니다.

😊 내가 만드는 문제

7 (소수 한 자리 수)÷(소수 한 자리 수)로 나눗셈식을 만들어 계산합니다.
$2.4 \div 0.8 = 3$, $2.8 \div 0.4 = 7$, $4.8 \div 0.2 = 24$, $8.4 \div 0.2 = 42$ 등으로 만들 수 있습니다.

개념 적용 -2 자릿수가 다른 (소수)÷(소수)　46~47쪽

8 (1) 100, 5, 5
(2) 5 / 180

9
```
        2.7              또는            2.7
3.4)9.1 8                    3.40)9.1 8
    6 8                           6 8 0
    2 3 8                         2 3 8 0
    2 3 8                         2 3 8 0
        0                               0
```
이유 예 소수점을 옮겨서 계산한 경우, 몫의 소수점은 옮긴 위치에 찍어야 합니다.

10 >　　**11** ( )(○)( )

12 ㉡, ㉢, ㉠

13 $9.72 \div 2.7 = 3.6$ / 3.6 km

14 예 2.72 m에 ○표, 1.6배

0

10 $3.06 \div 1.7 = 1.8$, $6.46 \div 3.8 = 1.7$에서 $1.8 > 1.7$이므로 $3.06 \div 1.7$이 더 큽니다.

11 $8.97 \div 3.9 = 2.3$, $4.83 \div 2.3 = 2.1$, $2.07 \div 0.9 = 2.3$

12 ㉠ $7.14 \div 3.4 = 2.1$, ㉡ $2.24 \div 1.4 = 1.6$, ㉢ $1.52 \div 0.8 = 1.9$에서
$1.6 < 1.9 < 2.1$이므로 몫이 작은 것부터 차례로 기호를 쓰면 ㉡, ㉢, ㉠입니다.

13 (세로) = (공원의 넓이)÷(가로)
$= 9.72 \div 2.7 = 3.6$ (km)

😊 내가 만드는 문제

14 • 1회를 선택한 경우 $2.72 \div 1.7 = 1.6$(배)
• 2회를 선택한 경우 $3.57 \div 1.7 = 2.1$(배)
• 3회를 선택한 경우 $4.76 \div 1.7 = 2.8$(배)

개념 적용 -3 (자연수)÷(소수)　48~49쪽

15 (1) $65 \div 2.6 = \frac{650}{10} \div \frac{26}{10} = 650 \div 26 = 25$
(2) $27 \div 0.45 = \frac{2700}{100} \div \frac{45}{100} = 2700 \div 45 = 60$

16 (1) 4　(2) 20　　**17** 은경

18 ㉠, ㉣　　**19** 14000원

20 4배

😊
21 예 2 L / 4잔 / 16개

오른, 왼

15 (1) 소수 한 자리 수는 분모가 10인 분수로 바꾸어 계산합니다.
(2) 소수 두 자리 수는 분모가 100인 분수로 바꾸어 계산합니다.

16 (1) $34 \div 8.5 = \frac{340}{10} \div \frac{85}{10} = 340 \div 85 = 4$
(2) $63 \div 3.15 = \frac{6300}{100} \div \frac{315}{100} = 6300 \div 315 = 20$

17 나누어지는 수가 같고 나누는 수가 $\frac{1}{10}$배, $\frac{1}{100}$배가 되면 몫은 10배, 100배가 됩니다.

18 $85 \div 1.7 \rightarrow 8.5 \div 0.17$ (85 → 8.5: $\frac{1}{10}$배, 1.7 → 0.17: $\frac{1}{10}$배)
따라서 나눗셈의 몫이 같은 것은 ㉠, ㉣입니다.
다른 풀이 | 각각의 몫을 구하여 나눗셈의 몫이 같은 것을 찾을 수 있습니다.
㉠ $85 \div 1.7 = 50$, ㉡ $8.5 \div 17 = 0.5$,
㉢ $8.5 \div 1.7 = 5$, ㉣ $8.5 \div 0.17 = 50$이므로
나눗셈의 몫이 같은 것은 ㉠, ㉣입니다.

19 (사탕의 가격)÷(사탕의 무게) $= 5600 \div 0.4$
$= 14000$(원)

20 (작은창자의 길이)÷(큰창자의 길이) $= 6 \div 1.5$
$= 4$(배)

😊 내가 만드는 문제

21 예 우유의 양이 2 L라면 우유 2 L로 만들 수 있는 딸기우유는 $2 \div 0.5 = 4$(잔)입니다.
딸기우유 4잔을 만드는 데 필요한 딸기는 $4 \times 4 = 16$(개)입니다.

개념 적용 -4 몫을 반올림하여 나타내기 50~51쪽

22 8, 8.3, 8.29

23 (1) 2.33 (2) 1.87 (3) 1.67 (4) 3.26

24 (1) < (2) >

25 0.05

26 0.79 kg

27 0.3분 뒤

28 예 180 cm, 145 cm / 1.24배

8, 2, 6 / 52.83 / 52.83

22 $5.8 \div 0.7 = 8.2857\cdots$

(1) 몫의 소수 첫째 자리 숫자가 2이므로 반올림하여 일의 자리까지 나타내면 8입니다.

(2) 몫의 소수 둘째 자리 숫자가 8이므로 반올림하여 소수 첫째 자리까지 나타내면 8.3입니다.

(3) 몫의 소수 셋째 자리 숫자가 5이므로 반올림하여 소수 둘째 자리까지 나타내면 8.29입니다.

23 (1) $14 \div 6 = 2.333\cdots$이고, 몫의 소수 셋째 자리 숫자가 3이므로 반올림하여 소수 둘째 자리까지 나타내면 2.33입니다.

(2) $5.6 \div 3 = 1.866\cdots$이고, 몫의 소수 셋째 자리 숫자가 6이므로 반올림하여 소수 둘째 자리까지 나타내면 1.87입니다.

(3) $1.5 \div 0.9 = 1.666\cdots$이고, 몫의 소수 셋째 자리 숫자가 6이므로 반올림하여 소수 둘째 자리까지 나타내면 1.67입니다.

(4) $3.59 \div 1.1 = 3.263\cdots$이고, 몫의 소수 셋째 자리 숫자가 3이므로 반올림하여 소수 둘째 자리까지 나타내면 3.26입니다.

24 (1) $13 \div 9 = 1.44\cdots$이고, 몫의 소수 첫째 자리 숫자가 4이므로 반올림하여 일의 자리까지 나타내면 1입니다. ➡ $1 < 1.44\cdots$

(2) $64 \div 6 = 10.666\cdots$이고, 몫의 소수 셋째 자리 숫자가 6이므로 반올림하여 소수 둘째 자리까지 나타내면 10.67입니다. ➡ $10.67 > 10.666\cdots$

25 $5.08 \div 6 = 0.846\cdots$

몫의 소수 둘째 자리 숫자가 4이므로 반올림하여 소수 첫째 자리까지 나타내면 0.8이고 몫의 소수 셋째 자리 숫자가 6이므로 반올림하여 소수 둘째 자리까지 나타내면 0.85입니다.

따라서 두 값의 차는 $0.85 - 0.8 = 0.05$입니다.

26 (토마토의 수확량)÷(텃밭의 넓이)

$= 11 \div 14 = 0.785\cdots$이므로 반올림하여 몫의 소수 둘째 자리까지 나타내면 0.79입니다.

따라서 텃밭 1 m^2에서 수확한 토마토의 양은 0.79 kg입니다.

27 $6 \div 22 = 0.27\cdots$이므로 반올림하여 몫의 소수 첫째 자리까지 나타내면 0.3입니다.

따라서 번개가 친 지 0.3분 뒤에 천둥소리를 들을 수 있습니다.

내가 만드는 문제

28 예 $180 \div 145 = 1.241\cdots$이므로 반올림하여 몫의 소수 둘째 자리까지 나타내면 1.24입니다.

따라서 가족의 키는 나의 키의 1.24배입니다.

개념 적용 -5 남는 양 알아보기 52~53쪽

29 0.7 / 5 / 0.7

30 ㉡

31 2 / 1.4

32 8 / 3.1

33 정수

34 예 1 kg / 3명 / 0.7 kg

1 / 1.6 / 1.66

29 6.7에서 1.2를 5번 빼면 0.7이 남습니다.

따라서 나누어 줄 수 있는 사람은 5명이고, 남는 리본은 0.7 m입니다.

30 남는 소금의 양을 바르게 구한 것은 ㉡입니다.

31 15.4에서 7을 2번 빼면 1.4가 남습니다.

따라서 만들 수 있는 빵은 2개이고, 남는 소금은 1.4 g입니다.

32 35.1에서 4를 8번 빼면 3.1이 남습니다.

따라서 나누어 줄 수 있는 사람은 8명이고, 남는 페인트는 3.1 L입니다.

33 나누어 주는 밀가루의 양과 나누어 주고 남는 밀가루의 양의 합은 처음 밀가루의 양과 같아야 합니다.

소민: $3 \times 7 + 7 = 21 + 7 = 28$ (kg)

정수: $3 \times 7 + 0.7 = 21 + 0.7 = 21.7$ (kg)

따라서 계산 방법이 옳은 사람은 정수입니다.

내가 만드는 문제

34 예 한 사람에게 줄 찰흙의 양을 1 kg이라 하면 $3.7-1-1-1=0.7$이므로 나누어 줄 수 있는 사람은 3명이고, 나누어 주고 남는 찰흙은 0.7 kg입니다.

발전 문제 54~56쪽

1	1.5 km	2	재연, 6조각
3	32.16 L	4	3, 5 / 5
5	9, 6, 3 / 320	6	15.45
7	16개	8	32개
9	15개	10	8
11	6	12	7
13	7.49 kg	14	4.5 cm
15	4.1초	16	6개, 0.8 m
17	18개	18	5.5 m

1
$$\begin{array}{r} 1.5 \\ 2.4\overline{)3.6\,0} \\ 2\,4 \\ \hline 1\,2\,0 \\ 1\,2\,0 \\ \hline 0 \end{array}$$

2 (재연이가 자른 색 테이프의 조각 수)
$=21.6\div0.9=24$(조각)
(경민이가 자른 색 테이프의 조각 수)
$=21.6\div1.2=18$(조각)
따라서 재연이가 자른 색 테이프가 $24-18=6$(조각) 더 많습니다.

3 (휘발유 1 L로 갈 수 있는 거리)
$=27.5\div2.2=12.5$ (km)
(402 km를 가려면 필요한 휘발유의 양)
$=402\div12.5=32.16$ (L)

4 몫이 가장 작으려면 나누어지는 수를 가장 작게 해야 하므로 나누어지는 수는 3.5입니다.
➡ $3.5\div0.7=\frac{35}{10}\div\frac{7}{10}=35\div7=5$

5 (자연수)÷(소수)의 몫이 가장 크려면 자연수를 가장 크게 만들고 남은 수로 소수를 만듭니다.
➡ $96\div0.3=\frac{960}{10}\div\frac{3}{10}=960\div3=320$

6 가장 큰 몫: $8.64\div0.4=21.6$
가장 작은 몫: $2.46\div0.4=6.15$
➡ $21.6-6.15=15.45$

7 $12\div0.75=16$(개)

8 $17.92\div0.56=32$(개)

9 $63\div(3.4+0.8)=15$(개)
따라서 필요한 의자는 모두 15개입니다.

10 $23\div7=3.28\cdots$이므로 몫의 소수 둘째 자리 숫자는 8입니다.

11 $25.6\div2.2=11.636363\cdots$이므로 소수점 아래로 6, 3이 반복됩니다. 따라서 몫의 소수 다섯째 자리 숫자는 소수 첫째 자리 숫자와 같은 6입니다.
참고 | 반복되는 숫자를 알아볼 때에는 반복되는 숫자가 적어도 2번씩 나올 때까지 나눗셈을 합니다.

12 $31.6\div2.7=11.703703\cdots$이므로 소수점 아래로 7, 0, 3이 반복됩니다. 따라서 소수 13째 자리 숫자는 $13\div3=4\cdots1$에서 소수 첫째 자리 숫자와 같으므로 7입니다.
참고 | 몫에서 반복되는 숫자를 찾아 소수 13째 자리에 올 숫자를 구합니다. 반복되는 숫자가 7, 0, 3으로 3개이므로 소수 13째 자리 숫자는 $13\div3=4\cdots1$에서 7, 0, 3이 4번 반복되고 첫 번째 숫자이므로 소수 첫째 자리 숫자와 같습니다.

13 $52.4\div7=7.485\cdots$이고 반올림하여 소수 둘째 자리까지 나타내면 7.49 kg입니다.
참고 | 막대 1 m의 무게를 구하는 것이므로 (전체 무게)÷(막대의 길이)를 구해야 합니다. 또한 반올림하여 소수 둘째 자리까지 나타내야 하므로 소수 셋째 자리에서 반올림해야 합니다.

14 (높이) $=6.7\times2\div3=4.46\cdots$이고 몫을 반올림하여 소수 첫째 자리까지 나타내면 4.5입니다. ➡ 4.5 cm

15 기차의 길이가 60 m이므로 다리를 통과하는 데 가야 하는 거리는 $250.4+60=310.4$ (m)입니다.
$310.4\div75.8=4.09\cdots$이고 몫을 반올림하여 소수 첫째 자리까지 나타내면 4.1입니다.
따라서 기차가 다리를 통과하는 데 걸리는 시간은 4.1초입니다.

16

$$\begin{array}{r} 6 \\ 2\overline{)12.8} \\ \underline{12} \\ 0.8 \end{array}$$

따라서 상자를 6개까지 묶을 수 있고, 남는 색 테이프는 0.8 m입니다.

17

$$\begin{array}{r} 17 \\ 12\overline{)210.4} \\ \underline{12} \\ 90 \\ \underline{84} \\ 6.4 \end{array}$$

설탕은 12 kg씩 17자루에 담고 남는 설탕은 6.4 kg입니다. 남는 설탕도 담아야 하므로 자루는 적어도 17 + 1 = 18(개) 필요합니다.

18

$$\begin{array}{r} 13 \\ 9\overline{)120.5} \\ \underline{9} \\ 30 \\ \underline{27} \\ 3.5 \end{array}$$

13번 돌려 감으면 3.5 m가 남으므로 14번을 돌려 감아야 합니다. 14번 돌려 감으려면 $9 \times 14 = 126$ (m)가 필요하므로 $126 - 120.5 = 5.5$ (m)가 모자랍니다. 철사는 적어도 5.5 m가 더 있어야 합니다.

2단원 단원 평가 57~59쪽

1 (1) 350, 70, 70, 5 (2) 35, 7, 7, 5

2 (1) 85, 17, 85, 17, 5 (2) 645, 215, 645, 215, 3

3 1.8

4 100, 588, 140, 4.2

5 3.5 **6** >

7 3.8배 **8** 3.2 cm

9 (1) 1.6 (2) 36

10 방법 1 예 $87 \div 5.8 = \frac{870}{10} \div \frac{58}{10}$
$= 870 \div 58 = 15$(개)

방법 2 예

$$\begin{array}{r} 15 \\ 5.8\overline{)87.0} \\ \underline{58} \\ 290 \\ \underline{290} \\ 0 \end{array}$$

/ 15개

11 $16.2 \div 0.9 = 18$ / 18개

12 (1) 1.9 (2) 8.35

13 0.01 **14** 3

15 1.16배 **16** 2.3

17 6개, 0.7 L **18** 6.5 kg

19 2.8 **20** 25개, 1.9 m

1 (1) 1 m = 100 cm이므로
3.5 m = 350 cm, 0.7 m = 70 cm입니다.

2 (1) 소수 한 자리 수끼리의 나눗셈이므로 분모가 10인 분수로 나타냅니다.
(2) 소수 두 자리 수끼리의 나눗셈이므로 분모가 100인 분수로 나타냅니다.

3 $6.05 \times \square = 10.89$에서
$\square = 10.89 \div 6.05$
$= 1089 \div 605 = 1.8$입니다.

4 $5.88 \div 1.4 = 4.2$ → $588 \div 140 = 4.2$ (5.88 → 588: 100배, 1.4 → 140: 100배)

5 $16.45 > 4.7$이므로 $16.45 \div 4.7 = 3.5$입니다.

6 $30.75 \div 12.3 = 2.5$, $6.72 \div 2.8 = 2.4$
➡ $2.5 > 2.4$

7

$$\begin{array}{r} 3.8 \\ 3.4\overline{)12.92} \\ \underline{102} \\ 272 \\ \underline{272} \\ 0 \end{array}$$

8 (사다리꼴의 넓이)
= ((윗변의 길이) + (아랫변의 길이)) × (높이) ÷ 2
➡ ((윗변의 길이) + (아랫변의 길이))
= (넓이) × 2 ÷ (높이)
= $13.86 \times 2 \div 3.08 = 9$ (cm)
(윗변의 길이) = $9 - 5.8 = 3.2$ (cm)

9 (1)

$$\begin{array}{r} 1.6 \\ 2.8\overline{)4.48} \\ 28 \\ \hline 168 \\ 168 \\ \hline 0 \end{array}$$

(2)

$$\begin{array}{r} 36 \\ 0.25\overline{)9.00} \\ 75 \\ \hline 150 \\ 150 \\ \hline 0 \end{array}$$

10 (자연수)÷(소수)를 계산하는 방법에는 분수의 나눗셈으로 바꾸어 계산하는 방법, 나누어지는 수와 나누는 수에 똑같이 10배, 100배, 1000배 하여 계산하는 방법, 세로로 계산하는 방법이 있습니다.

11 $16.2 \div 0.9 = \dfrac{162}{10} \div \dfrac{9}{10} = 162 \div 9 = 18$(개)

12 (1) $5.8 \div 3 = 1.93\cdots$이고 몫의 소수 둘째 자리 숫자가 3이므로 반올림하여 소수 첫째 자리까지 나타내면 1.9입니다.

(2) $38.4 \div 4.6 = 8.347\cdots$이고 몫의 소수 셋째 자리 숫자가 7이므로 반올림하여 소수 둘째 자리까지 나타내면 8.35입니다.

13 $16.8 \div 2.9 = 5.793\cdots$

몫을 반올림하여 소수 첫째 자리까지 나타내면 5.8이고 몫을 반올림하여 소수 둘째 자리까지 나타내면 5.79입니다.

➡ $5.8 - 5.79 = 0.01$

14 $11 \div 6 = 1.833\cdots$이고 소수 둘째 자리부터 3이 반복되는 규칙입니다. 따라서 소수 10째 자리 숫자는 3입니다.

15 $19 \div 16.4 = 1.158\cdots$이므로 몫의 소수 셋째 자리에서 반올림하면 1.16배입니다.

16

$$\begin{array}{r} 15 \\ 7\overline{)107.3} \\ 7 \\ \hline 37 \\ 35 \\ \hline 2.3 \end{array}$$

17 $6.1 \div 0.9 = 6 \cdots 0.7$이므로 병 6개에 우유를 담을 수 있고, 남는 우유는 0.7 L입니다.

18 $97.5 \div 8 = 12 \cdots 1.5$이므로 봉투 12개에 쌀을 담으면 남는 쌀은 1.5 kg입니다. 따라서 남김없이 모두 판매하려면 쌀은 적어도 $8 - 1.5 = 6.5$ (kg)이 더 필요합니다.

19 어떤 수를 □라고 하고 잘못 계산한 식을 세우면

$12.5 \times □ = 35$이므로

$□ = 35 \div 12.5 = 2.8$입니다.

따라서 어떤 수는 2.8입니다.

평가 기준	배점
어떤 수를 □라고 하여 식을 세웠나요?	2점
어떤 수를 바르게 구했나요?	3점

20 예 모빌의 개수는 자연수이어야 하므로 몫을 일의 자리까지 구합니다.

$$\begin{array}{r} 25 \\ 3\overline{)76.9} \\ 6 \\ \hline 16 \\ 15 \\ \hline 1.9 \end{array}$$ 이므로

모빌을 25개까지 만들 수 있고 남는 철사는 1.9 m입니다.

평가 기준	배점
만들 수 있는 모빌의 수와 남는 철사의 길이를 구하는 식을 바르게 세웠나요?	2점
만들 수 있는 모빌의 수와 남는 철사의 길이를 바르게 구했나요?	3점

3 공간과 입체

공간 감각은 실생활에 필요한 기본적인 능력일 뿐 아니라 도형과 도형의 성질을 학습하는 것과 매우 밀접한 관련을 가집니다. 이에 본단원은 학생에게 친숙한 공간 상황과 입체를 탐색하는 것을 통해 공간 감각을 기를 수 있도록 구성하였습니다. 이 단원에서는 공간에 있는 대상들을 여러 위치와 방향에서 바라 본 모양과 쌓은 모양에 대해 알아보고, 쌓기나무로 쌓은 모양들을 평면에 나타내는 다양한 표현들을 알아보고, 이 표현들을 보고 쌓은 모양과 쌓기나무의 개수를 추측하는 데 초점을 둡니다. 먼저 공간에 있는 건물들과 조각들을 여러 위치와 방향에서 본 모양을 알아보고, 쌓은 모양에 대해 탐색해 보게 합니다. 이후 공간의 다양한 대상들을 나타내는 쌓기나무로 쌓은 모양들을 투영도, 투영도와 위에서 본 모양, 위, 앞, 옆에서 본 모양, 위에서 본 모양에 수를 쓰는 방법, 층별로 나타낸 모양으로 쌓은 모양과 쌓기나무의 개수를 추측하면서 여러 가지 방법들 사이의 장단점을 인식할 수 있도록 지도하고, 쌓기나무로 조건에 맞게 모양을 만들어 보고 조건을 바꾸어 새로운 모양을 만드는 문제를 해결합니다.

교과서 개념 이해 1 사물을 보는 위치와 방향에 따라 모양이 달라. 62~63쪽

1 나, 라 / 다, 가

2 (선 잇기)

3 (○)(　)(　)

4 (1) 5, 1, 6 (2) 1, 6, 2, 8

1 가 방향에서 사진을 찍으면 (원기둥)은 오른쪽, (공)는 왼쪽에 놓인 것으로 보입니다.

나 방향에서 사진을 찍으면 (원기둥)은 앞에 놓이고, (공)는 보이지 않습니다.

다 방향에서 사진을 찍으면 (원기둥)은 왼쪽, (공)는 오른쪽에 놓인 것으로 보입니다.

라 방향에서 사진을 찍으면 (원기둥)은 뒤쪽, (공)는 앞쪽에 놓인 것으로 보입니다.

3 쌓기나무 10개로 쌓은 모양이므로 보이지 않는 쌓기나무는 없습니다.

교과서 개념 이해 2 위, 앞, 옆에서 본 모양을 보고 쌓기나무 개수를 추측할 수 있어. 64~65쪽

1
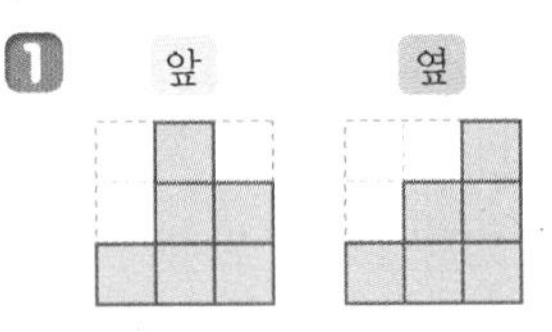

2 (1) ㉢ (2) ㉡ (3) ㉠

3 (1) 5 (2) (그림) (3) (○)(　) (4) 7

1 앞에서 본 모양은 가장 높은 층이 왼쪽에서부터 1층, 3층, 2층이고, 옆에서 본 모양은 가장 높은 층이 왼쪽에서부터 1층, 2층, 3층입니다.

2 (1) 위에서 본 모양은 1층에 쌓은 모양과 같습니다.
(2) 앞에서 본 모양은 가장 높은 층이 왼쪽에서부터 1층, 3층, 2층입니다.
(3) 옆에서 본 모양은 가장 높은 층이 왼쪽에서부터 1층, 2층, 3층입니다.

3 (3) 옆에서 본 모양은 가장 높은 층이 왼쪽에서부터 1층, 3층, 1층이므로 모양은 왼쪽 쌓기나무입니다.
(4) 1층에 쌓기나무가 5개, 2층에 1개, 3층에 1개이므로 똑같은 모양을 쌓는 데 필요한 쌓기나무는 7개입니다.

개념 적용 1 어느 방향에서 본 것인지 알아보기 / 쌓은 모양과 쌓기나무 개수 알기 66~67쪽

1 다, 가, 라

2 (　)(○)(　)

3 이유 예 쌓기나무가 3층으로 쌓여 있는 부분의 뒤쪽에 보이지 않는 쌓기나무가 있을 수 있기 때문입니다.

4 10개 또는 11개

5 예
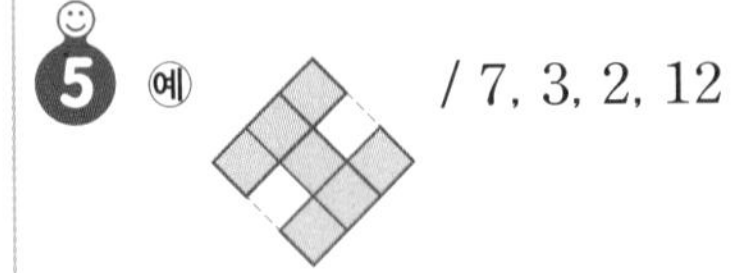
/ 7, 3, 2, 12

 7, 8

1 첫 번째 사진은 올린 손의 방향과 같은 곳에서 촬영을 하고 있으므로 다 카메라에서 촬영하고 있는 장면입니다.
두 번째 사진은 사람의 얼굴이 보이지 않으며 윗모습을 촬영하고 있으므로 가 카메라에서 촬영하고 있는 장면입니다.
세 번째 사진은 정면 모습이므로 라 카메라에서 촬영하고 있는 장면입니다.

2 첫 번째, 세 번째 모양을 위에서 본 모양은 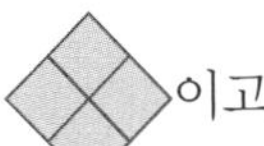이고,

두 번째 모양을 위에서 본 모양은 입니다.

4 위에서 본 모양을 보면 보이지 않는 부분에 쌓기나무가 있고, 보이지 않는 부분의 쌓기나무는 1개 또는 2개입니다. 따라서 똑같은 모양으로 쌓기나무를 쌓는 데 필요한 쌓기나무의 개수는 10개 또는 11개입니다.

내가 만드는 문제

5 앞의 쌓기나무에 가려져 보이지 않는 쌓기나무가 있는지 추측하여 위에서 본 모양을 그려 보고 개수를 세어 쌓기나무의 개수를 구해 봅니다.

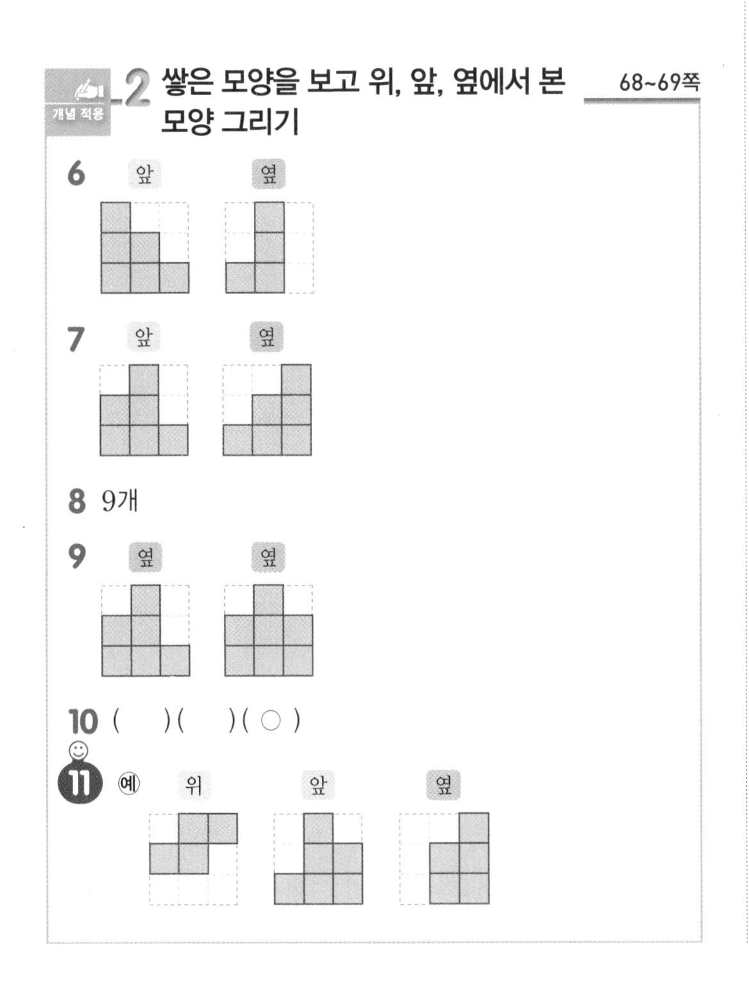

개념 적용 **2** 쌓은 모양을 보고 위, 앞, 옆에서 본 모양 그리기 68~69쪽

6 앞 옆

7 앞 옆

8 9개

9 옆 옆

10 ( )( )(○)

11 예 위 앞 옆

6 보이는 쌓기나무가 7개뿐이므로 뒤에 보이지 않는 쌓기나무가 없습니다.
앞에서 보면 왼쪽에서부터 3층, 2층, 1층으로 보이고, 옆에서 보면 왼쪽에서부터 1층, 3층으로 보입니다.

7 위에서 본 모양을 보면 쌓기나무의 뒤에 숨겨진 쌓기나무는 없습니다. 따라서 앞에서 보면 왼쪽에서부터 2층, 3층, 1층으로 보이고, 옆에서 보면 왼쪽에서부터 1층, 2층, 3층으로 보입니다.

8 위에서 본 모양은 1층의 모양과 같으므로 1층의 쌓기나무는 5개입니다. 앞에서 본 모양에서 ○ 부분은 쌓기나무가 각각 1개입니다. 옆에서 본 모양에서 △ 부분은 각각 2개입니다.
앞과 옆에서 본 모양에서 ☆ 부분은 쌓기나무가 3개입니다. 따라서 똑같은 모양으로 쌓는 데 필요한 쌓기나무는 9개입니다.

위

9 보이지 않는 뒤쪽 부분에 바로 앞의 층수보다 1개 더 적은 수만큼 쌓기나무가 있을 수 있습니다. ㉠ 부분에 쌓을 수 있는 쌓기나무는 1개 또는 2개입니다. 따라서 옆에서 보면 왼쪽에서부터 2층, 3층, 1층 또는 2층, 3층, 2층으로 보입니다.

위

10 위에서 본 모양이 가능한 모양은 첫 번째, 세 번째입니다. 앞, 옆에서 본 모양이 가능한 모양은 두 번째, 세 번째입니다. 따라서 위, 앞, 옆에서 본 모양이 가능한 모양은 세 번째입니다.

내가 만드는 문제

11 보이는 쌓기나무가 8개이므로 뒤에 보이지 않는 쌓기나무는 없습니다. 쌓기나무 1개를 옮긴 후 위, 앞, 옆에서 본 모양을 그려 봅니다.

예 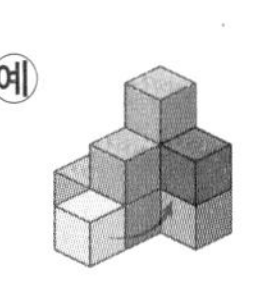

교과서 개념 이해 **3** 쌓기나무로 쌓은 모양을 보고 위에서 본 모양에 수를 쓸 수 있어. 70~71쪽

1 2, 3, 1, 2

2

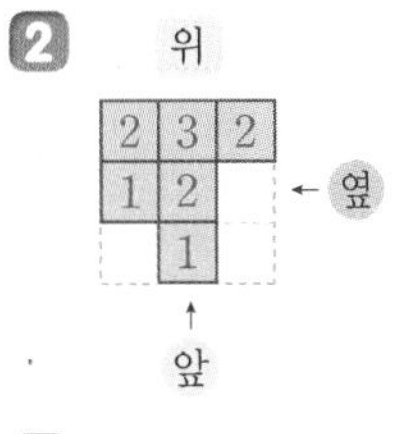

3 3, 3, 2, 2, 1, 1, 12

4 (○)( )

5

1 빨간색 쌓기나무가 2개, 파란색 쌓기나무가 3개, 노란색 쌓기나무가 1개, 초록색 쌓기나무가 2개입니다.

3 각 자리에 놓여진 쌓기나무의 개수를 세어 써넣습니다.

4 앞에서 보았을 때 가장 큰 수가 가장 높은 층이므로 왼쪽에서부터 1층, 3층, 2층입니다.

5 주어진 쌓기나무 모양들을 위에서 본 모양은 모두 같습니다. 각 자리에 쌓은 쌓기나무의 개수를 세어 관계있는 것끼리 이어 봅니다.

교과서 개념 이해 4 쌓기나무로 쌓은 모양을 보고 층별로 나타낼 수 있어. 72~73쪽

1

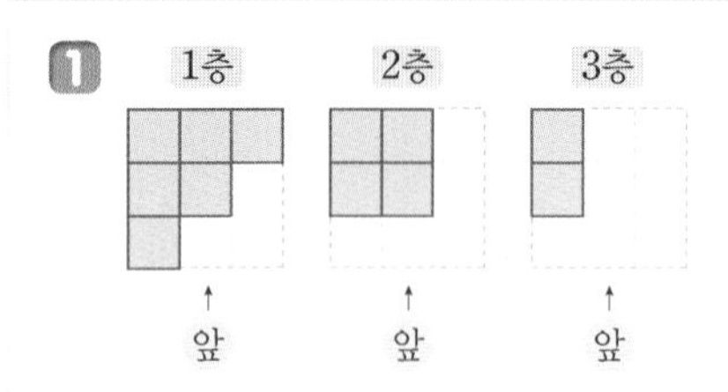

2 2, 3, 5 / 10

3

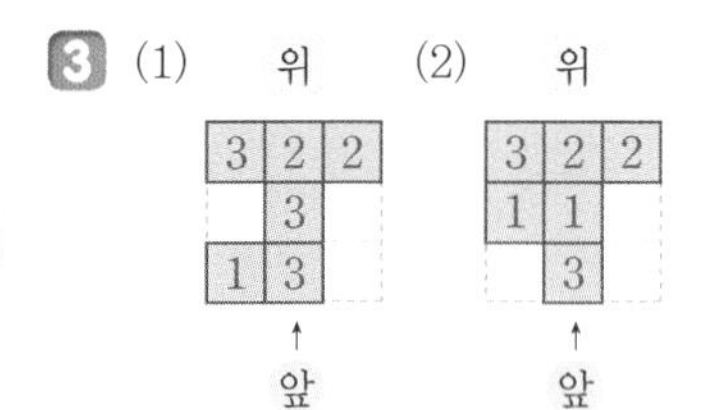

4 (   ) (○) /

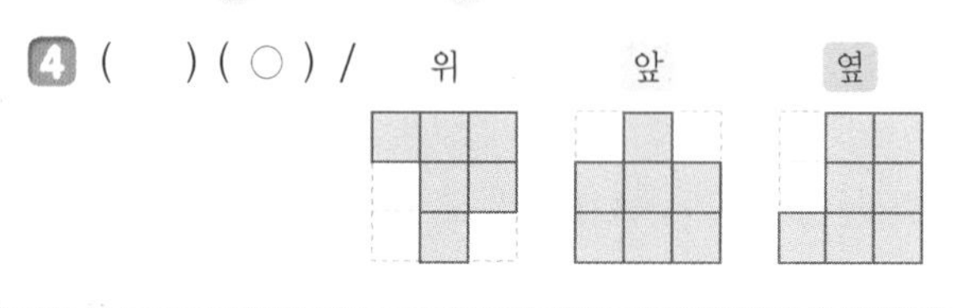

1 위에서 본 모양에서 같은 위치에 있는 층은 같은 위치에 맞게 그립니다.

2 (필요한 쌓기나무의 개수) $= 5 + 3 + 2 = 10$(개)

4 위에서 본 모양은 1층의 모양과 같고, 앞에서 본 모양은 가장 높은 층이 왼쪽에서부터 2층, 3층, 2층이고, 옆에서 본 모양은 가장 높은 층이 왼쪽에서부터 1층, 3층, 3층입니다.

교과서 개념 이해 5 쌓기나무로 여러 가지 모양을 만들 수 있어. 74~75쪽

1 (1) 에 ○표 (2) 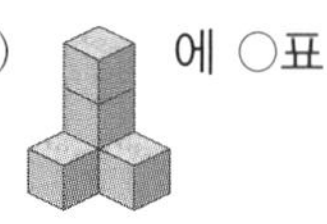 에 ○표

2 (1) 가, 다 (2) 나, 다, 라, 바

3

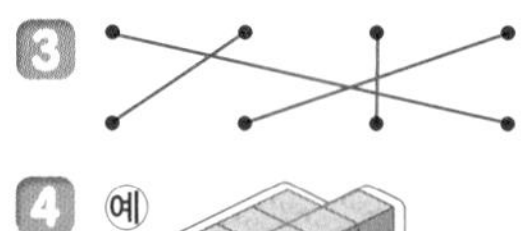

4 예

1 보기 의 모양을 돌리거나 뒤집어서 같은 모양이 되는 것을 찾습니다.

2

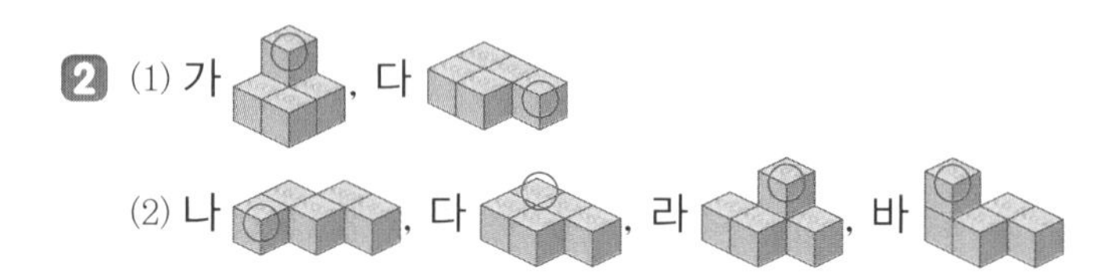

3 여러 방향으로 뒤집거나 돌려서 같은 모양을 찾아봅니다.

4 모양 2개를 연결하면 주어진 모양과 같은 모양을 만들 수 있습니다.

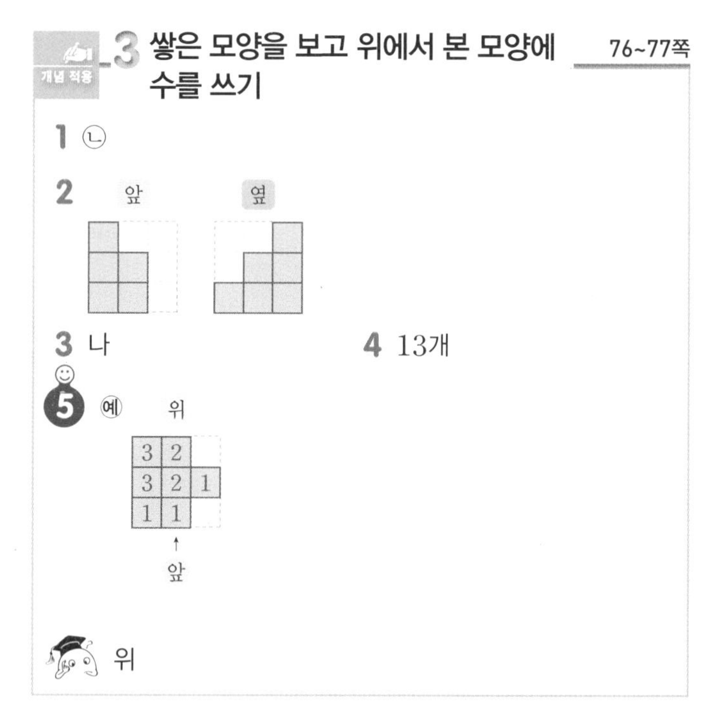

개념 적용 3 쌓은 모양을 보고 위에서 본 모양에 수를 쓰기 76~77쪽

1 ㉡

2 앞 옆

3 나

4 13개

5 예 위

3	2	
3	2	1
1	1	

앞

위

1 앞에서 본 모양이 될 수 있는 것은 ㉡, ㉢입니다. 옆에서 보았을 때 왼쪽이 2층인 것은 ㉡입니다.

2 쌓기나무로 쌓은 모양은 오른쪽과 같습니다.
따라서 앞에서 본 모양은 가장 높은 층이 왼쪽에서부터 3층, 2층이고 옆에서 본 모양은 가장 높은 층이 왼쪽에서부터 1층, 2층, 3층입니다.

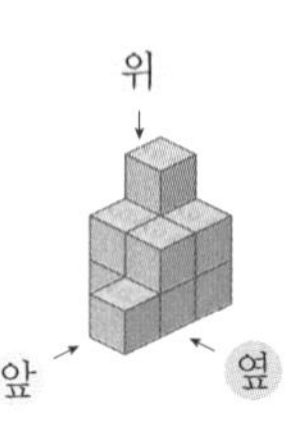

3 옆에서 보았을 때 가장 큰 수를 왼쪽에서부터 각각 쓰면 가는 1층, 2층, 3층이고 나는 2층, 2층, 3층, 다는 1층, 2층, 3층이므로 옆에서 본 모양이 다른 하나는 나입니다.

4 쌓기나무를 가장 많이 쌓은 모양을 위에서 본 모양에 수를 써서 나타내면 오른쪽과 같습니다.

위

1	3	2
1	2	2
	2	

← 옆, ↑ 앞

따라서 사용한 쌓기나무는 $1+3+2+1+2+2+2=13$(개) 입니다.

내가 만드는 문제

5 앞에서 보았을 때 가장 큰 수는 왼쪽에서부터 3 | 2 | 1 입니다.

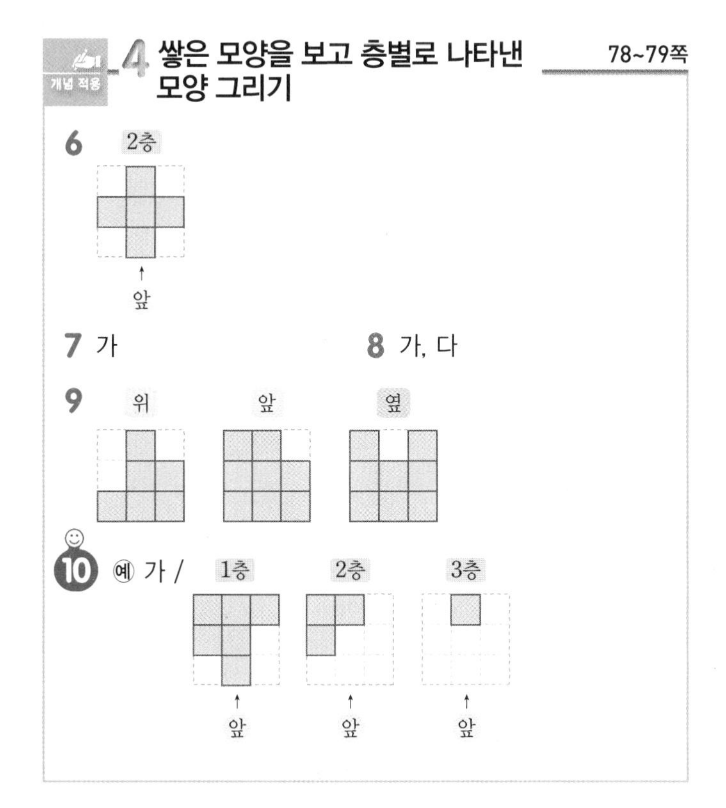

6 위에서 본 모양에 수를 썼을 때 쌓은 쌓기나무의 개수가 2개 이상인 곳은 2층에 쌓기나무가 쌓인 곳입니다.

7 나는 3층 모양이 [그림], 다는 2층 모양이 [그림] 입니다.

8 3층의 모양에서 쌓기나무가 3개 사용되었으므로 1층과 2층의 쌓기나무를 합한 개수는 7개입니다. 또 2층의 모양은 3층의 모양을 포함하고, 1층의 모양은 2층의 모양을 포함해야 합니다.

9 층별로 쌓은 모양을 위에서 본 모양에 수를 써서 나타내면 오른쪽과 같습니다.

위

	3	
	2	2
3	2	1

따라서 쌓은 모양은 앞에서 보면 왼쪽에서부터 3층, 3층, 2층이고 옆에서 보면 왼쪽에서부터 3층, 2층 3층입니다.

내가 만드는 문제

10 가, 나, 다, 라 중 하나를 정하여 층별 모양을 그려 봅니다.

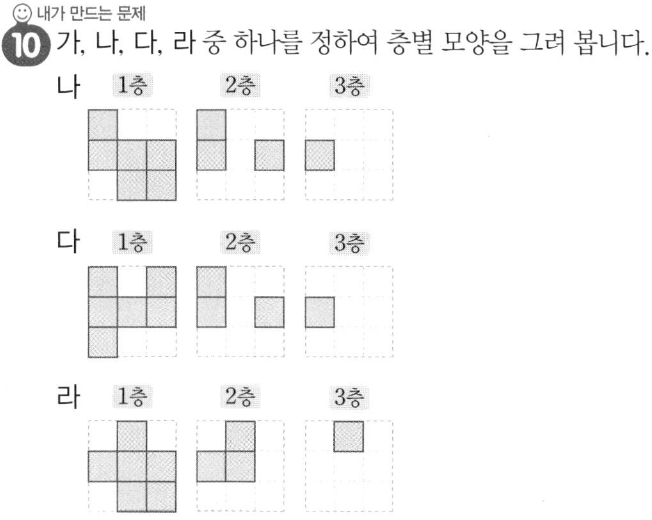

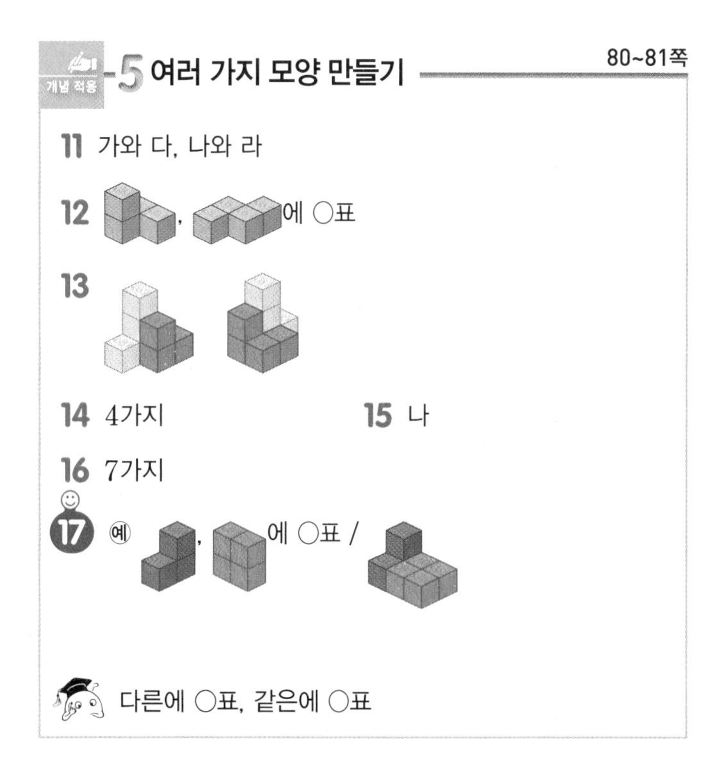

11 뒤집거나 돌렸을 때 모양이 같으면 같은 모양입니다.

12 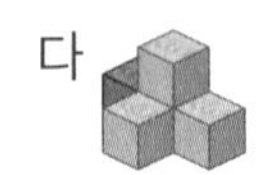

13 주어진 쌓기나무를 뒤집거나 돌려서 각 모양의 어느 부분이 되는지를 찾습니다.

14 2층짜리 모양이므로 쌓기나무가 1층에 4개, 2층에 2개인 경우이고, 모양을 돌렸을 때 같은 모양은 생각하지 않습니다.
따라서 | 2 | 2 | 1 | 1 |, | 2 | 1 | 2 | 1 |, | 2 | 1 | 1 | 2 |, | 1 | 2 | 2 | 1 | 로 모두 4가지 모양을 만들 수 있습니다.

15 가 다
따라서 만들 수 없는 모양은 나입니다.

16 만들 수 있는 서로 다른 모양은 다음과 같습니다.

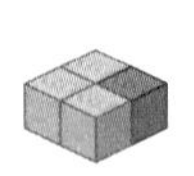 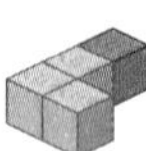 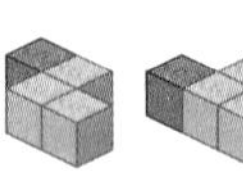  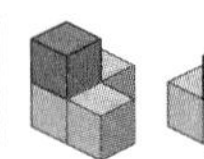 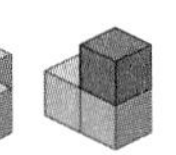

따라서 쌓기나무 1개를 붙여서 만들 수 있는 모양은 모두 7가지입니다.

내가 만드는 문제
17 예 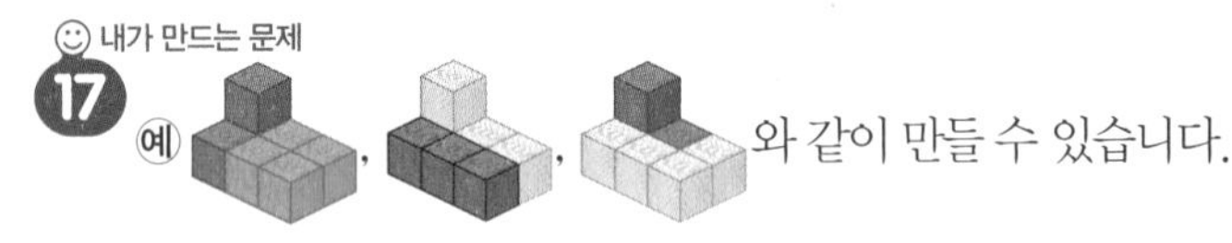 와 같이 만들 수 있습니다.

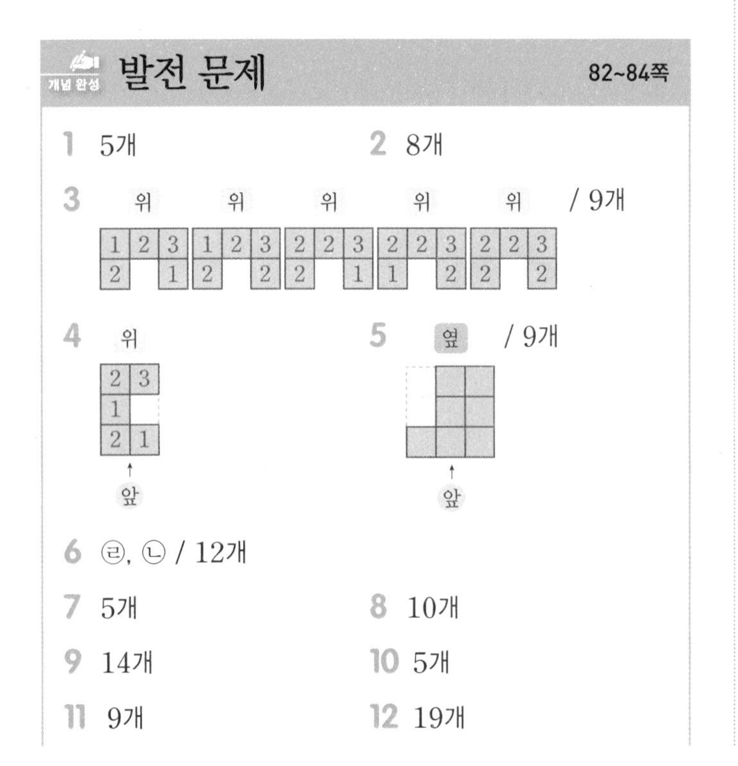

발전 문제 82~84쪽

1 5개 2 8개
3 위 위 위 위 위 / 9개
4 위 5 옆 / 9개
6 ㉣, ㉡ / 12개
7 5개 8 10개
9 14개 10 5개
11 9개 12 19개

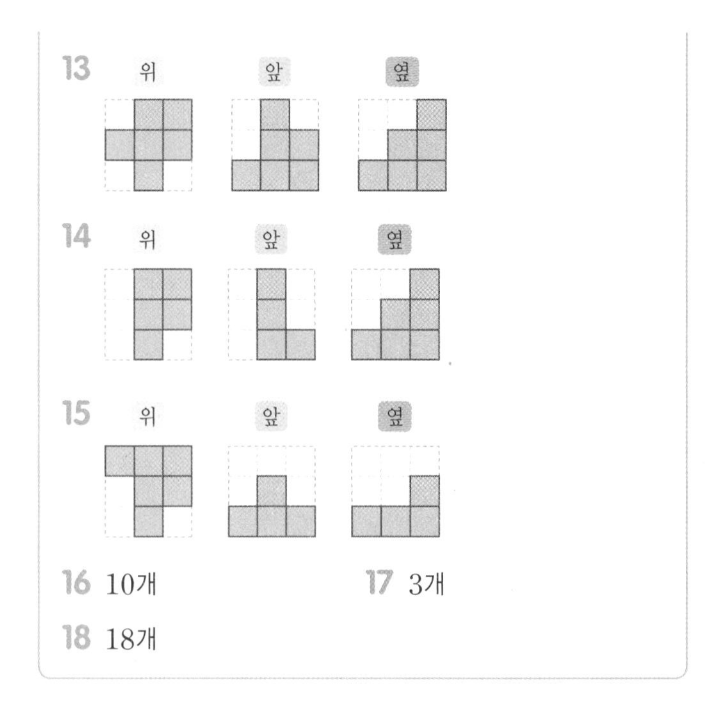

16 10개 17 3개
18 18개

1 위에서 본 모양에 각 자리별로 쌓아 올린 쌓기나무의 수를 써 보면 오른쪽과 같으므로 필요한 쌓기나무는 5개입니다.

1	1
2	1

2 쌓기나무를 가장 많이 사용할 때는 오른쪽과 같이 놓을 때입니다.

2	2
2	2

따라서 쌓기나무의 개수가 가장 많은 경우는 8개입니다.

참고 | 쌓은 쌓기나무가 가장 적은 경우는 오른쪽과 같이 놓을 때이므로 6개입니다.

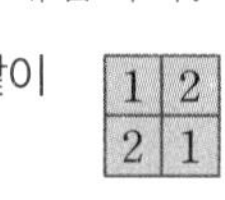

1	2
2	1

3 필요한 쌓기나무의 개수는 적어도
$1 + 2 + 3 + 2 + 1 = 9$(개)입니다.

4 쌓기나무를 층별로 나타낸 모양에서 ○ 부분은 쌓기나무가 3개, △ 부분은 2개, 나머지 부분은 1개입니다.

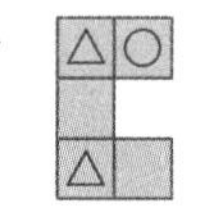

5 쌓기나무를 층별로 나타낸 모양에서 ○ 부분은 쌓기나무가 3개, △ 부분은 2개, 나머지 부분은 1개입니다.
따라서 똑같은 모양으로 쌓는 데 필요한 쌓기나무는
$3 + 2 + 3 + 1 = 9$(개)입니다.

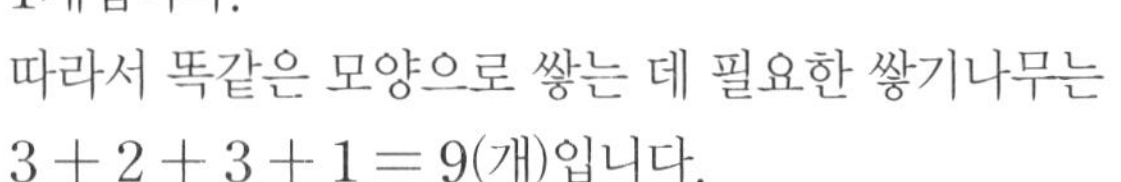

6 2층으로 가능한 모양은 ㉡, ㉣이지만 2층에 ㉣을 놓아야 3층에 ㉡을 놓을 수 있습니다.
따라서 필요한 쌓기나무의 개수는 $5 + 4 + 3 = 12$(개)입니다.

7 쌓은 쌓기나무 개수가 가장 적은 경우는 뒤에 숨겨진 쌓기나무가 없는 경우입니다. 1층에 4개, 2층에 1개로 5개입니다.

8 보이지 않는 뒤쪽 부분에 바로 앞의 층수보다 1개 더 적은 수만큼 쌓기나무가 있을 수 있습니다.

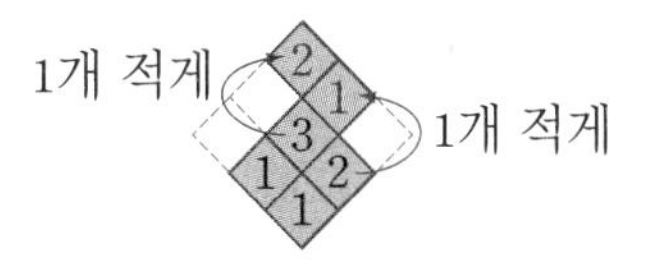

➡ $2+1+3+1+2+1=10$(개)

9

1개 적게 / 1개 적게

➡ $2+1+1+3+2+1+2+1+1=14$(개)

10 정육면체에 사용된 쌓기나무는 8개, 오른쪽 모양에 사용된 쌓기나무는 3개입니다.
따라서 빼낸 쌓기나무는 $8-3=5$(개)입니다.

11 정육면체에 사용된 쌓기나무는 27개, 오른쪽 모양에 사용된 쌓기나무는 한 층에 9개씩 2층이므로 18개입니다.
따라서 빼낸 쌓기나무는 $27-18=9$(개)입니다.
다른 풀이 | 3층에 놓인 쌓기나무 9개를 빼낸 것입니다.

12 정육면체에 사용된 쌓기나무는 27개입니다.
오른쪽 모양의 남은 쌓기나무가 가장 적은 경우의 쌓기나무는 3층에 1개, 2층에 2개, 1층에 5개이므로
$1+2+5=8$(개)입니다.
따라서 빼낸 쌓기나무는 $27-8=19$(개)입니다.
다른 풀이 | 1층에서 4개, 2층에서 7개, 3층에서 8개를 빼어 만든 모양입니다. ➡ $4+7+8=19$(개)

13 쌓기나무 10개로 만들었으므로 뒤에 보이지 않는 쌓기나무는 없습니다.

14 빨간색 쌓기나무를 2개 빼면 위에서 본 모양과 앞에서 본 모양이 바뀝니다.

15 쌓은 쌓기나무의 보이는 위의 면과 위에서 본 모양이 다르므로 뒤에 보이지 않는 쌓기나무가 있습니다.
쌓은 쌓기나무 모양의 보이는 위의 면과 위에서 본 모양을 보면 뒤에 보이지 않는 쌓기나무는 1개입니다. 빨간색 쌓기나무 3개를 빼면 앞과 옆에서 본 모양이 바뀝니다.

16 (필요한 쌓기나무의 수) $=2+1+1+1+2+3$
$=10$(개)

17 만들 수 있는 가장 작은 정육면체는 가로 2개, 세로 2개, 높이 2층으로 쌓아야 하므로 쌓기나무 8개가 필요합니다.
따라서 더 필요한 쌓기나무는 $8-5=3$(개)입니다.

18 만들 수 있는 가장 작은 정육면체는 가로 3개, 세로 3개, 높이 3층으로 쌓아야 하므로 쌓기나무 27개가 필요합니다. 쌓기나무로 쌓은 모양의 쌓기나무의 수는 뒤에 숨겨져 보이지 않는 쌓기나무가 1개 있으므로 9개입니다.
따라서 더 필요한 쌓기나무는 $27-9=18$(개)입니다.

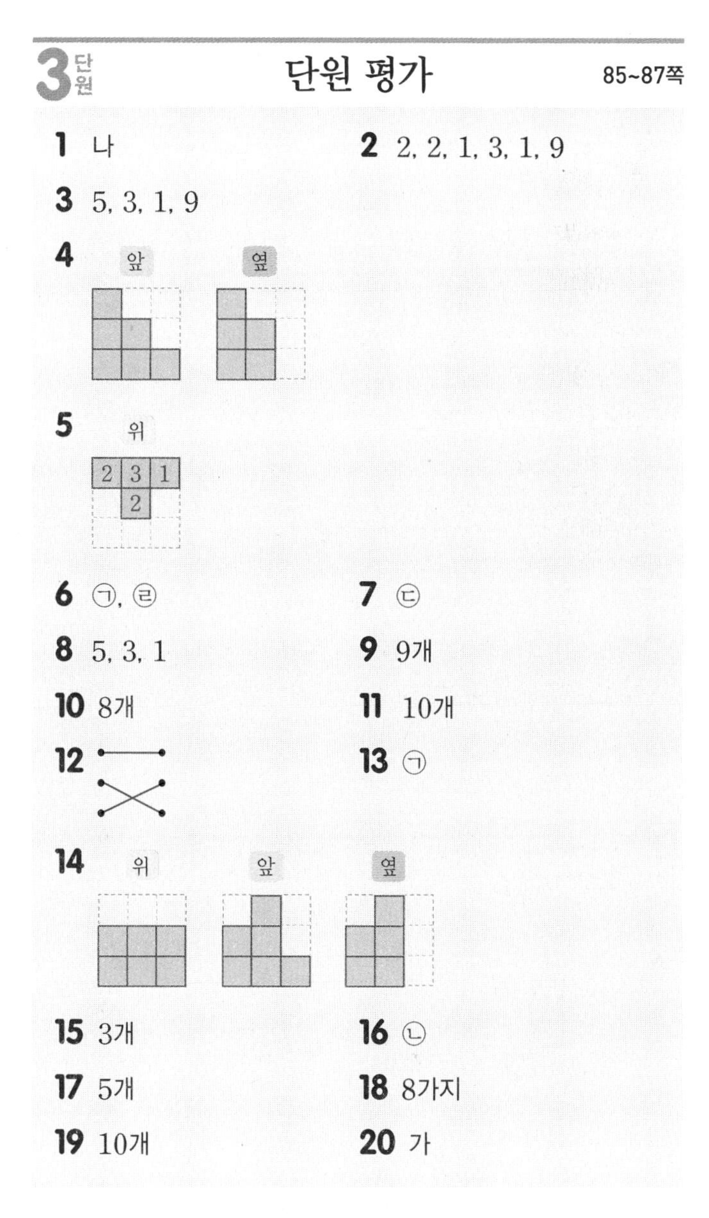

3단원 단원 평가 85~87쪽

1 나
2 2, 2, 1, 3, 1, 9
3 5, 3, 1, 9
4 앞 / 옆
5 위

6 ㉠, ㉣
7 ㉢
8 5, 3, 1
9 9개
10 8개
11 10개
12
13 ㉠
14 위 / 앞 / 옆
15 3개
16 ㉡
17 5개
18 8가지
19 10개
20 가

1 가 쌓기나무는 옆에서 본 모양만 있으므로 뒤에 숨겨진 쌓기나무가 있을 수 있습니다.

2 각 자리에 쌓인 쌓기나무의 개수를 세어 봅니다.

3 층별로 나타낸 모양을 그립니다.

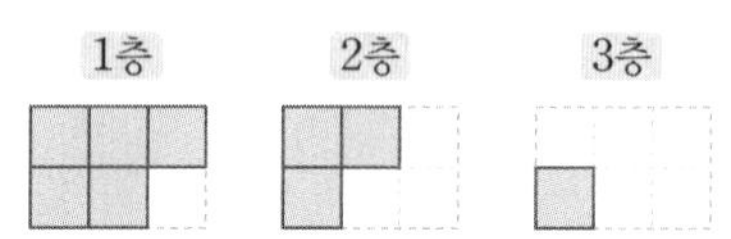

➡ 쌓기나무가 1층에 5개, 2층에 3개, 3층에 1개입니다.

4 앞에서 보면 가장 높은 층이 왼쪽에서부터 3층, 2층, 1층이고, 옆에서 보면 가장 높은 층이 왼쪽에서부터 3층, 2층입니다.

5 쌓은 쌓기나무의 보이는 위의 면과 위에서 본 모양이 같으므로 뒤에 보이지 않는 쌓기나무가 없습니다.

6 ㉠ ㉣

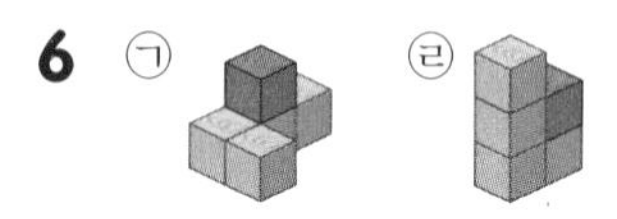

㉡은 나 모양에 쌓기나무 1개를 붙여서 만든 모양입니다.

7 ㉢

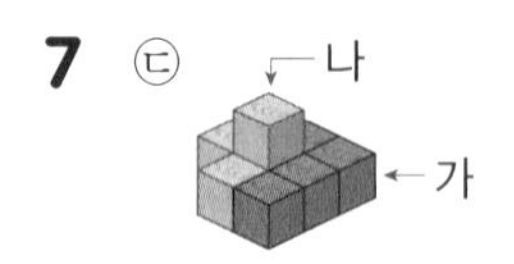

8 1층의 쌓기나무 개수는 위에서 본 개수와 같습니다.

9 (필요한 쌓기나무의 개수) $= 5 + 3 + 1 = 9$(개)

10 쌓은 쌓기나무의 보이는 위의 면과 위에서 본 모양이 같으므로 뒤에 숨겨진 쌓기나무가 없습니다.

➡ $3 + 2 + 1 + 1 + 1 = 8$(개)

위

		3
		2
1	1	1

11 쌓은 쌓기나무의 보이는 위의 면과 1층의 모양이 다르므로 뒤에 숨겨진 쌓기나무가 1개 있습니다.

➡ 1층에 6개, 2층에 4개이므로 필요한 쌓기나무는 모두 10개입니다.

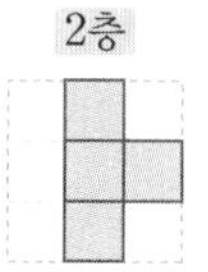

12 쌓기나무를 쌓은 모양을 뒤집거나 돌렸을 때 서로 같은 모양을 찾습니다.

13 ㉠과 ㉡은 위와 옆에서 본 모양이 같습니다. ㉡은 앞에서 본 모양이 [그림] 입니다. 따라서 가능한 모양은 ㉠입니다.

14 앞, 옆에서 본 모양을 그릴 때에는 각 방향에서 각 줄의 가장 높은 층수만큼 그립니다.

15 정육면체 모양을 만드는 데 사용된 쌓기나무는 8개, 오른쪽 모양을 만드는 데 사용된 쌓기나무는 5개입니다. 따라서 빼낸 쌓기나무는 $8 - 5 = 3$(개)입니다.

16 ㉠ 옆 ㉡ 옆 ㉢ 옆

17 위에서 본 모양에 각 자리별로 쌓아 올린 쌓기나무의 수를 써 보면 오른쪽과 같습니다. ㉠에는 1 또는 2가 가능하므로 필요한 쌓기나무는 적어도 5개입니다.

2	
㉠	2

18

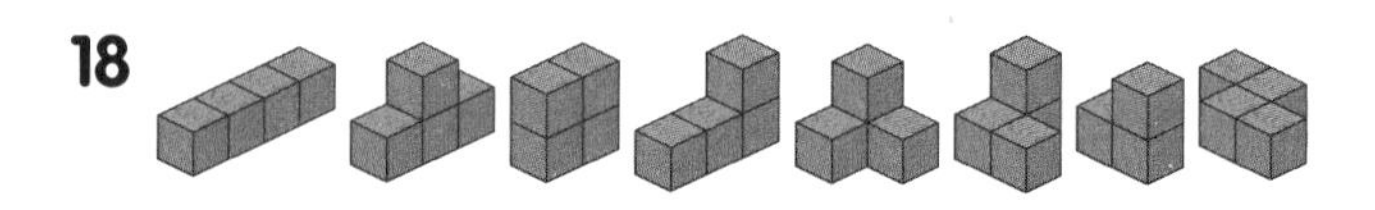

서술형

19 예 층별로 쌓은 쌓기나무는 1층에 5개, 2층에 3개, 3층에 2개이므로 똑같은 모양으로 쌓는 데 필요한 쌓기나무는 $5 + 3 + 2 = 10$(개)입니다.

평가 기준	배점
층별로 쌓은 쌓기나무의 개수를 각각 구했나요?	3점
필요한 쌓기나무의 개수를 구했나요?	2점

서술형

20 예 가를 위에서 본 모양에 수를 적으면

3	1	2
3		2

이므로 쌓은 쌓기나무는 11개입니다. 나를 위에서 본 모양에 수를 적으면

2	3	1
1	1	2

이므로 쌓은 쌓기나무는 10개입니다. 따라서 쌓은 쌓기나무의 개수가 더 많은 것은 가입니다.

평가 기준	배점
가와 나의 쌓은 쌓기나무의 개수를 각각 구했나요?	4점
가와 나 중 쌓기나무의 개수가 더 많은 것을 구했나요?	1점

4 비례식과 비례배분

비례식과 비례배분 관련 내용은 수학 내적으로 초등 수학의 결정이며 이후 수학 학습의 중요한 기초가 될 뿐 아니라, 수학 외적으로도 타 학문 영역과 일상생활에 밀접하게 연결됩니다. 실제로 우리는 생활 속에서 두 양의 비를 직관적으로 이해해야 하거나 비의 성질, 비례식의 성질 및 비례배분을 이용하여 여러 가지 문제를 해결해야 하는 경험을 하게 됩니다. 비의 성질, 비례식의 성질을 이용하여 속도나 거리를 측정하고 축척을 이용하여 지도를 만들기도 합니다. 이 단원에서는 비율이 같은 두 비를 통해 비례식에 0이 아닌 같은 수를 곱하거나 나누어도 비율이 같다는 비의 성질을 발견하고 이를 이용하여 비를 간단한 자연수의 비로 나타내어 보는 활동을 전개합니다. 또한 비례식에서 외항의 곱과 내항의 곱이 같다는 비례식의 성질을 발견하여 실생활 문제를 해결합니다. 나아가 전체를 주어진 비로 배분하는 비례배분을 이해하여 생활 속에서 비례배분이 적용되는 문제를 해결해 봄으로써 수학의 유용성을 경험하고 문제 해결, 추론, 창의·융합, 의사소통 등의 능력을 키울 수 있습니다.

교과서 개념 이해 1 같은 수를 곱하거나 나누어 비율이 같은 비를 만들 수 있어. 90~91쪽

1 (1) 4, 6, 4 : 6, $\frac{4}{6}=\frac{2}{3}$
(2) (왼쪽에서부터) 60, 20, 20 / 5, 60

2 (1) 3, 5 (2) 7, 4

3 (위에서부터) 3, 18, 2, 2 / 2, 18

4 (1) 24, 54 (2) 7, 5 (3) 32, 20 (4) 9, 4

5 (1) 5, 35, 45 (2) 8, 9, 8

2 기호 :의 앞에 있는 수를 전항, 기호 :의 뒤에 있는 수를 후항이라고 합니다.

4 (1) 비의 전항과 후항에 6을 곱합니다.
$4\times6=24,\ 9\times6=54$
(2) 비의 전항과 후항을 7로 나눕니다.
$49\div7=7,\ 35\div7=5$
(3) 비의 전항과 후항에 4를 곱합니다.
$8\times4=32,\ 5\times4=20$
(4) 비의 전항과 후항을 9로 나눕니다.
$81\div9=9,\ 36\div9=4$

5 (1) 7 : 9는 전항과 후항에 5를 곱한 35 : 45와 비율이 같습니다.
(2) 72 : 64는 전항과 후항을 8로 나눈 9 : 8과 비율이 같습니다.

교과서 개념 이해 2 비의 성질을 이용하여 간단한 자연수의 비로 나타낼 수 있어. 92~93쪽

1 (1) (위에서부터) 5, 8 / 10
(2) (위에서부터) 10, 3 / 15

2 (1) (위에서부터) 7, 2 (2) (위에서부터) 7, 6

3 방법 1 0.25 / (위에서부터) 0.25, 100, 25, 5, 5, 6
방법 2 $\frac{3}{10}$ / 20, 5, 6

4 (1) 3 (2) 21 (3) 7 (4) 7

1 (1) 0.5와 0.8의 전항과 후항에 10을 곱하면
$0.5\times10=5,\ 0.8\times10=8$입니다.
(2) $\frac{2}{3}$와 $\frac{1}{5}$의 전항과 후항에 3과 5의 공배수인 15를 곱하면 $\frac{2}{3}\times15=10,\ \frac{1}{5}\times15=3$입니다.

2 (1) 35 : 14의 전항과 후항을 35와 14의 공약수 7로 나누면 $35\div7=5,\ 14\div7=2$입니다.
(2) 42 : 30의 전항과 후항을 42와 30의 공약수 6으로 나누면 $42\div6=7,\ 30\div6=5$입니다.

4
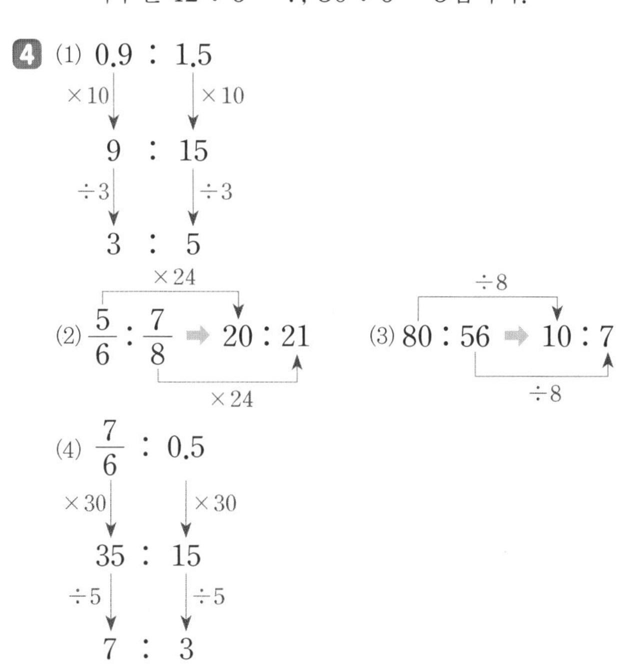

교과서 개념 이해 3 비율이 같은 두 비는 '='를 사용하여 식으로 쓸 수 있어. 94쪽

1 (1) 6, 8, $\frac{4}{3}$ / 20, 15, 15, $\frac{4}{3}$
(2) 같습니다에 ○표 (3) 6, 20, 15 또는 20, 6, 15
(4) 비례식 (5) 15, 외항, 20

1 (2) 8 : 6의 비율은 $\frac{8}{6}=\frac{4}{3}$이고,
20 : 15의 비율은 $\frac{20}{15}=\frac{4}{3}$이므로 두 그림의 가로와 세로의 비율은 같습니다.

교과서 개념 이해 4 비례식이 활용되는 경우를 찾아 보자. 95쪽

1 28, 56 / 8, 56 / =
2 3, 15 / 3, 15, 10, 10

1 외항의 곱은 $2\times28=56$, 내항의 곱은 $7\times8=56$으로 같습니다.

교과서 개념 이해 5 전체와 비를 알면 공정하게 나눌 수 있어. 97쪽

1 (1) 3, 1 / 3, 3, 1, 1 (2) 3, 6, 1, 2
2 (1) 2, 2 / 2, 12
(2) 3, 3 / 3, 18

개념 적용 -1 비의 성질 98~99쪽

1 (1) 45, 72 / 9 (2) 8 / 7, 4 (3) 45, 70 / 5
(4) 3 / 13, 6
2 3 / 3
3 (1) 10 : 35에 ○표 (2) 3 : 5에 ○표
4 (선 잇기)
5 12, 32
6 나, 마
7 예 6, 2, 1

1 (1) 5 : 8 ➡ (5×9) : (8×9) ➡ 45 : 72
(2) 56 : 32 ➡ $(56\div8)$: $(32\div8)$ ➡ 7 : 4
(3) 9 : 14 ➡ (9×5) : (14×5) ➡ 45 : 70
(4) 39 : 18 ➡ $(39\div3)$: $(18\div3)$ ➡ 13 : 6

2 7 : 15 ➡ (7×3) : (15×3) ➡ 21 : 45

3 (1) 비의 전항과 후항에 5를 곱합니다.
$2\times5=10$, $7\times5=35$ ➡ 10 : 35
(2) 비의 전항과 후항을 6으로 나눕니다.
$18\div6=3$, $30\div6=5$ ➡ 3 : 5

4 3 : 5 ➡ (3×4) : (5×4) ➡ 12 : 20
20 : 30 ➡ $(20\div10)$: $(30\div10)$ ➡ 2 : 3
42 : 35 ➡ $(42\div7)$: $(35\div7)$ ➡ 6 : 5

5 3 : 8 ➡ (3×4) : (8×4) ➡ 12 : 32

6 (가로) : (세로)가 4 : 3인 액자를 찾아봅니다.
가: 9 : 12 ➡ $(9\div3)$: $(12\div3)$ ➡ 3 : 4
나: 12 : 9 ➡ $(12\div3)$: $(9\div3)$ ➡ 4 : 3
다: 12 : 8 ➡ $(12\div4)$: $(8\div4)$ ➡ 3 : 2
라: 15 : 12 ➡ $(15\div3)$: $(12\div3)$ ➡ 5 : 4
마: 16 : 12 ➡ $(16\div4)$: $(12\div4)$ ➡ 4 : 3
바: 15 : 18 ➡ $(15\div3)$: $(18\div3)$ ➡ 5 : 6
따라서 4 : 3과 비율이 같은 액자는 나, 마입니다.

내가 만드는 문제
7 비의 전항과 후항에 0이 아닌 같은 수를 곱하거나 비의 전항과 후항을 0이 아닌 같은 수로 나누어도 비율은 같습니다.
예 $(12\div6)$: $(6\div6)$ ➡ 2 : 1

개념 적용 -2 간단한 자연수의 비로 나타내기 100~101쪽

8 (1) 10 / 4 (2) 40 / 35 / 40
(3) 80, 80 / 48 / 6, 6 / 8 (4) 100 / 25 / 5 / 5
9 (1) 예 3 : 5 (2) 예 15 : 4 (3) 예 21 : 25
(4) 예 2 : 3
10 ( )( )(×)
11 예 15 : 16
12 예 17 : 23
13 예 16 : 15
14 예 1 L에 ○표 / 1, 5

(위에서부터) $\frac{7}{10}$ / $\frac{7}{10}$ / 10, 21

9 (1) 0.75 : 1.25의 전항과 후항에 각각 100을 곱하면
$0.75 : 1.25 \Rightarrow (0.75\times100) : (1.25\times100)$
$\Rightarrow 75 : 125 \Rightarrow (75\div25) : (125\div25) \Rightarrow 3 : 5$

(2) $\frac{5}{2} : \frac{2}{3}$의 전항과 후항에 각각 2와 3의 공배수인 6을 곱하면
$\frac{5}{2} : \frac{2}{3} \Rightarrow \left(\frac{5}{2}\times6\right) : \left(\frac{2}{3}\times6\right) \Rightarrow 15 : 4$

(3) $0.7 : \frac{5}{6}$의 전항과 후항에 각각 30을 곱하면
$0.7 : \frac{5}{6} \Rightarrow (0.7\times30) : \left(\frac{5}{6}\times30\right) \Rightarrow 21 : 25$

(4) 24 : 36의 전항과 후항을 각각 두 수의 공약수인 12로 나누면
$24 : 36 \Rightarrow (24\div12) : (36\div12) \Rightarrow 2 : 3$

10 · $0.6 : 1.5 \Rightarrow (0.6\times10) : (1.5\times10)$
$\Rightarrow 6 : 15 \Rightarrow (6\div3) : (15\div3) \Rightarrow 2 : 5$
· $\frac{2}{3} : \frac{3}{4} \Rightarrow \left(\frac{2}{3}\times12\right) : \left(\frac{3}{4}\times12\right) \Rightarrow 8 : 9$
· $\frac{2}{5} : 0.8 \Rightarrow \left(\frac{2}{5}\times10\right) : (0.8\times10)$
$\Rightarrow 4 : 8 \Rightarrow (4\div4) : (8\div4) \Rightarrow 1 : 2$

11 (빨간색 리본) : (파란색 리본) $\Rightarrow \frac{3}{4} : \frac{4}{5}$의 전항과 후항에 분모의 공배수인 20을 곱하면 간단한 자연수의 비인 15 : 16이 됩니다.

12 (정우네 집~학교) : (민재네 집~학교)
$\Rightarrow 0.85 : 1.15 \Rightarrow (0.85\times100) : (1.15\times100)$
$\Rightarrow 85 : 115 \Rightarrow (85\div5) : (115\div5) \Rightarrow 17 : 23$

13 (흥민이가 읽은 책의 양) : (진아가 읽은 책의 양)
$\Rightarrow \frac{4}{5} : 0.75 \Rightarrow \left(\frac{4}{5}\times100\right) : (0.75\times100)$
$\Rightarrow 80 : 75 \Rightarrow (80\div5) : (75\div5) \Rightarrow 16 : 15$

내가 만드는 문제

14 · 섞을 우유의 양을 1 L라고 하면 딸기청과 우유의 양의 비는 $\frac{1}{5}$: 1이므로 각 항에 5를 곱하여 나타내면 1 : 5입니다.
· 섞을 우유의 양을 0.5 L라고 하면 딸기청과 우유의 양의 비는 $\frac{1}{5}$: 0.5이므로 각 항에 10을 곱하여 나타내면 2 : 5입니다.
· 섞을 우유의 양을 2 L라고 하면 딸기청과 우유의 양의 비는 $\frac{1}{5}$: 2이므로 각 항에 5를 곱하여 나타내면 1 : 10입니다.
· 섞을 우유의 양을 $\frac{2}{3}$ L라고 하면 딸기청과 우유의 양의 비는 $\frac{1}{5} : \frac{2}{3}$이므로 각 항에 15를 곱하여 나타내면 3 : 10입니다.

개념 적용 3 비례식 102~103쪽

15 (1) 3, 15 / 3 / 1, 15 / 5, 3
(2) 7 / 5, 2 / 35, 2 / 14, 5

16 $\frac{3}{8}$, $\frac{12}{32}$, $\frac{3}{8}$ / 12, 32

17 (1) ○ (2) × (3) ○

18 28 : 49=4 : 7 또는 4 : 7=28 : 49

19 (1) 3 : 7=9 : 21 (2) 10 : 17=20 : 34

20 6, 12

21 예 4, 3

17 (1) $5 : 9 \Rightarrow \frac{5}{9}$, $20 : 36 \Rightarrow \frac{20}{36}=\frac{5}{9}$

(2), (3) 5 : 9 = 20 : 36 (외항: 5, 36 / 내항: 9, 20)

외항
내항

18 $6 : 11 \Rightarrow \frac{6}{11}$, $28 : 49 \Rightarrow \frac{28}{49}=\frac{4}{7}$,
$16 : 30 \Rightarrow \frac{16}{30}=\frac{8}{15}$, $4 : 7 \Rightarrow \frac{4}{7}$,
따라서 28 : 49와 4 : 7의 비율이 같으므로 비례식으로 나타내면 28 : 49 = 4 : 7 또는 4 : 7 = 28 : 49입니다.

19 (1) 비율 $\frac{3}{7}$은 비 3 : 7이고 비율 $\frac{9}{21}$는 비 9 : 21이므로 비례식을 세우면 3 : 7 = 9 : 21입니다.
(2) 비율 $\frac{10}{17}$은 비 10 : 17이고 비율 $\frac{20}{34}$은 비 20 : 34이므로 비례식을 세우면 10 : 17 = 20 : 34입니다.

20 4 : ㉠ = ㉡ : 18이라 하면 각 비의 비율이 $\frac{2}{3}$이므로
$\frac{4}{㉠}=\frac{2}{3}$, 2×㉠ = 4×3, 2×㉠ = 12, ㉠ = 6
$\frac{㉡}{18}=\frac{2}{3}$, ㉡×3 = 2×18, ㉡×3 = 36, ㉡ = 12
입니다.

☺ 내가 만드는 문제

21 36 : 27의 비율은 $\frac{36}{27}=\frac{4}{3}$이므로 비율이 $\frac{4}{3}$인 비를 찾습니다.

개념 적용 -4 비례식의 성질 활용하기 104~105쪽

22 ㉠, ㉣

23 방법 1 4, 3 / 4, 3, 4, 36, 9

방법 2 3, 3 / 3, 9

24 (1) 4 (2) 52 (3) 40 (4) 60

➕ 9, 6, 6, 90, 15

25 (1) 5 : 7=20 : □

(2) 28 cm

26 21번

27 예 2, 40

22 외항의 곱과 내항이 곱이 같은 것을 찾습니다.

㉠ 외항의 곱: 50, 내항의 곱: 50

㉡ 외항의 곱: 140, 내항의 곱: 180

㉢ 외항의 곱: 147, 내항의 곱: 135

㉣ 외항의 곱: 90, 내항의 곱: 90

따라서 외항의 곱과 내항의 곱이 같은 것은 ㉠, ㉣입니다.

24 (1) $\square\times35=7\times20$, $\square\times35=140$, $\square=4$

(2) $6\times\square=13\times24$, $6\times\square=312$, $\square=52$

(3) $8\times25=5\times\square$, $200=5\times\square$, $\square=40$

(4) $27\times20=\square\times9$, $540=\square\times9$, $\square=60$

25 (2) $5\times\square=7\times20$, $5\times\square=140$, $\square=28$

따라서 동화책의 세로는 28 cm입니다.

26 가가 도는 횟수를 □번이라고 하여 비례식을 세우면 3 : 4 = □ : 28입니다.

$3\times28=4\times\square$, $84=4\times\square$, $\square=21$입니다.

따라서 가가 도는 횟수는 21번입니다.

☺ 내가 만드는 문제

27 예 초콜릿 쿠키를 2개 만들 때 필요한 초콜릿의 양을 ■g이라고 하면

5 : 100 = 2 : ■,

$5\times■=100\times2$,

$5\times■=200$, ■ = 40입니다.

따라서 필요한 초콜릿의 양은 40 g입니다.

개념 적용 -5 비례배분 106~107쪽

28 5, 3 (1) 5, 8 / 3, 8 (2) 8, 30 / 8, 18

29 7, $\frac{7}{15}$, 42 / 8, $\frac{8}{15}$, 48

30 (1) 12, 27 (2) 44, 99

31 133권, 77권

32 4800원, 5200원

33 예 바나나에 ○표 6, 10

같습니다에 ○표

30 (1) $39\times\frac{4}{4+9}=39\times\frac{4}{13}=3\times4=12$,

$39\times\frac{9}{4+9}=39\times\frac{9}{13}=3\times9=27$

(2) $143\times\frac{4}{4+9}=143\times\frac{4}{13}=11\times4=44$,

$143\times\frac{9}{4+9}=143\times\frac{9}{13}=11\times9=99$

31 (책장) $=210\times\frac{19}{19+11}=210\times\frac{19}{30}=133$(권),

(책꽂이) $=210\times\frac{11}{19+11}=210\times\frac{11}{30}=77$(권)

32 (진수) $=10000\times\frac{12}{12+13}=10000\times\frac{12}{25}$

$=4800$(원)

(소은) $=10000\times\frac{13}{12+13}=10000\times\frac{13}{25}$

$=5200$(원)

☺ 내가 만드는 문제

33 • 바나나를 골랐다면 정은: $16\times\frac{3}{3+5}=6$(개),

수현: $16\times\frac{5}{3+5}=10$(개)

• 사탕을 골랐다면 정은: $32\times\frac{3}{3+5}=12$(개),

수현: $32\times\frac{5}{3+5}=20$(개)

• 군밤을 골랐다면 정은: $96\times\frac{3}{3+5}=36$(개),

수현: $96\times\frac{5}{3+5}=60$(개)

발전 문제 108~110쪽

1 예 4 : 5	2 예 25 : 64
3 3500 cm²	4 (1) 12 (2) 7
5 ㉢	6 24
7 105 cm	8 12명, 28명
9 40명	10 74, 26
11 400 m, 1000 m	12 180만 원, 270만 원
13 예 7 : 4	14 예 4 : 3
15 예 3 : 4	16 36
17 49개	18 200 mL

1 (밑변의 길이) : (높이) $= 3\frac{1}{5} : 4$에서 $3\frac{1}{5} = \frac{16}{5}$이므로
$\frac{16}{5} : 4 \Rightarrow \left(\frac{16}{5} \times 5\right) : (4 \times 5) \Rightarrow 16 : 20$
$\Rightarrow (16 \div 4) : (20 \div 4) \Rightarrow 4 : 5$

2 (가의 넓이) : (나의 넓이) $= (5 \times 5) : (8 \times 8)$
$= 25 : 64$
참고 | 정사각형의 한 변의 길이의 비가 ▲ : ●이면 넓이의 비는 (▲ × ▲) : (● × ●)입니다.

3 직사각형의 둘레가 240 cm이므로
(가로) + (세로)는 $240 \div 2 = 120$ (cm)입니다.
⇒ 가로: $120 \times \frac{7}{7+5} = 120 \times \frac{7}{12} = 70$ (cm)
세로: $120 \times \frac{5}{7+5} = 120 \times \frac{5}{12} = 50$ (cm)
(직사각형의 넓이) = (가로) × (세로)
$= 70 \times 50 = 3500$ (cm²)

4 (1) $4 \times 27 = 9 \times □$에서 $□ = 108 \div 9 = 12$
(2) $□ \times 10 = 2 \times 35$에서 $□ = 70 \div 10 = 7$
참고 | 비례식에서 외항의 곱과 내항의 곱은 같습니다.

5 ㉠ $5 \times □ = 9 \times 25$, $□ = 225 \div 5 = 45$
㉡ $1.8 \times 30 = 1.2 \times □$, $□ = 54 \div 1.2 = 45$
㉢ $10 \times \frac{1}{2} = □ \times \frac{1}{10}$, $□ = 5 \times 10 = 50$

6 ㉮ × ㉯ $= 7 \times □$에서 외항의 곱인 ㉮ × ㉯는 7의 배수이어야 하므로 ㉮ × ㉯는 6의 배수이면서 7의 배수인 42의 배수로 200보다 작은 수입니다.
□가 가장 큰 수일 때는 ㉮ × ㉯의 값이 가장 클 때이므로 ㉮ × ㉯가 될 수 있는 것은 42, 84, 126, 168 중에서 가장 큰 168입니다.
따라서 $168 = 7 \times □$, $□ = 168 \div 7 = 24$입니다.

7 구하려는 길이를 □cm라고 하면
$60 : 4 = □ : 7$에서 외항의 곱과 내항의 곱이 같으므로
$60 \times 7 = 4 \times □$입니다.
$60 \times 7 = 4 \times □$에서 $4 \times □ = 420$, $□ = 105$이므로
실제 길이는 105 cm입니다.

8 각 정당의 득표율을 간단한 자연수의 비로 나타내면
$30 : 70 = (30 \div 10) : (70 \div 10) = 3 : 7$입니다.
가 당: $40 \times \frac{3}{3+7} = 40 \times \frac{3}{10} = 12$(명),
나 당: $40 \times \frac{7}{3+7} = 40 \times \frac{7}{10} = 28$(명)

9 백분율은 기준량이 100일 때의 비율이므로 동아리 활동을 하는 학생 수와 전체 학생 수의 비는 $65 : 100$입니다.
소영이네 반 전체 학생 수를 □명이라 놓고 비례식을 만들면 $65 : 100 = 26 : □$입니다.
$65 \times □ = 100 \times 26$, $□ = 2600 \div 65 = 40$
따라서 반 전체 학생 수는 40명입니다.

10 $3.7 : 1.3 = (3.7 \times 10) : (1.3 \times 10) = 37 : 13$이므로
100을 $37 : 13$으로 비례배분하면
$100 \times \frac{37}{37+13} = 100 \times \frac{37}{50} = 74$,
$100 \times \frac{13}{37+13} = 100 \times \frac{13}{50} = 26$입니다.

11 (수현) : (민우) $= \frac{2}{5} : 1 = \left(\frac{2}{5} \times 5\right) : (1 \times 5)$
$= 2 : 5$
수현: $1400 \times \frac{2}{2+5} = 1400 \times \frac{2}{7} = 400$ (m)
민우: $1400 \times \frac{5}{2+5} = 1400 \times \frac{5}{7} = 1000$ (m)

12 투자한 금액의 비는
(가 회사) : (나 회사) $= 400 : 600$
$= (400 \div 200) : (600 \div 200) = 2 : 3$이므로 이익금을 $2 : 3$으로 나눕니다.
가 회사: 450만 $\times \frac{2}{2+3} =$ 450만 $\times \frac{2}{5} =$ 180만 (원)
나 회사: 450만 $\times \frac{3}{2+3} =$ 450만 $\times \frac{3}{5} =$ 270만 (원)

13 두 분모의 공배수인 28을 전항과 후항에 곱합니다.
$\frac{1}{4} : \frac{1}{7} = \left(\frac{1}{4} \times 28\right) : \left(\frac{1}{7} \times 28\right) = 7 : 4$

14 전체 일의 양을 1이라고 하면
세찬이가 한 시간 동안 한 일의 양은 $1 \div 3 = \frac{1}{3}$이고,

소민이가 한 시간 동안 한 일의 양은 $1\div4=\frac{1}{4}$입니다.

➡ (세찬) : (소민) $=\frac{1}{3}:\frac{1}{4}=\left(\frac{1}{3}\times12\right):\left(\frac{1}{4}\times12\right)$
$=4:3$

15 전체 일의 양을 1이라고 하면 한 시간 동안 지은이는 전체의 $\frac{1}{2}$만큼, 백호는 $\frac{1}{3}$만큼 일을 했습니다.

➡ (지은) : (백호) $=\frac{1}{2}:\left(\frac{1}{3}+\frac{1}{3}\right)=\frac{1}{2}:\frac{2}{3}$
$=\left(\frac{1}{2}\times6\right):\left(\frac{2}{3}\times6\right)=3:4$

16 어떤 수를 □라고 하면 $□\times\frac{4}{4+5}=16$입니다.

따라서 $□=16\div\frac{4}{9}=36$입니다.

참고 | 가 : 나 = ■ : ▲로 나누어 가 = ★이 될 때 전체의 양 구하기
★ = (전체의 양) $\times\frac{■}{■+▲}$ ➡ (전체의 양) = ★ $\div\frac{■}{■+▲}$

17 전체 사탕 수를 □개라고 하면

$□\times\frac{3}{3+7}=21$입니다.

$□=21\div\frac{3}{10}=70$이므로

(나영이의 사탕 수) $=70\times\frac{7}{3+7}$
$=70\times\frac{7}{10}=49$(개)입니다.

18 전체 주스의 양을 □mL라고 하면

$□\times\frac{3}{3+5}=180$입니다.

$□=180\div\frac{3}{8}=480$이므로

따라서 소정이는 주스를

$480\times\frac{5}{5+7}=480\times\frac{5}{12}=200$ (mL) 마실 수 있습니다.

4단원 단원 평가 111~113쪽

1 (1) 4 / 12 / 4 (2) 7 / 4 / 7
2 ㉡, ㉣
3 4 m
4 (1) 예 16 : 21 (2) 예 5 : 8
5 ④
6 ④
7 30, 3 / 5, 18
8 12, 27
9 3 : 7=12 : 28 또는 12 : 28=3 : 7
10 ㉡, ㉢
11 9
12 40바퀴
13 3, 10, 15
14 (1) 4, 7 (2) 40장, 70장
15 (1) 책상: $1430\times\frac{8}{8+5}=1430\times\frac{8}{13}=880$ (mL)
의자: $1430\times\frac{5}{8+5}=1430\times\frac{5}{13}=550$ (mL)
(2) 예 (책상) : (전체)=8 : 13,
(의자) : (전체)=5 : 13입니다.
책상: 8 : 13=□ : 1430 (×110)
➡ □=8×110=880 (mL)
의자: 5 : 13=□ : 1430 (×110)
➡ □=5×110=550 (mL)
16 720 g
17 4500원, 7500원
18 4000원
19 35개
20 1500원

1 (1) 비의 전항과 후항에 0이 아닌 같은 수를 곱하여도 비율은 같습니다.
(2) 비의 전항과 후항을 0이 아닌 같은 수로 나누어도 비율은 같습니다.

2 ㉠ 10 : 3 ㉡ 5 : 3
㉢ 8 : 6 ➡ 4 : 3 ㉣ 10 : 6 ➡ 5 : 3

3 세로를 □m라고 하면 5 : 2 ➡ 10 : □이므로 (×2)
□=2×2=4입니다.

4 (1) $\frac{4}{7}:\frac{3}{4}$ ➡ $\left(\frac{4}{7}\times28\right):\left(\frac{3}{4}\times28\right)$ ➡ 16 : 21
(2) $0.25:\frac{2}{5}$ ➡ 0.25 : 0.4
➡ (0.25×100) : (0.4×100) ➡ 25 : 40
➡ (25÷5) : (40÷5) ➡ 5 : 8

5 8 : 12=2 : 3 ➡ $\frac{2}{3}$ ① 2 : 3 ➡ $\frac{2}{3}$
② 24 : 36=2 : 3 ➡ $\frac{2}{3}$ ③ $\frac{2}{3}$: 1=2 : 3 ➡ $\frac{2}{3}$

④ $\frac{1}{8} : \frac{1}{12} = 12 : 8 = 3 : 2 \Rightarrow \frac{3}{2}$

⑤ $\frac{2}{5} : \frac{9}{15} = 6 : 9 = 2 : 3 \Rightarrow \frac{2}{3}$

6 비례식은 비율이 같은 두 비를 기호 '='를 사용하여 나타낸 식입니다.

④ 2 : 5 = 6 : 15

비율: $\frac{2}{5}$ 　 비율: $\frac{6}{15} = \frac{2}{5}$

같습니다.

7 비례식에서 바깥에 있는 수가 외항이고, 안에 있는 수가 내항입니다.

8 4 : 9 ➡ $\frac{4}{9}$이므로 비율이 $\frac{4}{9}$인 비를 찾습니다.

3 : 4의 비율: $\frac{3}{4}$,

6 : 15의 비율: $\frac{6}{15} = \frac{2}{5}$,

12 : 27의 비율: $\frac{12}{27} = \frac{4}{9}$,

16 : 32의 비율: $\frac{16}{32} = \frac{1}{2}$

따라서 4 : 9와 비율이 같은 비는 12 : 27입니다.

9 비례식 ㉠ : ㉡ = ㉢ : ㉣에서 전항은 ㉠, ㉢이므로 전항이 3과 12인 것은 3 : ㉡ = 12 : ㉣, 12 : ㉡ = 3 : ㉣입니다. 후항은 ㉡, ㉣이므로

비례식은 3 : 7 = 12 : 28 또는 12 : 28 = 3 : 7입니다.

10 비례식에서 외항의 곱과 내항의 곱은 같습니다.

㉡ $\frac{2}{5} \times 10 = \frac{4}{7} \times 7 = 4$

㉢ $3.5 \times 4 = 2 \times 7 = 14$

11 비례식에서 외항의 곱과 내항의 곱이 같으므로

$2.4 \times \square = \frac{27}{20} \times 16$, $2.4 \times \square = 21.6$,

$\square = 21.6 \div 2.4 = 9$입니다.

12 ㉮ 톱니바퀴가 돌게 되는 횟수를 □바퀴라 놓고 비례식을 세우면

16 : 24 = □ : 60에서 $16 \times 60 = 24 \times \square$,

$\square = 960 \div 24 = 40$입니다.

따라서 ㉮ 톱니바퀴는 40바퀴 돌게 됩니다.

13 2 : □의 비율은 $\frac{2}{\square}$이므로 $\frac{2}{\square} = \frac{2}{3}$에서 □ = 3입니다.

2 : 3 = ★ : ▲라 하면 내항의 곱은 30이므로 외항의 곱도 30입니다. 따라서 3 × ★ = 30에서 ★ = 10, 2 × ▲ = 30에서 ▲ = 15입니다.

14 (1) 가 : 나 = 4 : 7

(2) 가: $110 \times \frac{4}{11} = 40$(장),

나: $110 \times \frac{7}{11} = 70$(장)

15 (1) 전체를 ㉮ : ㉯ = ● : ▲로 나누기

㉮ = (전체) × $\frac{●}{● + ▲}$, ㉯ = (전체) × $\frac{▲}{● + ▲}$

(2) 비의 전항과 후항에 0이 아닌 같은 수를 곱하여도 비율은 같습니다.

16 나누기 전의 찰흙의 양을 □g이라고 하면

$\square \times \frac{3}{8} = 270$,

$\square = 270 \div \frac{3}{8} = (270 \div 3) \times 8 = 720$입니다.

따라서 찰흙은 모두 720 g입니다.

17 $\frac{1}{5} : \frac{1}{3}$ ➡ 3 : 5 (×15, ×15)

지예: $12000 \times \frac{3}{3+5} = 12000 \times \frac{3}{8} = 4500$(원)

지수: $12000 \times \frac{5}{3+5} = 12000 \times \frac{5}{8} = 7500$(원)

18 두 사람이 일한 시간의 비는 5 : 4이므로

민기: $36000 \times \frac{5}{5+4} = 36000 \times \frac{5}{9} = 20000$(원)

현우: $36000 \times \frac{4}{5+4} = 36000 \times \frac{4}{9} = 16000$(원)

따라서 두 사람이 가지는 돈의 차는

$20000 - 16000 = 4000$(원)입니다.

서술형

19 예 살 수 있는 사과의 수를 □개라 하고 비례식을 세우면

7 : 4000 = □ : 20000입니다.

$7 \times 20000 = 4000 \times \square$, □ = 35이므로 20000원으로 사과를 35개 살 수 있습니다.

평가 기준	배점
살 수 있는 사과의 개수를 구하는 비례식을 바르게 세웠나요?	3점
살 수 있는 사과의 개수를 바르게 구했나요?	2점

서술형

20 예 태리와 승기가 모은 폐신문지의 무게의 비는 2 : 3이므로 승기가 받아야 할 돈은

$2500 \times \frac{3}{2+3} = 2500 \times \frac{3}{5} = 1500$(원)입니다.

평가 기준	배점
태리와 승기가 모은 폐신문지의 무게의 비를 바르게 구했나요?	2점
승기가 받아야 할 돈을 바르게 구했나요?	3점

5 원의 넓이

이 단원에서는 여러 원들의 지름과 둘레를 직접 비교해 보며 원의 지름과 둘레가 '일정한 비율'을 가지고 있음을 생각해 보고, 원 모양이 들어 있는 물체의 지름과 둘레를 재어서 원주율이 일정한 비율을 가지고 있다는 것을 발견하도록 합니다. 이를 통해 원주율을 알고, 원주율을 이용하여 원주, 지름, 반지름을 구해 보도록 합니다. 원의 넓이에서는 먼저 원 안에 있는 정사각형과 원 밖에 있는 정사각형의 넓이 및 단위넓이의 세기 활동을 통해 원의 넓이를 어림해 봅니다. 그리고 원을 분할하여 넓이를 구하는 방법을 다른 도형(직사각형, 삼각형)으로 만들어 원의 넓이를 구하는 방법으로 유도해 봄으로써 수학적 개념이 확장되는 과정을 이해하도록 합니다.

교과서 개념 이해 1 원주는 지름의 약 3배야. 117쪽

1 (1) 지름, 중심 (2) 원주 (3) 원주율

2 (1) 2, 12 (2) 4, 16 (3) 12, 16

3 (1) 21.98, 7, 3.14 (2) 27.9, 9, 3.1

4 (1) × (2) ○ (3) ○ (4) ×

1 (1) 원의 가장 안쪽에 있는 점을 원의 중심이라고 하고, 원 위의 두 점을 이은 선분 중에서 원의 중심을 지나는 선분을 지름이라고 합니다.

4 (1) 원의 둘레를 원주라고 합니다.
(4) 원의 크기와 관계없이 지름에 대한 원주의 비율은 항상 일정합니다.

교과서 개념 이해 2 원주는 (지름)×(원주율)이야. 119쪽

1 18 / 12, 36 / 24, 72 / 2

2 (1) 18.6 cm (2) 50.24 cm

3 (1) 93÷3.1=30 / 30 cm (2) 15 cm

4 (1) 31, 3.1, 10 (2) 24.8, 3.1, 4

1 (지름이 6 cm인 원주) = 6 × 3 = 18 (cm)
반지름이 6 cm이므로 지름은 12 cm입니다.
➡ (지름이 12 cm인 원주) = 12 × 3 = 36 (cm)
반지름이 12 cm이므로 지름은 24 cm입니다.
➡ (지름이 24 cm인 원주) = 24 × 3 = 72 (cm)

2 (1) (원주) = (지름) × (원주율)
= 6 × 3.1 = 18.6 (cm)
(2) (원주) = (반지름) × 2 × (원주율)
= 8 × 2 × 3.14 = 50.24 (cm)

3 (1) (지름) = (원주) ÷ (원주율)
= 93 ÷ 3.1 = 30 (cm)
(2) 반지름은 지름의 반이므로 30 ÷ 2 = 15 (cm)입니다.

개념 적용 1 원과 지름의 관계, 원주율 120~121쪽

1 (1) 원의 지름

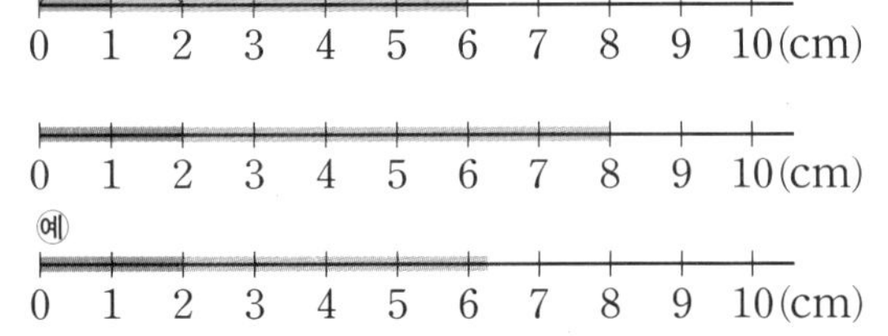

(2) 3, 4

2 3에 ○표

3 3.13배

4 3, 3.1, 3.14, 3.142

5 =

6 예 CD, 37.7, 12, 3.14

 1, 1, 4

1 (1) • 정육각형의 한 변의 길이가 1 cm이고 변 6개의 길이가 모두 같으므로
(정육각형의 둘레) = 1 × 6 = 6 (cm)입니다.
• 정사각형의 한 변의 길이가 2 cm이고 변 4개의 길이가 모두 같으므로
(정사각형의 둘레) = 2 × 4 = 8 (cm)입니다.
• 한 변의 길이가 1 cm인 정육각형의 둘레보다 길고 한 변의 길이가 2 cm인 정사각형의 둘레보다 짧으므로 6 cm보다 길고 8 cm보다 짧게 그립니다.

2 원주에 지름이 3개쯤 들어가므로 원주는 지름의 약 3배입니다.

3 (둘레) ÷ (지름) = 94 ÷ 30 = 3.13333⋯
소수 셋째 자리 수가 3이므로 반올림하여 소수 둘째 자리까지 나타내면 3.13입니다.

4 반올림은 구하려는 자리 바로 아래 자리의 숫자가 0, 1, 2, 3, 4이면 버리고 5, 6, 7, 8, 9이면 올립니다.

5 (원주)$\div$(지름)은 원주율이고 원주율은 원의 지름에 대한 원주의 비율로 항상 일정합니다.
왼쪽 고리는 (원주)$\div$(지름)$=31.4\div10=3.14$, 오른쪽 고리는 (원주)$\div$(지름)$=47.1\div15=3.14$로 같습니다.

내가 만드는 문제
6 예 CD의 원주는 약 37.7 cm, 지름은 약 12 cm이므로 원주율은 (원주)$\div$(지름)$=37.7\div12=3.141\cdots$이므로 반올림하여 소수 둘째 자리까지 구하면 3.14입니다.

개념 적용 2 원주와 지름 구하기

122~123쪽

7 지름, 반지름
8 (1) 62.8 cm (2) 31.4 cm
+ 3, 6
9 24.8 cm
10 30 cm
11 다
12 15대
13 예 50, 150 cm
3.14, 2, 3.14, 4, 3.14

8 (1) (원주)$=$(지름)$\times$(원주율)
$=20\times3.14=62.8$ (cm)
(2) (원주)$=$(반지름)$\times2\times$(원주율)
$=5\times2\times3.14=31.4$ (cm)

9 (원주)$=$(반지름)$\times2\times$(원주율)
$=4\times2\times3.1=24.8$ (cm)

10 (지름)$=$(원주)$\div$(원주율)
$=94.2\div3.14=30$ (cm)

11 원 모양 냄비의 둘레는 55.8 cm이므로
(지름)$=$(원주)$\div$(원주율)$=55.8\div3.1=18$ (cm)입니다.

12 대관람차의 원주는 $20\times3=60$ (m)입니다.
관람차의 간격이 4 m씩이므로 대관람차에는 $60\div4=15$(대)의 관람차가 매달려 있습니다.

내가 만드는 문제
13 (원주)$=$(지름)$\times$(원주율)이므로
예 훌라후프의 지름을 50 cm라고 하면 원주는 $50\times3=150$ (cm)입니다.

교과서 개념 이해 3 원의 넓이는 정사각형의 넓이나 모눈종이를 이용하여 어림할 수 있어.

125쪽

1 (1) 8, 64 / 64 (2) 8, 32 / 32
2 72, 144
3 (1) 32개 (2) 60개 (3) 32, 60

1 (2) 마름모의 한 대각선과 다른 대각선의 길이는 모두 8 cm입니다.

2 (원 안의 정사각형의 넓이)
$=$(마름모의 넓이)$=12\times12\div2=72$ (cm^2)
(원 밖의 정사각형의 넓이)$=12\times12=144$ (cm^2)
➡ 원의 넓이는 원 안에 있는 정사각형의 넓이보다 크고 원 밖에 있는 정사각형의 넓이보다 작습니다.

3 (3) 모눈 한 칸의 넓이는 1 cm^{2}입니다.
원 안의 색칠한 모눈의 수는 32개이므로 원의 넓이는 32 cm^{2}보다 크고, 원 밖의 빨간색 선 안쪽 모눈의 수는 60개이므로 원의 넓이는 60 cm^{2}보다 작습니다.

교과서 개념 이해 4 원의 넓이는 (반지름)×(반지름)×(원주율)이야.

127쪽

1 반지름 / 지름, 반지름 / 반지름, 반지름
2 15.7, 5
3 (1) 4, 4, 49.6 (2) 6, 6, 111.6
4 10, 10, 10, 10, 100, 77.5, 22.5

1 원을 한없이 잘라 이어 붙여서 점점 직사각형에 가까워지는 도형의 가로는 (원주)$\times\frac{1}{2}$, 세로는 원의 반지름입니다.
(원주)$=$(원주율)$\times$(지름),
(지름)$=$(반지름)$\times2$이므로
(원의 넓이)$=$(반지름)$\times$(반지름)$\times$(원주율)입니다.

2 (직사각형의 가로)$=$(원주)$\times\frac{1}{2}$
$=10\times3.14\times\frac{1}{2}=15.7$ (cm)
(직사각형의 세로)$=$(원의 반지름)$=5$ cm

3 (원의 넓이)$=$(반지름)$\times$(반지름)$\times$(원주율)
(1) (원의 넓이)$=4\times4\times3.1=49.6$ (cm^2)
(2) (원의 넓이)$=6\times6\times3.1=111.6$ (cm^2)

개념 적용 -3 원의 넓이 어림하기 128~129쪽

1 2, 4, 2, 4

2 32, 64 / 32, 64

3 (1) 60, 88 (2) 88, 132

4 (1) 90 cm^2 (2) 120 cm^2 (3) 90, 120

5 예 1 cm^2

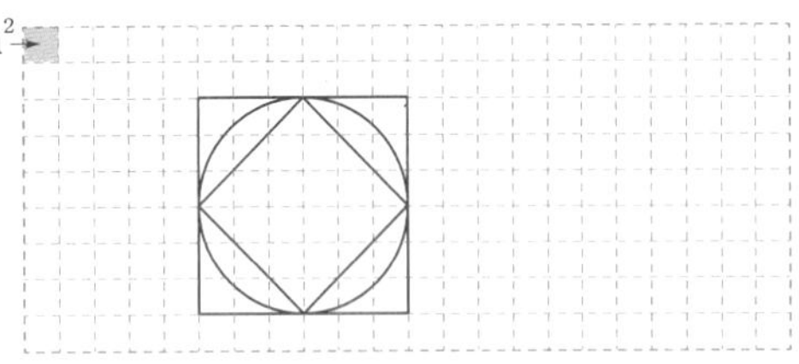

/ 18, 36

5, 4 / 5, 4 / 20, 8, 28 / 27

개념 적용 -4 원의 넓이 구하기 130~131쪽

6 (위에서부터) 18.6 / 6 / 111.6 cm^2

7 (1) 78.5 cm^2 (2) 200.96 cm^2 ⊕ 3, 3 / 9

8 (1) 334.8 cm^2 (2) 110 cm^2

9 450 m^2

10 예 11 cm에 ○표, 363 cm^2

2 / 4 / 2, 4

1 원의 넓이는 빨간색 정사각형의 넓이보다 크고 초록색 정사각형의 넓이보다 작습니다. 따라서 원의 넓이는 반지름을 한 변으로 하는 정사각형 넓이의 2배보다 크고, 4배보다 작습니다.

2 (원 안의 정사각형의 넓이) $= 8 \times 8 \div 2 = 32$ (cm^2)
(원 밖의 정사각형의 넓이) $= 8 \times 8 = 64$ (cm^2)
➡ 원의 넓이는 원 안의 정사각형보다 크고 원 밖의 정사각형의 넓이보다 작습니다.

3 모눈 한 칸의 넓이는 1 cm^2입니다.
(1) 원 안의 초록색 선 안쪽 모눈의 수는 60개이고, 원 밖의 빨간색 선 안쪽 모눈의 수는 88개입니다.
➡ 60 cm^2 < (원의 넓이), (원의 넓이) < 88 cm^2
(2) 원 안의 초록색 선 안쪽 모눈의 수는 88개이고, 원 밖의 빨간색 선 안쪽 모눈의 수는 132개입니다.
➡ 88 cm^2 < (원의 넓이), (원의 넓이) < 132 cm^2

4 (1) (원 안의 정육각형의 넓이) $= 15 \times 6 = 90$ (cm^2)
(2) (원 밖의 정육각형의 넓이) $= 20 \times 6 = 120$ (cm^2)
(3) 원의 넓이는 원 안의 정육각형의 넓이보다 크고, 원 밖의 정육각형의 넓이보다 작습니다.

내가 만드는 문제
5 예 지름이 6 cm인 원의 넓이를 어림하면 원 안의 정사각형의 넓이는 $6 \times 6 \div 2 = 18$ (cm^2)이고 원 밖의 정사각형의 넓이는 $6 \times 6 = 36$ (cm^2)입니다.

6 (직사각형의 가로) $=$ (원주) $\times \frac{1}{2}$
$= 12 \times 3.1 \times \frac{1}{2} = 18.6$ (cm)
(직사각형의 세로) $=$ (원의 반지름) $= 6$ cm
(원의 넓이) $=$ (직사각형의 넓이) $=$ (가로) $\times$ (세로)
$= 18.6 \times 6 = 111.6$ (cm^2)

7 (원의 넓이) $=$ (반지름) $\times$ (반지름) $\times$ (원주율)
(1) (원의 넓이) $= 5 \times 5 \times 3.14 = 78.5$ (cm^2)
(2) (원의 넓이) $= 8 \times 8 \times 3.14 = 200.96$ (cm^2)

8 (1) (색칠한 부분의 넓이)
$=$ (큰 원의 넓이) $-$ (작은 원의 넓이)
$= 12 \times 12 \times 3.1 - 6 \times 6 \times 3.1$
$= 446.4 - 111.6 = 334.8$ (cm^2)
(2) (색칠한 부분의 넓이)
$=$ (원의 넓이) $-$ (마름모의 넓이)
$= 10 \times 10 \times 3.1 - 20 \times 20 \div 2$
$= 310 - 200 = 110$ (cm^2)

9 반원을 나누어 옮기면 직사각형이 되므로 잔디밭의 넓이는 $30 \times 15 = 450$ (m^2)입니다.

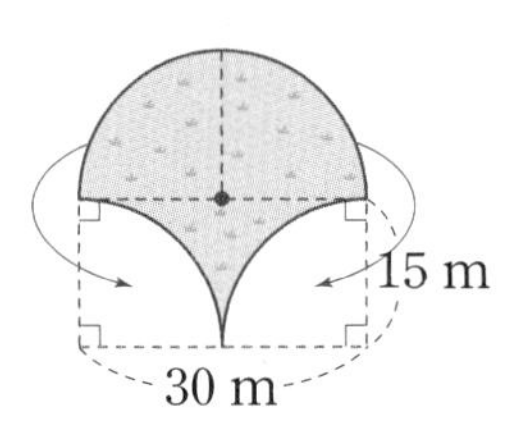

내가 만드는 문제
10 (원의 넓이) $=$ (반지름) $\times$ (반지름) $\times$ (원주율)
- 피자의 반지름이 11 cm일 때, 피자의 넓이는 $11 \times 11 \times 3 = 363$ (cm^2)
- 피자의 반지름이 15 cm일 때, 피자의 넓이는 $15 \times 15 \times 3 = 675$ (cm^2)
- 피자의 반지름이 18 cm일 때, 피자의 넓이는 $18 \times 18 \times 3 = 972$ (cm^2)
- 피자의 반지름이 23 cm일 때, 피자의 넓이는 $23 \times 23 \times 3 = 1587$ (cm^2)

개념 완성 발전 문제 132~134쪽

1 6, 9, 12 / 1.9, 2.9, 3.8

2 25.12 cm
3 28 cm
4 49.2
5 98.4 cm
6 182.8 cm
7 38.55 cm
8 55.4 cm
9 84 cm
10 375.1 cm^2
11 ㉢, ㉡, ㉣, ㉠
12 9 cm, 8 cm, 7 cm
13 24 cm
14 83.7 cm^2
15 5배
16 225 cm^2
17 47.1 cm^2
18 576 cm^2

1 철사의 길이는 원주와 같습니다.
(지름) = (원주) ÷ (원주율)을 이용하여 지름을 구합니다.
$6 \div 3.14 = 1.91\cdots$ ➡ 1.9
$9 \div 3.14 = 2.86\cdots$ ➡ 2.9
$12 \div 3.14 = 3.82\cdots$ ➡ 3.8

2 (큰 바퀴의 지름) = $50.24 \div 3.14 = 16$ (cm)
(작은 바퀴의 지름) = $16 \div 2 = 8$ (cm)
➡ (작은 바퀴의 둘레) = $8 \times 3.14 = 25.12$ (cm)

다른 풀이 | 작은 바퀴의 지름은 큰 바퀴의 지름의 $\frac{1}{2}$이므로 작은 바퀴의 둘레도 큰 바퀴의 둘레의 $\frac{1}{2}$입니다.
➡ (작은 바퀴의 둘레) = $50.24 \div 2 = 25.12$ (cm)

3 (뒷바퀴의 반지름) = $260.4 \div 3.1 \div 2 = 42$ (cm)
원주가 2배, 3배, ...가 되면 반지름도 2배, 3배, ...가 됩니다.
(앞바퀴의 반지름) = (뒷바퀴의 반지름) ÷ 1.5
$= 42 \div 1.5 = 28$ (cm)

다른 풀이 | (앞바퀴의 원주) = $260.4 \div 1.5 = 173.6$ (cm)
➡ (앞바퀴의 반지름) = $173.6 \div 3.1 \div 2 = 28$ (cm)

4 ㉠은 (원주) $\times \frac{1}{2}$이고
(원주) = $12 \times 2 \times 3.1 = 74.4$ (cm)입니다.
㉠ = $74.4 \div 2 = 37.2$ (cm)이고
㉡은 원의 반지름과 같으므로 12 cm입니다.
➡ ㉠ + ㉡ = $37.2 + 12 = 49.2$

5 (직사각형의 둘레) = ((가로) + (세로)) × 2이므로
(㉠ + ㉡) × 2 = $49.2 \times 2 = 98.4$ (cm)입니다.

6

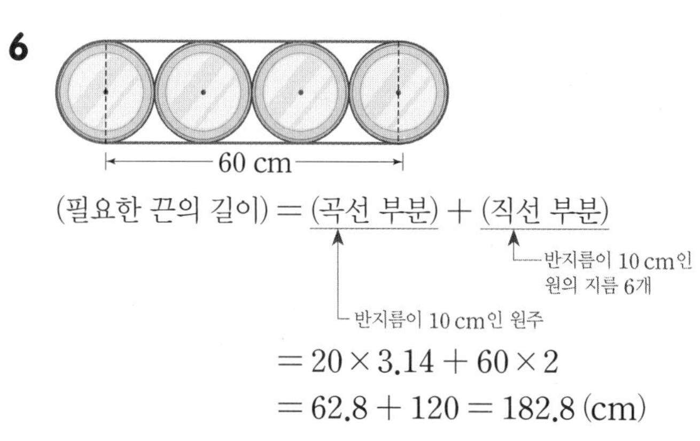

(필요한 끈의 길이) = (곡선 부분) + (직선 부분)
$= 20 \times 3.14 + 60 \times 2$
$= 62.8 + 120 = 182.8$ (cm)

7 초록색 선은 지름이 15 cm인 원의 원주의 반과 지름의 합입니다.
$15 \times 3.14 \div 2 + 15 = 23.55 + 15 = 38.55$ (cm)

8 작은 원의 반지름은 $10 - 6 = 4$ (cm)입니다.
(색칠한 부분의 둘레)
= (큰 원의 둘레) $\times \frac{1}{2}$ + (작은 원의 둘레) $\times \frac{1}{2}$ + (6 cm 선분) × 2
$= 10 \times 2 \times 3.1 \times \frac{1}{2} + 4 \times 2 \times 3.1 \times \frac{1}{2} + 6 \times 2$
$= 31 + 12.4 + 12 = 55.4$ (cm)

9 색칠한 부분을 모아 보면 오른쪽 그림과 같이 반지름이 6 cm인 원이 됩니다. 따라서 색칠한 부분의 둘레는 반지름이 6 cm인 원주와 한 변의 길이가 12 cm인 정사각형의 둘레의 합과 같습니다.
➡ (색칠한 부분의 둘레) = $6 \times 2 \times 3 + 12 \times 4$
$= 36 + 48 = 84$ (cm)

10 원의 반지름을 □cm라고 하면
$\square \times 2 \times 3.1 = 68.2$, $\square \times 6.2 = 68.2$,
$\square = 68.2 \div 6.2 = 11$
반지름이 11 cm인 원의 넓이는
$11 \times 11 \times 3.1 = 375.1$ (cm^2)입니다.

11 ㉠ 원의 반지름을 □cm라고 하면
$\square \times \square \times 3.14 = 50.24$,
$\square \times \square = 50.24 \div 3.14 = 16$, $\square = 4$
㉡ 원의 반지름을 □cm라고 하면
$\square \times 2 \times 3.14 = 37.68$,
$\square = 37.68 \div 3.14 \div 2 = 6$
반지름이 길수록 넓이가 넓으므로 넓은 원부터 차례로 쓰면 ㉢, ㉡, ㉣, ㉠입니다.

12 ㉠ (지름) = (원주) ÷ (원주율)이므로
$48 \div 3 = 16$ (cm)입니다. ➡ 반지름: 8 cm
㉡ (넓이) = (반지름) × (반지름) × (원주율)이므로
$147 \div 3 = 49$입니다.
$49 = 7 \times 7$이므로 반지름은 7 cm입니다.
㉢ 지름이 18 cm인 원의 반지름은 9 cm입니다.
➡ 반지름이 ㉢ > ㉠ > ㉡이므로 가장 큰 원이 ㉢ - 파란색, 중간 원이 ㉠ - 노란색, 가장 작은 원이 ㉡ - 빨간색입니다.

13 가장 작은 원의 반지름은 4 cm이므로 파란색 원의 반지름은 $4 + 4 + 4 = 12$ (cm)입니다.
따라서 파란색 원의 지름은 24 cm입니다.

14 노란색 원의 반지름은 3 cm, 빨간색 원의 반지름은 6 cm이므로 과녁에서 보이는 빨간색 부분의 넓이는
(빨간색 원의 넓이) − (노란색 원의 넓이)
$= 6 \times 6 \times 3.1 - 3 \times 3 \times 3.1$
$= 111.6 - 27.9$
$= 83.7$ (cm²)

15 파란색 원의 반지름이 $12 \div 2 = 6$ (cm)이므로
빨간색 원의 반지름은 $6 - 2 = 4$ (cm),
노란색 원의 반지름은 $4 - 2 = 2$ (cm)입니다.
(파란색 부분의 넓이)
= (파란색 원의 넓이) − (빨간색 원의 넓이)
$= 6 \times 6 \times 3 - 4 \times 4 \times 3$
$= 108 - 48 = 60$ (cm²)
(노란색 원의 넓이) $= 2 \times 2 \times 3 = 12$ (cm²)
따라서 1점을 얻을 수 있는 부분의 넓이는 5점을 얻을 수 있는 부분의 넓이의 $60 \div 12 = 5$(배)입니다.

16 남은 부분의 넓이는 원의 넓이의 $\frac{3}{4}$이므로
(원의 넓이) × $\frac{3}{4}$으로 구합니다.
(남은 부분의 넓이) $= 10 \times 10 \times 3 \times \frac{3}{4}$
$= 225$ (cm²)

17 (원의 넓이) $= 5 \times 5 \times 3.14 = 78.5$ (cm²)
(사용한 종이의 넓이) $= 78.5 \times \frac{3}{5} = 47.1$ (cm²)

18 큰 원의 반지름은 $4 + 16 = 20$ (cm)입니다.
(색칠한 부분의 넓이)
$= 20 \times 20 \times 3 \times \frac{1}{2} - 4 \times 4 \times 3 \times \frac{1}{2}$
$= 600 - 24$
$= 576$ (cm²)

5단원 단원 평가 135~137쪽

1 ④	**2** 3.14 / 3.14
3 8, 24.8	**4** 24 cm, 12 cm
5 27.9 / 9	**6** 186 cm
7 56.52 cm, 254.34 cm²	
8 156 cm²	
9 128 cm², 256 cm²	
10 128 / 256	**11** ㉡, ㉣, ㉢, ㉠
12 9배	**13** 3 m
14 972 m²	**15** 37.2 cm
16 20 cm	**17** 57.6 cm²
18 81 cm²	**19** 93 m
20 141.3 cm²	

1 원주: 원의 둘레

2 원의 크기와 관계없이 원주와 지름의 비율은 일정합니다. 이 비율을 원주율이라고 합니다.
➡ (원주) ÷ (지름) = (원주율)

4 ㉠: (지름) $= 72 \div 3 = 24$ (cm)
㉡: (반지름) $= 24 \div 2 = 12$ (cm)

5 (직사각형의 가로) = (원주) × $\frac{1}{2}$
= (지름) × (원주율) × $\frac{1}{2}$
$= 18 \times 3.1 \times \frac{1}{2} = 27.9$ (cm),
(직사각형의 세로) = (원의 반지름) = 9 cm

6 (바퀴의 둘레) $= 30 \times 3.1 = 93$ (cm)
(바퀴가 굴러간 거리) $= 93 \times 2 = 186$ (cm)

7 (지름) $= 9 \times 2 = 18$ (cm),
(원주) $= 18 \times 3.14 = 56.52$ (cm)
(넓이) $= 9 \times 9 \times 3.14 = 254.34$ (cm²)

8 (원 가의 넓이) $= 4 \times 4 \times 3$
$= 48$ (cm²)
(원 나의 넓이) $= 6 \times 6 \times 3$
$= 108$ (cm²)
따라서 두 원의 넓이의 합은 $48 + 108 = 156$ (cm²)입니다.

9 정사각형 ㅁㅂㅅㅇ의 넓이는 마름모 ㅁㅂㅅㅇ의 넓이로 구합니다.
(정사각형 ㅁㅂㅅㅇ의 넓이)
$= 16 \times 16 \div 2 = 128\ (\text{cm}^2)$
(정사각형 ㄱㄴㄷㄹ의 넓이) $= 16 \times 16 = 256\ (\text{cm}^2)$

10 원의 넓이는 정사각형 ㅁㅂㅅㅇ의 넓이보다 크고 정사각형 ㄱㄴㄷㄹ의 넓이보다 작으므로
원의 넓이는 $128\ \text{cm}^2$와 $256\ \text{cm}^2$ 사이입니다.

11 ㉡ 지름이 22 cm이므로 반지름은 11 cm입니다.
㉢ 원의 반지름을 □cm라고 하면
$\square \times 2 \times 3.1 = 43.4$, $\square = 43.4 \div 3.1 \div 2 = 7$
㉣ 원의 반지름을 □cm라고 하면
$\square \times \square \times 3.1 = 251.1$, $\square \times \square = 81$, $\square = 9$
반지름이 길수록 넓이가 크므로 넓이가 큰 원부터 쓰면 ㉡, ㉣, ㉢, ㉠입니다.

12 (원 가의 넓이) $= 2 \times 2 \times 3.1 = 12.4\ (\text{cm}^2)$
(원 나의 넓이) $= 6 \times 6 \times 3.1 = 111.6\ (\text{cm}^2)$
➡ 원 나의 넓이는 원 가의 넓이의
$111.6 \div 12.4 = 9$(배)입니다.
다른 풀이 | 원 나의 지름은 원 가의 지름의 3배이므로 원 나의 넓이는 원 가의 넓이의 9배입니다.

13 판자의 반지름을 □m라고 하면
$\square \times \square \times 3.14 = 28.26$이므로
$\square \times \square = 28.26 \div 3.14 = 9$입니다.
$3 \times 3 = 9$이므로 판자의 반지름은 3 m로 해야 합니다.

14 호수의 반지름은 $20 - 2 = 18\ (\text{m})$입니다.
(호수의 넓이) $= 18 \times 18 \times 3 = 972\ (\text{m}^2)$

15 (가장 작은 원의 반지름) $= 6 - 4 = 2\ (\text{cm})$,
(중간 원의 반지름) $= 6 - 2 = 4\ (\text{cm})$
(중간 원의 둘레) $= 4 \times 2 \times 3.1 = 24.8\ (\text{cm})$
(가장 작은 원의 둘레) $= 2 \times 2 \times 3.1 = 12.4\ (\text{cm})$
➡ (색칠한 부분의 둘레) $= 24.8 + 12.4$
$= 37.2\ (\text{cm})$

16 (지름) = (원주) ÷ (원주율)
$= 62.8 \div 3.14 = 20\ (\text{cm})$

17 정사각형 안에 그릴 수 있는 가장 큰 원의 지름은 16 cm이므로 반지름은 8 cm입니다.
(색칠한 부분의 넓이)
= (정사각형의 넓이) − (원의 넓이)
$= 16 \times 16 - 8 \times 8 \times 3.1$
$= 256 - 198.4 = 57.6\ (\text{cm}^2)$

18 정사각형 한 변의 길이의 반이 반원의 지름이므로 반원의 지름은 6 cm, 반지름은 3 cm이고
삼각형의 높이는 $12 - 3 = 9\ (\text{cm})$가 됩니다.
(색칠한 부분의 넓이) = (원의 넓이) + (삼각형의 넓이)
$= 3 \times 3 \times 3 + 12 \times 9 \div 2$
$= 27 + 54 = 81\ (\text{cm}^2)$

서술형
19 예 (바퀴 자의 원주) $= 0.6 \times 3.1 = 1.86\ (\text{m})$
(집에서 놀이터까지의 거리) = (바퀴 자의 원주) × 50
$= 1.86 \times 50 = 93\ (\text{m})$

평가 기준	배점
바퀴 자의 원주를 구했나요?	3점
집에서 놀이터까지의 거리를 구했나요?	2점

서술형
20 예 큰 원의 반지름은 $15 - 6 = 9\ (\text{cm})$입니다.
(큰 원의 넓이) $= 9 \times 9 \times 3.14 = 254.34\ (\text{cm}^2)$
(작은 원의 넓이) $= 6 \times 6 \times 3.14 = 113.04\ (\text{cm}^2)$
두 원의 넓이의 차는
$254.34 - 113.04 = 141.3\ (\text{cm}^2)$입니다.

평가 기준	배점
큰 원의 반지름을 구했나요?	1점
두 원의 넓이를 각각 구했나요?	2점
두 원의 넓이의 차를 구했나요?	2점

6 원기둥, 원뿔, 구

이 단원에서는 원기둥의 구성 요소와 성질을 조작 활동을 통해 원기둥의 전개도를 이해하고 그려 보는 활동을 전개합니다. 또한 앞서 학습한 입체도형 구체물과 원뿔, 구 모양의 구체물을 분류하는 활동을 통해 원뿔과 구를 이해하고 원뿔과 구 모형을 관찰하고 조작하는 활동을 통해 구성 요소와 성질을 탐색합니다. 이후 원기둥, 원뿔, 구 모형을 이용하여 건축물을 만들어 보는 활동을 통해 공간 감각을 형성합니다. 이 단원에서 학습하는 원기둥, 원뿔, 구에 대한 개념은 이후 중학교의 입체도형의 성질에서 회전체와 입체도형의 겉넓이와 부피 학습과 직접적으로 연계되므로 원기둥, 원뿔, 구의 개념 및 성질과 원기둥의 전개도에 대한 정확한 이해를 바탕으로 원기둥, 원뿔, 구의 공통점과 차이점을 파악할 수 있어야 합니다.

교과서 개념 이해 1 직사각형의 한 변을 기준으로 돌렸을 때 만들어지는 입체도형은? 140~141쪽

1 나, 마

2 (1) 밑면 (2) 옆면 (3) 2, 1

3

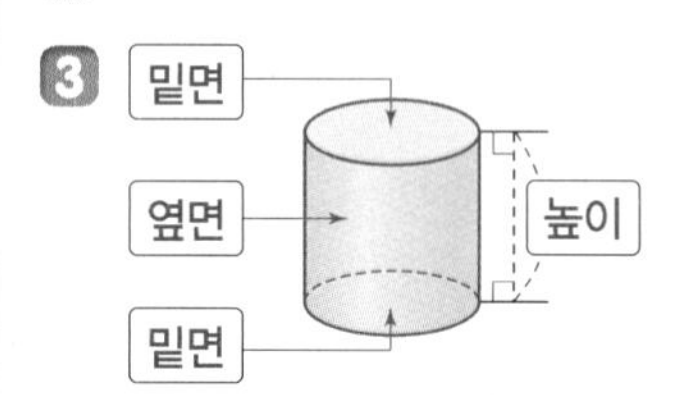

4 (1) 8 cm (2) 15 cm

5 (1)

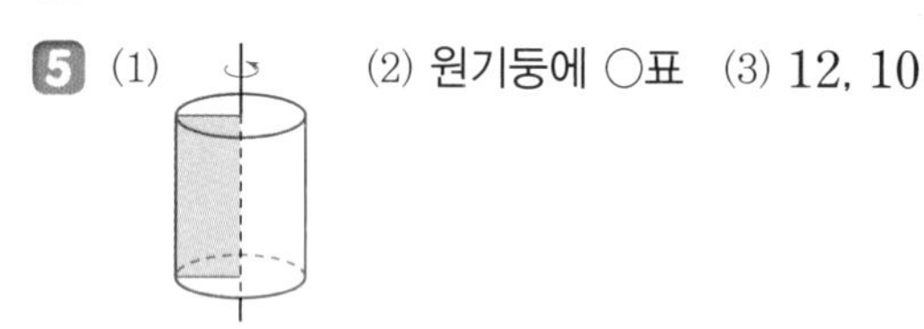

(2) 원기둥에 ○표 (3) 12, 10

1 마주 보는 두 면이 서로 평행하고 합동인 원으로 이루어진 입체도형은 나, 마입니다.
가는 두 면이 서로 평행하고 합동이지만 원이 아닙니다.
다는 두 면이 원이고 서로 평행하지만 합동이 아닙니다.
라는 한 면은 원이고 한 면은 원이 아니며 서로 평행하지도 않습니다.

4 높이는 두 밑면에 수직인 선분의 길이입니다.

5 (2) 한 변을 기준으로 직사각형 모양의 종이를 돌리면 원기둥이 만들어집니다.

(3) 돌리기 전의 직사각형의 세로는 원기둥의 높이와 같고, 직사각형의 가로는 원기둥의 밑면의 반지름과 같습니다.
(원기둥의 높이) = (직사각형의 세로) = 12 cm,
(원기둥의 밑면의 지름)
= (원기둥의 밑면의 반지름) × 2
= (직사각형의 가로) × 2
= 5 × 2 = 10 (cm)

교과서 개념 이해 2 원기둥을 자르면 전개도가 만들어져. 142~143쪽

1 나에 ○표

2

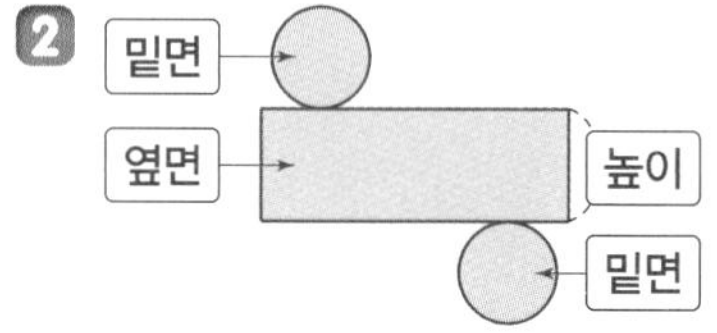

3 (1) 원, 직사각형

(2) (3)

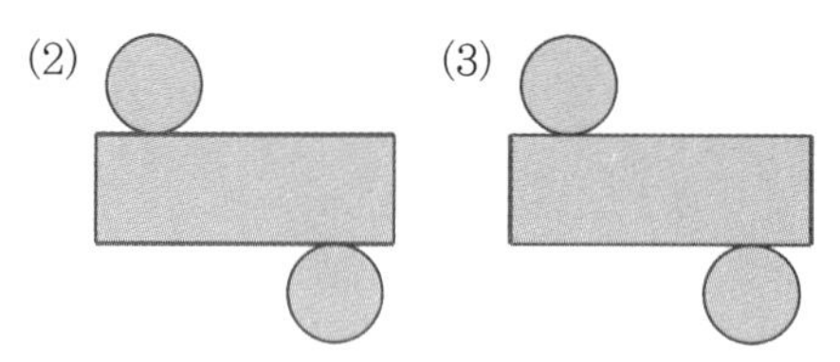

4 예 1 cm 1 cm

1 / 높이, 3 / 둘레 / 1, 둘레 / 1, 6

5 5, 8, 30 / 8, 240

1 가는 두 밑면이 겹쳐지는 위치에 있으므로 원기둥을 만들 수 없습니다. 다는 옆면이 직사각형이 아니므로 원기둥을 만들 수 없습니다. 라는 서로 맞닿는 부분의 길이가 다르므로 원기둥을 만들 수 없습니다.

3 (1) 원기둥의 전개도에서 두 밑면의 모양은 원이고, 옆면의 모양은 직사각형입니다.
(2) 밑면의 둘레와 길이가 같은 선분은 옆면의 가로입니다.
(3) 원기둥의 높이와 길이가 같은 선분은 옆면의 세로입니다.

교과서 개념 이해 3 직각삼각형의 한 변을 기준으로 돌렸을 때 만들어지는 입체도형은? 144~145쪽

1 나, 라

2

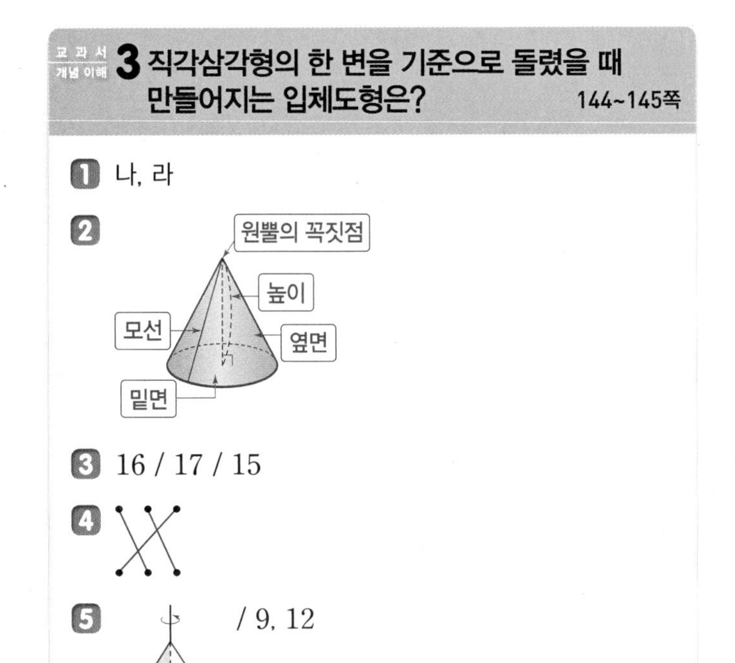

3 16 / 17 / 15

4

5 / 9, 12

1 평평한 면이 원이고 옆을 둘러싼 면이 굽은 면인 뾰족한 뿔 모양의 입체도형은 나, 라입니다.
가, 마는 뾰족한 뿔 모양이 아닙니다.
다는 평평한 면이 있지만 원이 아닙니다.

3 (밑면의 지름) $=$ (밑면의 반지름) $\times 2$
$= 8 \times 2 = 16$ (cm)

4 원뿔의 높이와 밑면의 지름은 자와 직각삼각자를 사용하여 잽니다.

5 원뿔의 높이는 직각삼각형의 높이와 같습니다.
원뿔의 밑면의 지름은 직각삼각형의 밑변의 길이의 2배입니다.
➡ (밑면의 지름) $= 6 \times 2 = 12$ (cm)

교과서 개념 이해 4 반원의 지름을 기준으로 돌렸을 때 만들어지는 입체도형은? 146~147쪽

1 가, 다

2 구의 중심 / 구의 반지름

3 ㉢

4 (1) 5 (2) 1

5 (1)

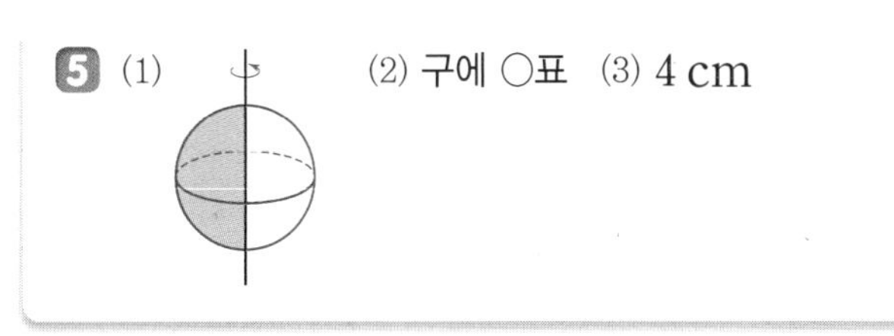

(2) 구에 ○표 (3) 4 cm

1 곡면으로 둘러싸인 입체도형은 가, 다입니다.
나, 라는 원기둥이고, 마는 원뿔입니다.

3 구의 중심은 구에서 가장 안쪽에 있는 점이므로 구의 중심은 ㉢입니다.

4 (1) 구의 지름이 10 cm이므로 구의 반지름은
$10 \div 2 = 5$ (cm)입니다.

5 (2) 지름을 기준으로 반원 모양의 종이를 돌리면 구가 만들어집니다.
(3) 만들어지는 입체도형의 반지름은 반원 모양의 종이의 반지름과 같으므로 $8 \div 2 = 4$ (cm)입니다.

개념 적용 -1 원기둥 148~149쪽

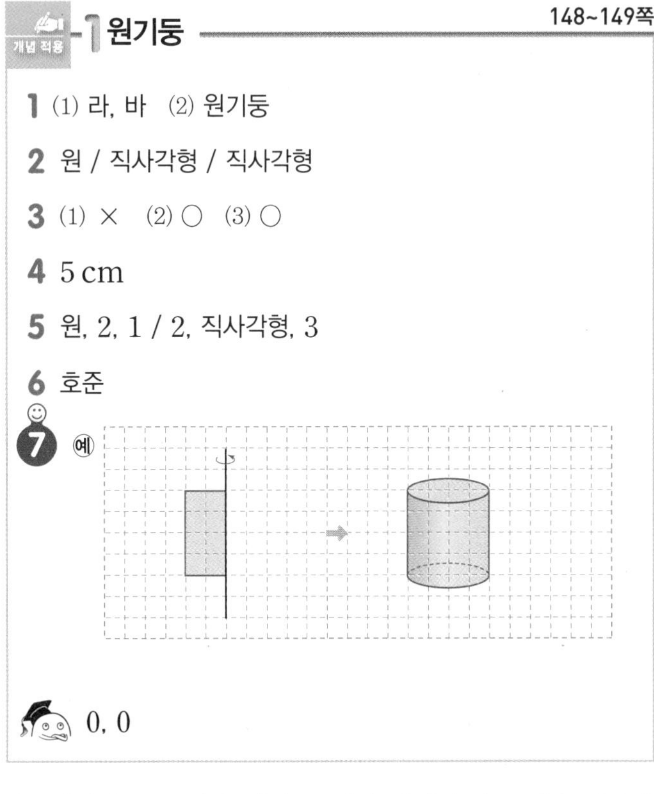

1 (1) 라, 바 (2) 원기둥

2 원 / 직사각형 / 직사각형

3 (1) × (2) ○ (3) ○

4 5 cm

5 원, 2, 1 / 2, 직사각형, 3

6 호준

7 예)

0, 0

2 위에서 본 모양은 원이고, 앞과 옆에서 본 모양은 직사각형입니다.

3 (1) 원기둥의 옆면은 굽은 면입니다.

4 한 변을 기준으로 직사각형 모양의 종이를 돌리면 오른쪽과 같은 원기둥이 만들어집니다. 이때 만들어진 원기둥의 높이는 5 cm입니다.

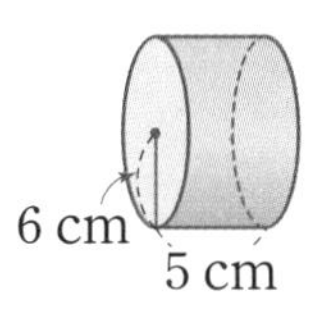

6 두 밑면이 서로 평행하고 합동인 원으로 이루어진 입체 도형이 원기둥입니다.

내가 만드는 문제

7 예 직사각형의 가로는 모눈 2칸, 세로는 모눈 4칸으로 그립니다. 이 직사각형의 세로를 기준으로 돌리면 밑면의 반지름이 모눈 2칸, 원기둥의 높이는 모눈 4칸인 원기둥이 됩니다.

개념 적용 -2 원기둥의 전개도 150~151쪽

8 (1) 원

(2) 직사각형

(3) 선분 ㄱㄹ(또는 선분 ㄹㄱ), 선분 ㄴㄷ(또는 선분 ㄷㄴ)

(4) 선분 ㄱㄴ(또는 선분 ㄴㄱ), 선분 ㄹㄷ(또는 선분 ㄷㄹ)

9 3, 7, 18.6

10 279 cm^2

11 4 cm

12 10, 6

13 예 1에 ○표, 4에 ○표 /

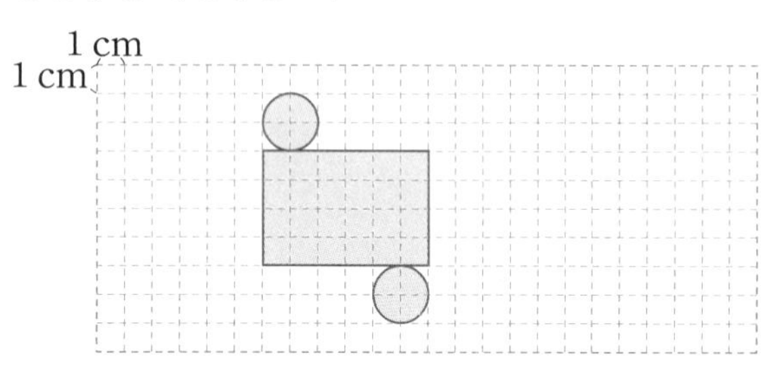

8 (3) 원기둥의 밑면의 둘레와 길이가 같은 선분은 옆면의 가로입니다.

(4) 원기둥의 높이와 길이가 같은 선분은 옆면의 세로입니다.

9 (밑면의 반지름) $= 3$ cm,

(옆면의 세로) $=$ (원기둥의 높이) $= 7$ cm

(옆면의 가로) $=$ (밑면의 둘레)

$= 2 \times 3 \times 3.1 = 18.6$ (cm)

10 (밑면의 반지름) $= 5$ cm

(옆면의 세로) $=$ (원기둥의 높이) $= 9$ cm

(옆면의 가로) $=$ (밑면의 둘레)

$= 2 \times 5 \times 3.1 = 31$ (cm)

(옆면의 넓이) $=$ (가로) $\times$ (세로)

$= 31 \times 9 = 279$ (cm^2)

11 옆면의 가로는 밑면의 둘레와 같으므로 밑면의 반지름의 길이를 □cm라고 하면

$2 \times \square \times 3.1 = 24.8$, $6.2 \times \square = 24.8$,

$\square = 4$ cm입니다.

12 원기둥의 높이는 옆면의 세로와 길이가 같으므로 10 cm입니다.

전개도에서 37.2 cm는 밑면의 둘레와 같으므로

(지름) $=$ (원주) $\div$ (원주율) $= 37.2 \div 3.1 = 12$ (cm)입니다.

따라서 밑면의 반지름은 $12 \div 2 = 6$ (cm)입니다.

내가 만드는 문제

13 예 밑면의 반지름이 1 cm, 높이를 4 cm라고 하면 옆면의 가로는 밑면의 둘레이므로

$2 \times 1 \times 3 = 6$ (cm)입니다.

따라서 가로 6 cm, 세로 4 cm인 직사각형 모양인 옆면을 그리고, 반지름이 1 cm인 원 모양인 밑면을 2개 그립니다.

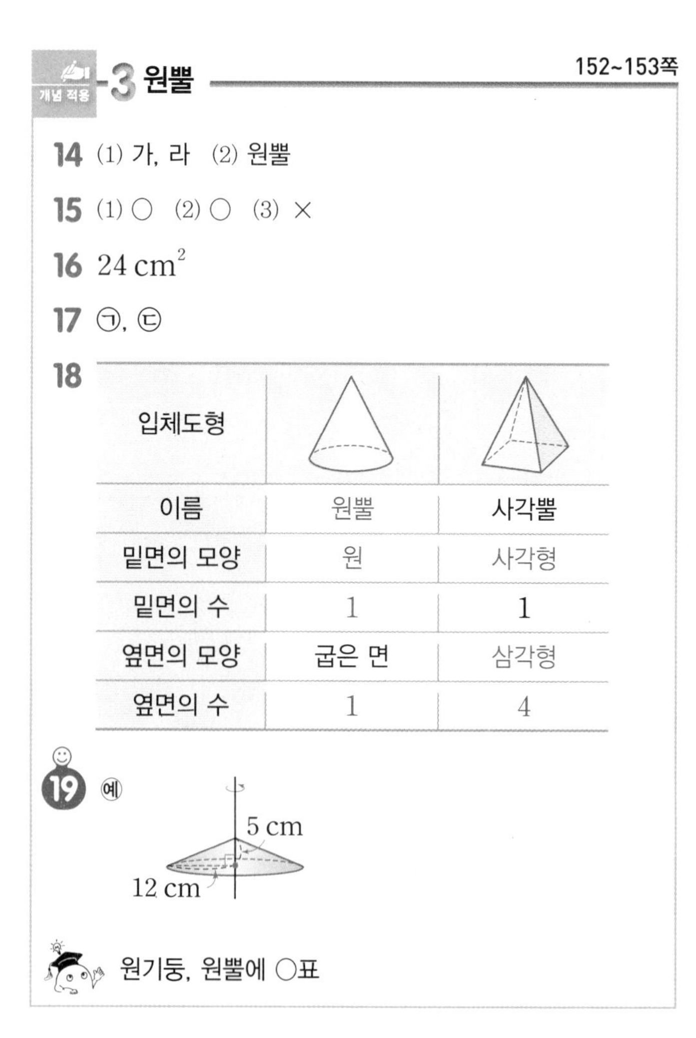

개념 적용 -3 원뿔 152~153쪽

14 (1) 가, 라 (2) 원뿔

15 (1) ○ (2) ○ (3) ×

16 24 cm^2

17 ㉠, ㉢

18

입체도형	(원뿔 그림)	(사각뿔 그림)
이름	원뿔	사각뿔
밑면의 모양	원	사각형
밑면의 수	1	1
옆면의 모양	굽은 면	삼각형
옆면의 수	1	4

19 예

원기둥, 원뿔에 ○표

15 (3) 원뿔의 밑면과 옆면은 수직으로 만나지 않습니다.

16 돌리기 전의 평면도형은 밑변의 길이가 6 cm, 높이가 8 cm인 직각삼각형입니다.
따라서 돌리기 전의 평면도형의 넓이는
$6 \times 8 \div 2 = 24\,(\text{cm}^2)$입니다.
참고 | 원뿔의 꼭짓점과 밑면인 원의 둘레의 한 점을 이은 선분인 모선의 길이를 곱하지 않도록 주의합니다.

17 ㉡ 옆면의 모양은 원뿔과 원기둥 모두 굽은 면입니다.
㉣ 원기둥은 모서리와 꼭짓점이 모두 없지만 원뿔은 모서리는 없고, 꼭짓점은 있습니다.

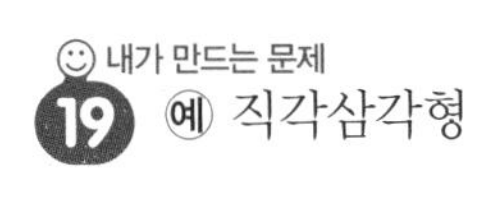

예) 직각삼각형 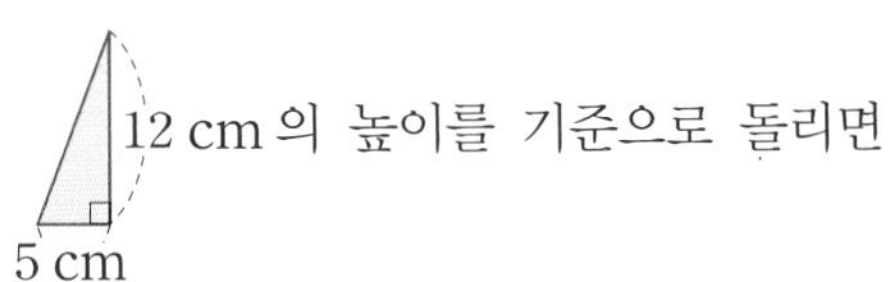

12 cm의 높이를 기준으로 돌리면

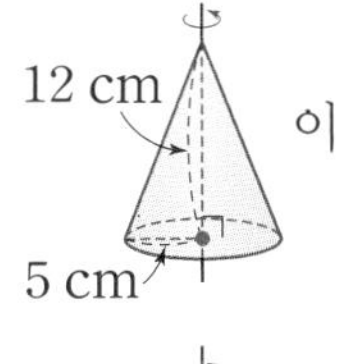

이 되고, 밑변을 기준으로 돌리면

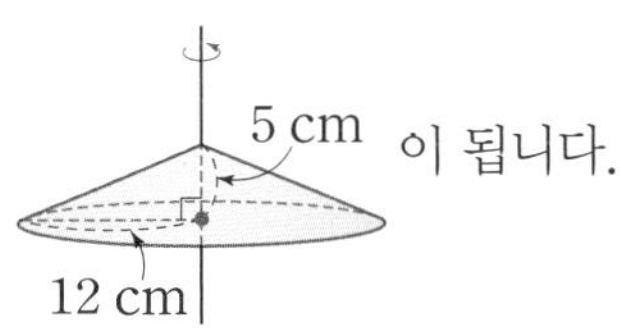

이 됩니다.

개념 적용 -4 구 154~155쪽

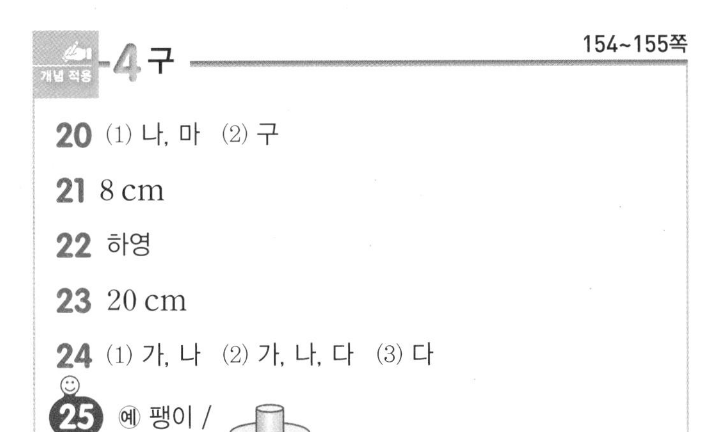

20 (1) 나, 마 (2) 구
21 8 cm
22 하영
23 20 cm
24 (1) 가, 나 (2) 가, 나, 다 (3) 다
25 예) 팽이 /

없습니다에 ○표

21 구의 지름이 16 cm이므로
구의 반지름은 $16 \div 2 = 8\,(\text{cm})$입니다.

22 구의 반지름은 셀 수 없이 많이 있습니다.

23 구의 지름이 40 cm이므로
구의 반지름은 $40 \div 2 = 20\,(\text{cm})$입니다.

24 (1) 밑면의 모양이 원인 입체도형은 원기둥, 원뿔입니다.
(2) 굽은 면으로 둘러싸인 입체도형은 원기둥, 원뿔, 구입니다.
(3) 어느 방향에서 보아도 모양이 같은 입체도형은 구입니다.

내가 만드는 문제
25 주변에서 볼 수 있는 물건을 찾아 그려 봅니다.
원기둥 모양의 물건에는 음료수 캔, 두루마리 휴지 등이 있고, 원뿔 모양의 물건에는 고깔모자, 아이스크림콘 등이 있으며 구 모양의 물건에는 여러 가지 공이 있습니다.

개념 완성 발전 문제 156~157쪽

1	12.4 cm	2	7 cm
3	6 cm	4	372 cm^2
5	7 cm	6	10 cm
7	49.6 cm^2	8	251.2 cm^2
9	75.36 cm^2	10	36 cm
11	27.9 cm^2 / 12 cm^2	12	63.6 cm^2

1 (옆면의 가로) = (밑면의 둘레)
$= 2 \times 2 \times 3.1 = 12.4\,(\text{cm})$

2 전개도에서 직사각형의 가로 43.4 cm는 한 밑면의 원의 둘레와 같습니다.
(옆면의 가로) = (밑면의 지름) × (원주율)
➡ (밑면의 지름) = (옆면의 가로) ÷ (원주율)
$= 43.4 \div 3.1 = 14\,(\text{cm})$
따라서 (밑면의 반지름) $= 14 \div 2 = 7\,(\text{cm})$입니다.

3 (옆면의 넓이) = (밑면의 둘레) × 10에서
(밑면의 둘레) × 10 = 376.8이므로
(밑면의 둘레) = 37.68 cm입니다.
따라서 (밑면의 둘레) = (지름) × 3.14에서
(지름) $= 37.68 \div 3.14 = 12\,(\text{cm})$이므로
(반지름) $= 12 \div 2 = 6\,(\text{cm})$입니다.

4 (옆면의 가로) = (밑면의 둘레)
$= 6 \times 2 \times 3.1 = 37.2\,(\text{cm})$
(옆면의 넓이) = (가로) × (세로)
$= 37.2 \times 10 = 372\,(\text{cm}^2)$

5 (옆면의 가로) $=$ (밑면의 둘레)
$= 4 \times 2 \times 3.1 = 24.8$ (cm)
(높이) $=$ (옆면의 넓이) $\div$ (가로)
$= 173.6 \div 24.8 = 7$ (cm)

6 (직육면체의 옆면의 넓이의 합)
$= (9 + 6.7 + 9 + 6.7) \times 20$
$= 31.4 \times 20 = 628$ (cm^2)
원기둥의 높이를 □cm라고 하면
(원기둥의 옆면의 넓이) $=$ (밑면의 둘레) $\times$ (높이)이므로
$2 \times 10 \times 3.14 \times \square = 628$, $62.8 \times \square = 628$,
$\square = 628 \div 62.8 = 10$입니다.
따라서 원기둥의 높이는 10 cm입니다.

7 만든 원기둥의 밑면은 반지름이 4 cm인 원입니다.
따라서 한 밑면의 넓이는 $4 \times 4 \times 3.1 = 49.6$ (cm^2)입니다.

8 원기둥의 전개도에서 옆면의 가로는 밑면의 둘레와 같으므로
(밑면의 둘레) $= 2 \times 5 \times 3.14 = 31.4$ (cm)이고
세로는 원기둥의 높이인 8 cm입니다.
따라서 (옆면의 넓이) $= 31.4 \times 8 = 251.2$ (cm^2)입니다.

9 (세로가 기준일 때 밑면의 넓이)
$= 7 \times 7 \times 3.14 = 153.86$ (cm^2)
(가로가 기준일 때 밑면의 넓이)
$= 5 \times 5 \times 3.14 = 78.5$ (cm^2)
➡ (두 밑면의 넓이의 차)
$= 153.86 - 78.5 = 75.36$ (cm^2)

10 원뿔을 앞에서 본 모양은 (12 cm, 13 cm, 5 cm) 입니다.

따라서 앞에서 본 모양의 둘레는
$13 + 5 + 5 + 13 = 36$ (cm)입니다.

11 원뿔을 위에서 본 모양은 (3 cm) 이므로

넓이는 $3 \times 3 \times 3.1 = 27.9$ (cm^2)이고,
앞에서 본 모양은 (4 cm, 5 cm, 3 cm) 이므로
넓이는 $6 \times 4 \div 2 = 12$ (cm^2)입니다.

12 원뿔을 위에서 본 모양은 (6 cm) 이므로

넓이는 $6 \times 6 \times 3.1 = 111.6$ (cm^2)입니다.

앞에서 본 모양은 (8 cm, 10 cm, 6 cm) 이므로
넓이는 $12 \times 8 \div 2 = 48$ (cm^2)입니다.
따라서 두 넓이의 차는 $111.6 - 48 = 63.6$ (cm^2)입니다.

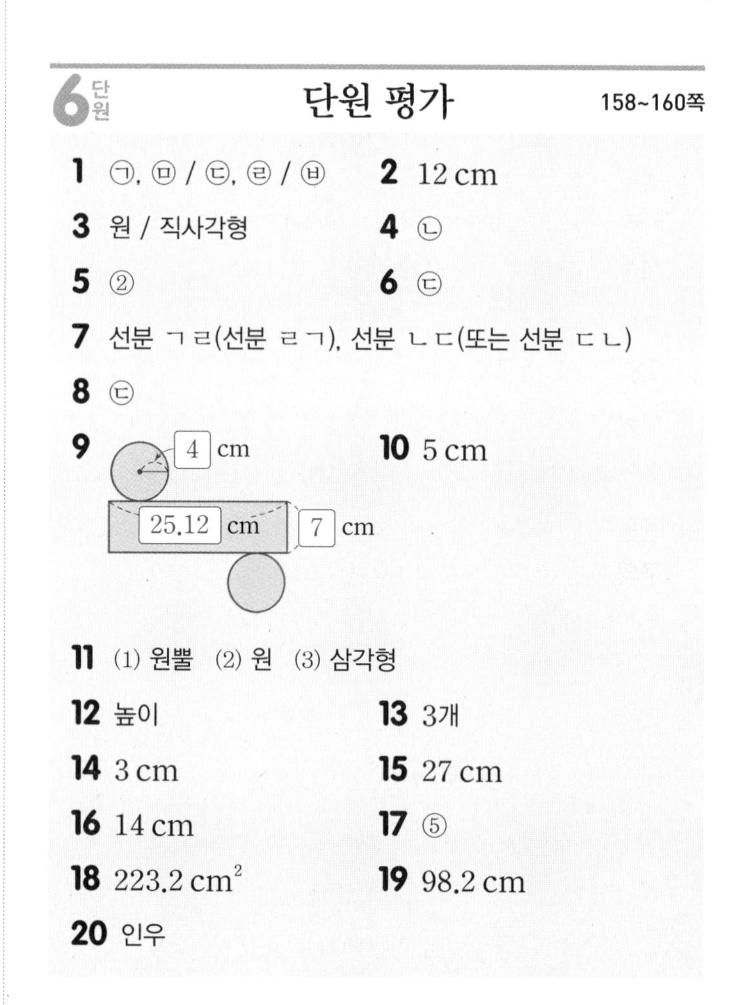

6단원 단원 평가 158~160쪽

1 ㉠, ㉣ / ㉢, ㉤ / ㉥
2 12 cm
3 원 / 직사각형
4 ㉡
5 ②
6 ㉢
7 선분 ㄱㄹ(선분 ㄹㄱ), 선분 ㄴㄷ(또는 선분 ㄷㄴ)
8 ㉢
9
10 5 cm
11 (1) 원뿔 (2) 원 (3) 삼각형
12 높이
13 3개
14 3 cm
15 27 cm
16 14 cm
17 ⑤
18 223.2 cm^2
19 98.2 cm
20 인우

1 ㉡ 마주 보는 두 면이 평행하지만 합동이 아니므로 원기둥이 아니고 꼭짓점이 없으므로 원뿔도 아닙니다.

2 원기둥의 높이는 두 밑면에 수직인 선분의 길이이므로 12 cm입니다.

4 ㉠ 각기둥의 밑면의 모양은 다각형입니다.
㉢ 각기둥의 옆면은 3개 이상입니다.

5 ② 원기둥의 옆면은 굽은 면입니다.

6 ㉢ 밑면이 옆면과 겹쳐지므로 원기둥을 만들 수 없습니다.

7 원기둥에서 밑면의 둘레는 전개도에서 옆면의 가로의 길이와 같습니다.

8 ㉢ 옆면의 세로의 길이는 원기둥의 높이와 같습니다.

9 밑면의 반지름은 4 cm입니다.
옆면의 가로의 길이는 밑면의 둘레와 같으므로
$4 \times 2 \times 3.14 = 25.12$ (cm)입니다.
옆면의 세로의 길이는 원기둥의 높이와 같으므로 7 cm
입니다.

10 (밑면의 둘레) $= 6 \times 3 = 18$ (cm)
(원기둥의 높이) = (옆면의 넓이) ÷ (밑면의 둘레)
$= 90 \div 18 = 5$ (cm)

12 원뿔의 꼭짓점에서 밑면에 수직인 선분의 길이를 재는 것이므로 원뿔의 높이를 재는 것입니다.

13 원뿔의 모선은 원뿔의 꼭짓점과 밑면인 원의 둘레의 한 점을 이은 선분입니다.
따라서 모선은 보기 에서 원뿔의 선분 ㄱㄴ, 선분 ㄱㄷ, 선분 ㄱㄹ로 모두 3개입니다.

14 모선의 길이는 13 cm이고 밑면의 지름은
$5 \times 2 = 10$ (cm)이므로 차는 $13 - 10 = 3$ (cm)입니다.

15 원기둥의 높이는 15 cm, 원뿔의 높이는 12 cm이므로
높이의 합은 $15 + 12 = 27$ (cm)입니다.

16 반원의 반지름이 7 cm이면 구의 반지름도 7 cm이므로
구의 지름은 $7 \times 2 = 14$ (cm)입니다.

17 ①, ③ ➡ 원기둥, ①, ②, ③, ④ ➡ 원뿔

18

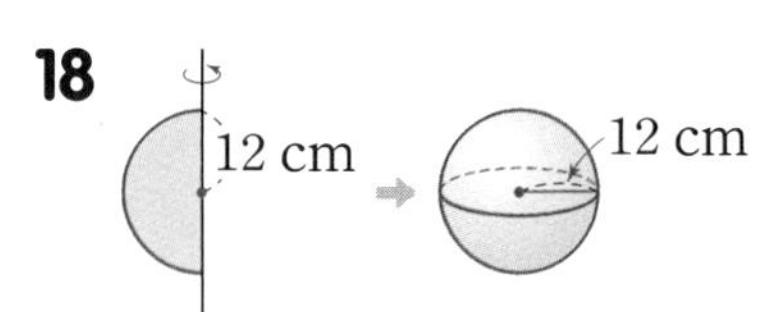

(돌리기 전의 종이의 넓이)
$= 12 \times 12 \times 3.1 \div 2 = 223.2$ (cm^2)

서술형
19 예 옆면의 가로는 밑면의 둘레와 같으므로
$11 \times 3.1 = 34.1$ (cm)이고 옆면의 세로의 길이는 원기둥의 높이와 같으므로 15 cm입니다.
따라서 옆면인 직사각형의 둘레는
$(34.1 + 15) \times 2 = 98.2$ (cm)입니다.

평가 기준	배점
직사각형의 가로와 세로를 각각 구했나요?	3점
직사각형의 둘레를 구했나요?	2점

서술형
20 예 민호가 만든 구의 지름은 $12 \times 2 = 24$ (cm)이므로
인우가 만든 구의 지름보다 더 큽니다.
따라서 인우가 만든 구가 더 작습니다.

평가 기준	배점
인우와 민호가 만든 구의 반지름 또는 지름을 구했나요?	3점
누가 만든 구가 더 작은지 구했나요?	2점

학생부록 정답과 풀이

1 분수의 나눗셈

⊕ 개념 적용 2쪽

1

다음 조건 을 모두 만족하는 분수의 나눗셈식을 모두 써 보세요.

조건
- $7 \div 5$와 계산 결과가 같습니다.
- 분모가 10보다 작은 진분수끼리의 나눗셈입니다.
- 두 분수의 분모는 같습니다.

어떻게 풀었니?

분모가 같은 분수의 나눗셈을 계산하는 방법을 알아보자!

세 번째 조건에서 두 분수의 분모가 같다고 했으니까

두 분수를 $\frac{▲}{■}$, $\frac{●}{■}$로 놓을 수 있어.

분모가 같은 분수의 나눗셈은 분자끼리 계산하면 되니까

$\frac{▲}{■} \div \frac{●}{■} = ▲ \div$ [●]로 계산할 수 있지.

첫 번째 조건에서 $7 \div 5$와 계산 결과가 같다고 했으니까 ▲ = [7], ● = [5](이)야.

두 번째 조건에서 분모가 10보다 작은 진분수끼리의 나눗셈이라고 했으니까

■는 ▲와 ●보다 크고 10보다 작아야 하지.

즉, ■가 될 수 있는 수는 [8], [9](이)야.

아~ 조건을 모두 만족하는 분수의 나눗셈식을 모두 쓰면 $\frac{7}{8} \div \frac{5}{8}$, $\frac{7}{9} \div \frac{5}{9}$(이)구나!

2 $\frac{5}{7} \div \frac{3}{7}$

3

계산 결과가 가장 큰 것을 찾아 기호를 써 보세요. (단, ★은 같은 수입니다.)

㉠ $★ \div \frac{1}{9}$ ㉡ $★ \div \frac{1}{8}$ ㉢ $★ \div \frac{1}{14}$

어떻게 풀었니?

주어진 식에서 나누어지는 수가 얼마인지 모르는데 계산 결과의 크기를 어떻게 비교할 수 있을까? 나누어지는 수가 같을 때 나누는 수에 따라 계산 결과가 어떻게 달라지는지 알아보자!

귤 12개를 똑같이 나누어 줄 때, 나누어 주려는 사람 수가 적을수록 한 명이 가지게 되는 귤이 많아지겠지?

즉, 나누어지는 수가 같을 때 나누는 수가 ((작을수록), 클수록) 계산 결과가 커진다는 걸 알 수 있어.

분수의 나눗셈도 마찬가지야.

세 식 ㉠, ㉡, ㉢에서 나누어지는 수는 ★로 같으니까 나누는 분수의 크기를 비교하면 돼.

$\frac{1}{9}$, $\frac{1}{8}$, $\frac{1}{14}$은 모두 단위분수이고, 단위분수는 분모가 (클수록, (작을수록)) 더 큰 분수이니까

$\frac{1}{14}$ (<) $\frac{1}{9}$ (<) $\frac{1}{8}$이 되지.

아~ 계산 결과가 가장 큰 것은 [㉢]이구나!

4 ㉠

5 ㉢, ㉠, ㉡

6

빵 한 개를 만드는 데 소금 $\frac{3}{10}$컵이 필요합니다. 소금 $\frac{3}{4}$컵으로 빵을 몇 개까지 만들 수 있는지 구해 보세요.

어떻게 풀었니?

분수의 나눗셈식을 세워서 계산해 보자!

만들 수 있는 빵의 수는 (전체 소금의 양)÷(빵 한 개를 만드는 데 필요한 소금의 양)으로 구할 수 있으니까 $\frac{3}{4} \div \frac{3}{10}$을 계산하면 돼.

(분수)÷(분수)는 나누는 분수의 분모와 분자를 바꾸어 곱하면 되니까

$$\frac{3}{4} \div \frac{3}{10} = \frac{\overset{1}{\cancel{3}}}{\underset{2}{\cancel{4}}} \times \frac{\overset{5}{\cancel{10}}}{\underset{1}{\cancel{3}}} = \frac{5}{2} = 2\frac{1}{2}$$

이/가 되지.

이때 만들 수 있는 빵의 개수는 자연수가 되어야 한다는 것에 주의해야 해. 즉, 한 개보다 적은 분수 부분은 (올림, (버림))의 방법을 이용해야 해.

아~ 소금 $\frac{3}{4}$컵으로 빵을 [2]개까지 만들 수 있구나!

7 3개

8 4명

9

가분수를 진분수로 나눈 몫을 구해 보세요.

$4\frac{1}{7}$ $\frac{5}{12}$ $\frac{17}{6}$

어떻게 풀었니?

나누어지는 수와 나누는 수를 찾아서 계산해 보자!

문제에서 '가분수'를 '진분수'로 나눈 몫을 구하라고 했으니까

먼저 가분수와 진분수를 찾아야 해.

가분수는 분자가 분모와 같거나 분모보다 (작은, (큰)) 수이니까 $\frac{17}{6}$이고,

진분수는 분자가 분모보다 ((작은), 큰) 수이니까 $\frac{5}{12}$(이)야.

(가분수)÷(진분수)는 두 가지 방법으로 계산할 수 있어.

방법 1 통분하여 계산하기

$$\frac{17}{6} \div \frac{5}{12} = \frac{34}{12} \div \frac{5}{12} = 34 \div 5 = \frac{34}{5} = 6\frac{4}{5}$$

방법 2 분수의 곱셈으로 나타내어 계산하기

$$\frac{17}{6} \div \frac{5}{12} = \frac{17}{\underset{1}{\cancel{6}}} \times \frac{\overset{2}{\cancel{12}}}{5} = \frac{34}{5} = 6\frac{4}{5}$$

아~ 가분수를 진분수로 나눈 몫은 $6\frac{4}{5}$(이)구나!

10 $3\frac{1}{6}$

---

2 두 분수의 분모가 같고 $5 \div 3$을 이용하여 계산할 수 있는 분수의 분자는 각각 5, 3입니다. 분모가 8보다 작은 진분수이므로 분모가 될 수 있는 수는 6, 7이고, 기약분수이므로 분모는 7입니다. 따라서 조건을 모두 만족하는 분수의 나눗셈식은 $\frac{5}{7} \div \frac{3}{7}$입니다.

4 나누어지는 수가 같을 때 나누는 수가 클수록 계산 결과는 더 작습니다.

따라서 나누는 분수의 크기를 비교하면 $\frac{1}{13} < \frac{1}{11} < \frac{1}{5}$이므로 계산 결과가 가장 작은 것은 ㉠입니다.

5 나누어지는 수가 같을 때 나누는 수가 작을수록 계산 결과는 더 큽니다.

따라서 나누는 분수의 크기를 비교하면 $\frac{2}{9}<\frac{2}{7}<\frac{2}{3}$이므로 계산 결과가 큰 것부터 차례로 기호를 쓰면 ㉢, ㉠, ㉡입니다.

7 $\frac{2}{3}\div\frac{2}{11}=\frac{\overset{1}{\cancel{2}}}{3}\times\frac{11}{\underset{1}{\cancel{2}}}=\frac{11}{3}=3\frac{2}{3}$이므로

쿠키를 3개까지 만들 수 있습니다.

8 전체 주스의 양은 $\frac{2}{5}\times2=\frac{4}{5}$(L)입니다.

$\frac{4}{5}\div\frac{1}{6}=\frac{4}{5}\times6=\frac{24}{5}=4\frac{4}{5}$이므로

주스를 4명까지 줄 수 있습니다.

10 대분수: $2\frac{3}{8}$, 진분수: $\frac{3}{4}$

➡ $2\frac{3}{8}\div\frac{3}{4}=\frac{19}{8}\div\frac{6}{8}=19\div6=\frac{19}{6}=3\frac{1}{6}$

쓰기 쉬운 서술형 6쪽

1 가분수 / 31, 31, $\frac{5}{2}$, 31, $5\frac{1}{6}$

1-1 풀이 참조

2 4, 12, 24, 3, 72, $14\frac{2}{5}$, 12, $14\frac{2}{5}$, 13, 14 / 13, 14

2-1 5개

3 4, $\frac{2}{5}$, 4, $\frac{5}{2}$, 10, 10 / 10개

3-1 $\frac{3}{11}$ kg

3-2 18도막

3-3 5번

4 $\frac{8}{15}$, $\frac{8}{15}$, $\frac{15}{8}$, $\frac{5}{4}$, $1\frac{1}{4}$ / $1\frac{1}{4}$

4-1 $8\frac{2}{3}$

4-2 $4\frac{2}{3}$

4-3 $1\frac{16}{33}$

1-1 예 나누는 분수의 분모와 분자를 바꾸어 곱해야 합니다. ···· ❶

$\frac{7}{24}\div\frac{5}{16}=\frac{7}{\underset{3}{\cancel{24}}}\times\frac{\overset{2}{\cancel{16}}}{5}=\frac{14}{15}$ ···· ❷

단계	문제 해결 과정
①	잘못 계산한 이유를 썼나요?
②	바르게 계산했나요?

2-1 예 $4\div\frac{2}{7}=\overset{2}{\cancel{4}}\times\frac{7}{\underset{1}{\cancel{2}}}=14$,

$8\frac{2}{3}\div\frac{4}{9}=\frac{\overset{13}{\cancel{26}}}{\underset{1}{\cancel{3}}}\times\frac{\overset{3}{\cancel{9}}}{\underset{2}{\cancel{4}}}=\frac{39}{2}=19\frac{1}{2}$이므로

$14<\square<19\frac{1}{2}$입니다. ···· ❶

따라서 □ 안에 들어갈 수 있는 자연수는 15, 16, 17, 18, 19로 모두 5개입니다. ···· ❷

단계	문제 해결 과정
①	□의 범위를 구했나요?
②	□ 안에 들어갈 수 있는 자연수의 개수를 구했나요?

3-1 예 (철사 1 m의 무게) $=\frac{3}{13}\div\frac{11}{13}$ ···· ❶

$=3\div11=\frac{3}{11}$ (kg)

따라서 철사 1 m의 무게는 $\frac{3}{11}$ kg입니다. ···· ❷

단계	문제 해결 과정
①	철사 1 m의 무게를 구하는 과정을 썼나요?
②	철사 1 m의 무게를 구했나요?

3-2 예 (자른 리본 끈의 도막 수) $=11\frac{1}{4}\div\frac{5}{8}$ ···· ❶

$=\frac{45}{4}\div\frac{5}{8}=\frac{\overset{9}{\cancel{45}}}{\underset{1}{\cancel{4}}}\times\frac{\overset{2}{\cancel{8}}}{\underset{1}{\cancel{5}}}=18$(도막)

따라서 자른 리본 끈은 모두 18도막입니다. ···· ❷

단계	문제 해결 과정
①	자른 리본 끈의 도막 수를 구하는 과정을 썼나요?
②	자른 리본 끈의 도막 수를 구했나요?

3-3 예 (물통의 들이)÷(그릇의 들이) $=3\frac{3}{5}\div\frac{3}{4}$ ···· ❶

$=\frac{18}{5}\div\frac{3}{4}=\frac{\overset{6}{\cancel{18}}}{5}\times\frac{4}{\underset{1}{\cancel{3}}}=\frac{24}{5}=4\frac{4}{5}$

따라서 물을 적어도 5번 부어야 합니다. ···· ❷

단계	문제 해결 과정
①	물을 적어도 몇 번 부어야 하는지 구하는 과정을 썼나요?
②	물을 적어도 몇 번 부어야 하는지 구했나요?

4-1 예 어떤 분수를 □라고 하면 $\frac{12}{13}\times\square=8$입니다. ---- ❶

따라서 $\square=8\div\frac{12}{13}=\overset{2}{\cancel{8}}\times\frac{13}{\underset{3}{\cancel{12}}}=\frac{26}{3}=8\frac{2}{3}$입니다. ---- ❷

단계	문제 해결 과정
①	어떤 분수를 □라고 하여 식을 세웠나요?
②	어떤 분수를 구했나요?

4-2 예 어떤 분수를 □라고 하면 $\frac{4}{9}\div\square=\frac{2}{15}$이므로

$\square=\frac{4}{9}\div\frac{2}{15}=\frac{\overset{2}{\cancel{4}}}{\underset{3}{\cancel{9}}}\times\frac{\overset{5}{\cancel{15}}}{\underset{1}{\cancel{2}}}$

$=\frac{10}{3}=3\frac{1}{3}$입니다. ---- ❶

따라서 어떤 분수를 $\frac{5}{7}$로 나눈 몫은

$3\frac{1}{3}\div\frac{5}{7}=\frac{10}{3}\div\frac{5}{7}=\frac{\overset{2}{\cancel{10}}}{3}\times\frac{7}{\underset{1}{\cancel{5}}}$

$=\frac{14}{3}=4\frac{2}{3}$입니다. ---- ❷

단계	문제 해결 과정
①	어떤 분수를 구했나요?
②	어떤 분수를 $\frac{5}{7}$로 나눈 몫을 구했나요?

4-3 예 어떤 분수를 □라고 하면 $\square\times\frac{6}{7}=1\frac{1}{11}$이므로

$\square=1\frac{1}{11}\div\frac{6}{7}=\frac{12}{11}\div\frac{6}{7}$

$=\frac{\overset{2}{\cancel{12}}}{11}\times\frac{7}{\underset{1}{\cancel{6}}}=\frac{14}{11}=1\frac{3}{11}$입니다. ---- ❶

따라서 바르게 계산하면

$1\frac{3}{11}\div\frac{6}{7}=\frac{14}{11}\div\frac{6}{7}=\frac{\overset{7}{\cancel{14}}}{11}\times\frac{7}{\underset{3}{\cancel{6}}}$

$=\frac{49}{33}=1\frac{16}{33}$입니다. ---- ❷

단계	문제 해결 과정
①	어떤 분수를 구했나요?
②	바르게 계산한 값을 구했나요?

1단원 수행 평가 12~13쪽

1 $35, 18, 35, 18, \frac{35}{18}, 1\frac{17}{18}$

2 $12\div\frac{4}{9}=(12\div4)\times9=27$

3 ㉢

4 $\frac{9}{8}\div\frac{3}{11}=\frac{\overset{3}{\cancel{9}}}{8}\times\frac{11}{\underset{1}{\cancel{3}}}=\frac{33}{8}=4\frac{1}{8}$

5 $2\frac{4}{5}$

6 ㉢, ㉡, ㉠

7 $1\frac{17}{25}$분

8 4개

9 $1\frac{3}{5}$

10 17일

1 두 분수를 통분한 후 분자끼리 나누어 계산합니다.

3 ㉠ $\frac{3}{8}\div\frac{7}{8}=3\div7=\frac{3}{7}$

㉡ $\frac{5}{13}\div\frac{2}{13}=5\div2=\frac{5}{2}=2\frac{1}{2}$

㉢ $\frac{9}{17}\div\frac{3}{17}=9\div3=3$

㉣ $\frac{4}{15}\div\frac{8}{15}=4\div8=\frac{4}{8}=\frac{1}{2}$

4 나누어지는 분수는 그대로 쓰고, 나누는 분수의 분모와 분자를 바꾸어 곱합니다.

5 가장 큰 수: $7\frac{1}{5}$, 가장 작은 수: $2\frac{4}{7}$

➡ $7\frac{1}{5}\div2\frac{4}{7}=\frac{36}{5}\div\frac{18}{7}=\frac{\overset{2}{\cancel{36}}}{5}\times\frac{7}{\underset{1}{\cancel{18}}}$

$=\frac{14}{5}=2\frac{4}{5}$

6 ㉠ $3\div\frac{5}{7}=3\times\frac{7}{5}=\frac{21}{5}=4\frac{1}{5}$

㉡ $\frac{18}{5}\div\frac{8}{15}=\frac{\overset{9}{\cancel{18}}}{\underset{1}{\cancel{5}}}\times\frac{\overset{3}{\cancel{15}}}{\underset{4}{\cancel{8}}}=\frac{27}{4}=6\frac{3}{4}$

㉢ $4\frac{1}{3}\div\frac{1}{2}=\frac{13}{3}\times2=\frac{26}{3}=8\frac{2}{3}$

➡ $8\frac{2}{3}>6\frac{3}{4}>4\frac{1}{5}$

7 (물을 받는 데 걸리는 시간)

$=$ (받아야 하는 물의 양) $\div$ (1분에 나오는 물의 양)

$= 9\frac{4}{5} \div 5\frac{5}{6} = \frac{49}{5} \div \frac{35}{6}$

$= \frac{\overset{7}{\cancel{49}}}{5} \times \frac{6}{\underset{5}{\cancel{35}}} = \frac{42}{25} = 1\frac{17}{25}$(분)

8 $27 \div \frac{9}{\square} = (27 \div 9) \times \square = 3 \times \square$

$3 \times \square < 15$이므로 $\square$ 안에 들어갈 수 있는 자연수는 1, 2, 3, 4로 모두 4개입니다.

9 어떤 분수를 $\square$라고 하면 $\square \times \frac{5}{14} = \frac{10}{49}$이므로

$\square = \frac{10}{49} \div \frac{5}{14} = \frac{\overset{2}{\cancel{10}}}{\underset{7}{\cancel{49}}} \times \frac{\overset{2}{\cancel{14}}}{\underset{1}{\cancel{5}}} = \frac{4}{7}$입니다.

따라서 바르게 계산하면

$\frac{4}{7} \div \frac{5}{14} = \frac{4}{\underset{1}{\cancel{7}}} \times \frac{\overset{2}{\cancel{14}}}{5} = \frac{8}{5} = 1\frac{3}{5}$입니다.

서술형

10 예 (전체 쌀의 양) $\div$ (하루에 먹는 쌀의 양)

$= 10\frac{1}{4} \div \frac{5}{8} = \frac{41}{4} \div \frac{5}{8}$

$= \frac{41}{\underset{1}{\cancel{4}}} \times \frac{\overset{2}{\cancel{8}}}{5} = \frac{82}{5} = 16\frac{2}{5}$입니다.

따라서 쌀 $10\frac{1}{4}$ kg을 모두 먹으려면 적어도 17일이 걸립니다.

평가 기준	배점
쌀을 모두 먹으려면 적어도 며칠 걸리는지 구하는 과정을 썼나요?	5점
쌀을 모두 먹으려면 적어도 며칠 걸리는지 구했나요?	5점

2 소수의 나눗셈

개념 적용 14쪽

1

넓이가 9.72 km^2인 직사각형 모양의 공원이 있습니다. 공원의 가로가 2.7 km일 때, 세로는 몇 km인지 식을 쓰고 답을 구해 보세요.

식

답

어떻게 풀었니?

직사각형의 넓이를 이용하여 세로의 길이를 구해 보자!

직사각형의 넓이와 가로를 알 때, 곱셈과 나눗셈의 관계를 이용하여 세로를 구할 수 있어.

(직사각형의 넓이) $=$ (가로) $\times$ (세로) ↔ (세로) $=$ (직사각형의 넓이) $\div$ (가로)

넓이가 9.72 km^2이고, 가로가 2.7 km이니까 세로는 $9.72 \div 2.7$을 계산하면 돼.

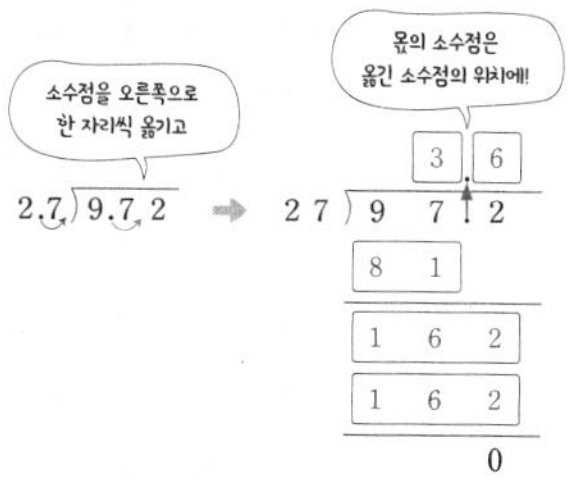

아~ 세로는 몇 km인지 식을 쓰고 답을 구하면

식 $9.72 \div 2.7 = 3.6$ 답 3.6 km (이)구나!

2 $8.96 \div 3.2 = 2.8$ / 2.8 km

3

설명을 보고 바르게 설명한 친구의 이름을 써 보세요.

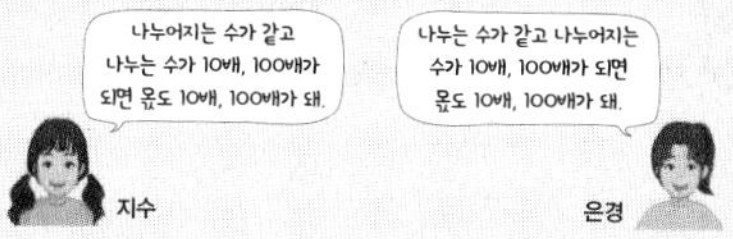

어떻게 풀었니?

나누어지는 수와 나누는 수, 몫의 관계를 알아보자!

지수

나누어지는 수가 같고 나누는 수가 10배, 100배가 되면 몫은 어떻게 변할까?

$48 \div 0.02 = 2400$

$48 \div 0.2 = 240$

$48 \div 2 = 24$

(나누는 수 10배↓, 몫 10배↑)

➡ 몫은 $\frac{1}{10}$배, $\frac{1}{100}$배가 돼.

은경

나누는 수가 같고 나누어지는 수가 10배, 100배가 되면 몫은 어떻게 변할까?

$0.48 \div 0.02 = 24$

$4.8 \div 0.02 = 240$

$48 \div 0.02 = 2400$

(나누어지는 수 10배↓, 몫 10배↓)

➡ 몫은 10배, 100배가 돼.

아~ 바르게 설명한 친구는 은경 (이)구나!

4 ㉠

5

몫을 반올림하여 소수 첫째 자리까지 나타낸 값과 반올림하여 소수 둘째 자리까지 나타낸 값의 차를 구해 보세요.

$5.08 \div 6$

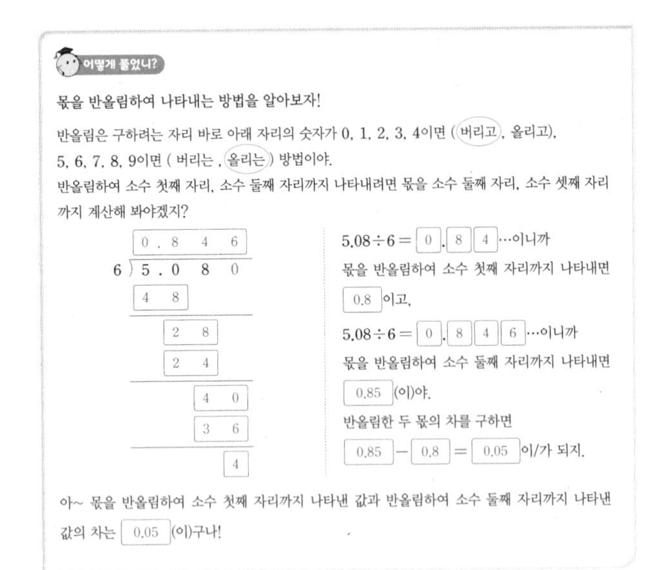
어떻게 풀었니?

몫을 반올림하여 나타내는 방법을 알아보자!

반올림은 구하려는 자리 바로 아래 자리의 숫자가 0, 1, 2, 3, 4이면 (버리고, 올리고), 5, 6, 7, 8, 9이면 (버리는, 올리는) 방법이야.

반올림하여 소수 첫째 자리, 소수 둘째 자리까지 나타내려면 몫을 소수 둘째 자리, 소수 셋째 자리까지 계산해 봐야겠지?

$5.08 \div 6 =$ 0.84 …이니까 몫을 반올림하여 소수 첫째 자리까지 나타내면 0.8 이고,

$5.08 \div 6 =$ 0.846 …이니까 몫을 반올림하여 소수 둘째 자리까지 나타내면 0.85 (이)야.

반올림한 두 몫의 차를 구하면 0.85 − 0.8 = 0.05 이/가 되지.

아~ 몫을 반올림하여 소수 첫째 자리까지 나타낸 값과 반올림하여 소수 둘째 자리까지 나타낸 값의 차는 0.05 (이)구나!

6 0.02

7 페인트 35.1 L를 한 명에게 4 L씩 나누어 주려고 합니다. 나누어 줄 수 있는 사람 수와 남는 페인트는 몇 L인지 구해 보세요.

나누어 줄 수 있는 사람: □명

남는 페인트의 양: □L

어떻게 풀었니?

소수의 나눗셈에서 몫과 나머지를 구해 보자!

페인트 35.1 L를 한 명에게 4 L씩 나누어 줄 때 나누어 줄 수 있는 사람 수는 $35.1 \div 4$로 구할 수 있어. 이때 사람 수는 자연수이니까 몫을 자연수 부분까지만 구하면 돼.

$35.1 \div 4$의 몫과 나머지를 뺄셈식으로 알아보면 / $35.1 \div 4$의 몫과 나머지를 나눗셈식으로 알아보면

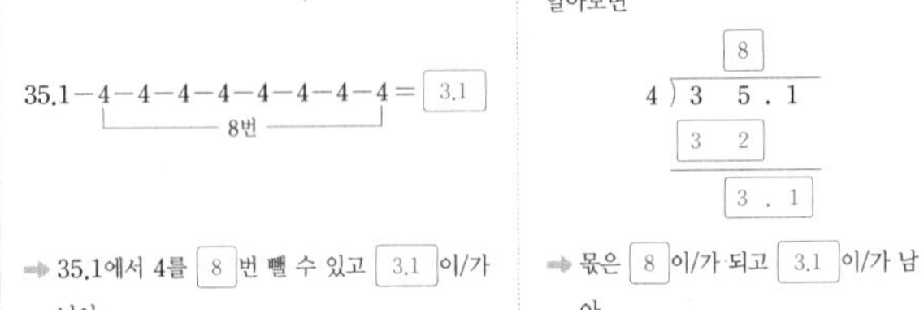

➡ 35.1에서 4를 8 번 뺄 수 있고 3.1 이/가 남아. / ➡ 몫은 8 이/가 되고 3.1 이/가 남아.

몫을 자연수 부분까지 구하고 남는 수의 소수점은 나누어지는 수의 소수점과 같은 위치에 찍으면 된다는 걸 알 수 있지.

아~ 나누어 줄 수 있는 사람은 8 명이고, 남는 페인트의 양은 3.1 L구나!

8 7 / 5.2

---

2 (가로) = (땅의 넓이) ÷ (세로)

$= 8.96 \div 3.2 = 2.8$ (km)

4 ㉡ 나누어지는 수가 같을 때 나누는 수가 $\frac{1}{10}$배, $\frac{1}{100}$배가 되면 몫은 10배, 100배가 됩니다.

6 $9.68 \div 7 = 1.382\cdots$

몫을 반올림하여 소수 첫째 자리까지 나타내면 1.38

➡ 1.4이고,

몫을 반올림하여 소수 둘째 자리까지 나타내면 1.382

➡ 1.38입니다.

따라서 윤아와 태호가 구한 몫의 차는

$1.4 - 1.38 = 0.02$입니다.

8 47.2에서 6을 7번 뺄 수 있고, 남는 수는 5.2입니다. 따라서 나누어 줄 수 있는 사람은 7명이고, 남는 털실은 5.2 m입니다.

쓰기 쉬운 서술형 18쪽

1 43, 6, 6, 7, 8, 9 / 7, 8, 9

1-1 2개

2 3.84, 3.2, 1.2, 1.2 / 1.2배

2-1 2.3배

2-2 1.6 km

2-3 5개

3 작을수록에 ○표, 작은에 ○표, 2.46, 2.46, 12.3 / 12.3

3-1 32.1

3-2 318

3-3 400

4 2.1666, 둘째, 6, 6 / 6

4-1 9

1-1 예 $9.62 \div 2.6 = 3.7$, $11.34 \div 2.1 = 5.4$이므로 $3.7 < □ < 5.4$입니다. ---- ❶

따라서 □ 안에 들어갈 수 있는 자연수는 4, 5로 모두 2개입니다. ---- ❷

단계	문제 해결 과정
①	□의 범위를 구했나요?
②	□ 안에 들어갈 수 있는 자연수의 개수를 구했나요?

2-1 예 (학교~서점) ÷ (학교~은행) = $3.22 \div 1.4$ ---- ❶

$= 2.3$(배)

따라서 학교에서 서점까지의 거리는 학교에서 은행까지의 거리의 2.3배입니다. ---- ❷

단계	문제 해결 과정
①	학교에서 서점까지의 거리는 학교에서 은행까지의 거리의 몇 배인지 구하는 과정을 썼나요?
②	학교에서 서점까지의 거리는 학교에서 은행까지의 거리의 몇 배인지 구했나요?

2-2 예 (도윤이가 1분 동안 간 거리) = $13.6 \div 8.5$ ---- ❶

$= 1.6$ (km)

따라서 도윤이가 1분 동안 간 거리는 1.6 km입니다. ---- ❷

단계	문제 해결 과정
①	도윤이가 1분 동안 간 거리를 구하는 과정을 썼나요?
②	노윤이가 1분 동안 간 거리를 구했나요?

2-3 예 (전체 끈의 길이)
÷(상자 한 개를 포장하는 데 필요한 끈의 길이)
$=7.98\div1.4$ ····· ❶
$=5.7$
따라서 상자를 5개까지 포장할 수 있습니다. ····· ❷

단계	문제 해결 과정
①	포장할 수 있는 상자 수를 구하는 과정을 썼나요?
②	포장할 수 있는 상자 수를 구했나요?

3-1 예 나누는 수가 같을 때 나누어지는 수가 클수록 몫이 크므로 나누어지는 수는 가장 큰 소수 두 자리 수가 되어야 합니다. ➡ 나누어지는 수: 9.63 ····· ❶
따라서 몫이 가장 클 때의 몫은 $9.63\div0.3=32.1$입니다. ····· ❷

단계	문제 해결 과정
①	몫이 가장 클 때 나누어지는 수를 구했나요?
②	몫이 가장 클 때의 몫을 구했나요?

3-2 예 몫이 가장 크려면 나누어지는 수는 가장 크고, 나누는 수는 가장 작아야 합니다.
➡ 나누어지는 수: 95.4, 나누는 수: 0.3 ····· ❶
따라서 몫이 가장 클 때의 몫은 $95.4\div0.3=318$입니다. ····· ❷

단계	문제 해결 과정
①	몫이 가장 클 때 나누어지는 수, 나누는 수를 각각 구했나요?
②	몫이 가장 클 때의 몫을 구했나요?

3-3 예 몫이 가장 크려면 나누어지는 수는 가장 크고, 나누는 수는 가장 작아야 합니다.
➡ 나누어지는 수: 96, 나누는 수: 0.24 ····· ❶
따라서 몫이 가장 클 때의 몫은 $96\div0.24=400$입니다. ····· ❷

단계	문제 해결 과정
①	몫이 가장 클 때 나누어지는 수, 나누는 수를 각각 구했나요?
②	몫이 가장 클 때의 몫을 구했나요?

4-1 예 $23\div3.3=6.969696\cdots$이므로 소수점 아래로 숫자 9, 6이 반복됩니다. ····· ❶
따라서 몫의 소수 17째 자리 숫자는 소수 첫째 자리 숫자와 같은 9입니다. ····· ❷

단계	문제 해결 과정
①	23÷3.3의 몫의 규칙을 찾았나요?
②	몫의 소수 17째 자리 숫자를 구했나요?

2단원 수행 평가 24~25쪽

1 (1) 84, 14, 84, 14, 6
(2) 634, 317, 634, 317, 2
2 (1) 1.5 (2) 3.2
3 >
4 $5.2\div0.4=13$ / 13명
5 (1) 2.2 (2) 2.23
6 2.5
7 4개
8 6
9 34.8
10 5개, 0.25 kg

2 (1)
```
        1.5
2.7)4.0 5
    2 7
    1 3 5
    1 3 5
        0
```
(2)
```
          3.2
1 2.5)4 0.0 0
      3 7 5
        2 5 0
        2 5 0
            0
```

3 $7.04\div1.6=4.4$, $19.61\div5.3=3.7$
➡ $4.4>3.7$

4 (나누어 줄 수 있는 사람 수)
=(전체 우유의 양)÷(한 사람에게 나누어 줄 우유의 양)
$=5.2\div0.4=13$(명)

5 $15.6\div7=2.228\cdots$
(1) 소수 둘째 자리 숫자가 2이므로 반올림하여 소수 첫째 자리까지 나타내면 2.2입니다.
(2) 소수 셋째 자리 숫자가 8이므로 반올림하여 소수 둘째 자리까지 나타내면 2.23입니다.

6 $20.5\div\square=8.2$
➡ $\square=20.5\div8.2=2.5$

7 $10.64\div1.9=5.6$이므로 $5.6>\square.8$입니다.
따라서 □ 안에 들어갈 수 있는 수는 1, 2, 3, 4로 모두 4개입니다.

8 $29\div12=2.4166\cdots$이므로 몫의 소수 셋째 자리부터 숫자 6이 반복됩니다.
따라서 몫의 소수 15째 자리 숫자는 6입니다.

9 몫이 가장 크려면 나누어지는 수는 가장 크고, 나누는 수는 가장 작아야 합니다.
➡ 나누어지는 수: 87, 나누는 수: 2.5
따라서 몫이 가장 클 때의 몫은 $87\div2.5=34.8$입니다.

서술형

10 예 봉지 수는 자연수이므로 몫을 일의 자리까지 구합니다.

$$\begin{array}{r} 5 \\ 0.35\overline{)2.00} \\ \underline{1\;7\;5} \\ 0.2\;5 \end{array}$$

따라서 봉지 5개에 담을 수 있고, 남는 설탕은 0.25 kg입니다.

평가 기준	배점
봉지 수와 남는 설탕의 양을 구하는 과정을 썼나요?	5점
봉지 수와 남는 설탕의 양을 구했나요?	5점

3 공간과 입체

➕ 개념 적용 26쪽

1 쌓기나무로 쌓은 모양과 위에서 본 모양입니다. 똑같은 모양으로 쌓는 데 필요한 쌓기나무의 개수를 모두 구해 보세요.

위에서 본 모양을 보고 뒤에 가려진 쌓기나무가 있는지 알아보자!

쌓기나무로 쌓은 모양을 위에서 본 모양은 1층의 모양과 같아.
쌓기나무로 쌓은 모양을 보면 1층에 쌓기나무가 5개 있는 것처럼 보이지만 위에서 본 모양을 보니까 6개가 있지?
빨간색 쌓기나무 뒤쪽에 가려져서 보이지 않는 쌓기나무가 있다는 걸 알 수 있어.

빗금 친 부분에 빨간색 쌓기나무와 같은 층수만큼 있다면 가려지지 않고 위쪽이 보이겠지?
즉, 빗금 친 부분에 쌓기나무가 [1]층 또는 [2]층으로 쌓여 있다는 거야.
쌓기나무로 쌓은 모양에서 가려진 부분을 제외한 쌓기나무의 개수를 구하면 [9]개이고, 가려진 부분에 쌓기나무가 [1]개 또는 [2]개 있으니까 전체 쌓기나무는 [10]개 또는 [11]개지.
아~ 똑같은 모양으로 쌓는 데 필요한 쌓기나무는 [10]개 또는 [11]개구나!

2 8개 또는 9개

3 쌓기나무로 쌓은 모양을 위, 앞, 옆에서 본 모양입니다. 가장 많은 쌓기나무를 사용하여 쌓았다면 사용한 쌓기나무는 몇 개인지 구해 보세요.

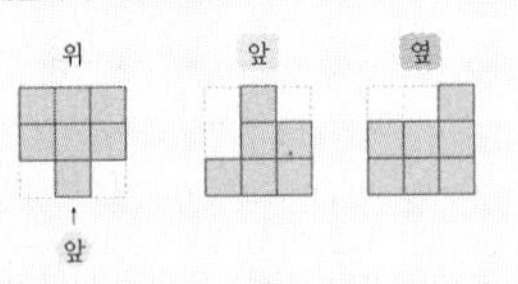

위에서 본 모양의 각 자리에 쌓은 쌓기나무의 개수를 써서 구해 보자!

가장 많은 쌓기나무를 사용했다고 했으니까 각 자리에 최대한 많은 쌓기나무를 쌓아야 해.
앞과 옆에서 봤을 때 각 줄의 가장 높은 층수를 위에서 본 모양의 각 줄에 각각 써 보면
빨간색 부분의 쌓기나무는 [1]개씩이고, 파란색 부분의 쌓기나무는 [2]개야.

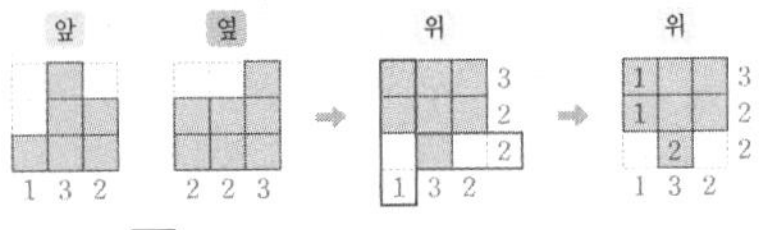

또, 초록색 부분에는 최대 [2]개까지 쌓을 수 있으니까
㉠의 자리의 쌓기나무는 [3]개지.
이제, 각 자리에 최대한 많은 쌓기나무를 쌓았을 때 수를 모두 더하면 [13]개라는 걸 알 수 있어.
아~ 사용한 쌓기나무는 [13]개구나!

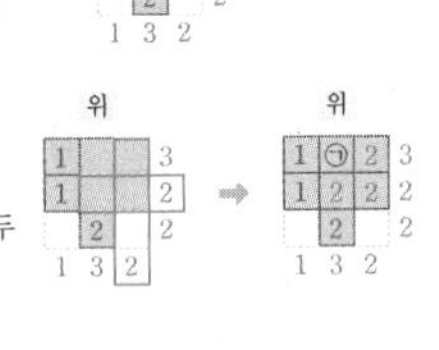

4 13개

5 쌓기나무로 쌓은 모양을 층별로 나타낸 모양을 보고 위, 앞, 옆에서 본 모양을 그려 보세요.

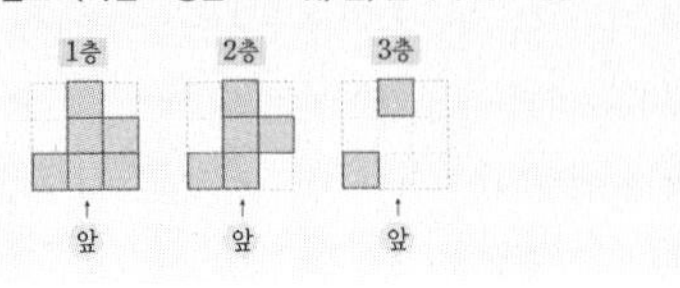

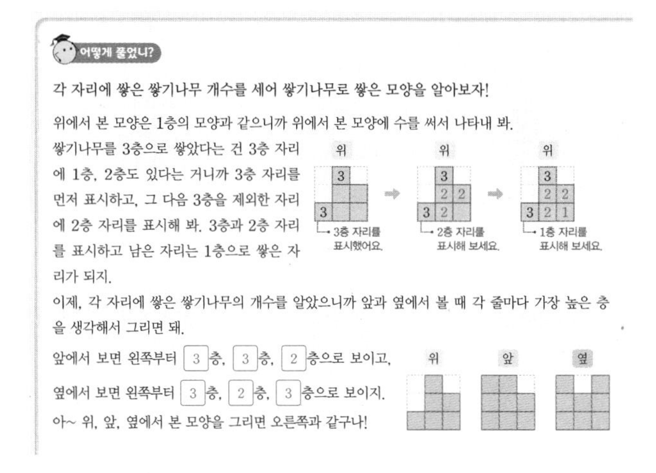
어떻게 풀었니?

각 자리에 쌓은 쌓기나무 개수를 세어 쌓기나무로 쌓은 모양을 알아보자!

위에서 본 모양은 1층의 모양과 같으니까 위에서 본 모양에 수를 써서 나타내 봐.

쌓기나무를 3층으로 쌓았다는 건 3층 자리에 1층, 2층도 있다는 거니까 3층 자리를 먼저 표시하고, 그 다음 3층을 제외한 자리에 2층 자리를 표시해 봐. 3층과 2층 자리를 표시하고 남은 자리는 1층으로 쌓은 자리가 되지.

이제, 각 자리에 쌓은 쌓기나무의 개수를 알았으니까 앞과 옆에서 볼 때 각 줄마다 가장 높은 층을 생각해서 그리면 돼.

앞에서 보면 왼쪽부터 3층, 3층, 2층으로 보이고,

옆에서 보면 왼쪽부터 3층, 2층, 3층으로 보이지.

아~ 위, 앞, 옆에서 본 모양을 그리면 오른쪽과 같구나!

6 위 앞 옆

7

쌓기나무 6개를 사용하여 조건 을 만족하도록 쌓았을 때 모두 몇 가지 모양을 만들 수 있는지 구해 보세요.

조건
- 2층짜리 모양입니다.
- 위에서 본 모양은 ▭▭▭▭입니다.

어떻게 풀었니?

조건을 만족하는 모양은 어떤 모양이 있는지 알아보자!

위에서 본 모양은 1층의 모양과 같으니까 1층에 사용한 쌓기나무는 4개야.

쌓기나무 6개를 사용해서 2층짜리 모양으로 쌓았다고 했으니까 2층에 사용한 쌓기나무는 2개지.

2층에 쌓기나무 2개를 쌓는 경우를 1층의 모양 위에 표시해 봐. 이때, 모양을 돌렸을 때 같은 모양은 제외해야 해.

2층 자리를 표시했어요. / 다른 방법으로 2층 자리를 표시해 보세요.

아~ 조건을 만족하도록 쌓았을 때 모두 4가지 모양을 만들 수 있구나!

8 6가지

9 6가지

---

2 위에서 본 모양을 보면 보이지 않는 부분에 쌓기나무가 있고, 보이지 않는 부분의 쌓기나무는 1개 또는 2개입니다. 따라서 똑같은 모양으로 쌓는 데 필요한 쌓기나무는 8개 또는 9개입니다.

4 쌓기나무를 가장 많이 쌓은 모양을 위에서 본 모양에 수를 써서 나타내면 오른쪽과 같습니다.

따라서 사용한 쌓기나무는

$2+2+2+3+1+2+1$

$=13$(개)입니다.

위

2	2	
2	3	1
	2	1

← 옆, ↑ 앞

6 쌓기나무로 쌓은 모양을 위에서 본 모양에 수를 써서 나타내면 오른쪽과 같습니다.

위

		3
3	2	2
2	1	1

8 2층짜리 모양이므로 1층에 5개, 2층에 2개인 경우이고, 모양을 돌렸을 때 같은 모양은 생각하지 않습니다.

따라서 [2|2|1|1|1], [2|1|2|1|1], [2|1|1|2|1], [2|1|1|1|2], [1|2|2|1|1], [1|2|1|2|1]로 모두 6가지 모양을 만들 수 있습니다.

9 3층짜리 모양이므로 1층에 4개, 2층에 2개, 3층에 1개인 경우이고, 모양을 돌렸을 때 같은 모양은 생각하지 않습니다.

따라서 [3|2|1|1], [3|1|2|1], [3|1|1|2], [1|3|2|1], [1|3|1|2], [1|1|3|2]로 모두 6가지 모양을 만들 수 있습니다.

쓰기 쉬운 서술형 30쪽

1 4, 3, 1, 4, 3, 1, 8 / 8개

1-1 8개

1-2 9개

1-3 4개

2 2, 2, 3, 1, 1, 9 / 9개

2-1 9개

3 4, 3, 13 / 13개

3-1 11개

4 3, 3, 3, 27, 5, 27, 5, 22 / 22개

4-1 4개

4-2 21개

4-3 17개

1-1 예 각 층별 쌓은 쌓기나무의 개수를 구해 보면 1층에 5개, 2층에 2개, 3층에 1개입니다. ··· ❶

따라서 주어진 모양과 똑같이 쌓는 데 필요한 쌓기나무는 $5+2+1=8$(개)입니다. ··· ❷

단계	문제 해결 과정
①	각 층별 쌓은 쌓기나무의 개수를 구했나요?
②	똑같이 쌓는 데 필요한 쌓기나무의 개수를 구했나요?

1-2 예 각 층별 쌓은 쌓기나무의 개수를 구해 보면 1층에 6개, 2층에 4개, 3층에 1개이므로 똑같이 쌓는 데 사용한 쌓기나무는 $6+4+1=11$(개)입니다. ··· ❶

따라서 남은 쌓기나무는 $20-11=9$(개)입니다. ··· ❷

단계	문제 해결 과정
①	똑같이 쌓는 데 사용한 쌓기나무의 개수를 구했나요?
②	남은 쌓기나무의 개수를 구했나요?

1-3 예 각 층별 쌓은 쌓기나무의 개수를 구해 보면 1층에 8개, 2층에 5개, 3층에 1개이므로 똑같이 쌓는 데 필요한 쌓기나무는 $8+5+1=14$(개)입니다. ··· ❶

따라서 더 필요한 쌓기나무는 $14-10=4$(개)입니다. ··· ❷

단계	문제 해결 과정
①	똑같이 쌓는 데 필요한 쌓기나무의 개수를 구했나요?
②	더 필요한 쌓기나무의 개수를 구했나요?

2-1 예 위에서 본 모양에 각 자리별 쌓은 쌓기나무의 수를 쓰면 오른쪽과 같습니다. ··· ❶

위

		1
3		1
2	1	1

따라서 똑같은 모양으로 쌓는 데 필요한 쌓기나무는 $1+3+1+2+1+1=9$(개)입니다. ··· ❷

단계	문제 해결 과정
①	각 자리별 쌓은 쌓기나무의 개수를 구했나요?
②	똑같은 모양으로 쌓는 데 필요한 쌓기나무의 개수를 구했나요?

3-1 예 위에서 본 모양에서 빨간색 부분에 있는 쌓기나무가 3개이므로 ○표 한 부분에는 쌓기나무가 최대 2개 있을 수 있습니다. ··· ❶

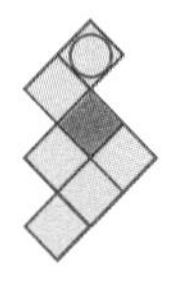

따라서 필요한 쌓기나무가 가장 많은 경우의 쌓기나무는 11개입니다. ··· ❷

단계	문제 해결 과정
①	가려서 보이지 않는 쌓기나무의 최대 개수를 구했나요?
②	필요한 쌓기나무가 가장 많은 경우의 쌓기나무의 개수를 구했나요?

4-1 예 만들 수 있는 가장 작은 정육면체는 가로로 2줄, 세로로 2줄씩 2층으로 쌓아야 하므로 필요한 쌓기나무는 8개입니다. ··· ❶

따라서 주어진 모양의 쌓기나무는 4개이므로 더 필요한 쌓기나무는 $8-4=4$(개)입니다. ··· ❷

단계	문제 해결 과정
①	가장 작은 정육면체를 만드는 데 필요한 쌓기나무의 개수를 구했나요?
②	더 필요한 쌓기나무의 개수를 구했나요?

4-2 예 만들 수 있는 가장 작은 정육면체는 가로로 3줄, 세로로 3줄씩 3층으로 쌓아야 하므로 필요한 쌓기나무는 27개입니다. ··· ❶

따라서 주어진 모양의 쌓기나무는 6개이므로 더 필요한 쌓기나무는 $27-6=21$(개)입니다. ··· ❷

단계	문제 해결 과정
①	가장 작은 정육면체를 만드는 데 필요한 쌓기나무의 개수를 구했나요?
②	더 필요한 쌓기나무의 개수를 구했나요?

4-3 예 만들 수 있는 가장 작은 직육면체는 가로로 4줄, 세로로 2줄씩 3층으로 쌓아야 하므로 필요한 쌓기나무는 24개입니다. ··· ❶

따라서 주어진 모양의 쌓기나무는 7개이므로 더 필요한 쌓기나무는 $24-7=17$(개)입니다. ··· ❷

단계	문제 해결 과정
①	가장 작은 직육면체를 만드는 데 필요한 쌓기나무의 개수를 구했나요?
②	더 필요한 쌓기나무의 개수를 구했나요?

3단원 수행 평가 36~37쪽

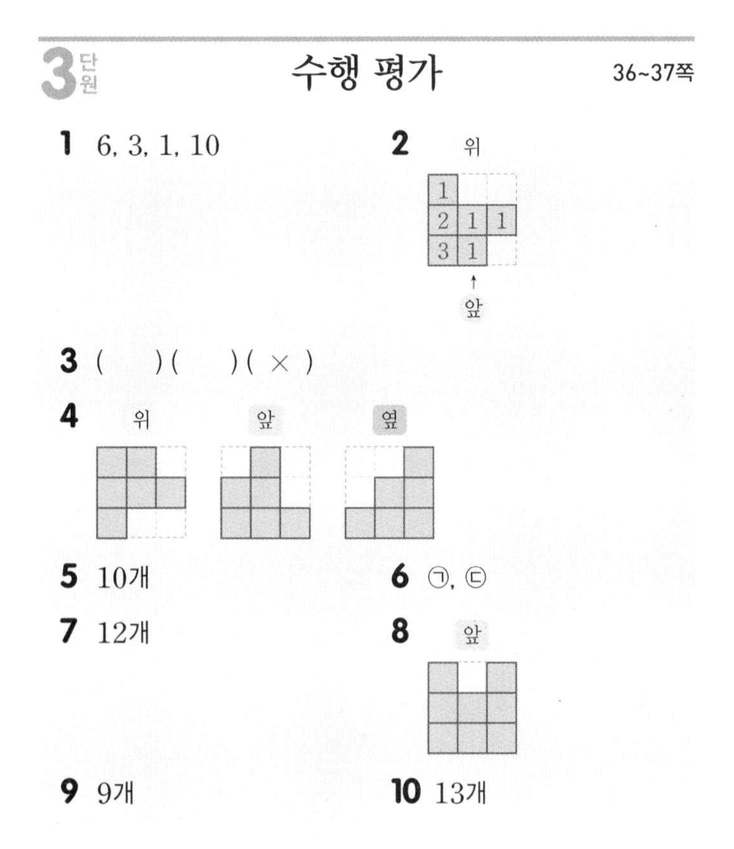

2 쌓기나무의 보이는 위의 면과 위에서 본 모양이 같으므로 뒤에 숨겨진 쌓기나무가 없습니다.

3 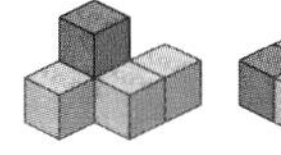 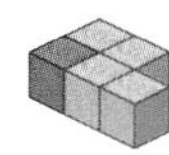

4 앞, 옆에서 본 모양을 그릴 때에는 각 방향에서 각 줄의 가장 높은 층수만큼 그립니다.

5 쌓기나무의 보이는 위의 면과 위에서 본 모양이 다르므로 뒤에 숨겨진 쌓기나무가 있습니다.

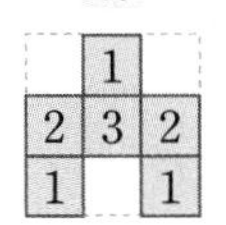

➡ (쌓기나무의 개수)
$=1+2+3+2+1+1=10$(개)

6 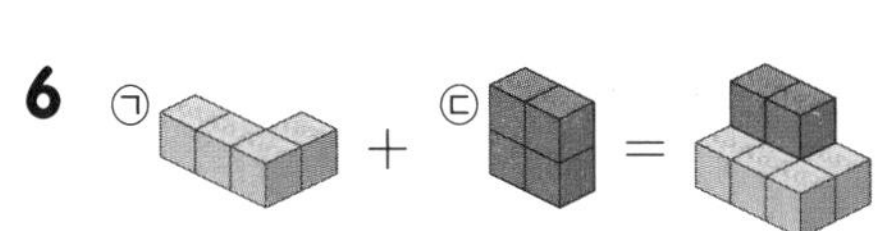

7 층별로 쌓은 쌓기나무의 개수를 알아보면
1층에 6개, 2층에 4개, 3층에 2개이므로 똑같은 모양으로 쌓는 데 필요한 쌓기나무는 $6+4+2=12$(개)입니다.

8 위에서 본 모양에 수를 써 보면 오른쪽과 같습니다.

위

3	1	
2	1	3
	2	

9 위에서 본 모양에 각 자리별 쌓은 쌓기나무의 개수가 확실한 것만 써 보면 오른쪽과 같습니다.
사용한 쌓기나무의 개수가 가장 적은 경우
○ = 1, △ = 2이므로 사용한 쌓기나무는
$1+1+3+2+1+1=9$(개)입니다.

위

1	○	3
	△	○
		1

서술형
10 예 정육면체 모양의 쌓기나무는 $3\times3\times3=27$(개)입니다.
남은 쌓기나무는 $8+4+2=14$(개)입니다.
따라서 빼낸 쌓기나무는 $27-14=13$(개)입니다.

평가 기준	배점
정육면체 모양의 쌓기나무 개수와 남은 쌓기나무의 개수를 각각 구했나요?	7점
빼낸 쌓기나무의 개수를 구했나요?	3점

4 비례식과 비례배분

➕ 개념 적용 38쪽

1

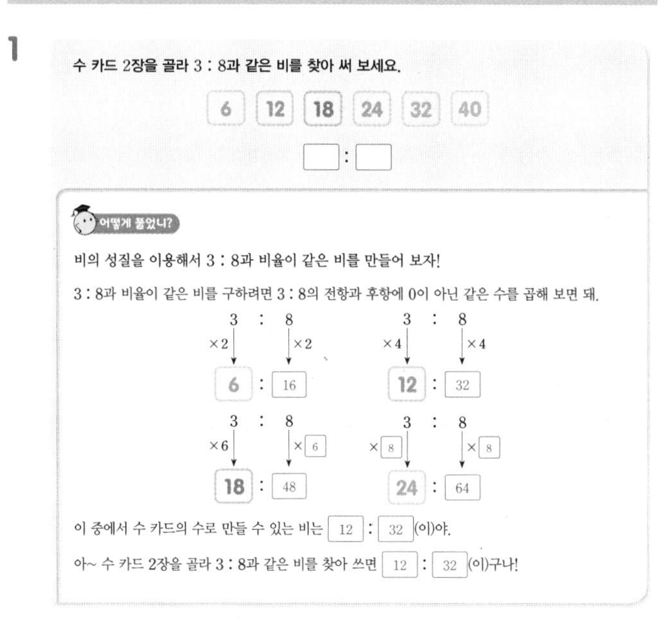

수 카드 2장을 골라 3 : 8과 같은 비를 찾아 써 보세요.

6 12 18 24 32 40

□ : □

어떻게 풀었니?

비의 성질을 이용해서 3 : 8과 비율이 같은 비를 만들어 보자!

3 : 8과 비율이 같은 비를 구하려면 3 : 8의 전항과 후항에 0이 아닌 같은 수를 곱해 보면 돼.

3 : 8 (×2, ×2) → 6 : 16
3 : 8 (×4, ×4) → 12 : 32
3 : 8 (×6, ×6) → 18 : 48
3 : 8 (×8, ×8) → 24 : 64

이 중에서 수 카드의 수로 만들 수 있는 비는 12 : 32 (이)야.

아~ 수 카드 2장을 골라 3 : 8과 같은 비를 찾아 쓰면 12 : 32 (이)구나!

2 (1) 14 : 49 (2) 10 : 4

3

각 비의 비율이 $\frac{2}{3}$가 되도록 □ 안에 알맞은 수를 써넣으세요.

4 : □ = □ : 18

비례식에서 각 비의 비율을 구해 보자!

비율이 같은 두 비를 기호 '='를 사용해서 나타낸 식을 비례식이라고 해.

문제에서 두 비의 비율이 $\frac{2}{3}$로 같다고 했으니까

4 : ㉠ = ㉡ : 18이라고 하면 4 : ㉠의 비율과 ㉡ : 18의 비율은 모두 $\frac{2}{3}$야.

▲ : ■의 비율은 $\frac{▲}{■}$이니까 4 : ㉠의 비율은 $\frac{4}{㉠}$, ㉡ : 18의 비율은 $\frac{㉡}{18}$으로 나타낼 수 있어.

그럼 $\frac{4}{㉠}=\frac{2}{3}$에서 $2\times㉠=4\times3$, $2\times㉠=12$, ㉠ = 6 (이)고,

$\frac{㉡}{18}=\frac{2}{3}$에서 $㉡\times3=2\times18$, $㉡\times3=36$, ㉡ = 12 이/가 되지.

아~ 각 비의 비율이 $\frac{2}{3}$가 되도록 □ 안에 알맞은 수를 써넣으면

4 : 6 = 12 : 18이구나!

4 9, 25

5 20

6

맞물려 돌아가는 두 톱니바퀴 가, 나가 있습니다. 톱니바퀴 가가 3번 도는 동안 톱니바퀴 나는 4번 돕니다. 톱니바퀴 나가 28번 도는 동안 톱니바퀴 가는 몇 번 도는지 구해 보세요.

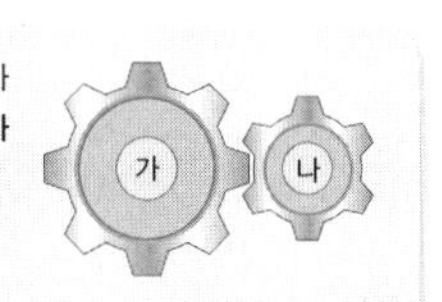

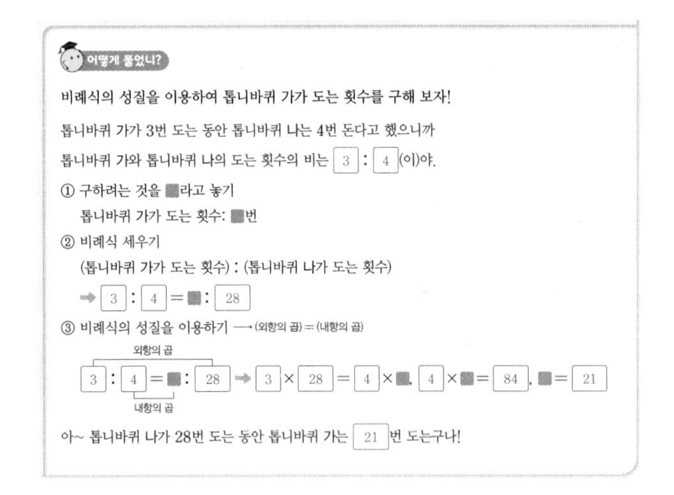
어떻게 풀었니?

비례식의 성질을 이용하여 톱니바퀴 가가 도는 횟수를 구해 보자!

톱니바퀴 가가 3번 도는 동안 톱니바퀴 나는 4번 돈다고 했으니까

톱니바퀴 가와 톱니바퀴 나의 도는 횟수의 비는 3 : 4 (이)야.

① 구하려는 것을 ■라고 놓기

톱니바퀴 가가 도는 횟수: ■번

② 비례식 세우기

(톱니바퀴 가가 도는 횟수) : (톱니바퀴 나가 도는 횟수)

➡ 3 : 4 = ■ : 28

③ 비례식의 성질을 이용하기 ⟶ (외항의 곱) = (내항의 곱)

3 : 4 = ■ : 28 ➡ 3 × 28 = 4 × ■, 4 × ■ = 84, ■ = 21

아~ 톱니바퀴 나가 28번 도는 동안 톱니바퀴 가는 21 번 도는구나!

7 42번

8 55번

9 진수와 소은이는 승관이의 생일 선물을 사기 위해 10000원을 모으려고 합니다. 진수와 소은이가 12 : 13으로 돈을 낸다면 진수와 소은이는 각각 얼마를 내야 하는지 구해 보세요.

진수 ( )

소은 ( )

어떻게 풀었니?

비례배분을 이용하여 진수와 소은이가 내야 하는 돈을 구해 보자!

전체를 주어진 비로 배분하는 것을 비례배분이라고 해.

진수와 소은이가 10000원을 12 : 13으로 낸다고 했으니까 그림을 그려 알아보면 다음과 같아.

10000

진수 소은

0 1

12 / 12+13 13 / 12+13

진수는 전체의 $\frac{12}{25}$만큼, 즉 $10000 \times \frac{12}{25} = 4800$(원)을 내야 하고,

소은이는 전체의 $\frac{13}{25}$만큼, 즉 $10000 \times \frac{13}{25} = 5200$(원)을 내야 해.

⟶ 10000 − (진수가 내야 하는 돈)으로 구할 수도 있습니다.

아~ 진수는 4800 원, 소은이는 5200 원을 내야 하는구나!

10 35장 / 25장

11 4개

---

2 (1) 2 : 7 ➡ (2 × 7) : (7 × 7) ➡ 14 : 49

(2) 30 : 12 ➡ (30 ÷ 3) : (12 ÷ 3) ➡ 10 : 4

4 ㉠ : 15 = 15 : ㉡이라고 하면 각 비의 비율이 $\frac{3}{5}$이므로

$\frac{㉠}{15} = \frac{3}{5}$, ㉠ × 5 = 3 × 15, ㉠ × 5 = 45, ㉠ = 9

$\frac{15}{㉡} = \frac{3}{5}$, 3 × ㉡ = 15 × 5, 3 × ㉡ = 75, ㉡ = 25

입니다.

5 8 : 14의 비율은 $\frac{8}{14} = \frac{4}{7}$이므로 □ : 35의 비율도 $\frac{4}{7}$

입니다.

$\frac{□}{35} = \frac{4}{7}$, □ × 7 = 4 × 35, □ × 7 = 140, □ = 20

7 톱니바퀴 나가 도는 횟수를 □번이라고 하면

5 : 7 = 30 : □입니다.

5 × □ = 7 × 30, 5 × □ = 210, □ = 42

따라서 톱니바퀴 나는 42번 돕니다.

8 톱니바퀴 가가 도는 횟수를 □번이라고 하면

11 : 8 = □ : 40입니다.

11 × 40 = 8 × □, 8 × □ = 440, □ = 55

따라서 톱니바퀴 가는 55번 돕니다.

10 (윤아) $= 60 \times \frac{7}{7+5} = 60 \times \frac{7}{12} = 35$(장),

(선우) $= 60 \times \frac{5}{7+5} = 60 \times \frac{5}{12} = 25$(장)

11 (은지) $= 68 \times \frac{9}{9+8} = 68 \times \frac{9}{17} = 36$(개),

(현서) $= 68 \times \frac{8}{9+8} = 68 \times \frac{8}{17} = 32$(개)

따라서 은지는 현서보다 36 − 32 = 4(개) 더 먹을 수 있습니다.

쓰기 쉬운 서술형 42쪽

1 $\frac{7}{10}$, $\frac{7}{10}$, 10, 30, 25, 21 / 25 : 21

1-1 ㉮ 15 : 8

2 아닙니다에 ○표, 3, 10, 30, 7, 6, 42, 다릅니다에 ○표

2-1 풀이 참조

3 4.5, 4.5, 4.5, 18, 6, 6 / 6 L

3-1 42장

3-2 140 cm

3-3 70개

4 280, 2, 2, 5, 280, 2, 7, 80, 80 / 80 g

4-1 28개

4-2 6만 원

4-3 75개

1-1 예 $\frac{4}{5}$를 소수로 바꾸면 0.8입니다. ---- ❶

1.5 : 0.8의 전항과 후항에 10을 곱하면 15 : 8이 됩니다. ---- ❷

단계	문제 해결 과정
①	분수를 소수로 바꿨나요?
②	간단한 자연수의 비로 나타내었나요?

2-1 예 비례식입니다. ---- ❶

(외항의 곱) $= 27 \times 4 = 108$,

(내항의 곱) $= 12 \times 9 = 108$

➡ 외항의 곱과 내항의 곱이 같습니다. ---- ❷

단계	문제 해결 과정
①	비례식인지 아닌지 썼나요?
②	이유를 설명했나요?

3-1 예 연우가 받은 붙임 딱지 수를 □장이라고 하면

4 : 7 = 24 : □입니다. ---- ❶

4 : 7 = 24 : □ ➡ 4 × □ = 7 × 24, 4 × □ = 168, □ = 42

따라서 연우가 받은 붙임 딱지는 42장입니다. ---- ❷

단계	문제 해결 과정
①	비례식을 바르게 세웠나요?
②	연우가 받은 붙임 딱지 수를 구했나요?

3-2 예 책상의 가로의 길이를 □cm라고 하면

7 : 3 = □ : 60입니다. ---- ❶

7 : 3 = □ : 60 ➡ 7 × 60 = 3 × □, 3 × □ = 420, □ = 140

따라서 책상의 가로는 140 cm입니다. ---- ❷

단계	문제 해결 과정
①	비례식을 바르게 세웠나요?
②	책상의 가로의 길이를 구했나요?

3-3 예 유나가 빚은 만두 수를 □개라고 하면

9 : 10 = 63 : □입니다. ---- ❶

9 : 10 = 63 : □ ➡ 9 × □ = 10 × 63,

9 × □ = 630, □ = 70

따라서 유나가 빚은 만두는 70개입니다. ---- ❷

단계	문제 해결 과정
①	비례식을 바르게 세웠나요?
②	유나가 빚은 만두 수를 구했나요?

4-1 예 (민지) $= 63 \times \frac{4}{5+4}$ ---- ❶

$= 63 \times \frac{4}{9} = 28$(개)

따라서 민지가 가져야 하는 구슬은 28개입니다. ---- ❷

단계	문제 해결 과정
①	민지가 가져야 하는 구슬 수를 구하는 과정을 썼나요?
②	민지가 가져야 하는 구슬 수를 구했나요?

4-2 예 (민하) : (현주) = 40만 : 60만 = 2 : 3 ---- ❶

(민하) $=$ 15만 $\times \frac{2}{2+3} =$ 15만 $\times \frac{2}{5} =$ 6만 (원)

따라서 민하는 6만 원을 받을 수 있습니다. ---- ❷

단계	문제 해결 과정
①	민하와 현주가 투자한 금액의 비를 간단한 자연수의 비로 나타내었나요?
②	민하가 받을 수 있는 금액을 구했나요?

4-3 예 처음에 있던 초콜릿의 수를 □개라고 하면

□ $\times \frac{7}{8+7} = 35$입니다. ---- ❶

□ $\times \frac{7}{15} = 35$, □ $= 35 \div \frac{7}{15} = 35 \times \frac{15}{7} = 75$

따라서 처음에 있던 초콜릿은 75개입니다. ---- ❷

단계	문제 해결 과정
①	처음에 있던 초콜릿의 수를 □개라고 하여 식을 세웠나요?
②	처음에 있던 초콜릿의 수를 구했나요?

4단원 수행 평가 48~49쪽

1 28

2 (1) 예 3 : 7 (2) 예 40 : 27

3 ㉡, ㉣

4 45, 4 / 20, 9

5 ㉠, ㉢

6 3, 9

7 49, 63

8 30번

9 18 cm

10 은채: 20000원, 서하: 8000원

1 비의 전항과 후항에 0이 아닌 같은 수를 곱하여도 비율은 같습니다.

×4
7 : 15 　 28 : 60
×4

2 (1) 0.6 : 1.4 ➡ (0.6 × 10) : (1.4 × 10)

➡ 6 : 14 ➡ (6 ÷ 2) : (14 ÷ 2) ➡ 3 : 7

(2) $\frac{5}{9} : \frac{3}{8}$ ➡ $\left(\frac{5}{9} \times 72\right) : \left(\frac{3}{8} \times 72\right)$ ➡ 40 : 27

3 $6:10 \Rightarrow 3:5 \Rightarrow \frac{3}{5}$

㉠ $\frac{1}{3}:\frac{1}{5} \Rightarrow 5:3 \Rightarrow \frac{5}{3}$

㉡ $3:5 \Rightarrow \frac{3}{5}$

㉢ $1.8:0.3 \Rightarrow 18:3 \Rightarrow 6:1 \Rightarrow 6$

㉣ $4\frac{1}{5}:7 \Rightarrow 4.2:7 \Rightarrow 42:70 \Rightarrow 3:5 \Rightarrow \frac{3}{5}$

4 비례식에서 바깥쪽에 있는 두 수를 외항, 안쪽에 있는 두 수를 내항이라고 합니다.

5 비례식에서 외항의 곱과 내항의 곱은 같습니다.

㉠ $\frac{1}{8}\times 8=\frac{1}{7}\times 7=1$

㉢ $2.5\times 12=4\times 7\frac{1}{2}=30$

6 ㉠ : 8 = ㉡ : 24라고 하면
내항의 곱이 72이므로 8 × ㉡ = 72, ㉡ = 9입니다.
외항의 곱도 72이므로 ㉠ × 24 = 72, ㉠ = 3입니다.

7 후항이 63이므로 □ : 63입니다.
7 : 9의 비율은 $\frac{7}{9}$이므로 $\frac{7}{9}=\frac{□}{63}$, □ = 49입니다.
따라서 조건을 만족하는 비는 49 : 63입니다.

8 톱니바퀴 가가 도는 횟수를 □번이라고 하면
12 : 20 = □ : 50입니다.
12 × 50 = 20 × □, 20 × □ = 600, □ = 30
따라서 톱니바퀴 가는 30번 돕니다.

9 액자의 둘레가 60 cm이므로 가로와 세로의 길이의 합은 30 cm입니다.
$(가로)=30\times\frac{3}{3+2}=30\times\frac{3}{5}=18\,(cm)$

서술형
10 예 (은채) : (서하) = 5만 : 2만 = 5 : 2
$(은채)=28000\times\frac{5}{5+2}=28000\times\frac{5}{7}$
$=20000(원)$
$(서하)=28000\times\frac{2}{5+2}=28000\times\frac{2}{7}$
$=8000(원)$

평가 기준	배점
은채와 서하의 투자한 금액의 비를 구했나요?	3점
은채와 서하가 받을 수 있는 금액을 각각 구했나요?	7점

5 원의 넓이

⊕ 개념 적용 50쪽

1 길이가 94.2 cm인 종이 띠를 겹치지 않게 붙여서 원을 만들었습니다. 만들어진 원의 지름을 구해 보세요. (원주율: 3.14)

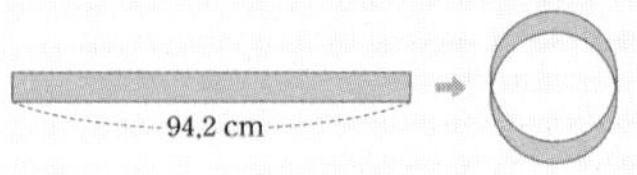

어떻게 풀었니?

원주를 이용해서 지름을 구하는 방법을 알아보자!
원의 둘레를 원주, 원의 지름에 대한 원주의 비율을 원주율이라고 해.
원주는 (지름) × (원주율)이니까 곱셈과 나눗셈의 관계를 이용하면
(원주) = (지름) × (원주율)
⇒ (지름) = (원주) ÷ (원주율)
로 구할 수 있어.
만들어진 원에서 원주는 종이 띠의 길이와 같고, 원주율은 3.14라고 했으니까
지름은 94.2 ÷ 3.14 = 30 (cm)야.
아~ 만들어진 원의 지름은 30 cm구나!

2 20 cm

3 17 cm

4 바퀴의 지름이 20 m인 원 모양의 대관람차에 4 m 간격으로 관람차가 매달려 있습니다. 모두 몇 대의 관람차가 매달려 있는지 구해 보세요. (원주율: 3)

어떻게 풀었니?

대관람차의 둘레를 구해서 관람차가 몇 대인지 구해 보자!
대관람차의 둘레에 관람차가 4 m 간격으로 매달려 있으니까 먼저 대관람차의 둘레를 알아야 해.
대관람차는 바퀴의 지름이 20 m인 원 모양이니까
(원주) = (지름) × (원주율)
로 대관람차의 둘레를 구할 수 있어.
(대관람차의 원주) = 20 × 3 = 60 (m)
원주가 60 m인 원 둘레를 4 m 간격으로 나누면 간격 수는
60 ÷ 4 = 15 (군데)가 되지.
아~ 대관람차에 매달려 있는 관람차는 모두 15 대구나!

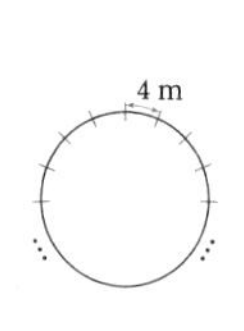

5 135개

6 3 cm

7 색칠한 부분의 넓이를 구해 보세요. (원주율: 3.1)

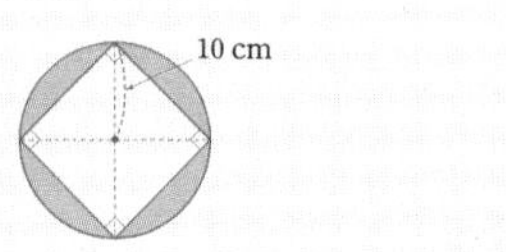

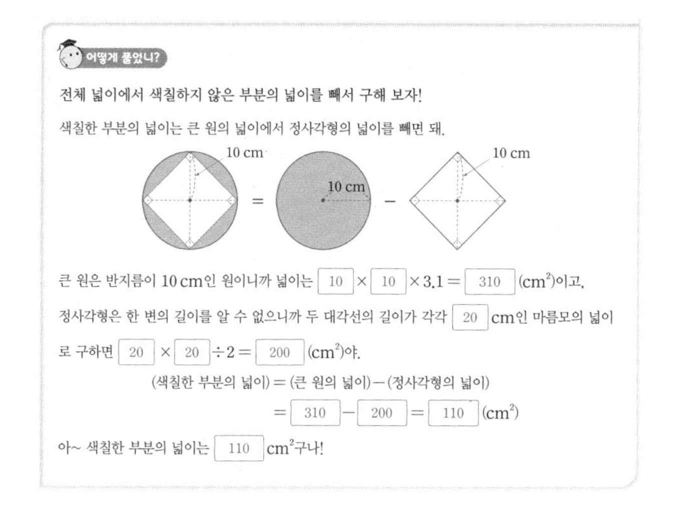
어떻게 풀었니?

전체 넓이에서 색칠하지 않은 부분의 넓이를 빼서 구해 보자!

색칠한 부분의 넓이는 큰 원의 넓이에서 정사각형의 넓이를 빼면 돼.

큰 원은 반지름이 10 cm인 원이니까 넓이는 10 × 10 × 3.1 = 310 (cm²)이고,

정사각형은 한 변의 길이를 알 수 없으니까 두 대각선의 길이가 각각 20 cm인 마름모의 넓이로 구하면 20 × 20 ÷ 2 = 200 (cm²)야.

(색칠한 부분의 넓이) = (큰 원의 넓이) − (정사각형의 넓이)
= 310 − 200 = 110 (cm²)

아~ 색칠한 부분의 넓이는 110 cm²구나!

8 (1) $150.72\ \text{cm}^2$ (2) $30.96\ \text{cm}^2$

9 잔디밭의 넓이를 구해 보세요. (원주율: 3.1)

15 m
30 m

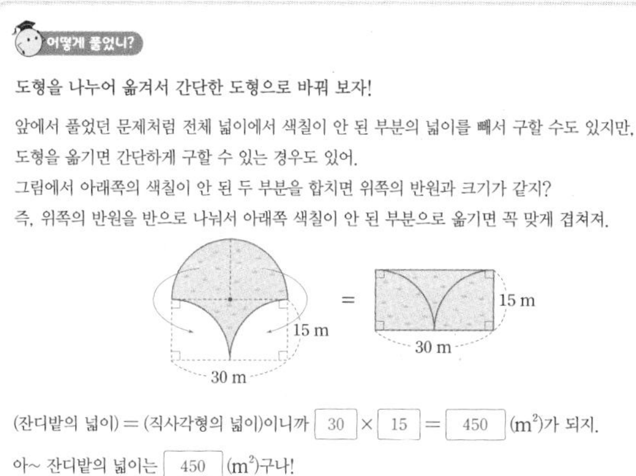
어떻게 풀었니?

도형을 나누어 옮겨서 간단한 도형으로 바꿔 보자!

앞에서 풀었던 문제처럼 전체 넓이에서 색칠이 안 된 부분의 넓이를 빼서 구할 수도 있지만, 도형을 옮기면 간단하게 구할 수 있는 경우도 있어.

그림에서 아래쪽의 색칠이 안 된 두 부분을 합치면 위쪽의 반원과 크기가 같지?

즉, 위쪽의 반원을 반으로 나눠서 아래쪽 색칠이 안 된 부분으로 옮기면 꼭 맞게 겹쳐져.

(잔디밭의 넓이) = (직사각형의 넓이)이니까 30 × 15 = 450 (m²)가 되지.

아~ 잔디밭의 넓이는 450 (m²)구나!

10 (1) $99.2\ \text{cm}^2$ (2) $50\ \text{cm}^2$

---

2 (지름) = (원주) ÷ (원주율) $= 62 \div 3.1 = 20$ (cm)

3 (지름) = (원주) ÷ (원주율) $= 102 \div 3 = 34$ (cm)
➡ (반지름) $= 34 \div 2 = 17$ (cm)

5 (훌라후프의 원주) $= 90 \times 3 = 270$ (cm)
돌기의 간격이 2 cm이므로 훌라후프에
$270 \div 2 = 135$(개)의 돌기가 달려 있습니다.

6 (원주) $= 30 \times 2 \times 3.1 = 186$ (cm)
원 둘레에 점을 62개 찍으므로 점과 점 사이의 간격은
$186 \div 62 = 3$ (cm)입니다.

8 (1) (색칠한 부분의 넓이)
= (큰 원의 넓이) − (작은 원의 넓이)
$= 8 \times 8 \times 3.14 - 4 \times 4 \times 3.14$
$= 200.96 - 50.24 = 150.72$ (cm²)
(2) (색칠한 부분의 넓이)
= (정사각형의 넓이) − (반원의 넓이) × 2
$= 12 \times 12 - 6 \times 6 \times 3.14 \div 2 \times 2$
$= 144 - 113.04 = 30.96$ (cm²)

10 (1) 오른쪽과 같이 아래쪽 작은 반원을 위쪽으로 옮기면 큰 반원이 됩니다.
(색칠한 부분의 넓이)
$= 8 \times 8 \times 3.1 \div 2 = 99.2$ (cm²)

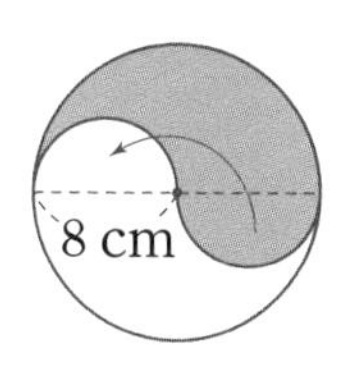

(2) 오른쪽과 같이 색칠한 부분을 옮기면 직각삼각형이 됩니다.
(색칠한 부분의 넓이)
$= 10 \times 10 \div 2 = 50$ (cm²)

10 cm
10 cm

쓰기 쉬운 서술형 54쪽

1 6, 18.84, 5, 31.4, 18.84, 31.4, 50.24 / 50.24 cm
1-1 12.4 cm
2 8, 4, 4, 4, 3.1, 49.6 / 49.6 cm²
2-1 28.26 cm²
3 12.56, 3.14, 4, 4 / 4 cm
3-1 7 cm
3-2 5 cm
3-3 12 cm
4 22, 44, 11, 34.54, 44, 34.54, 78.54 / 78.54 cm
4-1 56.8 cm
4-2 37.68 cm²
4-3 155 cm²

1-1 예 (원 가의 원주) $= 8 \times 2 \times 3.1 = 49.6$ (cm),
(원 나의 원주) $= 12 \times 3.1 = 37.2$ (cm) ···❶
따라서 두 원의 원주의 차는
$49.6 - 37.2 = 12.4$ (cm)입니다. ···❷

단계	문제 해결 과정
①	두 원 가, 나의 원주를 각각 구했나요?
②	두 원 가, 나의 원주의 차를 구했나요?

2-1 예 직사각형 안에 그릴 수 있는 가장 큰 원의 지름은 6 cm이므로 그린 원의 반지름은 3 cm입니다. ···❶
따라서 그린 원의 넓이는
$3 \times 3 \times 3.14 = 28.26$ (cm²)입니다. ···❷

단계	문제 해결 과정
①	직사각형 안에 그린 원의 반지름을 구했나요?
②	직사각형 안에 그린 원의 넓이를 구했나요?

3-1 예 (원의 반지름) = (원주) ÷ (원주율) ÷ 2
$= 43.4 \div 3.1 \div 2$ ··· ❶
$= 7$ (cm)
따라서 원의 반지름은 7 cm입니다. ··· ❷

단계	문제 해결 과정
①	원의 반지름을 구하는 과정을 썼나요?
②	원의 반지름을 구했나요?

3-2 예 (원의 넓이) = (반지름) × (반지름) × 3.1
= 77.5이므로
(반지름) × (반지름) $= 77.5 \div 3.1 = 25$입니다. ··· ❶
따라서 $5 \times 5 = 25$이므로
원의 반지름은 5 cm입니다. ··· ❷

단계	문제 해결 과정
①	원의 반지름을 구하는 과정을 썼나요?
②	원의 반지름을 구했나요?

3-3 예 (원의 넓이) = (반지름) × (반지름) × 3 = 108이므로
(반지름) × (반지름) $= 108 \div 3 = 36$입니다.
$6 \times 6 = 36$이므로 원의 반지름은 6 cm입니다. ··· ❶
따라서 원의 지름은 $6 \times 2 = 12$ (cm)입니다. ··· ❷

단계	문제 해결 과정
①	원의 반지름을 구했나요?
②	원의 지름을 구했나요?

4-1 예 (직선 부분의 합) $= 8 \times 4 = 32$ (cm),
(곡선 부분의 합) = (반지름이 4 cm인 원의 둘레)
$= 4 \times 2 \times 3.1 = 24.8$ (cm) ··· ❶
따라서 (색칠한 부분의 둘레) $= 32 + 24.8$
$= 56.8$ (cm)입니다. ··· ❷

단계	문제 해결 과정
①	직선 부분의 합과 곡선 부분의 합을 각각 구했나요?
②	색칠한 부분의 둘레를 구했나요?

4-2 예 (큰 원의 넓이) $= 4 \times 4 \times 3.14 = 50.24$ (cm^2),
(작은 원의 넓이) $= 2 \times 2 \times 3.14 = 12.56$ (cm^2)
··· ❶
따라서 (색칠한 부분의 넓이) $= 50.24 - 12.56$
$= 37.68$ (cm^2)입니다. ··· ❷

단계	문제 해결 과정
①	큰 원과 작은 원의 넓이를 각각 구했나요?
②	색칠한 부분의 넓이를 구했나요?

4-3 예 (큰 원의 넓이) $= 10 \times 10 \times 3.1 = 310$ (cm^2),
(작은 원의 넓이) $= 5 \times 5 \times 3.1 = 77.5$ (cm^2) ··· ❶
따라서 (색칠한 부분의 넓이) $= 310 - 77.5 \times 2$
$= 310 - 155 = 155$ (cm^2)입니다. ··· ❷

단계	문제 해결 과정
①	큰 원과 작은 원의 넓이를 각각 구했나요?
②	색칠한 부분의 넓이를 구했나요?

5단원 수행 평가 60~61쪽

1 3.14, 3.14 / 지름, 원주
2 6, 2, 37.2
3 32, 64
4 78.5 cm^2
5 372 cm
6 나, 86.8 cm^2
7 18.6 cm
8 ㉡, ㉠, ㉢
9 92.52 cm
10 25 cm^2

1 원의 크기와 관계없이 원주율은 일정합니다.

2 (원주) = (반지름) × 2 × (원주율)

3 (원 안의 정사각형의 넓이) $= 8 \times 8 \div 2 = 32$ (cm^2)
(원 밖의 정사각형의 넓이) $= 8 \times 8 = 64$ (cm^2)

4 (원의 반지름) $= 10 \div 2 = 5$ (cm)
(원의 넓이) $= 5 \times 5 \times 3.14 = 78.5$ (cm^2)

5 (바퀴의 원주) $= 40 \times 3.1 = 124$ (cm)
(바퀴가 굴러간 거리) $= 124 \times 3 = 372$ (cm)

6 (원 가의 넓이) $= 6 \times 6 \times 3.1 = 111.6$ (cm^2)
(원 나의 넓이) $= 8 \times 8 \times 3.1 = 198.4$ (cm^2)
따라서 원 나의 넓이가 $198.4 - 111.6 = 86.8$ (cm^2) 더 넓습니다.

7 (반지름) × (반지름) $= 27.9 \div 3.1 = 9$,
$3 \times 3 = 9$이므로 원의 반지름은 3 cm입니다.
➡ (원주) $= 3 \times 2 \times 3.1 = 18.6$ (cm)

8 ㉡ (반지름) = $54 \div 3 \div 2 = 9$ (cm)

㉢ (반지름) × (반지름) = $147 \div 3 = 49$,

(반지름) = 7 cm

반지름이 길수록 큰 원이므로 크기가 큰 원부터 차례로 쓰면 ㉡, ㉠, ㉢입니다.

9 (직선 부분의 합) = $18 \times 2 = 36$ (cm)

(곡선 부분의 합) = (반지름이 9 cm인 원의 둘레)

= $9 \times 2 \times 3.14 = 56.52$ (cm)

(색칠한 부분의 둘레) = $36 + 56.52 = 92.52$ (cm)

서술형

10 예 (정사각형의 넓이) = $10 \times 10 = 100$ (cm^2)

$\left(\text{원의 넓이의 } \frac{1}{4}\right) = 10 \times 10 \times 3 \times \frac{1}{4} = 75$ (cm^2)

따라서 색칠한 부분의 넓이는

$100 - 75 = 25$ (cm^2)입니다.

평가 기준	배점
정사각형의 넓이와 색칠하지 않은 부분의 넓이를 각각 구했나요?	5점
색칠한 부분의 넓이를 구했나요?	5점

6 원기둥, 원뿔, 구

➕ 개념 적용 62쪽

1 한 변을 기준으로 직사각형 모양의 종이를 돌려 만든 입체도형의 높이는 몇 cm인지 구해 보세요.

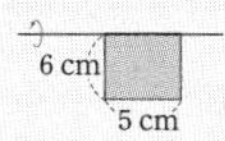

어떻게 풀었니?

원기둥의 높이에 대해 알아보자!

원기둥에서 서로 평행하고 합동인 두 면을 밑면이라 하고, 두 밑면에 (수직인, 평행한) 선분의 길이를 높이라고 해.
그림과 같이 한 변을 기준으로 직사각형 모양의 종이를 돌리면 원기둥이 만들어져.
이때 원기둥의 높이가 항상 ↕ 방향이라고 생각하면 안 돼.
원기둥의 밑면의 모양은 원이니까 두 원에 수직인 선분을 찾아서 표시해 봐.

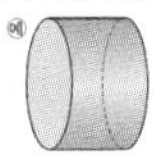

원기둥의 높이는 직사각형 모양 종이의 (가로, 세로)와 같다는 걸 알 수 있지.
아~ 직사각형 모양의 종이를 돌려 만든 입체도형의 높이는 [5] cm구나!

2 5 cm

3 원기둥 모양의 과자 상자를 잘라 펼쳤습니다. 전개도를 보고 원기둥의 높이와 밑면의 반지름을 각각 구해 보세요. (원주율 3.1)

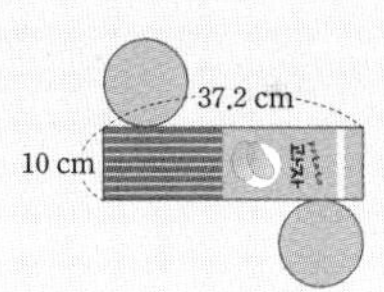

어떻게 풀었니?

원기둥의 전개도에서 길이를 알아보자!

원기둥을 잘라서 펼쳐 놓은 그림을 원기둥의 전개도라고 해. 원기둥의 전개도를 접으면 다시 원기둥이 되지. 그림을 보면 원기둥의 전개도에서 옆면의 세로는 원기둥의 높이와 같고, 옆면의 가로는 원기둥의 밑면의 둘레와 같다는 걸 알 수 있어.

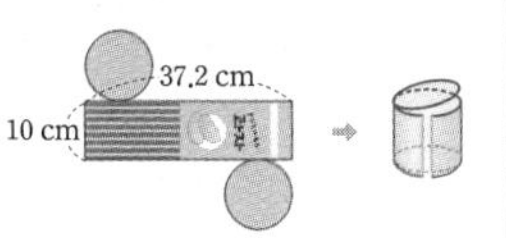

(원기둥의 높이) = (옆면의 세로) = [10] cm

(원기둥의 밑면의 지름) = (원기둥의 밑면의 둘레) ÷ (원주율)

= (옆면의 가로) ÷ (원주율)

= [37.2] ÷ 3.1 = [12] (cm)

➡ (원기둥의 밑면의 반지름) = [12] ÷ 2 = [6] (cm)

아~ 원기둥의 높이는 [10] cm, 밑면의 반지름은 [6] cm구나!

4 8, 4

5 한 변을 기준으로 어떤 평면도형을 돌려서 만든 입체도형입니다. 돌리기 전의 평면도형의 넓이는 몇 cm^{2}인지 구해 보세요.

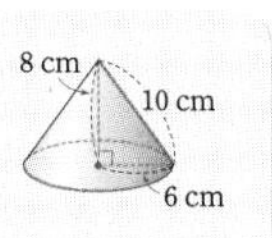

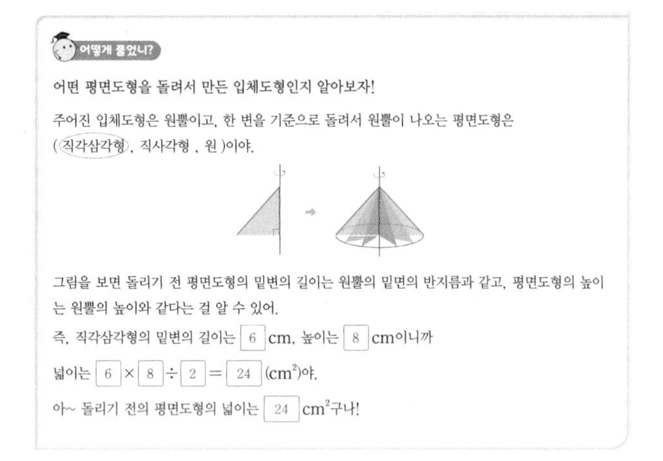
어떻게 풀었니?

어떤 평면도형을 돌려서 만든 입체도형인지 알아보자!

주어진 입체도형은 원뿔이고, 한 변을 기준으로 돌려서 원뿔이 나오는 평면도형은 (직각삼각형, 직사각형, 원)이야.

그림을 보면 돌리기 전 평면도형의 밑변의 길이는 원뿔의 밑면의 반지름과 같고, 평면도형의 높이는 원뿔의 높이와 같다는 걸 알 수 있어.

즉, 직각삼각형의 밑변의 길이는 6 cm, 높이는 8 cm이니까

넓이는 $6 \times 8 \div 2 = 24$ (cm²)야.

아~ 돌리기 전의 평면도형의 넓이는 24 cm²구나!

6 $30\,cm^2$

7 $243\,cm^2$

8

지름을 기준으로 반원 모양의 종이를 돌려 만든 입체도형의 반지름은 몇 cm인지 구해 보세요.

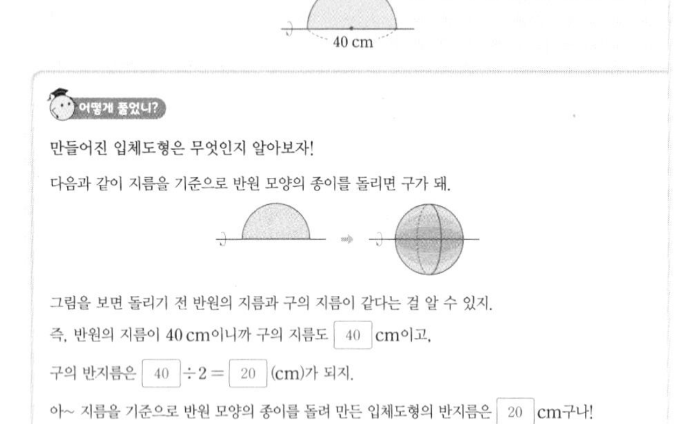

어떻게 풀었니?

만들어진 입체도형은 무엇인지 알아보자!

다음과 같이 지름을 기준으로 반원 모양의 종이를 돌리면 구가 돼.

그림을 보면 돌리기 전 반원의 지름과 구의 지름이 같다는 걸 알 수 있지.

즉, 반원의 지름이 40 cm이니까 구의 지름도 40 cm이고,

구의 반지름은 $40 \div 2 = 20$ (cm)가 되지.

아~ 지름을 기준으로 반원 모양의 종이를 돌려 만든 입체도형의 반지름은 20 cm구나!

9 26 cm

10 $38.75\,cm^2$

---

2 한 변을 기준으로 직사각형 모양의 종이를 돌리면 원기둥이 만들어집니다. 이때 원기둥의 밑면의 반지름은 돌리기 전 직사각형의 세로와 같고, 원기둥의 높이는 돌리기 전 직사각형의 가로와 같습니다.
(원기둥의 밑면의 지름) $= 7 \times 2 = 14$ (cm),
(원기둥의 높이) $= 9$ cm
➡ (원기둥의 밑면의 지름과 높이의 차)
$= 14 - 9 = 5$ (cm)

4 원기둥의 전개도에서 옆면의 세로는 원기둥의 높이와 같으므로 원기둥의 높이는 8 cm입니다.
옆면의 가로는 원기둥의 밑면의 둘레와 같으므로
(지름) $= 25.12 \div 3.14 = 8$ (cm)이고,
(반지름) $= 8 \div 2 = 4$ (cm)입니다.

6 돌리기 전의 평면도형은 밑변의 길이가 12 cm, 높이가 5 cm인 직각삼각형입니다.
따라서 돌리기 전의 평면도형의 넓이는
$12 \times 5 \div 2 = 30$ (cm²)입니다.

7 한 변을 기준으로 직각삼각형 모양의 종이를 돌리면 원뿔이 만들어지고, 이때 원뿔의 밑면의 반지름은 9 cm입니다.
➡ (밑면의 넓이) $= 9 \times 9 \times 3 = 243$ (cm²)

9 지름을 기준으로 반원 모양의 종이를 돌려 만든 입체도형은 구이고, 구의 반지름은 반원의 반지름과 같으므로 13 cm입니다.
➡ (구의 지름) = (구의 반지름) × 2
$= 13 \times 2 = 26$ (cm)

10 돌리기 전의 반원의 지름은 구의 지름과 같으므로 10 cm입니다.
(반원의 반지름) $= 10 \div 2 = 5$ (cm)
➡ (반원의 넓이) $= 5 \times 5 \times 3.1 \div 2 = 38.75$ (cm²)

쓰기 쉬운 서술형 66쪽

1 6, 9, 9, 6, 3 / 3 cm
1-1 2 cm
2 원기둥에 ○표, 가로에 ○표, 7, 7, 2, 14 / 14 cm
2-1 16 cm
3 6, 4, 6, 4, 20 / 20 cm
3-1 50 cm
3-2 $111.6\,cm^2$
3-3 $8\,cm^2$
4 밑면의 둘레에 ○표, 2, 2, 3.1, 12.4 / 12.4 cm
4-1 18.56 cm
4-2 $74.4\,cm^2$
4-3 6 cm

1-1 예 원기둥의 높이는 두 밑면에 수직인 선분의 길이이므로 7 cm이고, 원뿔의 높이는 원뿔의 꼭짓점에서 밑면에 수직인 선분의 길이이므로 5 cm입니다. ···· ❶
따라서 원기둥과 원뿔의 높이의 차는
$7 - 5 = 2$ (cm)입니다. ···· ❷

단계	문제 해결 과정
①	원기둥과 원뿔의 높이를 각각 구했나요?
②	원기둥과 원뿔의 높이의 차를 구했나요?

2-1 ⓔ 한 변을 기준으로 직각삼각형 모양의 종이를 돌려 만든 입체도형은 원뿔이고, 밑면의 반지름은 8 cm입니다. ···· ❶
따라서 입체도형의 밑면의 지름은 $8 \times 2 = 16$ (cm)입니다. ···· ❷

단계	문제 해결 과정
①	입체도형의 밑면의 반지름을 구했나요?
②	입체도형의 밑면의 지름을 구했나요?

3-1 ⓔ 원뿔을 앞에서 본 모양은 오른쪽과 같은 삼각형입니다. ···· ❶
따라서 원뿔을 앞에서 본 모양의 둘레는 $17 + 16 + 17 = 50$ (cm)입니다. ···· ❷

17 cm 17 cm 16 cm

단계	문제 해결 과정
①	원뿔을 앞에서 본 모양을 알았나요?
②	원뿔을 앞에서 본 모양의 둘레를 구했나요?

3-2 ⓔ 구를 위에서 본 모양은 오른쪽과 같은 원입니다. ···· ❶
따라서 구의 반지름은 $12 \div 2 = 6$ (cm)이므로 구를 위에서 본 모양의 넓이는
$6 \times 6 \times 3.1 = 111.6$ (cm^2)입니다. ···· ❷

12 cm

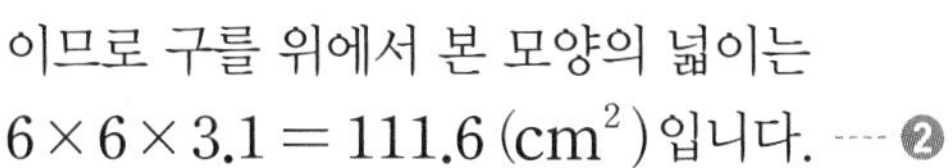

단계	문제 해결 과정
①	구를 위에서 본 모양을 알았나요?
②	구를 위에서 본 모양의 넓이를 구했나요?

3-3 ⓔ 원기둥을 위에서 본 모양은 반지름이 2 cm인 원이고, 앞에서 본 모양은 가로가 4 cm, 세로가 5 cm인 직사각형입니다. ···· ❶
(원기둥을 위에서 본 모양의 넓이)
$= 2 \times 2 \times 3 = 12$ (cm^2),
(원기둥을 앞에서 본 모양의 넓이)
$= 4 \times 5 = 20$ (cm^2) ···· ❷
따라서 두 넓이의 차는 $20 - 12 = 8$ (cm^2)입니다. ···· ❸

단계	문제 해결 과정
①	원기둥을 위에서 본 모양과 앞에서 본 모양을 알았나요?
②	원기둥을 위에서 본 모양과 앞에서 본 모양의 넓이를 각각 구했나요?
③	원기둥을 위에서 본 모양과 앞에서 본 모양의 넓이의 차를 구했나요?

4-1 ⓔ 원기둥의 전개도에서 한 밑면의 둘레는 $1 \times 2 \times 3.14 = 6.28$ (cm)입니다. ···· ❶
옆면의 모양은 직사각형입니다. 직사각형의 가로는 밑면의 둘레와 같으므로 6.28 cm이고, 직사각형의 세로는 옆면의 높이와 같으므로 3 cm입니다.
(옆면의 둘레) = (직사각형의 둘레)
$= (가로) \times 2 + (세로) \times 2$
$= 6.28 \times 2 + 3 \times 2$
$= 12.56 + 6 = 18.56$ (cm) ···· ❷

단계	문제 해결 과정
①	한 밑면의 둘레를 구했나요?
②	옆면의 둘레를 구했나요?

4-2 ⓔ 원기둥의 전개도에서 옆면의 가로는 밑면의 둘레와 같으므로 $3 \times 2 \times 3.1 = 18.6$ (cm)입니다. ···· ❶
따라서 옆면의 넓이는 $18.6 \times 4 = 74.4$ (cm^2)입니다. ···· ❷

단계	문제 해결 과정
①	옆면의 가로를 구했나요?
②	옆면의 넓이를 구했나요?

4-3 ⓔ 원기둥의 전개도에서 밑면의 둘레는 옆면의 가로와 같으므로 37.68 cm입니다. ···· ❶
따라서 밑면의 반지름은 $37.68 \div 3.14 \div 2 = 6$ (cm)입니다. ···· ❷

단계	문제 해결 과정
①	밑면의 둘레를 구했나요?
②	밑면의 반지름을 구했나요?

6단원 수행 평가 72~73쪽

1 (1) ㉠, ㉤ (2) ㉡, ㉣
2 16 cm **3** 높이
4 ㉠, ㉣ **5** 22 cm
6 ㉢ **7** ②, ④
8 8 cm **9** 5 cm
10 53.2 cm

1 (1) 위와 아래에 있는 면이 서로 평행하고 합동인 원으로 이루어진 입체도형을 찾습니다.
(2) 평평한 면이 원이고 옆면이 굽은 면인 뿔 모양의 입체도형을 찾습니다.

2 원기둥의 높이는 두 밑면에 수직인 선분의 길이이므로 16 cm입니다.

3 원뿔의 꼭짓점에서 밑면에 수직인 선분의 길이를 재는 것이므로 원뿔의 높이를 재는 것입니다.

4 ㉠ 밑면이 합동인 두 원이 아닙니다.
㉣ 옆면이 직사각형이 아닙니다.

5 밑면의 지름은 $6\times2=12$ (cm)이고,
모선의 길이는 10 cm입니다.
➡ $12+10=22$ (cm)

6 구는 어느 방향에서 보아도 모양이 모두 원입니다.

7 ① 원뿔의 밑면은 1개입니다.
③ 원기둥은 꼭짓점이 없습니다.
⑤ 원뿔을 옆에서 본 모양은 삼각형입니다.

8 반원의 지름이 16 cm이므로 구의 지름도 16 cm입니다.
따라서 구의 반지름은 $16\div2=8$ (cm)입니다.

9 원기둥의 전개도에서 옆면의 가로는 밑면의 둘레와 같으므로 $4\times3=12$ (cm)입니다.
따라서 원기둥의 높이는 $60\div12=5$ (cm)입니다.

서술형
10 예 원기둥의 전개도에서 한 밑면의 둘레는
$3\times2\times3.1=18.6$ (cm)입니다.
옆면의 모양은 직사각형입니다.
직사각형의 가로는 밑면의 둘레와 같으므로 18.6 cm이고, 직사각형의 세로는 옆면의 높이와 같으므로 8 cm입니다.
(옆면의 둘레) = (직사각형의 둘레)
= (가로) × 2 + (세로) × 2
$=18.6\times2+8\times2$
$=37.2+16=53.2$ (cm)

평가 기준	배점
한 밑면의 둘레를 구했나요?	5점
옆면의 둘레를 구했나요?	5점

1~6 단원 총괄 평가 74~77쪽

1 6
2 (1) $\frac{40}{49}$ (2) $3\frac{9}{11}$
3 (선 잇기)
4 1.84
5 10개
6 <
7 위 앞 옆
8 43.96 cm / 153.86 cm^2
9 31.4 cm
10 $2\frac{2}{3}$ cm
11 36번
12 ㉡, ㉢, ㉠
13 251.1 cm^2
14 63000원 / 42000원
15 6.5
16 38.8 cm
17 51개
18 2개
19 7개, 1.45 m
20 32.4 cm^2

1 반원의 지름이 12 cm이므로 구의 지름도 12 cm입니다.
따라서 구의 반지름은 $12\div2=6$ (cm)입니다.

2 (1) $\frac{5}{7}\div\frac{7}{8}=\frac{5}{7}\times\frac{8}{7}=\frac{40}{49}$

(2) $\frac{9}{11}\div\frac{3}{14}=\frac{\overset{3}{\cancel{9}}}{11}\times\frac{14}{\underset{1}{\cancel{3}}}=\frac{42}{11}=3\frac{9}{11}$

3 • $\frac{3}{8}:\frac{5}{6}$ ➡ $\left(\frac{3}{8}\times24\right):\left(\frac{5}{6}\times24\right)$ ➡ $9:20$
• $1.2:2.1$ ➡ $(1.2\times10):(2.1\times10)$ ➡ $12:21$
➡ $(12\div3):(21\div3)$ ➡ $4:7$
• $0.5:\frac{9}{14}$ ➡ $\frac{1}{2}:\frac{9}{14}$ ➡ $\left(\frac{1}{2}\times14\right):\left(\frac{9}{14}\times14\right)$
➡ $7:9$

4
```
      1.8 3 5
  7)1 2.8 5 0
      7
      5 8
      5 6
        2 5
        2 1
          4 0
          3 5
            5
```

$12.85 \div 7 = 1.835\cdots$
소수 셋째 자리 숫자가 5이므로 반올림하여 소수 둘째 자리까지 나타내면 1.84입니다.

5 쌓기나무의 보이는 위의 면과 위에서 본 모양이 같으므로 뒤에 숨겨진 쌓기나무가 없습니다.

위

3	1	2
2		1
1		

⇨ (쌓기나무의 개수)
$= 3+1+2+2+1+1 = 10$(개)

6 $8.64 \div 3.6 = 2.4$, $7.83 \div 2.9 = 2.7$

7 앞, 옆에서 본 모양을 그릴 때에는 각 방향에서 각 줄의 가장 높은 층수만큼 그립니다.

8 (원주) $= 7 \times 2 \times 3.14 = 43.96$ (cm)
(원의 넓이) $= 7 \times 7 \times 3.14 = 153.86$ (cm^2)

9 (밑면의 지름) $= 5 \times 2 = 10$ (cm)
(밑면의 둘레) $= 10 \times 3.14 = 31.4$ (cm)

10 (높이) = (평행사변형의 넓이) ÷ (밑변의 길이)

$$= 7\frac{1}{3} \div 2\frac{3}{4} = \frac{22}{3} \div \frac{11}{4} = \frac{\overset{2}{\cancel{22}}}{3} \times \frac{4}{\underset{1}{\cancel{11}}}$$

$$= \frac{8}{3} = 2\frac{2}{3} \text{ (cm)}$$

11 톱니바퀴 나가 도는 횟수를 □번이라고 하면
$14 : 8 = 63 : \square$입니다.
$14 \times \square = 8 \times 63$, $14 \times \square = 504$, $\square = 36$
따라서 톱니바퀴 나는 36번 돕니다.

12 ㉠ (지름) $= 6 \times 2 = 12$ (cm)
㉢ (지름) $= 40.82 \div 3.14 = 13$ (cm)
지름이 길수록 큰 원이므로 크기가 큰 원부터 차례로 쓰면 ㉡, ㉢, ㉠입니다.

13 (반지름) $= 55.8 \div 3.1 \div 2 = 9$ (cm)
(원의 넓이) $= 9 \times 9 \times 3.1 = 251.1$ (cm^2)

14 (민주) : (세호) $= 9 : 6 = 3 : 2$
(민주) $= 105000 \times \frac{3}{3+2} = 105000 \times \frac{3}{5}$
$= 63000$(원)
(세호) $= 105000 \times \frac{2}{3+2} = 105000 \times \frac{2}{5}$
$= 42000$(원)

15 어떤 수를 □라고 하면
$\square \times 0.4 = 1.04$이므로
$\square = 1.04 \div 0.4 = 2.6$입니다.
따라서 바르게 계산하면 $2.6 \div 0.4 = 6.5$입니다.

16 (한 밑면의 둘레) $= 2 \times 2 \times 3.1 = 12.4$ (cm)
옆면의 모양은 직사각형입니다.
직사각형의 가로는 밑면의 둘레와 같으므로 12.4 cm이고 직사각형의 세로는 옆면의 높이와 같으므로 7 cm입니다.
(옆면의 둘레) = (직사각형의 둘레)
= (가로) × 2 + (세로) × 2
$= 12.4 \times 2 + 7 \times 2$
$= 24.8 + 14 = 38.8$ (cm)

17 (간격 수) $= 14 \div \frac{7}{25} = \overset{2}{\cancel{14}} \times \frac{25}{\underset{1}{\cancel{7}}} = 50$(군데)

(필요한 가로등의 수) = (간격 수) + 1
$= 50 + 1 = 51$(개)

18 위에서 본 모양에 각 자리별 쌓은 쌓기나무의 개수가 확실한 것만 써 보면 오른쪽과 같습니다. 사용한 쌓기나무의 개수가 가장 많은 경우 ○ = 2, △ = 2이고, 가장 적은 경우 ○ = 1, △ = 2이므로 쌓기나무 수의 차는 2개입니다.

위

1	3	○
1	○	△
	1	

서술형
19 예

$$\begin{array}{r} 7 \\ 3\overline{)22.45} \\ \underline{21} \\ 1.45 \end{array}$$

따라서 상자를 7개 포장할 수 있고, 남는 끈은 1.45 m입니다.

평가 기준	배점
포장할 수 있는 상자 수를 구했나요?	3점
남는 끈의 길이를 구했나요?	2점

서술형
20 예 색칠하지 않은 부분을 모으면 반지름이 6 cm인 원이 됩니다.
(색칠한 부분의 넓이)
= (정사각형의 넓이) − (반지름이 6 cm인 원의 넓이)
$= 12 \times 12 - 6 \times 6 \times 3.1$
$= 144 - 111.6$
$= 32.4$(cm^2)

평가 기준	배점
색칠한 부분의 넓이를 구하는 과정을 썼나요?	3점
색칠한 부분의 넓이를 구했나요?	2점

수능국어 실전대비 독해 학습의 완성!

디딤돌 수능독해 Ⅰ~Ⅲ

- 글쓴이의 작문 과정을 추론하며 생각을 읽어내는 구조 학습
- 출제자의 의도를 파악하고 예측하는 기출 속 이슈 및 특별 부록

고등 입학 전 완성하는 독해 과정 전반의 심화 학습!

디딤돌 생각독해 Ⅰ~Ⅴ

- 생각의 확장과 통합을 위한 '빅 아이디어(대주제)' 선정 및 수록
- 대주제 별 다양한 영역의 생각 읽기 및 생각의 구조화 학습

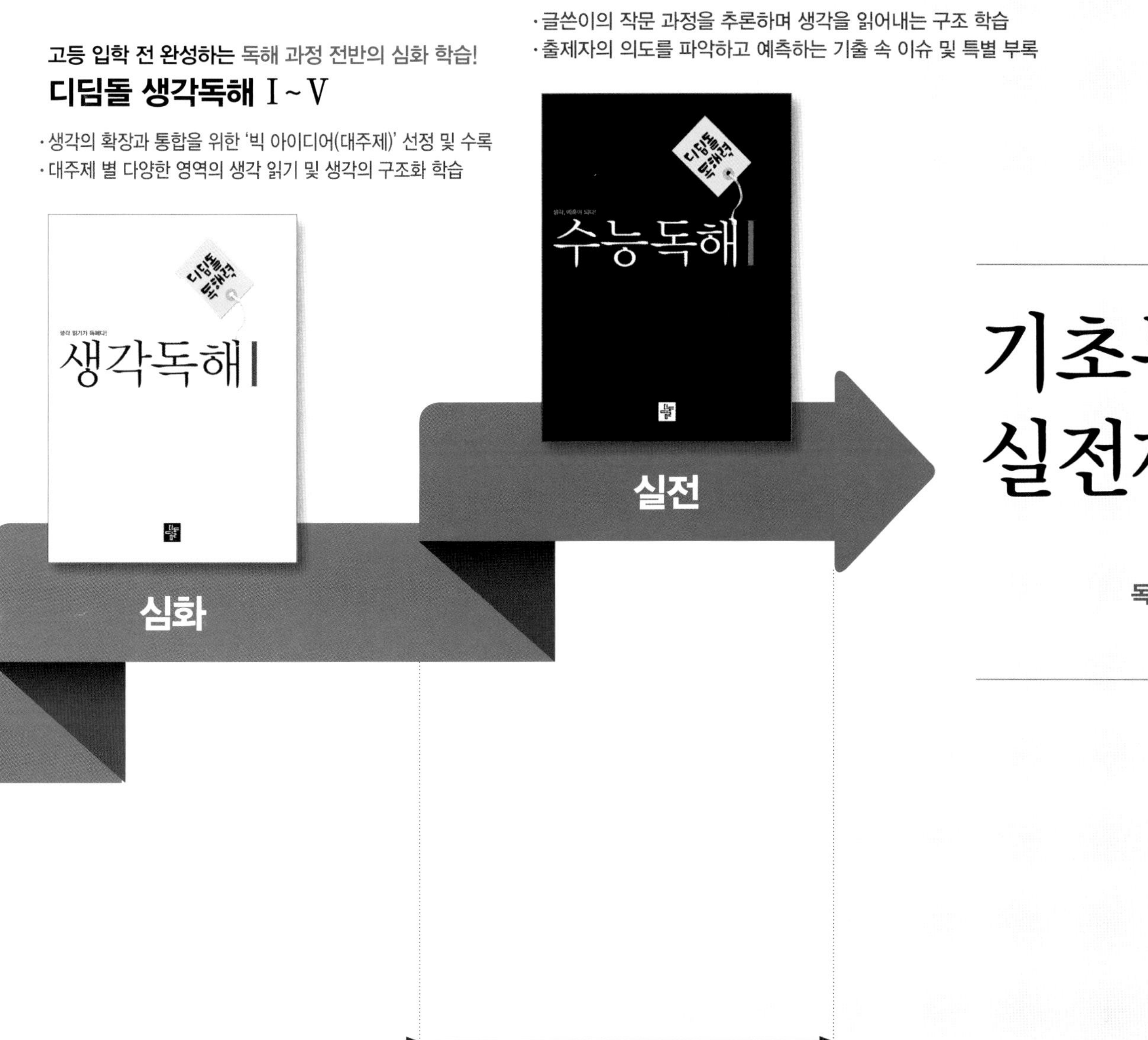

기초부터 실전까지

독해는 디딤돌

다음에는 뭐 풀지?

다음에 공부할 책을 고르기 어려우시다면, 현재 성취도를 먼저 체크해 보세요.
최상위로 가는 맞춤 학습 플랜만 있다면 내 실력에 꼭 맞는 교재를 선택할 수 있어요!
단계에 따라 내 실력을 진단해 보고, 다음 학습도 야무지게 준비해 봐요!

첫 번째, 단원평가의 맞힌 문제 수 또는 점수를 모두 더해 보세요.

단원	맞힌 문제 수	OR 점수 (문항당 5점)
1단원		
2단원		
3단원		
4단원		
5단원		
6단원		
합계		

※ 단원평가는 각 단원의 마지막 코너에 있는 20문항 문제지입니다.